环境工程实验教学指导书

李艳红　主审

梁延鹏　朱宗强　宋晓红　张立浩　唐　沈　主编

中国环境出版集团·北京

图书在版编目（CIP）数据

环境工程实验教学指导书 / 梁延鹏等主编. —北京：中国环境出版集团，2021.6（2025.1 重印）
ISBN 978-7-5111-4734-9

Ⅰ. ①环… Ⅱ. ①梁… Ⅲ. ①环境工程—实验—高等学校—教学参考资料 Ⅳ. ①X5-33

中国版本图书馆 CIP 数据核字（2021）第 095065 号

责任编辑 林双双
封面设计 彭 杉

出版发行 中国环境出版集团
（100062 北京市东城区广渠门内大街 16 号）
网 址：http://www.cesp.com.cn
电子邮箱：bjgl@cesp.com.cn
联系电话：010-67112765（编辑管理部）
发行热线：010-67125803，010-67113405（传真）
印 刷 北京中科印刷有限公司
经 销 各地新华书店
版 次 2021 年 6 月第 1 版
印 次 2025 年 1 月第 2 次印刷
开 本 787×1092 1/16
印 张 21.5
字 数 550 千字
定 价 45.00 元

前　言

本实验教材按照环境工程本科教学体系的教学进程，分模块介绍相关实验项目，每个模块中既包含必做的教学实验又有配套的应用性和研究性实验拓展。基础和分析指标类实验项目参考国标和行业标准分析方法进行编写，综合性、创新性等拓展类实验项目则结合学科专业前沿凸显新技术和新方法。通过本教材的学习，可加深学生对环境污染调查分析和处理工程实验基本理论的理解，初步培养学生科学地设计和组织环境污染监测以及处理工程实验方案的能力，培养学生进行环境污染调查与处理工程实验的一般技能以及使用实验仪器、设备和测试工具的基本能力，训练学生分析与处理实验数据的基本技能。

本实验教材是在笔者多年从事环境工程技术研究和实验教学经验总结的基础上，根据目前高校环境类学科本科专业知识体系重构以及专业工程教育认证的要求，把本学科专业实验内容重新整合为专业实验基础理论、专业基础实验和环境处理工程实验三部分。专业实验基础理论包括误差理论、实验数据处理与分析和实验设计等内容；专业基础实验包括环境工程原理实验、环境分析化学实验和环境工程微生物学实验；环境处理工程实验包括物理性污染控制工程实验、大气污染控制工程实验、固体废物处理工程实验、水污染控制工程实验和环境工程处理工艺综合训练实验。本书在编排上尽量做到由浅入深，在内容和编写体例上，结合理论知识体系，系统地介绍环境问题研究中污染物指标的测试分析方法、监测技术、处理处置实验技术以及关键影响因素识别实验方法，让学生逐步掌握环境污染监测和控制的实验技能。

本实验教材内容涵盖了环境类学科本科基础课和专业课的全部必做实验，并推荐了许多选做实验。本书主要面向高等院校本科教学，可作为环境工程、环境科学、给排水科学与工程及相关专业的教学用书，也可供从事上述专业的工程技术人员参考。在应用时，各院校可根据自身办学特点、培养目标与要求和学时设计，酌情选择与组合实验项目和实验内容。

本实验教材第一章和第二章由朱宗强和梁美娜编写，第三章由梁延鹏和黄月群编写，第四章由宋颖和张萍编写，第五章由宋晓红、李艳红和张立浩编写，第六章由张立浩、梁延鹏和张庆编写，第七章由梁延鹏、朱宗强和俞果编写，第八章由唐沈、宋晓红和张萍编写，第九章由唐沈和梁美娜编写，第十章由朱宗强和梁延鹏编写。本书在编写过程中得到了桂林理工大学及其环境科学与工程学院老师的大力支持和帮助，同时笔者在编写本书的过程中，参考了大量文献资料，引用了其中部分内容。在此，谨向这些文献的作者表示感谢。

本实验教材由水污染控制国家级实验教学示范中心、环境污染防治与生态保护国家级虚拟仿真实验教学中心、环境科学与工程广西一流学科、广西环境污染控制理论与技术实验室及其科教融合基地和岩溶地区水污染控制与用水安全保障协同创新中心等平台建设经费资助。本教材的出版还得到了桂林理工大学教材建设基金的资助。

由于笔者水平所限，书中有不妥之处，敬请读者批评指正。

编　者

2021年1月

目 录

第一章　环境工程实验教学目的与要求

环境工程实验是对环境类学科本科专业环境工程原理、环境分析化学、环境工程微生物学、物理性污染控制工程、大气污染控制工程、水污染控制工程和固体废物处理工程等主干理论课程中重要知识点和规律的实验诠释。

环境工程实验突出基础性和综合性。通过基础性实验操作训练，使学生能够掌握基本的实验技能和简单的仪器、设备及测量工具的使用方法；同时通过对直观实验现象的观察与分析，使学生在感性认识的基础上对专业基础技术知识的基本概念与规律有更准确的理解并加以巩固。在此基础上，再通过专业的综合性实验操作训练，贴近生产和工程实践应用，使学生掌握开展科学研究的基本方法和步骤的实验技能，培养学生进行实验设计和实验成果整理的综合分析问题及解决问题的能力。

第一节　实验教学目的

实验教学是使学生理论联系实际，培养学生观察问题、分析问题和解决问题能力的一个重要手段。环境工程实验课程的教学目的包括：

（1）从专业基础技术入手，逐步深入专业理论学习，增强综合性，使学生逐步从感性认识提升到理性认识和分析。

（2）通过对实验现象的观察、分析，加深对污染物处理基本概念、现象、规律与基本理论的理解。

（3）通过基础性和综合性实验操作训练，使学生掌握环境污染物处理的基本实验技能和仪器、设备的使用方法，具有一定解决实验技术问题的能力，了解现代测量、分析测试技术。

（4）使学生了解如何进行实验方案的设计，以及如何科学地组织和实施实验方案。

（5）培养分析实验数据、整理实验成果和编写实验报告的能力。

（6）培养实事求是的科学作风和融洽合作的共事态度以及爱护国家财产的良好风尚。

第二节　实验教学模式

为了更好地实现教学目的，使学生学好本课程、掌握科学组织与实施实验的基本技能，在实验教学过程中结合实验内容逐步介绍组织和实施科学实验的一般程序。

1．拟订实验研究计划

（1）确定实验的目的与要求。

（2）分析并借鉴前人做过的与本课题有关的理论和实验成果。

（3）确定必须测量的主要物理量，分析它们的变化范围与动态特性。

（4）确定实验过程中必须严格控制的影响因素。

（5）根据实验准确度的要求，运用误差理论，确定对原始数据的准确度测量要求和测量次数。

（6）确定数据点（自变量间隔或因素水平值），进行实验设计，编制实验方案。

（7）从技术、精度、经济、时间和可靠性要求等方面，比较几种可行的方案，选择最适合的实验方案。

（8）编制人员、物资、进度与分工计划。

2．实验的准备

（1）设计和制造专用的测试仪器和实验装置。

（2）选择和采购所需的其他仪器设备。

（3）安排与布置实验场地，储备实验过程中需要的实验耗材、试剂、药品和工具。

（4）安装和连接测量系统，并进行调试和校准。

（5）编印记录用表格。

（6）对少量实验点进行试测，初步分析测得数据以考核测量系统的工作可靠性和试验方案的可行性，必要时可以做调整。

3．实验的实施

（1）按预定实验方案收集实验数据——应指定专门的记录人员，并使用专用的记录本；对实验过程中出现的过失或异常现象应做详细的记录并有现场负责人的签名。

（2）确保组员间互相协调工作和正确操作仪器；如有必要，应指定专职的安全员，保证技术安全，以及规定命令、应答制度。

（3）根据实验进程中的具体情况，对原定实验计划做必要的调整，增删某些实验项目或内容或推迟实验进程。

4．整理与分析实验结果

（1）整理测量结果，估算测量误差，做出必要和可能的修正。

（2）将实验数据及结果制成表格或曲线。

（3）根据实验目的与要求对实验结果进行分析计算，得出所需的结论，如与实验理论分析比较，对经验公式或特征参数和系数等的分析。

5．编写实验报告

实验报告一般应包括下列内容：

（1）引言。简明扼要地介绍实验的由来、意义和整个工作的要求。

（2）说明。论证本实验所采用的方案和技术路线及其预期的评价。

（3）扼要的实验结果。尽量列成表格、图表和公式；可将原始数据作为附录。

（4）结论与讨论。包括理论分析或与前人工作进行对比，由此得出结论以及实验改进方向。

（5）注释及参考文献。

第三节　实验教学要求

1．课前预习

实验课前，学生须认真预习实验教材，明确实验目的、内容、原理和方法；了解实验设备的基本构造、工作原理和使用方法；写出简明的预习提纲。

2．实验设计

实验设计是实验研究的重要环节，是获得满意的实验结果的基本保障。在实验教学中，先在专业基础实验中讲授实验设计基础知识，然后在专业实验项目中进行设计训练，以达到使学生掌握实验设计方法的目的。

3．实验操作

学生实验前应仔细检查实验设备、仪器仪表是否完整齐全。实验时要有指挥、有分工，做到有条不紊；要严格按照操作规程认真操作，仔细观察实验现象，精心测定实验数据并详细填写实验记录。实验结束后，要将使用过的仪器、设备、测量工具整理复位，将实验场地打扫并整理干净。

4．实验数据处理

通过实验取得大量数据以后，必须对数据进行科学的整理分析，以得到正确可靠的结论。

5．编写实验报告

将每个实验结果整理编写成一份实验报告，是实验教学必不可缺的组成部分。通过这一环节的训练可为今后写好科学论文或科研报告打下基础。实验报告要用正规的实验报告纸书写，卷面整洁，字迹清晰，内容一般包括：

（1）报告人的姓名、班级、同组人员、实验日期。

（2）实验名称。

（3）简述实验目的、实验原理、实验装置和实验步骤等。

（4）测量、记录原始数据，列明所用公式，计算有关成果。

（5）列出计算结果表。

（6）对实验结果进行讨论分析，找出产生误差的原因，完成“实验分析与讨论”。

实验报告绘制曲线部分要用正规的坐标纸或用计算机成图，图中需标明：

①图的标题；

②图中横、纵坐标的含义；

③图的有效数字位数；

④图中各项含义。

第二章 实验理论基础

第一节 误差理论

精准性原则是科学实验必须遵守的基本原则之一。为了更好地满足精准性的要求，需要用误差理论来指导实验研究工作。误差理论包括误差的概念和性质、仪器的选择、误差的处理和如何给出实验结果等内容。

实验的成果最初往往是以数据的形式表达的，要想得到更深入的结果，就必须对实验数据做进一步整理。为了保证最终结果的准确性，应该对原始数据的可靠性进行客观的评定，也就是对实验数据进行误差分析。

在实验过程中由于实验仪器精度的限制、实验方法的不完善、科研人员认识能力的不足和科学水平的限制等方面的原因，获得的实验值与其客观真实值并不一致，这种矛盾在数值上表现为误差。误差是与准确相反的一个概念，可以用误差来说明实验数据的准确程度。实验结果都具有误差，误差自始至终存在于一切科学实验过程中。随着科学水平的提高和人们经验、技巧、专业知识的丰富，误差可以被控制得越来越小，但是不能完全消除。

一、真值与平均值

（一）真值

真值是指在某一时刻和某一状态下，某量的客观值或实际值。真值一般是未知的，但相对来说，某些真值是已知的。例如，平面三角形三个内角之和恒为 180°；同一非 0 值自身之差为 0，自身之比为 1；国家标准样品的标称值；国际上公认的计量值，如碳-12 的相对原子质量为 12，绝对温度等于 –273.15℃等；高精度仪器所测值和多次实验值的平均值等。

（二）平均值

在科学实验中，虽然实验误差在所难免，但平均值可以综合反映实验值在一定条件下的一般水平，所以在科学实验中，经常将多次实验值的平均值作为真值的近似值。平均值的种类很多，在处理实验结果时常用的平均值有以下几种。

1．算术平均值

算术平均值是最常用的一种平均值。设有 n 个实验值：x_1，x_2，…，x_n，则它们的算术平均值为

$$\overline{X}=\frac{x_1+x_2+\cdots+x_n}{n}=\frac{\sum_{i=1}^{n}x_i}{n} \tag{2-1}$$

式中：x_i——单个实验值，下同。

同样实验条件下，如果多次所得实验值服从正态分布，则算术平均值是这组等精度实验值中的最佳值或最可信赖值。

2．加权平均值

如果某组实验值是用不同的方法获得的或由不同的实验人员测得的，则这组数据中不同值的精度或可靠性不一致，为了突出可靠性较高的数值，可采用加权平均值。设有 n 个实验值：x_1，x_2，…，x_n，则它们的加权平均值为

$$\overline{x}_w=\frac{w_1x_1+w_2x_2+\cdots+w_nx_n}{w_1+w_2+\cdots+w_n}=\frac{\sum_{i=1}^{n}w_ix_i}{\sum_{i=1}^{n}w_i} \tag{2-2}$$

式中，$w_1, w_2, \cdots, w_n$ 代表单个实验值对应的权重。如果某值精度较高，则可给予较大的权重，加重它在平均值中的分量。例如，如果我们认为某一个数比另一个数可靠两倍，则两者的权重比是 2∶1 或 1∶0.5。显然，加权平均值的可靠性在很大程度上取决于科研人员的经验。

实验值的权重是相对值，因此既可以是整数，也可以是分数或小数。权重不是任意给定的，除依据实验者的经验之外，还可以按如下方法确定权重：

（1）当实验次数很多时，可以将权重理解为实验值 x_i 在很大的测量总数中出现的频率 n_i/n。

（2）如果实验值是在同样的实验条件下获得的，但来源于不同的组，这时加权平均值计算式中的 x_i 代表各组的平均值，而 w_i 代表每组实验次数，如例 2-1。若认为各组实验值的可靠程度与其出现的次数成正比，则加权平均值即为总的算术平均值。

（3）根据权重与绝对误差的平方成反比来确定权重，如例 2-2。

例 2-1　在实验室称量某样品时，不同的人得到 4 组称量结果，如表 2-1 所示，如果认为各测量结果的可靠程度仅与测量次数成正比，试求其加权平均值。

表 2-1　例 2-1 数据

组别	测量值	平均值($\overline{x}_n$)
1	100.357、100.343、100.351	100.350
2	100.360、100.348	100.354
3	100.350、100.344、100.336、100.340、100.345	100.343
4	100.339、100.350、100.340	100.343

解： 由于各测量结果的可靠程度仅与测量次数成正比，所以每组实验平均值的权重即为对应的实验次数，即 $w_1=3$，$w_2=2$，$w_3=5$，$w_4=3$，所以加权平均值为

$$\overline{x}_w=\frac{w_1\overline{x}_1+w_2\overline{x}_2+w_3\overline{x}_3+w_4\overline{x}_4}{w_1+w_2+w_3+w_4}$$

$$=\frac{100.350\times3+100.354\times2+100.343\times5+100.343\times3}{3+2+5+3}$$

$$=100.346$$

例 2-2　在测定溶液 pH 时，得到两组实验数据，其平均值为 $\overline{x}_1=8.5\pm0.1$，$\overline{x}_2=8.53\pm0.02$，试求它们的平均值。

解：

$$w_1=\frac{1}{0.1^2}=100,\quad w_2=\frac{1}{0.02^2}=2\,500$$

$$w_1:w_2=1:25$$

$$\overline{\text{pH}}=\frac{8.5\times1+8.53\times25}{1+25}=8.53$$

3. 对数平均值

如果实验数据的分布曲线具有对数特性，则宜使用对数平均值。设有两个数值 x_1、x_2，都为正数，则它们的对数平均值为

$$\overline{x}_L=\frac{x_1-x_2}{\ln x_1-\ln x_2}=\frac{x_1-x_2}{\ln\frac{x_1}{x_2}}=\frac{x_2-x_1}{\ln\frac{x_2}{x_1}}\tag{2-3}$$

注意： 两数的对数平均值总小于或等于它们的算术平均值。如果 $\frac{1}{2}\leqslant\frac{x_1}{x_2}\leqslant2$ 时，可用算术平均值代替对数平均值，而且误差较小（≤4.4%）。

4．几何平均值

设有n个正实验值：x_1，x_2，…，x_n，则它们的几何平均值为

$$\overline{x}_G=\sqrt[n]{x_1 x_2 \cdots x_n}=(x_1 x_2 \cdots x_n)^{\frac{1}{n}} \tag{2-4}$$

对立式两边同时取对数，得

$$\lg \overline{x}_G=\frac{\sum_{i=1}^{n}\lg x_i}{n} \tag{2-5}$$

由此可见，当一组实验值取对数后所得数据的分布曲线更加对称时，宜采用几何平均值。一组实验值的几何平均值通常小于它们的算术平均值。

5．调和平均值

设有n个正实验值x_1，x_2，…，x_n，则它们的调和平均值为

$$H=\frac{n}{\frac{1}{x_1}+\frac{1}{x_2}+\cdots+\frac{1}{x_n}}=\frac{n}{\sum_{i=1}^{n}\frac{1}{x_i}} \tag{2-6}$$

或

$$\frac{1}{H}=\frac{\frac{1}{x_1}+\frac{1}{x_2}+\cdots\frac{1}{x_n}}{n}=\frac{\sum_{i=1}^{n}\frac{1}{x_i}}{n} \tag{2-7}$$

可见调和平均值是实验值倒数的算术平均值的倒数，它常用在与一些量的倒数有关的场合。调和平均值一般小于对应的几何平均值和算术平均值。

综上所述，不同的平均值都有各自适用的场合，选择哪种求平均值的方法取决于实验数据本身的特点，如分布类型、可靠性程度等。

二、误差的基本概念

（一）绝对误差

实验值与真值之差称为绝对误差，即：

$$\text{绝对误差}=\text{实验值}-\text{真值} \tag{2-8}$$

绝对误差反映了实验值偏离真值的大小，这个偏差可正可负。通常所说的误差一般是指绝对误差。如果用x、x_t、Δx分别表示实验值、真值和绝对误差，则有

$$\Delta x=x-x_t \tag{2-9}$$

所以有

$$x_t - x = \pm \Delta x \tag{2-10}$$

或

$$x_t - x = \pm |\Delta x| \tag{2-11}$$

由此可得

$$x - |\Delta x| \leqslant x_t \leqslant x + |\Delta x| \tag{2-12}$$

由于真值一般是未知的，所以绝对误差也就无法准确计算出来。虽然绝对误差的准确值通常不能求出，但是可以根据具体情况估计出它的大小范围。设$|\Delta x|_{max}$为最大的绝对误差，则有

$$|\Delta x| = |x - x_t| \leqslant |\Delta x|_{max} \tag{2-13}$$

这里$|\Delta x|_{max}$又称为实验值x的绝对误差限或绝对误差上界。

由式（2-13）可得

$$x - |\Delta x|_{max} \leqslant x_t \leqslant x + |\Delta x|_{max} \tag{2-14}$$

所以有时也可以用式（2-15）表示真值的范围。

$$x_t \approx x \pm |\Delta x|_{max} \tag{2-15}$$

在实验中，如果对某物理量只进行一次测量，常常可依据测量仪器上注明的精度等级或仪器最小刻度作为单次测量误差的计算依据。一般可取最小刻度值作为最大绝对误差，而取其最小刻度的一半作为绝对误差的计算值。

例如，某压强表注明的精度为 1.5 级，则表明该压强表绝对误差为最大量程的 1.5%，若最大量程为 0.4 MPa，该压强表绝对误差为 0.4×1.5%=0.006 MPa；又如某天平的最小刻度为 0.1 mg，则表明该天平有把握的最小称量质量为 0.1 mg，所以它的最大绝对误差为 0.1 mg。可见，对于同一真值的多个测量值，可以通过比较绝对误差限的大小，来判断它们精度的大小。

根据绝对误差、绝对误差限的定义可知，它们都具有与实验值相同的单位。

（二）相对误差

绝对误差虽然在一定条件下能反映实验值的准确程度，但还不全面。例如，两城市之间的距离为 200 450 m，若测量的绝对误差为 2 m，则这次测量的准确度是很高的；但是 2 m 的绝对误差对于人身高的测量而言是不允许的。所以，为了判断实验值的准确性，还必须考虑实验值本身的大小，故引出相对误差。

$$\text{相对误差} = \frac{\text{绝对误差}}{\text{真值}} \tag{2-16}$$

如果用E_R表示相对误差，则有

$$E_R = \frac{\Delta x}{x_t} = \frac{x - x_t}{x_t} \tag{2-17}$$

或者

$$E_R = \frac{\Delta x}{x_t} \times 100\% \tag{2-18}$$

显而易见，一般$|E_R|$小的实验值精度较高。

由式（2-18）可知，相对误差可以由绝对误差求出；反之，绝对误差也可由相对误差求得，其关系为

$$\Delta x = E_R x_t \tag{2-19}$$

所以有

$$x_t = x \pm |\Delta x| = x\left(1 \pm \left|\frac{\Delta x}{x}\right|\right) \approx x\left(1 \pm \left|\frac{\Delta x}{x_t}\right|\right) = x\left(1 \pm |E_R|\right) \tag{2-20}$$

由于x_t和Δx都不能准确求出，所以相对误差也不能准确求出，与绝对误差类似，也可以估计出相对误差的范围，即：

$$|E_R| = \left|\frac{\Delta x}{x_t}\right| \leqslant \left|\frac{\Delta x}{x_t}\right|_{\max} \tag{2-21}$$

这里$\left|\frac{\Delta x}{x_t}\right|_{\max}$称为实验值$x$的最大相对误差，或称为相对误差限和相对误差上界。在实际计算中，由于真值x_t是未知数，所以常常将绝对误差与实验值或平均值之比作为相对误差，即

$$E_R = \frac{\Delta x}{x} \text{ 或 } E_R = \frac{\Delta x}{\bar{x}} \tag{2-22}$$

相对误差和相对误差限是无因次的。为了适应不同的精度，相对误差常常用百分数（%）表示。

需要指出的是，在科学实验中，由于绝对误差和相对误差一般都无法准确知道，所以通常将最大绝对误差和最大相对误差分别看作绝对误差和相对误差，表示符号也可以通用。

例 2-3 已知某样品质量的称量结果为（58.7±0.2）g，求其相对误差。

解： 依题意，称量的绝对误差为 0.2 g，所以相对误差为

$$E_R = \frac{\Delta x}{x} = \frac{0.2}{58.7} = 3 \times 10^{-3} \text{ 或 } 0.3\%$$

例 2-4 已知由实验测得水在 20℃时的密度$\rho = 997.9\ \text{kg/m}^3$，又已知其相对误差为

0.05%，试求 ρ 所在的范围。

解：

$$E_R = \frac{\Delta x}{x} = \frac{\Delta x}{997.9} = 0.05\%$$

∴ $$\Delta x = 997.9 \times 0.05\% = 0.5\ \text{kg/m}^3$$

∴　ρ 所在的范围为 997.4 kg/m^3＜ ρ ＜998.4 kg/m^3

（三）算术平均误差

设实验值 x_i 与算术平均值 $\overline{x}$ 之间的偏差为 d_i，则算术平均误差定义式为

$$\Delta = \frac{\sum_{i=1}^{n}|x_i - \overline{x}|}{n} = \frac{\sum_{i=1}^{n}|d_i|}{n} \tag{2-23}$$

求算术平均误差时，偏差 d_i 可能为正也可能为负，所以一定要取绝对值。显然，算术平均误差可以反映一组实验数据的误差大小，但是无法表达各实验值间的彼此符合程度。

（四）标准误差

标准误差也称为均方根误差、标准偏差，简称为标准差。当实验次数 n 无穷大时，称为总体标准差，其定义为

$$\sigma = \sqrt{\frac{\sum_{i=1}^{n} d_i^2}{n}} = \sqrt{\frac{\sum_{i=1}^{n}(x_i - \overline{x})^2}{n}} \tag{2-24}$$

但在实际的科学实验中，实验次数一般为有限次，于是又有样本标准差，其定义为

$$S = \sqrt{\frac{\sum_{i=1}^{n} d_i^2}{n}} = \sqrt{\frac{\sum_{i=1}^{n}(x_i - \overline{x})^2}{n-1}} \tag{2-25}$$

标准差不但与一组实验值中每一个数据有关，而且对其中较大或较小的误差敏感性很强，能明显地反映出较大的个别误差。它常用来表示实验值的精密度，标准差越小，实验数据精密度越好。

注：在计算实验数据中一些常用的统计量，如算术平均值 $\overline{x}$、样本标准差 S、总体标准差 σ 等，如果按基本定义式计算，计算量很大，尤其实验次数很多时，这时可以使用计算器上的统计功能（参考计算器的说明书），或者借助一些计算机软件（如 Excel 等）进行计算。

三、实验数据误差的来源及分类

误差根据其性质或产生的原因，可分为随机误差、系统误差和过失误差。

（一）随机误差

1. 定义和特点

随机误差又称偶然误差或抽样误差，是测量过程中各种随机因素共同作用造成的。在实际测量条件下，多次测量同一量时，误差的绝对值和符号的变化时大时小、时正时负，以不可测定的方式变化。随机误差遵从正态分布，其特点如下：

（1）有界性。在一定条件下对同一量进行有限次测量的结果，其误差的绝对值不会超过一定界限。

（2）单峰性。绝对值小的误差出现次数比绝对值大的误差出现次数多。

（3）对称性。测量次数足够多时，绝对值相等的正误差与负误差出现的次数大致相等。

（4）抵偿性。在一定测量条件下，对同一量进行测量，测量值误差的算术平均值随着测量次数的无限增加趋于0。

2. 产生的原因

随机误差是由影响测量结果的许多不可控制或未加控制的因素的微小波动引起的。例如，测量过程中环境温度的变化、电源电压的微小波动、仪器噪声的变动、分析人员判断能力和操作技术的微小差异及前后不一致等。因此，随机误差可视为大量随机因素导致的误差的叠加。

3. 减小的方法

除必须严格控制实验条件、正确执行操作规程外，还可用增加测量次数的方法减小随机误差。

（二）系统误差

1. 定义和特点

系统误差又称恒定误差、可测误差，是指在多次测量时，其测量值与真值之间误差的绝对值和符号保持恒定，或在改变测量条件时，测量值常表现出按某一确定规律变化的误差。确定规律是指这种误差的变化，可以归结为某个或某几个因素的函数。这种函数一般可以用解析公式、曲线或数表表达。

实验或测量条件一经确定，系统误差就获得一个客观上的恒定值，多次测量的平均值也不能减弱它的影响。

2．产生的原因

（1）方法误差。因分析方法不够完善所致。例如在某一容量分析中，由于指示剂对反应终点的影响，致使滴定终点与理论等当点不能完全重合所致的误差。

（2）仪器误差。常因使用未经校准的仪器所致。例如量瓶的标称容量与真实容量不一致。

（3）试剂误差。因所用试剂（包括实验用水）含有杂质所致。

（4）操作误差。因测量者感觉器官的差异、反应的灵敏程度不同或固有习惯所致。如在取读数时对仪器标线的一贯偏右或偏左。

（5）环境误差。因测量时环境因素的显著改变（如室温的明显变化）所致。

3．削减的方法

（1）仪器校准。测量前预先对仪器进行校准，并对测量结果进行修正。

（2）空白实验。用空白实验修正测量结果，以消除实验中因各种原因产生的误差。

（3）标准物质对比分析。标准物质对比分析具体方法如下：

①将实际样品与标准物质在完全相同的条件下进行测定。当标准物质的测定值与其保证值一致时，即可认为测量的系统误差已基本消除。

②将同一样品用不同反应原理的方法进行分析比较。例如用经典方法进行分析比较，以校正方法误差。

（4）回收率实验法。在实际样品中加入已知量的标准物质，并在与样品相同的条件下进行测量，用所得结果计算回收率，观察是否能定量回收，必要时可用回收率作为校正因子。

（三）过失误差

过失误差也称为粗差。这类误差是分析者在测量过程中发生不应有的错误造成的。如器皿不洁净、错用样品、错加试剂、操作过程中的样品损失、仪器出现异常而未发现、错记读数以及计算错误等。过失误差无一定规律可循。

含有过失误差的测量数据，经常表现为离群数据，可按照离群数据的统计检验方法将其剔除。对于确知操作中存在错误情况的测量数据，无论结果好坏，都必须舍弃。

过失误差一经发现必须及时纠正。消除过失误差的关键在于改进和提高分析人员的业务素质和工作责任感，不断提高其理论和技术水平。

四、实验数据的精准度

误差的大小可以反映实验结果的好坏，误差可能是随机误差或系统误差中的一个，还可能是两者的叠加。为说明这一问题，本节引出了精密度、正确度和准确度这三个表示误差性质的术语。

（一）精密度

精密度反映了随机误差大小的程度，是指在一定实验条件下，多次实验值的彼此符合程度。精密度的概念与重复实验时单次实验值的变动性有关，如果实验数据分散程度较小，则说明是精密的。

例 2-5 甲、乙二人对同一个量进行测量，得到两组实验值。

甲：11.45，11.46，11.45，11.44

乙：11.39，11.45，11.48，11.50

很显然，甲组数据的彼此符合程度好于乙组，故甲组数据的精密度较高。

实验数据的精密度是建立在数据用途基础之上的，对某种用途可能认为是很精密的数据，但对另一用途可能显得并不精密。

由于精密度表示随机误差的大小，因此对于无系统误差的实验，可以通过增加实验次数而达到提高数据精密度的目的。如果实验过程足够精密，则只需少量几次实验就能满足要求。

（二）正确度

正确度反映系统误差的大小，是指在一定的实验条件下所有系统误差的综合。

由于随机误差和系统误差是两种不同性质的误差，因此对于某一组实验数据而言，精密度高并不意味着正确度也高；反之，精密度低，但当实验次数相当多时，有时也会得到较高的正确度。精密度和正确度的区别和联系可通过图 2-1 加以区分。

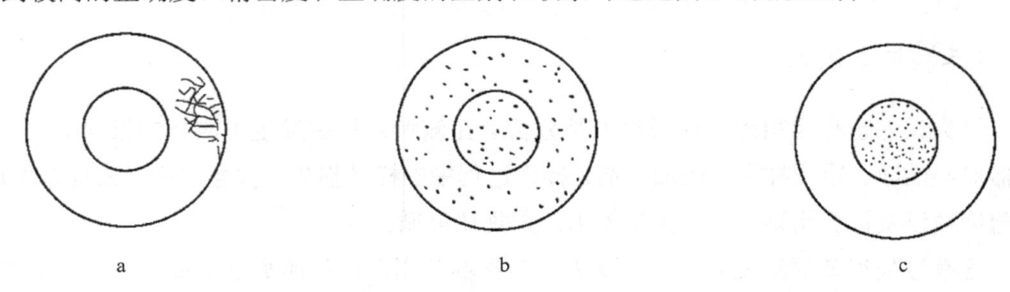

a—精密度高，正确度不高；b—精密度不高，正确度不高；c—精密度高，正确度高。

图 2-1 精密度和正确度的关系

（三）准确度

准确度反映了系统误差和随机误差的综合，表示重复测量结果平均值与真值的一致程度。

如图 2-2 所示，假设 A、B、C 三个实验都无系统误差，实验数据服从正态分布，而且对应着同一个真值，则可以看出 A、B、C 的精密度依次降低；由于无系统误差，三组数据的极限平均值（实验次数无穷多时的算术平均值）均接近真值，即它们的正确度相当；如将精密度和正确度综合考虑，则三组数据的准确度从高到低依次为 A、B、C。

由图 2-3 可知，假设 A'、B'、C'三个实验都有系统误差，实验数据服从正态分布，而且对应着同一个真值，则可以看出 A'、B'、C'的精密度依次降低，由于都有系统误差，三组数据的极限平均值均与真值不符，所以它们是不准确的。但是，如果只考虑精密度，则图 2-3 中 A'大部分实验值可能比图 2-2 中 B 和 C 的实验值要准确。

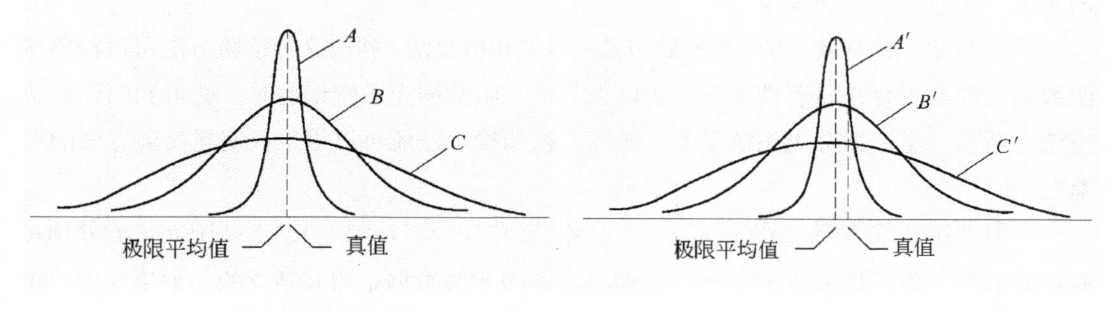

图 2-2 无系统误差的实验　　图 2-3 有系统误差的实验

五、实验数据误差的估计与检验

（一）随机误差的估计

随机误差的估计实际上是对实验值精密度高低的判断，随机误差的大小可用下述参数来描述。

1. 极差

极差是指一组实验值中最大值与最小值的差值。

$$R = x_{\max} - x_{\min} \tag{2-26}$$

虽然用极差反映随机误差的精度不高，但它计算方便，因此在快速检验中仍然得到广泛的应用。

2. 标准差

若随机误差服从正态分布，则可以用标准差来反映随机误差的大小。标准差 σ 或 S 分别用式（2-24）和式（2-25）进行计算。

由计算式可以看出，标准差的数值大小反映了实验数据的分散程度，σ 或 S 越小，数据的分散性越低，精密度越高，随机误差越小，实验数据的正态分布曲线也越尖。

3. 方差

方差是标准差的平方，可用σ^2（总体方差）或S^2（样本方差）来表示。显然方差也反映了数据的分散性，即随机误差的大小。

（二）系统误差的检验

实验结果有无系统误差，必须进行检验，以便及时减小或消除系统误差，提高实验结果的正确度。相同条件下的多次重复实验不能发现系统误差，只有改变形成系统误差的条件，才能发现系统误差。

下面介绍一种有效、方便的检验方法——秩和检验法，利用这种检验方法可以检验两组数据之间是否存在显著性差异，所以当其中一组数据无系统误差时，就可利用该检验方法判断另一组数据有无系统误差。显然，秩和检验法还可以用来证明新实验方法的可靠性。

设有两组实验数据：$x_1^{(1)}$，$x_2^{(1)}$，…，$x_{n_1}^{(1)}$与$x_1^{(2)}$，$x_2^{(2)}$，…，$x_{n_2}^{(2)}$，其中n_1、n_2分别是两组数据的个数，这里假定 $n_1 \leqslant n_2$。假设这两组实验数据是相互独立的，如果其中一组数据无系统误差，则可以用秩和检验法检验另一组数据有无系统误差。

首先，将这n_1+n_2组实验数据混在一起，按从小到大的次序排列，每个实验值在序列中的次序叫作该值的秩，然后将属于第 1 组数据的秩相加，其和记为R_1，称为第 1 组数据的秩和，同理可以求得第 2 组数据的秩和R_2。如果两组数据之间无显著差异，则R_1就不应该太大或太小，对于给定的显著性水平α（$1-\alpha$表示检验的可信程度）和n_1、n_2，由秩和临界值表（附表一）可查得R_1的上下限T_2和T_1，如果$R_1>T_2$或$R_1<T_1$，则认为两组数据有显著差异，另一组数据有系统误差；如果 $T_1<R_1<T_2$，则认为两组数据无显著差异，另一组数据也无系统误差。

例 2-6 设甲、乙两组测定值为

甲：8.6，10.0，9.9，8.8，9.1，9.1

乙：8.7，8.4，9.2，8.9，7.4，8.0，7.3，8.1，6.8

已知甲组数据无系统误差，试用秩和检验法检验乙组测定值是否有系统误差。（α=0.05）

解：先求出各数据的秩，如表 2-2 所示。

表 2-2 例 2-6 甲、乙两组实验数据的秩

秩	1	2	3	4	5	6	7	8	9	10	11.5	11.5	13	14	15
甲							8.6		8.8		9.1	9.1		9.9	10.0
乙	6.8	7.3	7.4	8.0	8.1	8.4		8.7		8.9			9.2		

此时，$n_1=6$，$n_2=9$，$n=n_1+n_2=15$，R_1=7+9+11.5+11.5+14+15=68。

对于α=0.05，查秩和临界值表，得T_1=33，T_2=63。因为$R_1 > T_2$，故两组数据有显著差异，乙组测定值有系统误差。

注意：在进行秩和检验时，如果几个数据相等，则它们的秩应该是相等的，等于相应几个秩的算术平均值，如例2-6中，两个9.1的秩都为11.5。

（三）过失误差的检验

在整理实验数据时，往往会遇到这种情况，即在一组实验数据里，发现少数几个偏差特别大的可疑数据，这类数据又称为离群值或异常值，它们往往是由于过失误差引起的。

对于可疑数据的取舍一定要慎重，一般处理原则如下：

（1）在实验过程中，若发现异常数据，应停止实验，分析原因，及时纠正错误。

（2）实验结束后，在分析实验结果时，如发现异常数据，则应先找出产生差异的原因，再对其进行取舍。

（3）在分析实验结果时，如不清楚产生异常值的确切原因，则应对数据进行统计处理，统计方法有拉依达（Pauta）准则、格拉布斯（Grubbs）准则、狄克逊（Dixon）准则、肖维勒（Chauvenet）准则、*t*检验法、*F*检验法等；若数据较少，则可重做一组数据。

（4）对于舍去的数据，在实验报告中应注明舍去的原因或所选用的统计方法。

总之，对待可疑数据要慎重，不能任意抛弃和修改。往往对可疑数据进行考察后，可以发现引起系统误差的原因，进而改进实验方法，有时甚至会得到新实验方法的线索。

下面介绍三种检验可疑数据的统计方法。

1．拉依达（Pauta）准则

如果可疑数据x_p与实验数据的算术平均值$\bar{x}$的偏差的绝对值$|d_p|$大于3倍（或2倍）的标准偏差，即

$$|d_p| = |x_p - \bar{x}| > 3S \text{ 或 } 2S \tag{2-27}$$

则应将x_p从该组实验值中剔除，至于选择3*S*还是2*S*与显著性水平α有关。显著性水平α表示检验出错的概率为α，或者检验的可信度为$1-\alpha$。3*S*相当于显著水平α=0.01，2*S*相当于显著水平α=0.05。

例2-7　有一组分析测实数据：0.128、0.129、0.131、0.133、0.135、0.138、0.141、0.142、0.145、0.148、0.167，试问：其中偏差较大的0.167这一数据是否应被舍去？（α=0.01）

解：（1）计算包括可疑值0.167在内的平均值$\bar{x}$及标准偏差*S*

$$\bar{x}=0.140，S=0.011\ 16$$

（2）计算$|d_p|$和 3S

$$|d_p| = |x_p - \overline{x}| = |0.167 - 0.140| = 0.027$$

$$3S = 3 \times 0.011\ 16 = 0.033\ 5$$

（3）比较$|d_p|$与 3S

$$|d_p| < 3S$$

按拉依达检验法，当α =0.01 时，0.167 这一可疑值不应舍去。

拉依达准则方法简单，无须查表，用起来比较方便。该检验法适用于实验次数较多或要求不高时，这是因为，当n＜10 时，用 3S 作界限，即使有异常数据也无法剔除；若用 2S 作界限，则 5 次以内的实验次数无法舍去异常数据。

2．格拉布斯（Grubbs）准则

用格拉布斯准则检验可疑数据x_p时，当

$$|d_p| = |x_p - \overline{x}| > \lambda_{(\alpha,n)} S \tag{2-28}$$

时，则应将x_p从该组实验值中剔除。这里的$\lambda_{(\alpha,n)}$称为格拉布斯检验临界值，它与实验次数n及给定的显著性水平α有关，附表二给出了$\lambda_{(\alpha,n)}$的数值。

例 2-8 用容量法测定某样品中的锰，8 次平行测定数据为 10.29%、10.33%、10.38%、10.40%、10.43%、10.46%、10.52%、10.82%，试问是否有数据应被剔除？（α =0.05）

解：（1）检验 10.82%。该组数据的算术平均值为$\overline{x}$=10.45%，其中 10.82%的偏差最大，故首先检验该数。计算包括可疑值在内的平均值$\overline{x}$及标准偏差 S，$\overline{x}$=10.45%，S=0.16%；查表得$\lambda_{(0.05,8)} = 2.03$

所以

$$\lambda_{(0.05,8)} S = 2.03 \times 0.16\% = 0.32\%$$

$$|d_p| = |x_p - \overline{x}| = |10.82\% - 10.45\%| = 0.37\% > 0.32\%$$

故 10.82%这个测定值应该被剔除。

（2）检验 10.52%。剔除 10.82%之后，重新计算平均值$\overline{x}$及标准偏差 S，$\overline{x}'$ = 10.40%，S'=0.078%。这时，10.52%与平均值的偏差最大，所以应检验 10.52%。

查表得$\lambda_{(0.05,7)} = 1.94$

所以

$$\lambda_{(0.05,7)} S' = 1.94 \times 0.078\% = 0.15\%$$

$$|d_p| = |x_p - \overline{x}| = |10.52\% - 10.40\%| = 0.12\% < 0.15\%$$

故 10.52%不应被剔除。由于剩余数据的偏差都比 10.52%小，所以都应保留。

格拉布斯准则也可以用于检验两个数据（x_1，x_2）偏小，或两个数据（x_{n-1}，x_n）偏大的情况，这里$x_1 < x_2 < \cdots < x_{n-1} < x_n$，显然，最可疑的数据一定是在两端。此时可以先检验内侧数据，即前者检验x_2，后者检验x_{n-1}；如果x_2经检验应该被舍去，则x_1、x_2

两个数都应该被舍去；同样，如果 x_{n-1} 应被舍去，则 x_{n-1} 和 x_n 都应被舍去。如果检验结果 x_2 或 x_{n-1} 不应被舍去，则继续检验 x_1 和 x_n。注意，在检验内侧数据时，所计算的 $\bar{x}$ 和 S 不应包括外侧数据。

3．狄克逊（Dixon）准则

将 n 个实验数据按从小到大的顺序排列，得到

$$x_1 \leqslant x_2 \leqslant \cdots x_{n-1} \leqslant x_n \tag{2-29}$$

如果有异常值存在，必然出现在两端，即 x_1 或 x_n。检验 x_1 或 x_n 时，使用附表三中所列的公式，可以计算出 f_0，并查得临界值 $f_{(\alpha,n)}$。若 $f_0 > f_{(\alpha,n)}$，则应该剔除 x_1 或 x_n。临界值 $f_{(\alpha,n)}$ 与显著性水平 α 以及实验次数 n 有关。

可见狄克逊准则无须计算 $\bar{x}$ 和 S，所以计算量较小。

例 2-9　设有 15 个误差测定数据按从小到大的顺序排列为–1.40、–0.44、–0.30、–0.24、–0.22、–0.13、–0.05、0.06、0.10、0.18、0.20、0.39、0.48、0.63、1.01。试分析其中有无数据应该被剔除。（α =0.05）

解： 在这组数据中，与算术平均值偏差最大的数是 –1.40，故最为可疑，应首先检验，其次为 1.01。

（1）检验 –1.40。根据附表三，可得

$$f_0 = \frac{x_3 - x_1}{x_{n-2} - x_1} = \frac{-0.30 + 1.40}{0.48 + 1.40} = 0.585$$

$$f_{(0.05,15)} = 0.565$$

所以 $f_0 > f_{(0.05,15)}$，所以 –1.40 这个数应该被剔除。

（2）检验 1.01。由于 –1.40 已经被剔除，所以再检验 1.01 时，应将剩余的数据重新排序，这时 n=14，所以有

$$f_0 = \frac{x_{n'} - x_{n'-2}}{x_{n'} - x_3} = \frac{x_{14} - x_{12}}{x_{14} - x_3} = \frac{1.01 - 0.48}{1.01 + 0.24} = 0.424 < f_{(0.05,14)} = 0.586$$

所以 1.01 不应被剔除。

剩余数据与平均值的偏差都比 1.01 小，故都不应被剔除。

在用上面的准则检验多个可疑数据时，应注意以下几点：

（1）可疑数据应逐一检验，不能同时检验多个数据。这是因为不同数据的可疑程度是不一致的，应按照与 $\bar{x}$ 偏差的大小顺序来检验，首先检验偏差最大的数，如果这个数不被剔除，则其他数都不应被剔除，也就不需再检验其他数了。

（2）剔除一个数后，如果还要检验下一个数，则应注意实验数据的总数发生了变化。例如，在用拉依达和格拉布斯准则检验时，$\bar{x}$ 和 S 都会发生变化；在用狄克逊准则检验时，各实验数据的大小顺序编号以及 f_0、$f_{(\alpha,n)}$ 也会随之发生变化。

（3）用不同的方法检验同一组实验数据，在相同的显著性水平上，可能会有不同的结论。

上面介绍的三个准则各有其特点。当实验数据较多时，使用拉依达准则最简单，但当实验数据较少时，不能应用拉依达准则；格拉布斯准则和狄克逊准则都适用于实验数据较少时的检验，但是总体来说，实验数据越多，可疑数据被错误剔除的可能性越小，准确性越高。在一些国际标准中，常推荐格拉布斯准则和狄克逊准则来检验可疑数据。

习 题

1．用 3 种方法测定某溶液浓度时，得到三组数据，其平均值如下：

$$\bar{x}_1 = 1.54 \pm 0.01\ \text{mol/L}$$

$$\bar{x}_2 = 1.7 \pm 0.2\ \text{mol/L}$$

$$\bar{x}_3 = 1.537 \pm 0.005\ \text{mol/L}$$

试求它们的加权平均值。

2．试解释为什么不宜用量程较大的仪表来测量数值较小的物理量。

3．测量某种奶制品中蛋白质的含量为（25.3 ± 0.2）g/L，试求其相对误差。

4．在测定菠萝中维生素 C 含量的试验中，测得每 100 g 菠萝中含有 18.2 mg 维生素 C，已知测量的相对误差为 0.1%，试求每 100 g 菠萝中含有的维生素 C 的质量范围。

5．今欲测量大约 8 kPa（表压）的空气压力，试验仪表为

（1）1.5 级，量程 0.2 MPa 的弹簧管式压力表；（2）标尺分度为 1 mm 的“U”形管水银柱压差计；（3）标尺分度为 1 mm 的“U”形管水柱压差计。

求最大绝对误差和相对误差。

6．在用发酵法生产赖氨酸的过程中，对产酸率（%）做 6 次测定。样本测定值为 3.48、3.37、3.47、3.38、3.40、3.43，求该组数据的算术平均值、几何平均值、调和平均值、标准差 S、标准差 σ 、算术平均误差和极差 R。

7．用新旧两种方法测得某种液体黏度（MPa·s）如下：

新方法：0.73　0.91　0.84　0.77　0.98　0.81　0.79　0.87　0.85

旧方法：0.76　0.92　0.86　0.74　0.96　0.83　0.79　0.80　0.75　0.79

其中旧方法无系统误差。试在显著性水平 α =0.05 时，用秩和检验法检验新方法是否可行。

8．对同一铜合金，有 10 名分析人员分别进行分析，测得其中铜含量（%）的数据为 62.20、69.49、70.30、70.65、70.82、71.03、71.22、71.25、71.33、71.38。这些数据中哪个（些）数据应被舍去，试用 3 种方法进行检验。（α =0.05）

9．在容量分析中，计算组分含量的公式为 $W=V\rho$，其中 V 为滴定时消耗滴定液的体

积，ρ 为滴定液的质量浓度。现用质量浓度为（1.000 ± 0.001）mg/mL 的标准溶液滴定某试液，滴定时消耗滴定液的体积为（20.00 ± 0.02）mL，试求滴定结果的绝对误差和相对误差。

10．用天平称试验用的原料，由于天平量程偏小，需分 5 次来称，每次称量的标准误差都为 S，试求原料总质量的标准误差。设每次称得的质量为 x_1，x_2，…，x_5，总质量为 y，即 $y = x_1 + x_2 + x_3 + x_4 + x_5$，且各次称量是独立进行的。

11．在测定某溶液的密度 ρ 的试验中，需要测量液体的体积和质量，已知质量测量的相对误差不大于 0.02%，欲使测定结果的相对误差不大于 0.01%，测量液体体积所允许的最大相对误差为多大？

第二节　实验数据的处理

一、有效数字及其运算规则

（一）有效数字

为了得到准确的分析结果，不仅要准确地进行测量，还要正确地记录数字的位数。因为数据的位数不仅表示数量的大小，也反映测量的精确程度。所谓有效数字，就是实际能测到的数字。

有效数字保留的位数，应当根据分析方法和仪器准确度来决定，应使数值中只有最后一位是可疑的。

例如，用分析天平称取 0.500 0 g 试样时应写作（0.500 0±0.000 2）g，表示最后一位是可疑数字，其相对误差为

$$\frac{\pm 0.000\,2}{0.500\,0} \times 100\% = \pm 0.04\%$$

而称取 0.5 g 试样时应写作（0.5±0.2）g，表示是用台秤称量的，其相对误差为

$$\frac{\pm 0.2}{0.5} \times 100\% = \pm 40\%$$

同样，如把量取溶液的体积记作 24 mL，就表示是用量筒量取的，而从滴定管中放出的体积则应写作 24.00 mL。

数字“0”具有双重意义。若作为普通数字使用，它就是有效数字；若作为定位用，则不是有效数字。例如，滴定管读数 20.30 mL，两个“0”都是测量数字，都是有效数字，此有效数字为 4 位。若改用升表示则是 0.020 30 L，这时前面的两个“0”仅起定位作用，不是有效数字，此数仍是 4 位有效数字。改变单位并不改变有效数字的位数。当需要在

数的末尾加“0”作定位用时，最好采用指数形式表示，否则有效数字的位数含混不清。例如，质量为 25.0 mg，若以 μg 为单位，则表示为 2.50×10^4 μg。若表示成 25 000 μg，就易误解为 5 位有效数字。

在实验中常遇到倍数、分数关系，且非测量所得，可视为无限多位有效数字。而对 pH、PM、lg*K* 等对数数值，其有效数字的位数仅取决于尾数部分的位数，因其整数部分只代表该数的方次。如 pH=11.02，即 $[H^+]=9.6\times10^{-12}$ mol/L，其有效数字为 2 位而非 4 位。

在计算中若遇首位数大于等于 8 的数字，可多计一位有效数字，如 0.098 5，可按 4 位有效数字对待。

（二）数据修约规则

各种测量、计算的数据需要修约时，应遵守下列规则：四舍五入五考虑，五非零则进一，五后皆零视奇偶，五前为偶应舍去，五前为奇则进一。

例 2-10　将下列数据修约到只保留一位小数：

14.342 6、14.263 1、14.250 1、14.250 0、14.050 0、14.150 0。

解：按照上述修约规则，

（1）修约前　　修约后

14.342 6　　14.3

因保留 1 位小数，而小数点后第二位数小于或等于 4 者应予舍弃。

（2）修约前　　修约后

14.263 1　　14.3

小数点后第二位数字大于或等于 6，应予进一。

（3）修约前　　修约后

14.250 1　　14.3

小数点后第二位数字为 5，但 5 的右面并非全部为 0，则进一。

（4）修约前　　修约后

14.250 0　　14.2

14.050 0　　14.0

14.150 0　　14.2

小数点后第二位数字为 5，其右面皆为 0，则视左面一位数字，若为偶数（包括 0）则不进，若为奇数则进一。若拟舍弃的数字为两位以上数字，应按规则一次修约，不得连续多次修约。

例 2-11　将 15.454 6 修约成整数。

正确的做法：

修约前	修约后
15.454 6	15

不正确的做法：

修约前	一次修约	二次修约	三次修约	四次修约
15.454 6	15.455	15.46	15.5	16

二、实验数据整理

实验数据表和数据图是显示实验数据的两种基本方式。数据表能将杂乱的数据有条理地组织在一张简明的表格内，数据图则能将实验数据形象地显示出来。正确地使用表、图是实验数据分析处理的最基本技能。

（一）列表法

在实验数据的获得、整理和分析过程中，表格是显示实验数据不可缺少的基本工具。许多杂乱无章的数据，既不便于阅读，也不便于理解和分析，但将其整理在一张表格内，就会一目了然，清晰易懂。充分利用和绘制表格是做好实验数据处理的基本要求。

列表法就是将实验数据列成表格，将各变量的数值依照一定的形式和顺序一一对应，它通常是整理数据的第一步，能为绘制曲线图或整理成数学公式打下基础。

实验数据表可分为两大类：记录表和结果表。

实验数据记录表是实验记录和实验数据初步整理的表格，它是根据实验内容设计的一种专门表格。表中数据可分为三类：原始数据、中间数据和最终计算结果数据，实验数据记录表应在实验正式开始之前列出，这样可以使实验数据的记录更有计划性，而且也不容易遗漏数据。例如，表 2-3 所列就是离心泵特性曲线测定实验的数据记录。

表 2-3　离心泵特性曲线测定实验数据

序号	流量计读数/（$L\cdot h^{-1}$）	真空表读数/MPa	压力表读数/MPa	功率表读数/W
1				
2				
……				

附：泵入口管径____mm：泵出口管径：____mm；真空表与压力表垂直距离：_____mm；水温____℃；电动机转速：_____r/min。

实验结果表记录实验过程中得出的结论，即变量之间的依从关系，表格应该简明扼要，只需包括所研究变量关系的数据，并能从中反映关于研究结果的完整概念即可。例如表 2-4 所列是离心泵特性曲线测定实验的数据结果。

表 2-4 离心泵特性曲线测定实验结果

序号	流量 Q/（$m^3 \cdot s^{-1}$）	压头 H/m	轴功率 N/W	效率 η/%
1				
2				
……				

实验数据记录表和结果表之间的区别有时并不明显，如果实验数据不多，原始数据与实验结果之间的关系很明显，可以将上述两类表合二为一。

从以上两个表格中可以看出，实验数据表一般由三部分组成，即表名、表头和数据资料，此外，必要时可以在表格的下方加上表外备注。表名应放在表的上方，用于说明表的主要内容，为了引用方便，还应包含表号；表头通常放在第一行，也可以放在第一列，称为行标题或列标题，表示所研究问题的类别名称和指标名称；数据资料是表格的主要部分，应根据表头排列；表外附加通常放在表格的下方，如表 2-3 所示，主要是一些不便列在表内的内容，如指标注释、资料来源、不变的实验数据等。

由于使用者的目的和实验数据的特点不同，实验数据表在形式和结构上会有较大的差异，但基本原则应该是一致的。为了充分发挥实验数据表的作用，在拟定时应注意下列事项：

（1）表格设计应该简明合理、层次清晰，以便阅读和使用。

（2）数据表的表头要列出变量的名称、符号和单位，如果表中所有数据的单位都相同，这时单位可以在表的右上角标明。

（3）要注意有效数字位数，即记录的数字应与实验的精度相匹配。

（4）实验数据较大或较小时，要用科学记数法来表示，将$10^{\pm n}$记入表头，注意表头中的$10^{\pm n}$与表中的数据应服从下式：数据的实际值$\times 10^{\pm n}$=表中数据。

（5）数据表格记录要正规，原始数据要书写得清楚整齐，不得潦草，要记录各种实验条件，并妥善保管。

（二）图示法

实验数据图示法就是将实验数据用图形表示出来，用更加直观和形象的形式将复杂的实验数据表现出来。在数据分析中，一张好的数据图胜过冗长的文字表述。通过数据图，可以直观地看出实验数据变化的特征和规律。它的优点在于形象直观，便于比较，容易看出数据中的极值点、转折点、周期性、变化率以及其他特性。实验结果的图示法还可为后一步数学模型的建立提供依据。

用于实验数据处理的图形种类很多，根据图形的形状可以分为线图、柱形图、条形图、饼图、环形图、散点图、直方图、面积图、圆环图、雷达图、气泡图、曲面图等。图形的选择取决于实验数据的性质，一般情况下，计量性数据可以采用直方图和折线图等，计数性和表示性状的数据可采用柱形图和饼图等，如果要表示动态变化情况，则使用线图比较合适。下面就介绍一些在实验数据处理中常用的图形及其绘制方法。

1．常用数据图

A. 线图

线图是实验数据处理中最常用的一类图形，它可以用来表示因变量随自变量的变化情况。线图可以分为单式线图和复式线图两种。

（1）单式线图：表示某一种事物或现象的动态。

（2）复式线图：在同一图中表示两种或两种以上事物或现象的动态，可用于不同事物或现象的比较。例如，图 2-4 为复式线图，表示某种高吸水性树脂在两种温度下的保水性能；图 2-5 也是一种复式线图，与图 2-4 不同，它是一个双目标值的复式线图，表示离心泵的两个特性参数η 和 H 随 Q 的变化曲线。

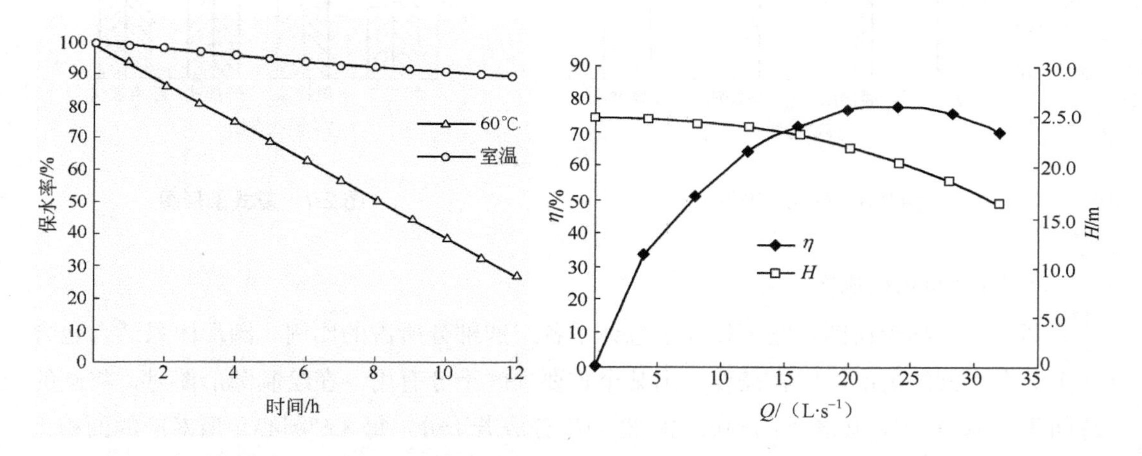

图 2-4　高吸水性树脂保水率与时间和温度的关系　　**图 2-5　某离心泵特性曲线**

在绘制复式线图时，不同线上的数据点可用不同符号表示，以示区别，而且还应在图上明确注明。

B. 条形图

条形图用等宽长条的长短或高低来表示数据的大小，以反映各数据点的差异。条形图可以横置或纵置，纵置时也称为柱形图。值得注意的是，这类图形的两个坐标轴的性质不同，其中一条轴为数值轴，用于表示数量性的因素或变量，另一条轴为分类轴，常表示属性（非数量性）因素或变量。此外，条形图也有单式条形图和复式条形图两种形式，如果只涉及提取方法一项指标，则采用单式条形图，如果涉及两项或两项以上的指标，可采用复式条形图。

例如，图 2-6 所示为单式柱形图，表示从某植物提取有效成分的实验中不同提取方法的提取效果比较，从图可以看出，超声波法提取效果最好。图 2-7 所示为复式条形图，它不仅具有单式条形图所表达的内容，还包括不同提取方法对两种植物有效成分提取率的比较。

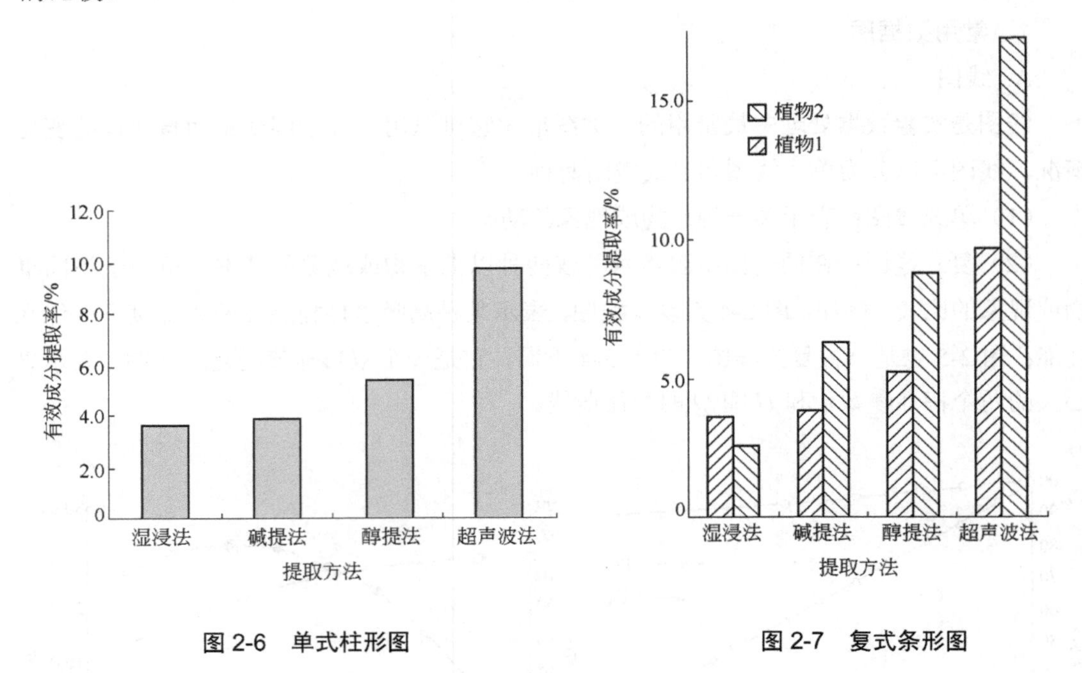

图 2-6　单式柱形图

图 2-7　复式条形图

C. 圆形图和环形图

圆形图也称为饼图，它可以表示总体中各组成部分所占的比例。圆形图只适合包含一个数据系列的情况，它在需要突出某个重要项时十分有用。在绘制圆形图时，将圆的总面积看成 100%，按各项的构成比将圆面积分成若干分，每 3.6°圆心角所对应的面积为 1%，以扇形面积的大小表示各项的比例。图 2-8 所示为两种形状的饼图，表明天然维生素 E 在各行业的消费比例。

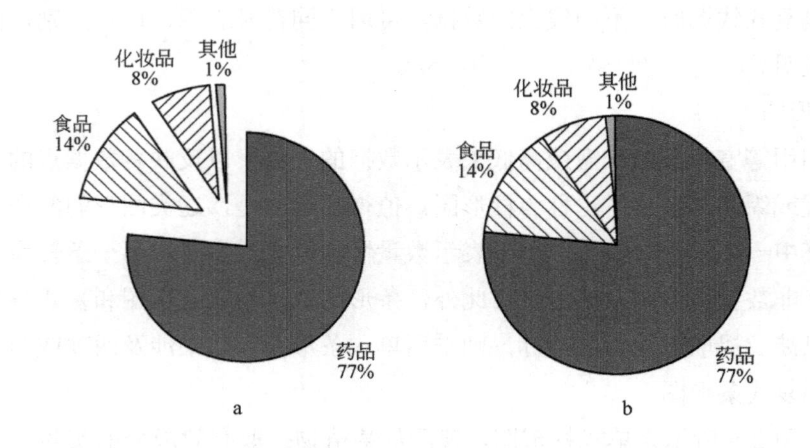

图 2-8　天然维生素 E 在各行业的消费比例

环形图与圆形图类似，但也有较大的区别。环形图中间有一“空洞”，每一部分数据用其中一段表环表示。圆形图只能显示一个总体各部分所占的比例，而环形图可显示多个总体各部分所占的相应比例，从而有利于比较和研究。例如，图 2-9 中外环表示天然维生素 E 的消费比例，内环则表示合成维生素 E 的消费比例，从图中容易看出两种来源的维生素 E 各自主要的应用领域。

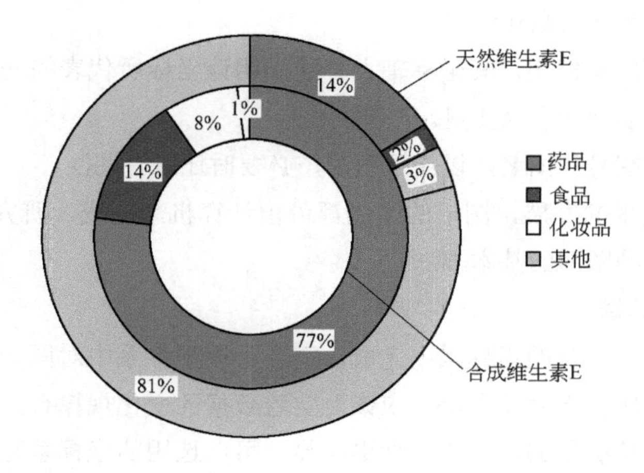

图 2-9 全球合成维生素 E、天然维生素 E 消费比例

D. XY 散点图

XY 散点图用于表示两个变量间的相互关系，从散点图可以看出变量关系的统计规律。图 2-10 所示为变量 x 和 y 实验值的散点图，图 2-11 所示为变量 T 和 S 实验值的散点图。可以看出，图 2-10 中的散点大致围绕一条直线散布，而图 2-11 的散点大致围绕一条抛物线散布，这就是变量间统计规律的一种表现。

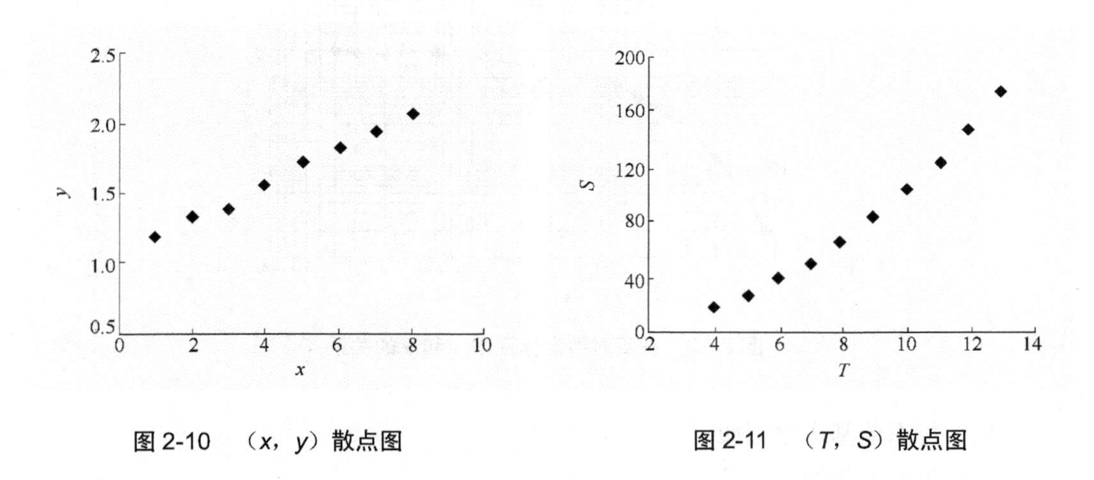

图 2-10 （x，y）散点图

图 2-11 （T，S）散点图

不同类型、不同使用要求的实验数据，可以选用合适的、不同类型的图形。绘制图

形时应注意以下几点：

（1）绘制线图时，要求曲线光滑。可以利用曲线板等工具将各离散点连接成光滑曲线，并使曲线尽可能通过较多的实验点，或者使曲线以外的点尽可能位于曲线附近，并使曲线两侧的点数大致相等。

（2）定量的坐标轴，其分度不一定自 0 起，可用低于最小实验值的某一整数作起点，高于最大实验值的某一整数作终点。

（3）定量绘制的坐标图，其坐标轴上必须标明该坐标所代表的变量名称、符号及所用的单位，一般用横轴代表因变量。

（4）图必须有图号和图名，以便于引用，必要时还应有图注。

随着计算机技术的发展，图形的绘制都可由计算机来完成，研究者应掌握用 Excel 的图表功能绘制各种图形的基本方法。

2. 坐标系的选择

大部分图形都在一定的坐标系中完成，而在不同坐标系中对同一组数据做图，可以得到不同的图形，所以在做图之前，应该对实验数据的变化规律有一个初步判断，以选择合适的坐标系，使所做的图形规律性更明显。可以选用的坐标系有笛卡尔坐标系（又称普通直角坐标系）、半对数坐标系、对数坐标系、极坐标系、概率坐标系、三角形坐标系等。下面仅讨论最常用的笛卡尔坐标系、半对数坐标系和对数坐标系。

半对数坐标系，一个轴是分度均匀的普通坐标轴，另一个轴是分度不均匀的对数坐标轴。在对数轴上，某点与原点的实际距离为该点对应数的常用对数值，但是在该点标出的值是真数，所以对数轴的原点应该是 1 而不是 0。双对数坐标系的两个轴都是对数坐标轴（图 2-12），即每个轴的刻度都是按上述原则得到的。

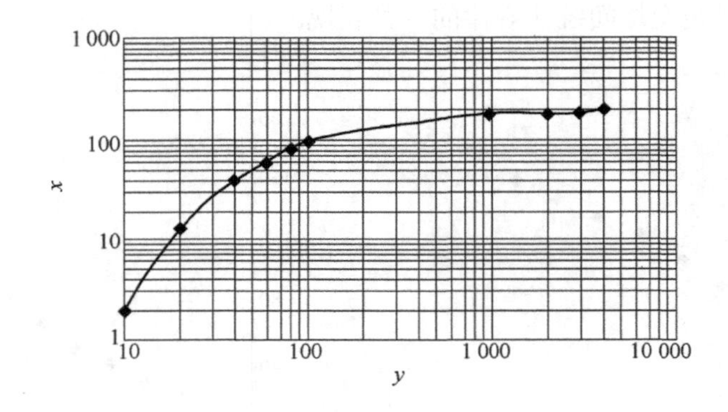

图 2-12　在双对数坐标系中 x 和 y 的关系

选用坐标系的基本原则如下：

（1）根据数据间的函数关系。

①线性函数：$y=a+bx$，选用普通直角坐标系。

②幂函数：$y=ax^b$，因为 $\lg y=\lg a+b\lg x$，选用双对数坐标系可以使图形线性化。

③指数函数：$y=ab^x$，因 $\lg y$ 与 x 呈直线关系，故选用半对数坐标。

（2）根据数据的变化情况。

①若实验数据的两个变量的变化幅度都不大，可选用普通直角坐标系。

②若所研究的两个变量中，有一个变量的最小值与最大值之间数量级相差太大时，可以选用半对数坐标。

③如果所研究的两个变量在数值上均变化了几个数量级，可选用双对数坐标。

④在自变量由 0 开始逐渐增大的初始阶段，当自变量的少许变化引起因变量极大变化时，此时采用半对数坐标系或双对数坐标系，可使图形轮廓更清楚，如例 2-12。

例 2-12　已知 x 和 y 的数据如表 2-5 所示：

表 2-5　例 2-12 原始数据

x	y	x	y
10	2	100	100
20	14	1 000	177
40	40	2 000	181
60	60	3 000	188
80	80	4 000	200

在普通直角坐标系中做图（图 2-13），当 x 的数值等于 10、20、40、60、80 时，几乎不能描出曲线开始部分的点，但是若采用对数坐标系则可以得到比较清楚的曲线（图 2-12）。如果将上述数据都取对数，可得到表 2-6 所示的数据，根据这组数据在普通直角坐标系中做图，得到图 2-14。比较图 2-12 和图 2-14，可以看出两条曲线是一致的。所以，没有对数坐标系的情况下，可以采取这种方法来处理数据。

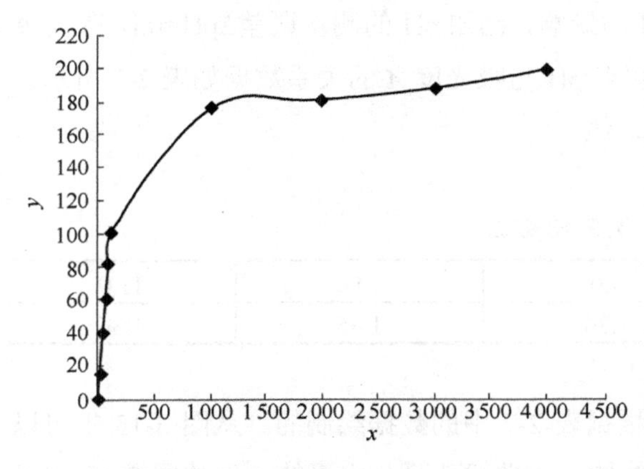

图 2-13　普通直角坐标系中 x 和 y 的关系

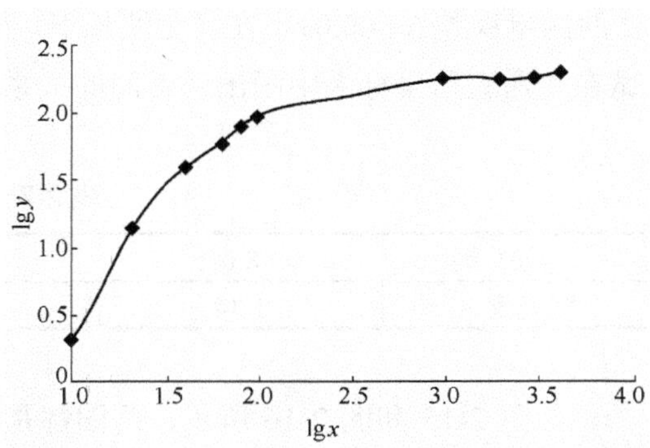

图 2-14　普通直角坐标系中 $\lg x$ 和 $\lg y$ 的关系

表 2-6 例 2-12 对数数据

$\lg x$	14.0	1.3	1.6	1.8	1.9	2.0	3.0	3.3	3.5	3.6
$\lg y$	0.3	1.1	1.6	1.8	1.9	2.0	2.2	2.3	2.3	2.3

3. 坐标比例尺的确定

坐标比例尺是指每条坐标轴所能代表的物理量的大小，即坐标轴的分度。如果比例尺选择不当，就会导致图形失真，从而导致错误的结论。一般情况下，坐标轴比例尺的确定，既不会因比例常数过大而损失实验数据的准确度，又不会因比例常数过小而造成图中数据点分布异常的假象。坐标分度的确定可以采取如下方法：

（1）在变量 x 与 y 的误差 Δx 、Δy 已知时，比例尺的取法应使实验“点”的边长为 $2\Delta x$ 、$2\Delta y$ ，而且使 $2\Delta x = 2\Delta y = 1 \sim 2$ mm，若 $2\Delta y = 2$ mm，则 y 轴的比例尺 M_y 应为

$$M_y = \frac{2\ \text{mm}}{2\Delta y} = \frac{1}{\Delta y}\text{mm} / y$$

例如，已知质量的测量误差 $\Delta m = 0.1\ \text{g}$ ，若在坐标轴上取 $2\Delta m = 2\ \text{mm}$ ，则

$$M_m = \frac{2\ \text{mm}}{0.2\ \text{g}} = \frac{1\ \text{mm}}{0.1\ \text{g}} = 10\ \text{mm/g}$$

即坐标轴上 10 mm 代表 1 g。

（2）如果变量 x 和 y 的误差 Δx、Δy 未知，坐标轴的分度应与实验数据的有效数字位数相匹配，即坐标读数的有效数字位数与实验数据的位数相同。

（3）推荐坐标轴的比例常数 M=（1，2，5）$\times 10^{\pm n}$ （n 为正整数），而 3、6、7、8 等的比例常数绝不可用。

（4）纵横坐标之间的比例不一定必须一致，应根据具体情况选择，使曲线的坡度介于 30°～60°，这样的曲线坐标读数准确度较高。

例 2-13 研究 pH 对某溶液吸光度 A 的影响，已知 pH 的测量误差 ΔpH=0.1，吸光度 A 的测量误差 ΔA=0.01。在一定波长下，测得 pH 与吸光度 A 的关系数据如表 2-7 所示。试在普通直角坐标系中画出两者间的关系曲线。

表 2-7 例 2-13 数据

pH	8.0	9.0	10.0	11.0
吸光度 A	1.34	1.36	1.45	1.36

如图 2-15 和图 2-16 所示，两图都是根据表 2-7 中的数据绘制的。从图 2-15 中可以看出 pH 对溶液吸光度几乎没有影响，因为图中的曲线几乎是水平的。而从图 2-16 中可以明显地看出，当 pH=10.0 时溶液的吸光度最大。这两个结论的不同是由于两图的比例

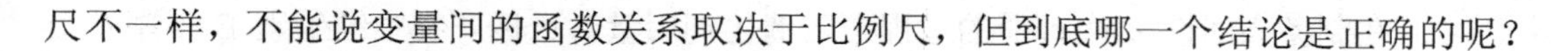

尺不一样，不能说变量间的函数关系取决于比例尺，但到底哪一个结论是正确的呢？

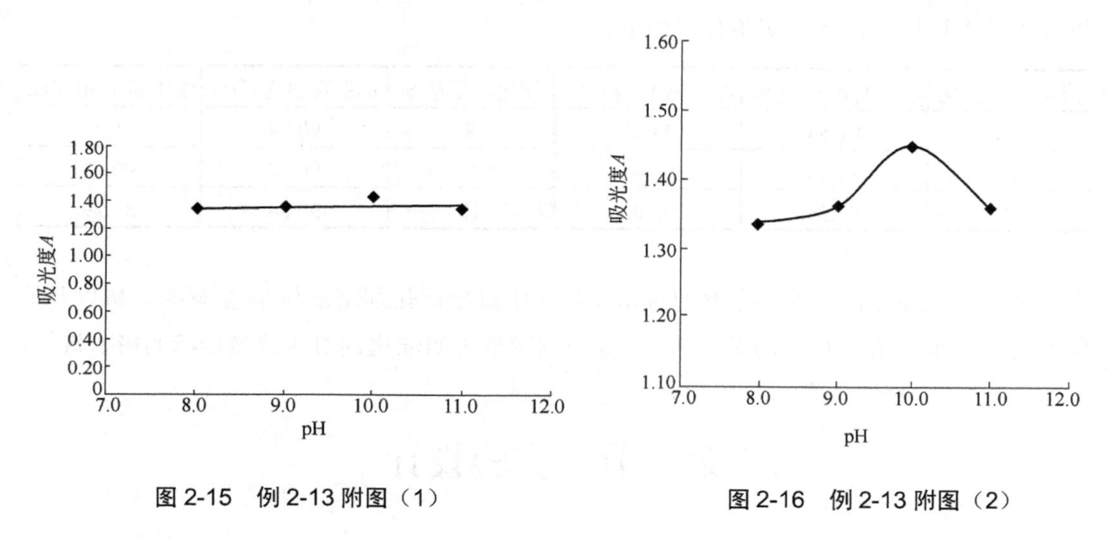

图 2-15　例 2-13 附图（1）

图 2-16　例 2-13 附图（2）

根据两个变量的误差，可以确定坐标系适宜的比例尺。

设　$2\Delta \mathrm{pH} = 2\Delta A = 2\mathrm{mm}$

因　$\Delta \mathrm{pH} = 0.1$，$\Delta A = 0.01$

所以横轴的比例尺为

$$M_{\mathrm{pH}} = \frac{2\ \mathrm{mm}}{2\Delta \mathrm{pH}} = \frac{2\ \mathrm{mm}}{0.2} = 10\ （\mathrm{mm}/单位\mathrm{pH}）$$

纵轴的比例尺为

$$M_A = \frac{2\ \mathrm{mm}}{2\Delta A} = \frac{2\ \mathrm{mm}}{0.02} = 100\ （\mathrm{mm}/单位吸光度）$$

可见图 2-16 的比例尺是合适的，所以正确结论应为溶液的 pH 对吸光度有较大影响，当 pH=10.0 时溶液的吸光度最大。

习　题

1．研究两变量 x 与 y 之间的关系，已知 x 的测量误差 $\Delta x = 0.05$， y 的测量误差 $\Delta y = 0.2$。实验测得 x 与 y 的关系数据如下表所示。试在普通直角坐标系中画出两者间的关系曲线。

x	1.00	2.00	3.00	4.00
y	8.0	8.2	8.3	8.0

2．在制备高活性 α-生育酚的过程中，催化剂用量对目标产物中维生素 E 得率及 α-生育酚的含量均有影响，实验数据如下。

催化剂用量/%	α-生育酚含量/%	维生素 E 得率/%	催化剂用量/%	α-生育酚含量/%	维生素 E 得率/%
5	81.58	93.42	8	90.24	91.42
6	84.29	92.67	9	90.37	90.63
7	87.53	92.05	10	90.84	89.29

试根据上述数据，在一个普通直角坐标系中画出催化剂用量与 α-生育酚含量以及催化剂用量与维生素 E 得率的关系曲线，并根据图形说明催化剂对两试验指标的影响规律。

第三节 实验设计

实验是解决水处理问题必不可少的一个重要手段，通过实验可以解决如下一些问题：

（1）找出影响实验结果的因素及各因素的主次关系，为水处理方法揭示内在规律、建立理论基础。

（2）寻找各因素的最佳量，以使水处理方法在最佳条件下实施，达到高效、节能，从而节省土建与运行费用的目的。

（3）确定某些数学公式中的参数，建立经验式，以解决实际工程中的问题等。

在实验安排中，如果实验设计得好，较少的实验次数就能获得有用信息，通过实验数据的分析，可以掌握内在规律，得到满意结论。如果实验设计得不好，多次实验也无法找出其中的变化规律，得不到满意的结论。因此如何合理地设计实验，实验后又如何对实验数据进行分析，以用较少的实验次数达到预期目的，是很值得研究的一个问题。

优化实验设计是一种在实验进行之前根据实验中的不同问题，利用数学原理，科学地安排实验，以求迅速找到最佳方案的科学实验方法。它对于节省实验次数、节省原材料、较快得到有用信息是非常必要的。由于优化实验设计法为我们提供了科学安排实验的方法，因此，近年来优化实验设计越来越被科技人员所重视，并得到广泛的应用，它打破了传统均分安排实验方法，包括单因素的均分法、对分法、黄金分割法和分数法，双因素的对开法、旋升法和平行线法，多因素的正交试验设计法等一些在国内外已广泛应用于科学实验中，并取得很好效果的实验方法。

一、实验设计的几个基本概念

（一）实验方法

通过实验获得大量的自变量与因变量一一对应的数据，以此为基础来分析整理并得到客观规律的方法，称为实验方法。

（二）实验设计

实验设计是指为节省人力、财力，迅速找到最佳条件，揭示事物内在规律，根据实验中不同问题，在实验前利用数学原理科学编排实验的过程。

（三）实验指标

在实验设计中用来衡量实验效果好坏所采用的标准称为实验指标或简称指标。例如，天然水中存在大量使水浑浊的胶体颗粒，为了降低浑浊度需往水中投放混凝剂药物，当实验目的是求最佳投药量时，水样中剩余浊度即作为实验指标。

（四）因素

对实验指标有影响的条件称为因素。例如，在水中投入适量的混凝剂可降低水的浑浊度，因此水中投加的混凝剂即作为分析的实验因素，简称为因素。有一类因素，在实验中可以人为调节和控制，如水质处理中的投药量，称为可控因素；另一类因素，由于自然条件和设备等条件的限制，暂时还不能人为调节，如水质处理中的气温，称为不可控因素。在实验设计中，一般只考虑可控因素。因此，今后说到因素，凡没有特别说明的，都是指可控因素。

（五）水平

因素在实验中所处的状态不同，可能引起指标的变化，因素变化的各种状态叫作因素的水平。某个因素在实验中需要考察它的几种状态，就称为几水平的因素。

因素的各个水平有的能用数量来表示，有的不能用数量来表示。例如，有几种混凝剂可以降低水的浑浊度，需要研究哪种混凝剂较好，各种混凝剂表示混凝剂这个因素的各个水平，不能用数量表示。凡是不能用数量表示水平的因素，叫作定性因素。在多因素实验中，经常会遇到定性因素。对定性因素，只要对每个水平规定具体含义，就可与通常的定量因素一样对待。

（六）因素间交互作用

实验中所考察的各因素相互间没有影响，则称因素间没有交互作用，否则称为因素间有交互作用，并记为 A（因素）×B（因素）。

二、单因素实验设计

对于只有一个影响因素的实验或影响因素虽多但在安排实验时只考虑一个对指标影响最大的因素，其他因素尽量保持不变的实验，即为单因素实验。我们的任务是如何选择实验方案来安排实验，找出最优实验点，使实验的结果（指标）最好。

在安排单因素实验时，一般考虑三方面的内容：

（1）确定包括最优点的实验范围。设下限用 a 表示，上限用 b 表示（图 2-17），实验范围就用由 a 到 b 的线段表示，并记作 $[a, b]$。若 x 表示实验点，则写成 $a \leqslant x \leqslant b$，如果不考虑端点 a、b，就记成 (a, b) 或 $a < x < b$。

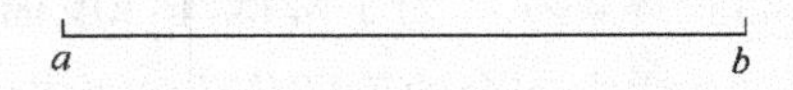

图 2-17 单因素实验范围

（2）确定指标。如果实验结果（y）和因素取值（x）的关系可写成数学表达式 $y=f(x)$，则称 $f(x)$ 为指标函数（或目标函数）。根据实际问题，在因素的最优点上，以指标函数 $f(x)$ 取最大值、最小值或满足某种规定的要求为评定指标。对于不能写成指标函数甚至实验结果不能定量表示的情况（例如，对比水库中的气味），就要确定评定实验结果好坏的标准。

（3）确定实验方法，科学地安排实验点。

本节主要介绍单因素实验设计方法，内容包括均分法、对分法、黄金分割法、分数法和分批实验法。

（一）均分法与对分法

1. 均分法

如果要做 n 次实验，就把实验范围等分成 $n+1$ 份，在各个分点上做实验，如图 2-18 所示。

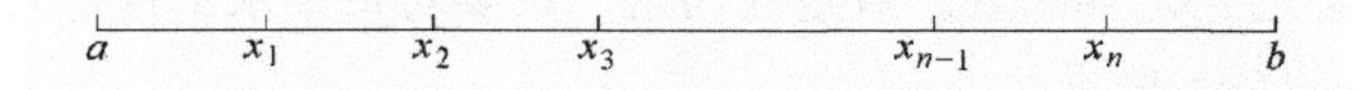

图 2-18 均分法实验点

$$x_i = a + \frac{b-a}{n+1} i \quad (i=1, 2, \cdots, n) \tag{2-30}$$

将 n 次实验结果进行比较，选出所需要的最好结果，相对应的实验点即为 n 次实验中最优点。

均分法是一种古老的实验方法。

优点：只需把实验放在等分点上，实验可以同时进行，也可以一个接一个地进行；

缺点：实验次数较多，代价较大。

2．对分法

对分法的要点是每次实验点取在实验范围的中点上。若实验范围为［a，b］，中点公式则为

$$x = \frac{a+b}{2} \tag{2-31}$$

用这种方法，每次可去掉实验范围的一半，直到取得满意的实验结果为止。

使用对分法的条件：它只适用每做一次实验，根据结果就可确定下次实验方向的情况。

如某种酸性污水，要求投加碱量调整 pH 为 7～8，加碱量范围为［a，b］，试确定最佳投药量。若采用对分法，第一次加药量 $x_1 = \frac{a+b}{2}$，加药后水样 pH<7（或 pH>8），则加药范围中小于 x_1（或大于 x_1）的部分可舍弃，而取另一半重复实验，直到实验结果满意为止。

优点：每次实验可以将实验范围缩小一半。

缺点：要求每次实验可以确定下次实验的方向。

有些实验不能满足这个要求，因此，对分法的应用受到一定限制。

（二）黄金分割法（0.618 法）

科学实验中，有相当普遍的一类实验，目标函数只有一个峰值，在峰值的两侧实验效果都较差，将这样的目标函数称为单峰函数。图 2-19 所示为一个上单峰函数。

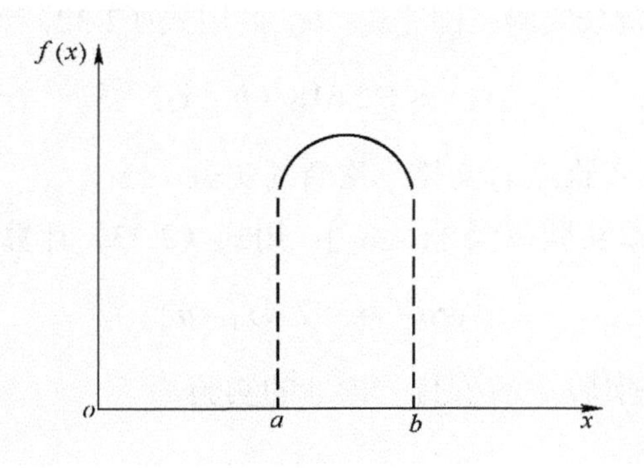

图 2-19　上单峰函数

黄金分割法适用于目标函数为单峰函数的情形。所谓黄金分割，指的是把长为 L 的线段分为两部分，使其中一部分对于全部之比等于另一部分对于该部分之比，这个比例就是 $\omega=\frac{\sqrt{5}-1}{2}$=0.618 033 988 7…，它的三位有效近似值就是 0.618，所以黄金分割法又称为 0.618 法。

其具体做法如下：

设实验范围为［a，b］，第一次实验点 x_1 选在实验范围的 0.618 位置上，即

$$x_1=a+0.618(b-a) \tag{2-32}$$

第二次实验点选在第一点 x_1 的对称点 x_2 处，即实验范围的 0.382 位置上。

$$x_2=a+0.382(b-a) \tag{2-33}$$

实验点 x_1、x_2 如图 2-20 所示。

图 2-20　0.618 法第一次、第二次实验点分布

设 $f(x_1)$和 $f(x_2)$表示 x_1 与 x_2 两点的实验结果，且 $f(x)$值越大，效果越好。

（1）如果 $f(x_1)$比 $f(x_2)$好，则根据“留好去坏”的原则，去掉实验范围［a，x_2）部分，在剩余范围［x_2，b］内继续做实验。

（2）`如果 $f(x_1)$比 $f(x_2)$差，同样根据“留好去坏”的原则，去掉实验范围（x_1，b］部分，在剩余范围［a，x_1］内继续做实验。

（3）如果 $f(x_1)$和 $f(x_2)$实验效果一样，去掉两端，在剩余范围［x_1，x_2］内继续做实验。

根据单峰函数性质，上述三种做法都可使好点留下，将坏点去掉，不会发生最优点丢掉的情况。

继续做实验：

第一种情况下，在剩余实验范围［x_2，b］内用式（2-32）计算新的实验点 x_3。

$$x_3=x_2+0.618(b-x_2)$$

如图 2-21 所示，在实验点 x_3 安排一次新的实验。

第二种情况下，剩余实验范围［a，x_1］，用式（2-33）计算新的实验点 x_3。

$$x_3=a+0.382(x_1-a)$$

如图 2-22 所示，在实验点 x_3 安排一次新的实验。

图 2-21　（1）情况下第三个实验点 x_3 　　图 2-22　（2）情况下第三个实验点 x_3

第三种情况下，剩余实验范围为 $[x_2, x_1]$，用式（2-32）和式（2-33）计算两个新的实验点 x_3 和 x_4。

$$x_3 = x_2 + 0.618（x_1 - x_2）$$

$$x_4 = x_2 + 0.382（x_1 - x_2）$$

在实验点 x_3、x_4 安排两次新的实验。

无论上述三种情况出现哪一种，在新的实验范围内都有两个实验点的实验结果可以进行比较。仍然按照“留好去坏”原则，去掉实验范围的一段或两段，这样反复做下去，直到找到满意的实验点，得到比较好的实验结果为止，若实验范围已很小，再做下去，实验结果差别不大，就可停止实验。

例 2-14　为降低水的浑浊度，需要加入一种药剂，已知其最佳加入量在 1 000～2 000 g 之间的某一点，现在要通过实验找到它，按照 0.618 法选点，先在实验范围的 0.618 处做第一次实验，这一点的加入量可由式（2-32）算出。

$$x_1 = 1\,000 + 0.618（2\,000 - 1\,000）$$
$$=1\,618 \text{ g}$$

再在实验范围的 0.382 处做第二次实验，这一点的加入量可由式（2-33）算出。

$$x_2 = 1\,000 + 0.382（2\,000 - 1\,000）= 1\,382 \text{ g}$$

两次实验结果如图 2-23 所示。

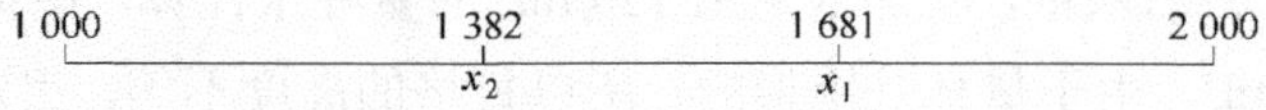

1 000　1 382　1 681　2 000
x_2　x_1

图 2-23　降低水浑浊度第一次、第二次实验加药量

比较两次实验结果，如果 x_1 点较 x_2 点好，则去掉 1 382 g 以下的部分，然后留下部分再用式(2-32)找出第三个实验点 x_3，在点 x_3 做第三次实验，这一点的加入量为 1 764 g，如图 2-24 所示。

如果仍然是 x_1 点好，则去掉 1 764 g 以上的一段，留下部分按式（2-33）计算得出第四个实验点 x_4，在点 x_4 做第四次实验，这一点的加入量为 1 528 g（图 2-25）。

1 382　1 618　1 764　2 000
x_2　x_1　x_3

图 2-24　降低水的浑浊度第三次实验加药量

1 382　1 528　1 618　1 764
x_2　x_4　x_1　x_3

图 2-25　降低水的浑浊度第四次实验加药量

如果这一点比 x_1 点好，则去掉 1 618～1 764 这一段，留下部分按同样方法继续实验，如此重复最终即能找到最佳点。

总之，0.618 法简便易行，每个实验范围都可计算出两个实验点进行比较，好点留下，从坏点处把实验范围切开，丢掉短而不包括好点的一段，实验范围就缩小了。在新的实验范围内，再用式（2-32）、式（2-33）算出两个实验点，其中一个就是刚才留下的好点，另一个是新的实验点。应用此法每次可以去掉实验范围的 0.382 倍，因此可以用较少的实验次数迅速找到最佳点。

（三）分数法

分数法又称为菲波那契数列法，它是利用菲波那契数列进行单因素优化实验设计的一种方法。

根据菲波那契数列：

$$F_0=1，F_1=1，F_n=F_{n-1}+F_{n-2}\quad（n\geqslant 2）$$

可得以下数列：

$$1，1，2，3，5，8，13，21，34，55，89，144，233，\cdots$$

我们知道任何小数都可以表示为分数，则 0.618 也可近似地用 $\dfrac{F_n}{F_{n+1}}$ 来表示，即

$$\frac{2}{3}，\frac{3}{5}，\frac{5}{8}，\frac{8}{13}，\frac{13}{21}，\frac{21}{34}，\frac{34}{55}，\frac{55}{89}，\frac{89}{144}，\frac{144}{233}，\cdots$$

分数法适用于实验点只能取整数或限制实验次数的情况。例如，在配制某种清洗液时，要优选某材料的加入量，其加入量用 150 mL 的量杯来计算，该量杯的量程分为 15 格，每格代表 10 mL，由于量杯是锥形的，所以每格的高度不等，很难量几毫升或几点几毫升，因此不便用 0.618 法。这时，可将实验范围定为 0～130 mL，中间正好有 13 格，就以 $\dfrac{8}{13}$ 代替 0.618。第一个实验点在 $\dfrac{8}{13}$ 处，即 80 mL 处，第二个实验点选在 $\dfrac{8}{13}$ 的对称点 $\dfrac{5}{13}$ 处，即 50 mL 处，然后来回调试便可得到满意的结果。

在使用分数法进行单因素优选时，应根据实验区间选择合适的分数，所选择的分数不同，实验次数也不一样。如表 2-8 所示，虽然实验范围划分的分数随分母增加得很快，但相邻两分数的实验次数只是增加 1。

表 2-8　分数法实验

分数 F_n/F_{n+1}	第一批实验点位置	等分实验范围分数 F_{n+1}	实验次数
2/3	2/3，1/3	3	2
3/5	3/5，2/5	5	3
5/8	5/8，3/8	8	4
8/13	8/13，5/13	13	5
13/21	13/21，8/21	21	6
21/34	21/34，13/34	34	7
34/55	34/55，21/55	55	8

有时实验的份数不是分数中的分母数，例如 10 份，这时，有两种方法来解决，一种是分析一下能否缩短实验范围，如能缩短 2 份，则可用$\frac{5}{8}$，如果不能缩短，则可用第二种方法，即添 3 个数，凑足 13 份，用$\frac{8}{13}$。

受条件限制只能做几次实验的情况下，采用分数法较好。

因此，表 2-8 第一列各分数，从分数$\frac{2}{3}$开始，以后的每一分数，其分子都是前一分数的分母，而其分母都等于前一分数的分子与分母之和，照此方法不难写出所需要的第一次实验点位置。

分数法中各实验点的位置，可用下列公式求得

$$\text{第一个实验点} = [\text{大数（右端点）} - \text{小数}] \times \frac{F_n}{F_{n+1}} + \text{小数} \tag{2-34}$$

$$\text{新实验点} = (\text{大数} - \text{中数}) + \text{小数} \tag{2-35}$$

式中：中数——已实验的实验点数值。

上述两式推导如下：

首先由于第一个实验点 x_1 取在实验范围内的$\frac{F_n}{F_{n+1}}$处，所以 x_1 与实验范围左端点（小数）的距离等于实验范围总长度的$\frac{F_n}{F_{n+1}}$倍，即

第一实验点 – 小数= [大数（右端点）– 小数] $\times \frac{F_n}{F_{n+1}}$ 移项后，即得式（2-34）。

又由于新实验点（x_2，x_3，…）安排在余下范围内与已实验点相对称的点上，因此不仅新实验点到余下范围的中点的距离等于已实验点到中点的距离，而且新实验点到左端点的距离也等于已实验点到右端点的距离（图 2-26），即

新实验点－左端点＝右端点－已实验点

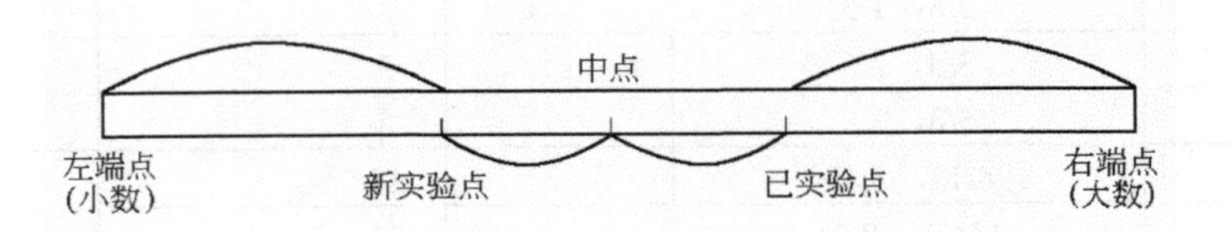

图 2-26 分数法实验点位置示意图

下面举例说明分数法的应用。

例 2-15 某污水处理厂准备投加三氯化铁来改善污泥的脱水性能，初步调查投药量在 160 mg/L 以下，要求通过 4 次实验确定最佳投药量。具体计算方法如下：

（1）根据式（2-34）可得到第一个实验点位置

$$(160-0)\times\frac{5}{8}+0=100$$

（2）根据式（2-35）可得到第二个实验点位置

$$(160-100)+0=60$$

（3）假定第一点比第二点好，所以在 60～160 之间找第三点，除去 0～60 的一段，即

$$(160-100)+60=120$$

（4）第三点与第一点结果一样，此时可用对分法进行第四次实验，即在$\frac{100+120}{2}=110$处进行实验得到的效果最好。

（四）分批实验法

当完成实验需要较长的时间，或者测实一次要花很大代价，而每次同时测实几个样品和测实一个样品所花的时间、人力或费用相近时，采用分批实验法较好。分批实验法又可分为均匀分批实验法和比例分割实验法。这里仅介绍均匀分批实验法。

这种方法是每批实验均匀地安排在实验范围内。例如，每批要做 4 个实验，我们可以先将实验范围［a，b］均分为 5 份，在其 4 个分点 x_1、x_2、x_3、x_4 处做 4 个实验。将 4 个实验样品同时进行测实分析，如果 x_3 好，则去掉小于 x_2 和大于 x_4 的部分，留下［x_2，x_4］范围。然后将留下部分分成 6 份，在未做过实验的 4 个分点实验，这样一直做下去，就能找到最佳点。对于每批要做 4 个实验的情况，用这种方法，第一批实验后范围缩小$\frac{2}{5}$，

以后每批实验后都能缩小为前次余下的$\frac{1}{3}$（图 2-27）。

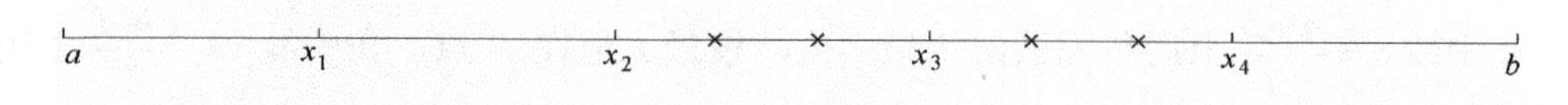

图 2-27　分批实验法示意图

例如，测定某种有毒物质进入生化处理构筑物的最大允许浓度时，可以采用这种方法。

三、双因素实验设计

对于双因素问题，往往采取把两个因素变成一个因素的办法（降维法）来解决，即先固定第一个因素，做第二个因素的实验，然后固定第二个因素做第一个因素的实验。

双因素优选问题，就是要迅速找到二元函数 $z=f(x，y)$ 的最大值及其对应的 $(x，y)$ 点的问题，这里 x、y 代表的是双因素。假定处理的是单峰问题，也就是把 x、y 平面作为水平面，实验结果 z 看成这一点的高度，这样的图形就是一座山，双因素优选法的几何意义是找出该山峰的最高点。如果在水平面上画出该山峰的等高线（z 值相等的点构成的曲线在 x-y 上的投影），如图 2-28 所示，最里边的一圈等高线即为最佳点。

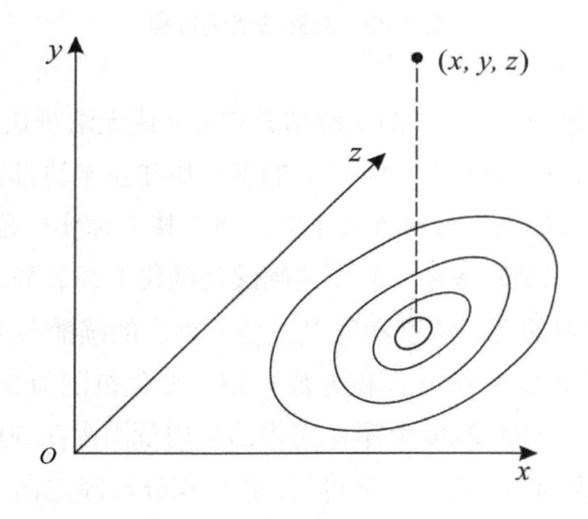

图 2-28　双因素优选法几何意义（单峰）

下面介绍几种常用的双因素优选法。

（一）对开法

在直角坐标系中画出一个矩形，代表优选范围：

$$a<x<b,\ c<y<d$$

在中线 $x=\dfrac{a+b}{2}$ 上用单因素法找最大值，设最大值在 P 点。在中线 $y=\dfrac{c+d}{2}$ 上用单因素法找最大值，设为 Q 点。比较 P 和 Q 的结果，如果 Q 大，去掉 $x<\dfrac{a+b}{2}$ 部分，否则去掉另一半。再用同样的方法来处理余下的半个矩形，不断地去其一半，逐步得到所需要的结果。优选过程如图 2-29 所示。

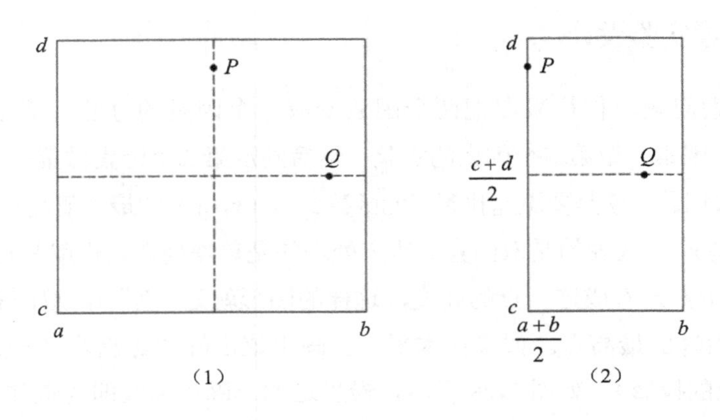

图 2-29　对开法优选过程

需要指出的是，如果 P、Q 两点的实验结果相等（或无法辨认好坏），说明 P 和 Q 两点位于同一条等高线上，可以将图 2-29（1）的下半块和左半块都去掉，仅留下右上角象限。因此，当两点实验数据的可分辨性较小时，可直接丢掉实验范围的 3/4。

例 2-16　某化工厂试制磺酸钡，其原料磺酸是磺化油经乙醇水溶液萃取出来的。实验目的是选择乙醇水溶液的合适浓度和用量，使分离出的磺酸最多。根据经验，乙醇水溶液的浓度变化范围为 50%～90%（体积分数），用量变化范围为 30%～70%（质量分数）。

解：用对开法优选，如图 2-30 所示，先将乙醇用量固定在 50%，用 0.618 法，求得 A 点较好，即体积分数为 80%；而后上下对折，将体积分数固定在 70%，用 0.618 法优选，结果 B 点较好，如图 2-30（1）所示。比较 A 点与 B 点的实验结果，A 点比 B 点好，于是丢掉下半部分。在剩下的范围内再上下对折，将体积分数固定在 80%，对用量进行优选，结果还是 A 点最好，如图 2-30（2）所示。于是 A 点即为所求。即乙醇水溶液的体积分数为 80%，用量为 50%（质量分数）。

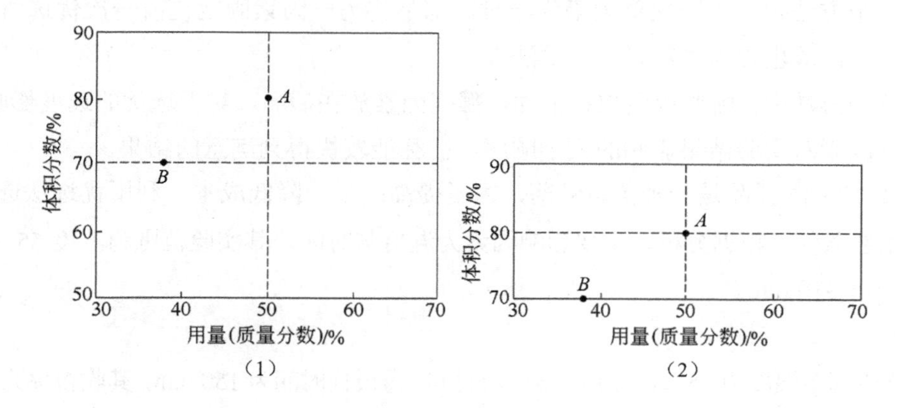

图 2-30　例 2-16 双因素优选

（二）旋升法

如图 2-31 所示，在直角坐标系中画出一个矩形，代表优选范围：

$$a<x<b,\ c<y<d$$

先在一条中线上用单因素优选法求得最大值，例如中线 $x=\frac{a+b}{2}$，假定在 P_1 点取得最大值，然后过 P_1 点做水平线，在这条水平线上进行单因素优选，找到最大值，假定在 P_2 点处取得最大值，如图 2-31（1）所示，这时应去掉通过 P_1 点的直线所分开的不含 P_2 点的部分；又在通过 P_2 点的垂线上找最大值，假定在 P_3 点处取得最大值，如图 2-31（2）所示，此时应去掉 P_2 点以上部分，继续做下去，直到找到最佳点。

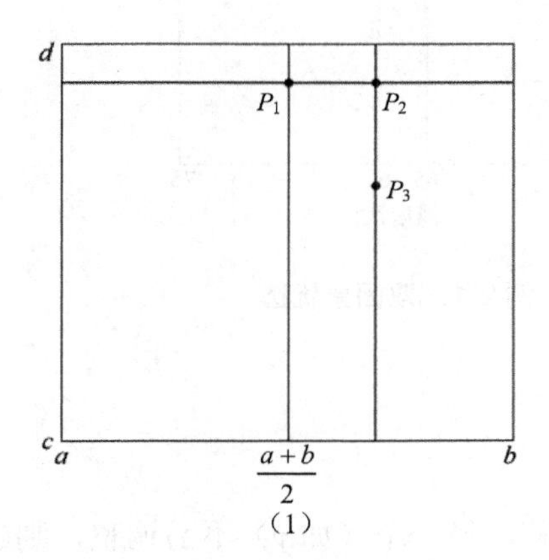

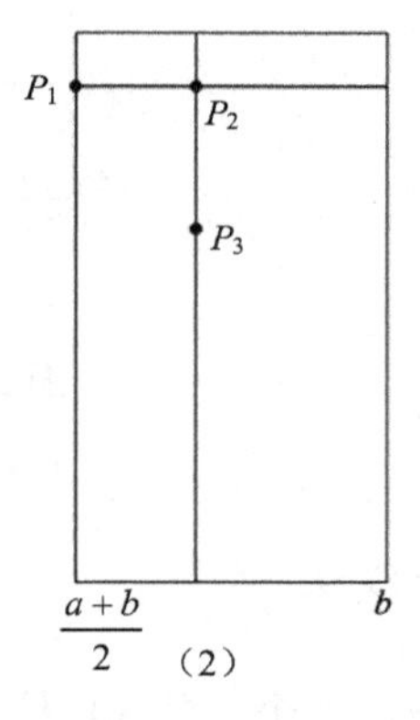

图 2-31　旋升法图例

在这个方法中，每一次单因素优选时，都是将另一因素固定在前一次优选所得最优点的水平上，故也称为“从好点出发法”。

在这个方法中，哪些因素放在前面，哪些因素放在后面，对于选优的速度影响很大，一般按各因素对实验结果影响的大小顺序，往往能较快得到满意的结果。

例 2-17 阿托品是一种抗胆碱药，为了提高产量、降低成本，利用优选法选择合适的酯化工艺条件。根据分析，主要影响因素为温度与时间，其实验范围为温度 55～75℃，时间为 30～310 min。

解：

（1）先固定温度为 65℃，用单因素优选时间，得最优时间为 150 min，其收得率为 41.6%。

（2）固定时间为 150 min，用单因素优选法优选温度，得最优温度为 67℃，其收得率为 51.6%（去掉小于 65℃部分）。

（3）固定温度为 67℃，对时间进行单因素优选，得最优时间为 80 min，其收得率为 56.9%（去掉 150 min 上半部分）。

（4）再固定时间为 80 min，又对温度进行优选，这时温度的优选范围为 65～75℃。优选结果还是 67℃。到此实验结束，可以认为最好的工艺条件的温度为 67℃，时间为 80 min，收得率为 56.9%。

优选过程如图 2-32 所示。

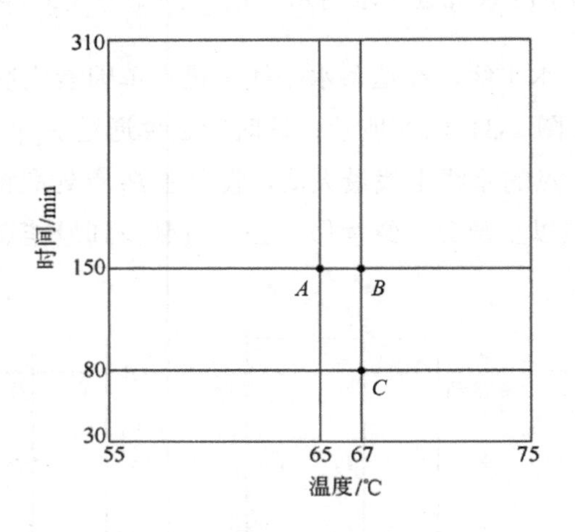

图 2-32 例 2-17 双因素优选

（三）平行线法

两个因素中，一个（如 x）易于调整，另一个（如 y）不易调整，则建议采用平行线法。先将 y 固定在范围（c，d）的 0.618 处，即取

$$y = c + (d - c) \times 0.618$$

用单因素法找最大值，假定在 P 点取得这一值，再把 y 固定在范围（c，d）的 0.382 处，即取

$$y = c + (d - c) \times 0.382$$

用单因素法找最大值，假定在 Q 点取得该值，比较 P、Q 两点的结果，如果 P 点好，则去掉 Q 点下面部分，即去掉 $y \leqslant c + (d - c) \times 0.382$ 的部分（否则去掉 P 点上面的部分），再用同样的方法处理余下的部分，如此继续，如图 2-33 所示。

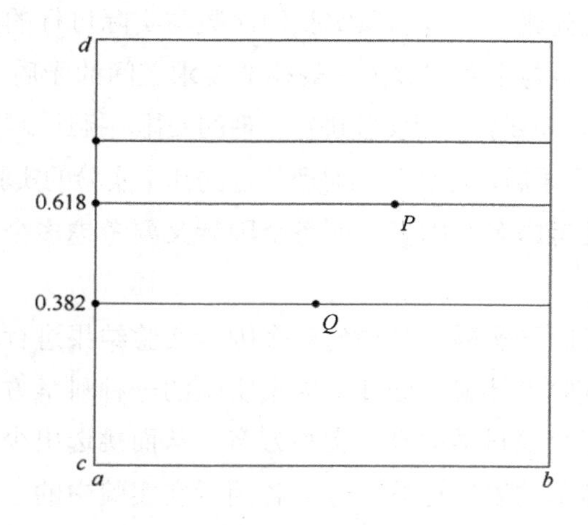

图 2-33　平行线法优选过程

注意，因素 y 的取点方法不一定要按 0.618 法，也可以固定在其他合适的地方。

例如，混凝效果与混凝剂的投加量、pH、水流速度梯度 3 个因素有关。根据经验分析，主要的影响因素是投药量和 pH，因此可以根据经验把水流速度梯度固定在某一水平上，然后，用双因素实验设计法选择实验点进行实验。

最后指出，在生产和科学实验中遇到的大多是多因素问题，双因素法虽然比普通的单因素法更适合处理多因素问题，但随着因素数量的增多，实验次数也会迅速增加，所以在使用双因素法处理多因素问题时，不能把所有因素平等看待，而应该将那些影响不大的因素暂且抛开，着重抓住少数几个必不可少的、起决定作用的因素进行研究。

由此可见，主、次因素的确定对于双因素实验设计是很重要的。如果限于认识水平确定不了哪一个是主要因素，这时就可以通过实验来解决。这里介绍一种简单的实验判断方法，具体做法如下：先在因素的实验范围内做两次实验（一般可选 0.618 和 0.382 两点），如果这两点的效果差别显著，则为主要因素；如果这两点效果差别不大，则在（0.382～0.618）、（0～0.382）和（0.618～1）三段的中点分别再做一次实验，如果差别仍然不大，则此因素为非主要因素，在实验过程中可将该因素固定在 0.382～0.618 的任一点。通过上述实验可得如下结论：当对某因素做了 5 点以上实验后，如果各点效果差别不明显，则该因素为次要因素，不要在该因素上继续实验，应按同样的方法从其他因素中找到主

要因素再做优选实验。

四、多因素正交试验设计

科学实验中考察的因素往往很多，而每个因素的水平数也较多，此时要进行全面的实验，实验次数就非常多。如某个实验考察 4 个因素，每个因素 3 个水平，全部实验要 3^4=81 次。要做这么多实验，费时又费力，有时甚至是不可能完成的。由此可见，多因素的实验存在两个突出的问题：一是全面实验的次数与实际可行的实验次数之间的矛盾；二是实际所做的少数实验与全面掌握内在规律的要求之间的矛盾。

为解决第一个矛盾，需要我们对实验进行合理的安排，挑选少数几个具有代表性的实验进行操作，为解决第二个矛盾，需要我们对所挑选的几个实验的实验结果进行科学的分析。

我们把实验中需要考虑多个因素，而每个因素又要考虑多个水平的实验问题称为多因素实验。

如何合理地安排多因素实验？又如何对多因素实验结果进行科学的分析？目前应用的方法较多，而正交试验设计就是处理多因素实验的一种科学方法，它能帮助我们在试验前借助事先制好的正交表科学地设计实验方案，从而挑选出少量具有代表性的实验进行操做，实验后经过简单的表格运算，分清各因素在实验中的主次作用并找出较好的运行方案，得到正确的分析结果。因此，正交试验在各个领域得到了广泛应用。

（一）正交试验设计

正交试验设计，就是利用事先制好的特殊表格——正交表来安排多因素实验，并进行数据分析的一种方法。它不仅简单易行、计算表格化，而且科学地解决了上述两个矛盾。例如，要进行 3 因素 2 水平的一个实验，各因素分别用大写字母 A、B、C 表示，各因素的水平分别用 A_1、A_2、B_1、B_2、C_1、C_2 表示。这样，实验点就可用因素的水平组合表示。实验的目的是要从所有可能的水平组合中找出一个最佳水平组合。怎样进行实验呢？一种办法是进行全面实验，即每个因素各水平的所有组合都做实验，共需做 2^3=8 次实验，这 8 次实验分别是 $A_1B_1C_1$、$A_1B_1C_2$、$A_1B_2C_1$、$A_1B_2C_2$、$A_2B_1C_1$、$A_2B_1C_2$、$A_2B_2C_1$、$A_2B_2C_2$。为直观说明，将它们表示在图 2-34 中。

图 2-34 的正六面体的任意两个平行平面代表同一个因素的两个不同水平，比较这 8 次实验的结果，就可找出最佳生产条件。

全面实验对实验项目的内在规律揭示得比较清楚，但实验次数多，特别是当因素及因素的水平数较多时，实验量很大，例如，6 个因素，每个因素 5 个水平的全面实验的次数为 5^6=15 625 次，实际上如此大量的实验是无法进行的。因此，在因素较多时，如何做到既减少实验次数，又能较全面地揭示内在规律，这就需要用科学的方法进行合理的安排。

为减少实验次数，一个简便的办法是采用简单对比法，即每次变化一个因素而固定其他因素进行实验。对 3 因素 2 水平的一个实验，首先固定 B、C 于 B_1、C_1，变化 A，如图 2-35 所示，较好的结果用*表示。

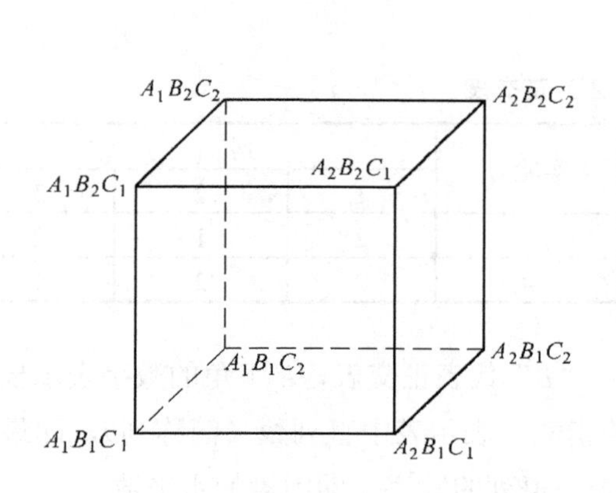

图 2-34 3 因素 2 水平全面实验点分布

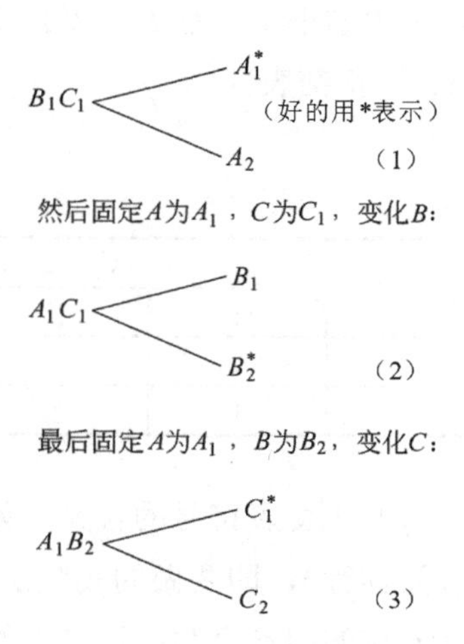

图 2-35 3 因素 2 水平简单对比法示意图

经过 4 次实验即可得出最佳生产条件为 $A_1B_2C_1$。这种方法称为简单对比法，一般也能获得一定效果。

实验中所取的 4 个实验点 $A_1B_1C_1$、$A_2B_1C_1$、$A_1B_2C_1$、$A_1B_2C_2$ 在图中所占的位置如图 2-36 所示，从图中可以看出，4 个实验点在正六面体上分布不均匀，有的平面上有 3 个实验点，有的平面上仅有 1 个实验点，因而代表性较差。如果利用 L_4（2^3）正交表安排 4 个实验点 $A_1B_1C_1$、$A_1B_2C_2$、$A_2B_1C_2$、$A_2B_2C_1$，如图 2-37 所示，正六面体的任何一面上都取 2 个实验点，这样分布就很均匀，因而代表性较好，能较全面地反映各种信息。由此可见，最后一种安排实验的方法比较好。这就是大量应用正交试验设计法进行多因素实验设计的原因。

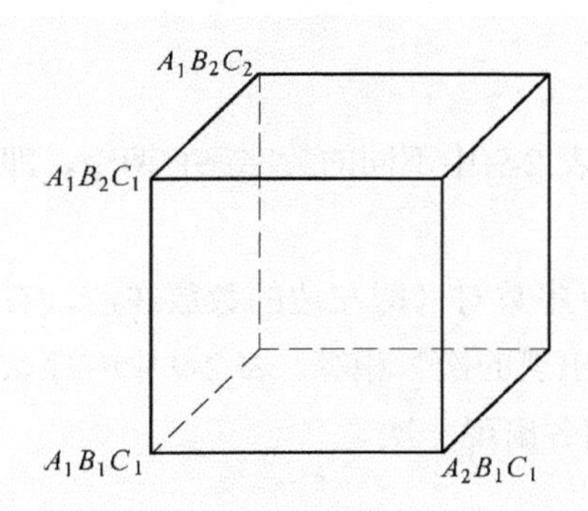

图 2-36 3 因素 2 水平简单对比法实验点分布

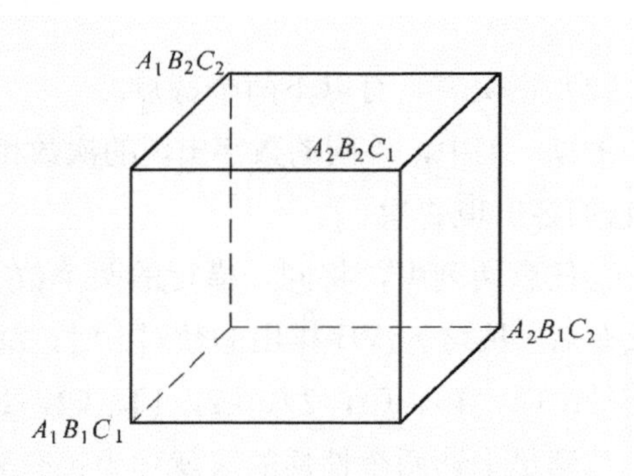

图 2-37 3 因素 2 水平正交试验点分布

1．正交表

正交表是正交试验设计法中合理安排实验，并对数据进行统计分析的一种特殊表格。常用的正交表有 L_4（2^3），L_3（2^7），L_9（3^4），L_8（4×2^4），L_{18}（2×3^7）等，表 2-9 为 L_4（2^3）正交表。

表 2-9　L_4（2^3）正交表

实验号	列号		
	1	2	3
1	1	1	1
2	1	2	2
3	2	1	2
4	2	2	1

（1）正交表符号的含义。如图 2-38 所示，“L”代表正交表，L 下角的数字表示横行数（简称行），即要做的实验次数，括号内的指数，表示表中直列数（简称列），即最多允许安排的因素个数；括号内的底数，表示表中每列的数字，即因素的水平数。

L_4（2^3）正交表表示需做 4 次实验，最多可以考察 3 个 2 水平的因素，而 L_8（4×2^4）正交表则表示要做 8 次实验，最多可考察 1 个 4 水平和 4 个 2 水平的因素。

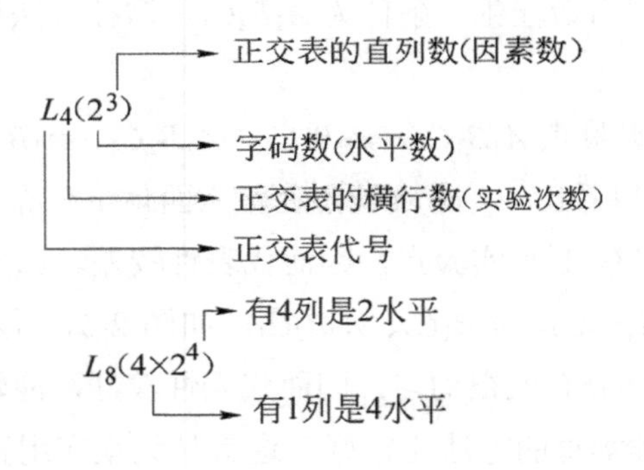

图 2-38　正交表符号意义

（2）正交表具有以下两个特点：

①每一列中，不同的数字出现的次数相等。如表 2-9 中不同的数字只有两个，即 1 和 2，它们各出现 2 次。

②任意两列中，将同一横行的两个数字看成有序数对（即左边的数放在前，右边的数放在后，按这一次序排出的数对）时，每种数对出现的次数相等。表 2-9 中有序数对共有四种：（1，1）、（1，2）、（2，1）、（2，2），它们各出现一次。

凡满足上述两个性质的表就称为正交表。

2. 利用正交表安排多因素实验

利用正交表进行多因素实验方案设计，一般步骤如下：

（1）明确实验目的，确定评价指标。即根据水处理工程实践明确本次实验要解决的问题，同时，要结合工程实际选用可以定量、定性表达的突出指标作为实验分析的评价指标。指标可能有一个，也可能有几个。

（2）挑选因素。影响实验成果的因素很多，由于条件限制，不可能逐一或全面地加以研究，因此要根据已有专业知识及有关文献资料和实际情况，固定一些因素于最佳条件下，排除一些次要因素，挑选一些主要因素。但是，对于不可控因素，由于测不出因素的数值，因而无法看出不同水平的差别，也就无法判断该因素的作用，所以不能被列为研究对象。

对于可控因素，考虑到若是丢掉了重要因素，可能会影响实验结果，不能正确地、全面地反映事物的客观规律，而正交试验设计法正是安排多因素实验的有力工具。因素多几个，实验次数增加并不多，有时甚至不增加，因此，一般倾向多挑选一些因素进行考察，除非事先根据专业知识或经验等能确定某因素作用很小，而不选入外，对于可能起作用、情况不明或看法不一的因素，都应当选入实验并进行考察。

（3）确立各因素的水平。因素的水平分为定性与定量两种，水平的确定包括两个含义，即水平个数的确定和各个水平的数量确定。

①定性因素。要根据实验具体内容，赋予该因素每个水平以具体含义，如药剂种类、操作方式或药剂投加次序等。

②定量因素。因素的量大多是连续变化的，这就要求我们根据有关知识或经验及有关文献资料等，首先确定该因素数量的变化范围，而后根据实验的目的及性质，结合正交表的选用来确定因素的水平数和各水平的取值，每个因素的水平数可以相等也可以不等，重要因素或特别希望详细了解的因素，其水平可多一些，其他因素的水平可少一些。

（4）选择合适的正交表。常用的正交表有几十个，可以灵活选择，但应综合考虑以下三方面内容：

①考察因素及水平的多少；

②实验工作量的大小及允许条件；

③有无重点因素要加以详细的考察。

（5）制定因素水平表。根据选择的因素及水平的取值和正交表，制定出一张反映实验所要考察研究的因素及各因素水平的“因素水平综合表”。该表制定过程中，对于各个因素用哪个水平号码、对应哪个用量可以任意规定，但最好打乱次序安排，一经选定，实验过程中便不可再更改。

（6）确定实验方案。根据因素水平表及选用的正交表，做到以下几点：

①因素顺序上列。按照因素水平表中固定下来的因素次序，顺序地放到正交表的纵

列上，每列放一种。

②水平对号入座。因素上列后，把相应的水平按因素水平表所确定的关系，对号入座。

③确定实验条件。正交表在因素顺序上列、水平对号入座后，表的每一横行，即代表所要进行实验的一种条件，横行数即为实验次数。

（7）实验按照正交表中每横行规定的条件，即可进行实验。实验中，要严格操作，并记录实验数据，分析整理出每组条件下的评价指标值。

3．正交试验结果的直观分析

实验进行之后获得了大量实验数据，如何利用这些数据进行科学的分析，从中得出正确结论，这是正交试验设计的一个重要方面。

正交试验设计的数据分析就是要解决哪些因素影响大，哪些因素影响小，因素的主次关系如何；各影响因素中，哪个水平能得到满意的结果，从而找出最佳生产运行条件。

要解决这些问题，需要对数据进行分析整理。分析、比较各个因素对实验结果的影响，分析、比较每个因素的各个水平对实验结果的影响，从而得出正确的结论。

直观分析法的具体步骤如下：

以正交表 L_4（2^3）为例（表 2-10），其中各数字以符号 L_n（f^m）表示。

（1）填写评价指标。将每组实验的数据分析处理后，求出相应的评价指标值 y，并填入正交表的右栏实验结果内。

表 2-10　L_4（2^3）正交表直观分析

水　平		列　号			实验结果（评价指标）y
		1	2	3	
实验号	1	1	1	1	y_1
	2	1	2	2	y_2
	3	2	1	2	y_3
	4	2	2	1	y_4
K_1 K_2					$\sum_{i=1}^{n} y_i$ $n=$ 实验组数
$\overline{K}_1$ $\overline{K}_2$					
$R=\overline{K}_1-\overline{K}_2$ 极　差					

（2）计算各列的各水平效应值 K_{mf}、$\overline{K}_{mf}$ 及极差 R 值。

$$K_{mf}=m\text{ 列中 }f\text{ 号的水平相应指标值之和}$$

$$\overline{K}_{mf}=\frac{K_{mf}}{m\text{列的}f\text{号码水平的重复次数}}$$

$$R_m = m \text{ 列中 } K_f \text{的极大值与极小值之差}$$

（3）比较各因素的极差 R 值，根据其大小，即可排出因素的主次关系。这从直观上很容易理解，对实验结果影响大的因素一定是主要因素。所谓影响大，就是这些因素的不同水平所对应的指标间的差异大，反之则是次要因素。

（4）比较同一因素下各水平的效应值 $\overline{K}_{mf}$ 。能使指标达到满意的值（最大或最小）为较理想的水平值。如此，可以确定最佳生产运行条件。

（5）各因素和指标关系图。即以各因素的水平值为横坐标，以各因素水平相应的均值 $\overline{K}_{mf}$ 值为纵坐标，在直角坐标纸上绘图，可以更直观地反映出诸因素及水平对实验结果的影响。

4．正交试验分析举例

例 2-18　污水生物处理所用曝气设备，不仅关系到处理厂（站）基建投资，还关系到运行费用，因而国内外均在研制新型高效节能的曝气设备。

自吸式射流曝气设备是一种新型设备，为了研制设备结构尺寸、运行条件与充氧性能的关系，拟用正交试验进行清水充氧实验。

实验是在 1.6 m×1.6 m×7.0 m 的钢板池内进行，喷嘴直径 d = 20 mm（整个实验中的一部分）。

A. 实验方案确定及实验过程

（1）实验目的。找出影响曝气充氧性能的主要因素及确定较理想的结构尺寸和运行条件。

（2）挑选因素。影响充氧的因素较多，根据有关文献资料及经验，本实验主要测试射流器本身结构的两个因素，一个是射流器的长径比，即混合段的长度 L 与其直径 D 之比 L/D，另一个是射流器的面积比，即混合段的断面面积与喷嘴面积之比。

$$m = \frac{F_2}{F_1} = \frac{D^2}{d^2}$$

主要测试射流器运行条件中喷嘴工作压力 p 和曝气水深 H。

（3）确定各因素的水平。为了能减少实验次数，又能说明问题，每个因素选用 3 个水平，根据相关资料，选用结果如表 2-11 所示。

表 2-11　自吸式射流曝气实验因素水平表

因素	1	2	3	4
内容	水深 H/m	压力 p/MPa	面积比 m	长径比 L/D
水平	1，2，3	1，2，3	1，2，3	1，2，3
数值	4.5，5.5，6.5	0.1，0.2，0.25	9.0，4.0，6.3	60，90，120

（4）确定实验评价指标。本实验以充氧动力效率为评价指标。氧动力效率系曝气设备所消耗的理论功率为 1 kW·h 时，向水中充入氧的数量，以 kg/（kW·h）计。该值将曝气供氧与所消耗的动力联系在一起，是一个具有经济价值的指标，它的大小将影响活性污泥处理厂站的运行费用。

（5）选择正交表。根据所选择的因素与水平，确定选用 L_9（3^4）正交表（表 2-12）。

表 2-12 L_9（3^4）正交试验

实验号	列号				实验号	列号			
	1	2	3	4		1	2	3	4
1	1	1	1	1	6	2	3	1	2
2	1	2	2	2	7	3	1	3	2
3	1	3	3	3	8	3	2	1	3
4	2	1	2	3	9	3	3	2	1
5	2	2	3	1					

（6）确定实验方案。根据已定的因素、水平及选用的正交表操作：

①因素顺序上列。

②水平对号入座；得出正交试验方案表 2-13。

③确定实验条件并进行实验。根据表 2-13，共需组织 9 次实验，每组具体实验条件见表中 1～9 各横行，第一次实验在水深 4.5 m、喷嘴工作压力 p=0.1 MPa、面积比 $m=\frac{D^2}{d^2}$=9.0、长径比 $L/D=60$ 的条件下进行。

表 2-13 自吸式射流曝气实验方案 L_9（3^4）

实验号	因子				实验号	因子			
	H/m	p/MPa	m	L/D		H/m	p/MPa	m	L/D
1	4.5	0.10	9.0	60	6	5.5	0.25	9.0	90
2	4.5	0.20	4.0	90	7	6.5	0.10	6.3	90
3	4.5	0.25	6.3	120	8	6.5	0.20	9.0	120
4	5.5	0.10	4.0	120	9	6.5	0.25	4.0	60
5	5.5	0.20	6.3	60					

B. 实验结果直观分析

实验结果直观分析如表 2-14 所示，具体做法如下。

表 2-14 自吸式射流曝气正交试验成果直观分析

实验号	因子				
	水深 H/m	压力 p/MPa	面积比 m	长径比 L/D	充氧动力效率/［kg/（kW·h）］
1	4.5	0.10	9.0	60	1.03
2	4.5	0.20	4.0	90	0.89
3	4.5	0.25	6.3	120	0.88
4	5.5	0.10	4.0	120	1.30
5	5.5	0.20	6.3	60	1.07
6	5.5	0.25	9.0	90	0.77
7	6.5	0.10	6.3	90	0.83
8	6.5	0.20	9.0	120	1.11
9	6.5	0.25	4.0	60	1.01
K_1	2.80	3.16	2.91	3.11	—
K_2	3.14	3.07	3.20	2.49	—
K_3	2.95	2.66	2.78	3.29	—
$\overline{K_1}$	0.93	1.05	0.97	1.04	—
$\overline{K_2}$	1.05	1.02	1.07	0.83	—
$\overline{K_3}$	0.98	0.89	0.93	1.10	—
R	0.12	0.16	0.14	0.27	—

（1）填写评价指标。

每一实验条件下的原始数据经过处理后求出动力效率 E，并计算算术平均值，填写在相应的栏内。

（2）计算各列的 K、$\overline{K}$ 及极差 R。如计算水深 H 这一列的因素时，各水平的 K 值如下：

第一个水平　　$K_1 = K_{4.5} = 1.03+0.89+0.88=2.80$

第二个水平　　$K_2 = K_{5.5} = 1.30+1.07+0.77=3.14$

第三个水平　　$K_3 = K_{6.5} = 0.83+1.11+1.01=2.95$

其均值 K 分别为

$$\overline{K}_1 = \frac{2.80}{3} = 0.93$$

$$\overline{K}_2 = \frac{3.14}{3} = 1.05$$

$$\overline{K}_3 = \frac{2.95}{3} = 0.98$$

极差　　$R_1 = 1.05 - 0.93 = 0.12$

以此分别计算压力 p、面积比 m、长径比 L/D 列，结果如表 2-14 所示。

（3）成果分析。

①由表 2-14 中极差大小可知，影响射流曝气设备充氧效率的因素主次顺序依次为长径比 L/D＞压力 p＞面积比 m＞水深 H。

②由表 2-14 中各因素水平值的均值可见各因素中较佳的水平条件分别为 L/D=120，p=0.1 MPa，m=4.0，H=5.5 m。

例 2-19 某直接过滤工艺流程如图 2-39 所示，原水浑浊度约 30 度，水温约 22℃。今欲考查混凝剂硫酸铝投加量、助滤剂聚丙烯酰胺投加量、助滤剂投加点及滤速对过滤周期平均出水浑浊度的影响，进行正交试验。每个因素选用 3 个水平，根据经验及小型实验，混凝剂投加量分别为 10 mg/L、12 mg/L 及 14 mg/L；助滤剂投加量分别为 0.008 mg/L、0.015 mg/L 及 0.03 mg/L；助滤剂投加点分别为 A、B、C 点；滤速分别为 8 m/h、10 m/h 及 12 m/h。用 $L_9(3^4)$ 表安排实验，实验成果及分析如表 3-8 所示。

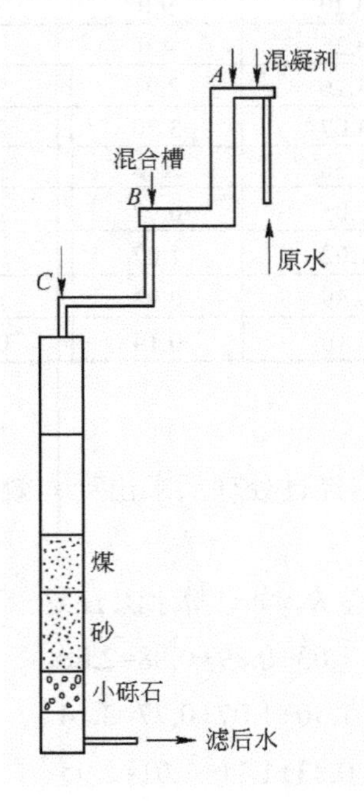

图 2-39 直接过滤流程示意图

表 2-15 $L_9(3^4)$ 直接过滤正交试验成果及直观分析

试验号	混凝剂投量/（$mg \cdot L^{-1}$）	助滤剂投量/（$mg \cdot L^{-1}$）	助滤剂投点	滤速/（$m \cdot h^{-1}$）	过滤出水平均浑浊度
1	10	0.008	A	8	0.60
2	10	0.015	B	10	0.55
3	10	0.030	C	12	0.72
4	12	0.008	B	12	0.54
5	12	0.015	C	8	0.50
6	12	0.030	A	10	0.48

试验号	混凝剂投量/（mg·L^{-1}）	助滤剂投量/（mg·L^{-1}）	助滤剂投点	滤速/（m·h^{-1}）	过滤出水平均浑浊度
7	14	0.008	C	10	0.50
8	14	0.015	A	12	0.45
9	14	0.030	B	8	0.37
K_1	1.87	1.64	1.53	1.47	—
K_2	1.52	1.50	1.46	1.53	—
K_3	1.32	1.57	1.72	1.71	—
$\overline{K_1}$	0.62	0.55	0.51	0.49	—
$\overline{K_2}$	0.51	0.50	0.49	0.51	—
$\overline{K_3}$	0.44	0.52	0.57	0.57	—
R	0.18	0.05	0.08	0.08	—

注：助滤剂投点 A——药剂经过混合设备；

B——药剂未经设备，但经过设备出口处 0.25 m 跌水混合；

C——原水投药后未经混合即进入滤柱。

由表 2-15 可知，各因素较佳值分别为

混凝剂投加量 14 mg/L；

助滤剂投加量 0.015 mg/L；

助滤剂投加点 B；

滤速 8 m/h。

而影响因素的主次分别为混凝剂投加量＞助滤剂投加点＞滤速＞助滤剂投加量。

（二）多指标的正交试验及直观分析

科研生产中经常会遇到一些多指标的实验问题，它的结果分析比单指标要复杂一些，但实验计算方法均无区别，关键是如何将多指标化成单指标然后进行直观分析。

常用的方法有指标拆开单个处理综合分析法和综合评分法，下面以具体例子加以说明。

1. 指标拆开单个处理综合分析法

以例 2-18 中自吸式射流曝气器实验为例。正交试验及结果如表 2-16 所示。

表 2-16 多指标正交试验及结果

试验号	H/m	p/MPa	m	L/D	E/［kg·（kW·h）$^{-1}$］	K_{La}/（1/h）
1	4.5	0.10	9.0	60	1.03	3.42
2	4.5	0.20	4.0	90	0.89	8.82
3	4.5	0.25	6.3	120	0.88	14.88
4	5.5	0.10	4.0	120	1.30	4.74
5	5.5	0.20	6.3	60	1.07	7.86
6	5.5	0.25	9.0	90	0.77	9.78
7	6.5	0.10	6.3	90	0.83	2.34
8	6.5	0.20	9.0	120	1.11	8.10
9	6.5	0.25	4.0	60	1.01	11.28

例 2-18 选用两个考核指标：充氧动力效率 E 及氧总转移系数 K_{La}。正交试验的设计和实验过程与单指标正交试验没有区别。同样，也将实验结果填于表右栏内。但不同之处在于将两个指标拆开，按两个单指标正交试验分别计算各因素不同水平的效应值 K、$\overline{K}$ 及极差 R，如表 2-17 所示，而后再进行综合分析。

表 2-17 自吸式射流曝气实验结果分析

K 值	指标							
	充氧动力效率 E				氧总转移系数 K_{La}			
	因素				因素			
	H/m	p/MPa	m	L/D	H/m	p/MPa	m	L/D
K_1	2.80	3.16	2.91	3.11	27.12	10.50	21.30	22.56
K_2	3.14	3.07	3.20	2.49	22.38	24.78	24.84	20.94
K_3	2.95	2.66	2.78	3.29	21.72	35.94	25.08	27.72
$\overline{K_1}$	0.93	1.05	0.97	1.04	9.04	3.50	7.10	7.52
$\overline{K_2}$	1.05	1.02	1.07	0.83	7.46	8.26	8.28	6.98
$\overline{K_3}$	0.98	0.89	0.93	1.10	7.24	11.98	9.36	9.24
R	0.12	0.16	0.14	0.27	1.80	8.48	1.26	2.26

根据表 2-17 所示，指标 E、K_{La} 值均为越高越好，因此各因素主次与最佳条件分析如下：

（1）各指标按极差大小列出因素的影响主次顺序，经综合分析后确立因素主次。

指标　　　　　　　　　　影响因素主次顺序

动力效率 E　　　　　　　$L/D>p>m>H$

氧总转移系数 K_{La}　　　　$p>L/D>H>m$

由于动力效率指标 E 不仅反映了充氧能力，也反映了电耗量，因此是一个比 K_{La} 更有价值的指标，而由两指标的各因素主次关系可见 L/D、p 均是主要的，m、H 相对是次要的，故影响因素主次顺序可以定为

$$L/D>p>m>H$$

（2）各因素最佳条件确定：

①主要因素 L/D。无论是从指标 E，还是从指标 K_{La} 来看，均为 L/D=120 为佳，故选 L/D=120。因素 p 从指标 E 看，p=0.10 为佳，而从指标 K_{La} 看，p=0.25 为佳。由于指标 E 比指标 K_{La} 重要，当生产上主要考虑能量消耗时，选 p=0.10 为宜，若生产中不计动力消耗而追求高速率的充氧时，选 p=0.25 为宜。

②因素 m。根据指标 E 定为 m=4.0，根据指标 K_{La} 定为 m=6.3，考虑指标 E 权重大于指标 K_{La}，又考虑 m 定为 4.0 或 6.3，对指标 K_{La} 影响不如对指标 E 值影响大，故选用

m=4.0 为佳。

③因素 H。由指标 E 定为 H=5.5 m，由指标 K_{La} 定为 H=4.5 m，考虑指标 E 权重大于于指标 K_{La}，并考虑实际生产中水深太浅，曝气池占地面积大，故选用 H=5.5 m。

由此得出较佳条件为 L/D=120，p=0.10 MPa，m=4.0，H=5.5 m。

由上述分析可知，多指标正交试验分析要复杂些，但借助数学分析提供的一些依据，并紧密结合专业知识，综合考虑后，还是不难分析确定的。由上述分析也可看出，此法比较麻烦，有时较难得到各指标兼顾的好条件。

2. 综合评分法

多指标正交试验直观分析除上述方法外，多根据问题性质采用综合评分法，将多指标化为单指标而后分析因素主次顺序和各因素的较佳状态。常用的有指标叠加法和排队评分法。

A. 指标叠加法

所谓指标叠加法，就是将多指标按照某种计算公式进行叠加，将多指标化为单指标，而后进行正交试验直观分析，至于指标间如 y_1，y_2，…，y_i 如何叠加，根据指标的性质、重要程度不同而有不同的方式，如

$$y = y_1 + y_2 + \cdots + y_i$$

$$y = ay_1 + by_2 + \cdots + ny_i$$

式中：y——多指标综合后的指标；

y_1、y_2，…——各单项指标；

a、b，…——系数，其大小正负要视指标性质和重要程度而定。

例如，为了将某种污水回收重复使用，采用正交试验法进行混凝沉淀实验，以出水 COD、SS 为评价指标，实验结果如表 2-18 所示。

本例中：

（1）如回用水对 COD、SS 指标具有同等重要的影响，则可采用综合指标 $y = y_1 + y_2$ 的计算方法。按此计算后所得综合指标如表 2-18 所示。

表 2-18 混凝沉淀实验结果及综合评分法（1）

因素试验号	药剂种类	投加量/($mg \cdot L^{-1}$)	反应时间/min	出水 COD/($mg \cdot L^{-1}$)	出水 SS/($mg \cdot L^{-1}$)	综合评分/COD+SS
1	$FeCl_3$	15	3	37.8	24.3	62.1
2	$FeCl_3$	5	5	43.1	25.6	68.7
3	$FeCl_3$	20	1	36.4	21.1	57.5
4	$Al_2(SO_4)_3$	15	5	17.4	9.7	27.1
5	$Al_2(SO_4)_3$	5	1	21.6	12.3	33.9

因素试验号	药剂种类	投加量/（$mg\cdot L^{-1}$）	反应时间/min	出水 COD/（$mg\cdot L^{-1}$）	出水 SS/（$mg\cdot L^{-1}$）	综合评分/COD+SS
6	$Al_2(SO_4)_3$	20	3	15.3	8.2	23.5
7	$FeSO_4$	15	1	31.6	14.2	45.8
8	$FeSO_4$	5	3	35.7	16.7	52.4
9	$FeSO_4$	20	5	28.4	12.3	40.7
K_1	188.3	135.0	138.0	—	—	—
K_2	84.5	155.0	136.5	—	—	—
K_3	138.9	121.7	137.2	—	—	—
$\overline{K_1}$	62.77	45.00	46.00	—	—	—
$\overline{K_2}$	28.17	51.67	45.50	—	—	—
$\overline{K_3}$	46.30	40.57	45.73	—	—	—
R	34.60	11.10	0.50	—	—	—

按极差大小排列因素主次关系：药剂种类＞投加量＞反应时间。

由各因素水平效应值 K 所得较佳状态：药剂种类为 $Al_2(SO_4)_3$，药剂投加量为 20 mg/L，反应时间为 5 min。

（2）如果回用水对 COD 指标的影响比 SS 指标重要得多，则可采用 $y = ay_1 + by_2$ 的算法，此时由于 COD、SS 均是越小越好，因此取 $a_1 \leqslant 1$，$b=1$ 的系数进行指标叠加，结果如表 2-19 所示。

表 2-19　混凝沉淀实验结果及综合评分法（2）

因素试验号	药剂种类	投加量/（$mg\cdot L^{-1}$）	反应时间/min	出水 COD/（$mg\cdot L^{-1}$）	出水 SS/（$mg\cdot L^{-1}$）	综合评分 $\frac{1}{2}$ COD+SS
1	$FeCl_3$	15	3	37.8	24.3	43.2
2	$FeCl_3$	5	5	43.1	25.6	47.2
3	$FeCl_3$	20	1	36.4	21.1	39.3
4	$Al_2(SO_4)_3$	15	5	17.4	9.7	18.4
5	$Al_2(SO_4)_3$	5	1	21.6	12.3	23.1
6	$Al_2(SO_4)_3$	20	3	15.3	8.2	15.9
7	$FeSO_4$	15	1	31.6	14.2	30.0
8	$FeSO_4$	5	3	35.7	16.7	34.6
9	$FeSO_4$	20	5	28.4	12.3	26.5
K_1	129.7	91.6	93.7	—	—	—
K_2	57.4	104.9	92.1	—	—	—
K_3	91.7	81.7	92.4	—	—	—
$\overline{K_1}$	43.23	30.53	31.23	—	—	—
$\overline{K_2}$	19.13	34.97	30.70	—	—	—
$\overline{K_3}$	30.37	27.23	30.80	—	—	—
R	24.10	7.74	0.53	—	—	—

例 2-19 中采用综合指标：

$$y=\frac{1}{2}\text{COD}+\text{SS}$$

计算结果的因素主次顺序及较佳水平同前：

主次顺序　　药剂种类＞投加量＞反应时间

较佳水平　　$Al_2(SO_4)_3$　20 mg/L　5 min

B. 排队评分法

所谓排队评分法，是将全部实验结果按照指标从优到劣进行排队，然后评分。最好的实验结果评 100 分，依次逐个减少，减少的分数大致与其效果的差距相对应，这种方法比较简便。

以表 2-18、表 2-19 的实验为例，9 组实验中第 6 组 COD、SS 指标均最小，故得分为 100 分，而第 2 组 COD、SS 指标均最高，若以 50 分计，则参考其指标效果按比例计算，出水 COD 和 SS 两者之和每增加 10 mg/L，分数可减少 11 分，按此计算排队评分并按综合指标进行单指标正交试验直观分析，结果如表 2-20 所示。

表 2-20　混凝沉淀实验结果及排队评分计算法

因素试验号	药剂种类	投加量/（$mg\cdot L^{-1}$）	反应时间/min	出水 COD/（$mg\cdot L^{-1}$）	出水 SS/（$mg\cdot L^{-1}$）	综合评分
1	$FeCl_3$	15	3	37.8	24.3	58
2	$FeCl_3$	5	5	43.1	25.6	50
3	$FeCl_3$	20	1	36.4	21.1	63
4	$Al_2(SO_4)_3$	15	5	17.4	9.7	96
5	$Al_2(SO_4)_3$	5	1	21.6	12.3	89
6	$Al_2(SO_4)_3$	20	3	15.3	8.2	100
7	$FeSO_4$	15	1	31.6	14.2	75
8	$FeSO_4$	5	3	35.7	16.7	68
9	$FeSO_4$	20	5	28.4	12.3	81
K_1	171	229	226	—	—	—
K_2	285	207	227	—	—	—
K_3	224	244	227	—	—	—
$\overline{K_1}$	57	76	75	—	—	—
$\overline{K_2}$	95	69	76	—	—	—
$\overline{K_3}$	75	81	76	—	—	—
R	38	12	1	—	—	—

由极差 R 值及各因素水平效应值 $\overline{K}$ 可得出因素主次关系及较佳水平。

计算结果的因素主次顺序及较佳水平同前：

主次顺序　　药剂种类＞投加量＞反应时间

较佳水平　　$Al_2(SO_4)_3$　20 mg/L　5 min

习　题

1．已知某合成实验的反应温度范围为 340～420℃，通过单因素优选法得知温度为 400℃时，产品的合成率最高，如果使用的是 0.618 法，试问优选过程是如何进行的，共需做多少次实验。假设在实验范围内合成率是温度的单峰函数。

2．某厂在制作某种饮料时，需要加入白砂糖，为了工人操作和投料的方便，白砂糖的加入以桶为单位，经初步摸索，加入量在 3～8 桶范围中优选。桶数只宜取整数，因此采用分数法进行单因素优选，优选结果为 6 桶，试问优选过程是如何进行的。假设在实验范围内实验指标是白砂糖桶数的单峰函数。

3．要将 200 mL 的某酸性溶液中和到中性（可用 pH 试纸判断），已知需加入 20～80 mL 的某碱溶液，试问使用哪种单因素优选法可以较快地找到最合适的碱液用量（55 mL），并说明优选过程。

4．某产品的质量受反应温度和反应时间两个因素的影响，已知温度为 20～100℃，时间为 30～160 min，试选用一种双因素优选法进行优选，并简单说明可能的优选过程。假设产品质量是温度和时间的单峰函数。

5．为了提高污水中某种物质的转化率，选择了 3 个有关的因素：反应温度 A、加碱量 B 和加酸量 C，每个因素选 3 个水平，具体见表 2-21。

表 2-21　实验因素、水平表（一）

因素水平	A 反应温度/℃	B 加碱量/kg	C 加酸量/kg
1	80	35	25
2	85	48	30
3	90	55	35

（1）试按 L_9（3^4）安排实验。

（2）按实验方案进行 9 次实验，转化率依次为 51%、71%、58%、69%、59%、77%、85%、84%。试分析实验结果，求出最好生产条件。

6．为了了解制革消化污泥化学调节的控制条件，对其比阻 R 影响进行实验。实验因素、水平见表 2-22。

表 2-22　实验因素、水平表（二）

因素水平	A 加药体积/mL	B 加药浓度/（$mL\cdot L^{-1}$）	C 反应时间/min
1	1	5	20
2	5	10	40
3	9	15	60

问：（1）选用哪张正交表合适；

（2）试排出实验方案；

（3）如果将 3 个因素依次放在 L_9（3^4）的第一列、第二列、第三列所得比阻值（$R \approx 10^8 s^2/g$）为 1.122、1.119、1.154、1.091、0.979、1.206、0.938、0.990、0.702。试分析实验结果，并找出制革消化污泥进行化学调节时其控制条件的较佳值组合。

7．某原水进行直接过滤正交试验，投加药剂为碱式氯化铝，测试的因素、水平见表 2-23，以出水浑浊度为评定指标，共进行 9 次实验，所得出水浑浊度依次为 0.75 度、0.80 度、0.85 度、0.90 度、0.45 度、0.65 度、0.65 度、0.85 度及 0.35 度。试进行成果分析，确定因素的主次顺序及各因素中较佳的水平条件。

表 2-23　实验因素、水平表（三）

因素水平	混合速度梯度/s^{-1}	滤速/（$m\cdot h^{-1}$）	混合时间/s	投药量/（$mg\cdot L^{-1}$）
1	400	10	10	9
2	500	8	20	7
3	600	6	30	5

8．为了测试各因素对活性污泥法二沉池的影响，选择因素水平见表 2-23，实验指标为出水悬浮物浓度 SS（mg/L），污泥浓缩倍数 x_R/x。实验结果见表 2-24。试进行直观分析。

表 2-24　实验因素、水平表（四）

因素水平	进水负荷/[$m^3\cdot$（$m^2\cdot h$）$^{-1}$]	池　形	空　白	x_R/x	SS/（$mg\cdot L^{-1}$）
1	0.45	斜	1	2.06	60
2	0.45	矩	2	2.20	48
3	0.60	斜	2	1.49	77
4	0.60	矩	1	2.04	63

第三章　环境工程原理实验

实验一　流体静力学实验

一、实验目的

（1）测定静止液体内部某点的静水压强，验证流体静止压强的分布规律，加深对流体静力学基本方程 $p = p_0 + \gamma h$ 的理解。

（2）测定未知液体比重，并通过实验加深理解位置水头、压强水头及测压管水头的基本概念以及它们之间的关系，观察静水中任意两点测压管水头 $z + \frac{p}{\gamma}$=常数。

（3）掌握用测压管测量流体静压强的技能。

（4）通过对诸多流体静力学现象的实验分析与讨论，进一步提高解决静力学实际问题的能力。

二、实验装置

实验装置如图 3-1 所示。

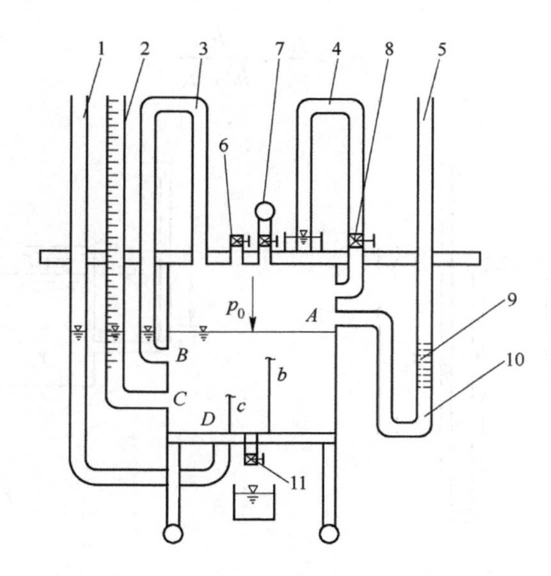

1—测压管；2—带标尺的测压管；3—连通管；4—真空测压管；5—“U”形测压管；

6—通气阀；7—加压打气球；8—截止阀；9—油柱；10—水柱；11—减压放水阀。

图 3-1 流体静力学实验装置

说明：

（1）所有测管液面标高均以标尺（测压管 2）0 读数为基准。

（2）仪器铭牌所注∇_B、∇_C、∇_D系测点 B、C、D 标高；若同时取标尺 0 点作为静力学基本方程的基准，则∇_B、∇_C、∇_D亦为Z_B、Z_C、Z_D。

（3）本仪器中所有阀门旋柄顺管轴线为开。

三、实验原理

在重力作用下不可压缩流体静力学基本方程：

$$z+\frac{p}{\gamma}=const \quad 或 \quad p=p_0+\gamma h \tag{3-1}$$

式中：z——被测点在基准面以上时的高度，cm；

p——被测点的静水压强，用相对压强表示，以下同，N/cm^2；

p_0——水箱中液面的表面压强，N/cm^2；

γ——液体容重，N/cm^3；

h——被测点的液体深度，cm。

对装有水油（图 3-2 和图 3-3）的 U 形测管，应用等压面原理可得油的比重ρ_0有下列关系

$$\rho_0=\frac{\gamma_0}{\gamma_\omega}=\frac{h_1}{h_1+h_2} \tag{3-2}$$

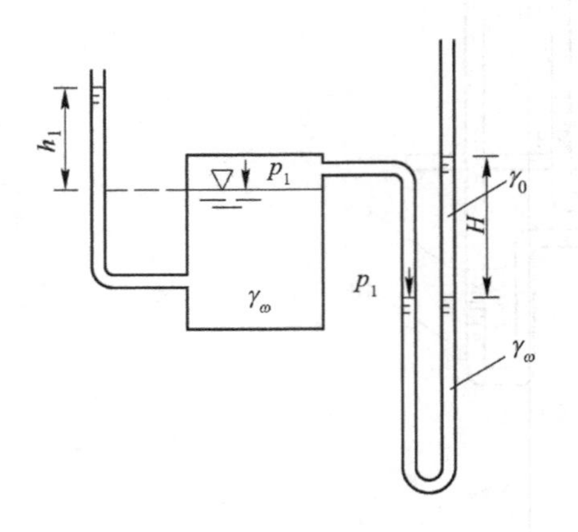

图 3-2 “U”形管中油水液面（ρ>0）

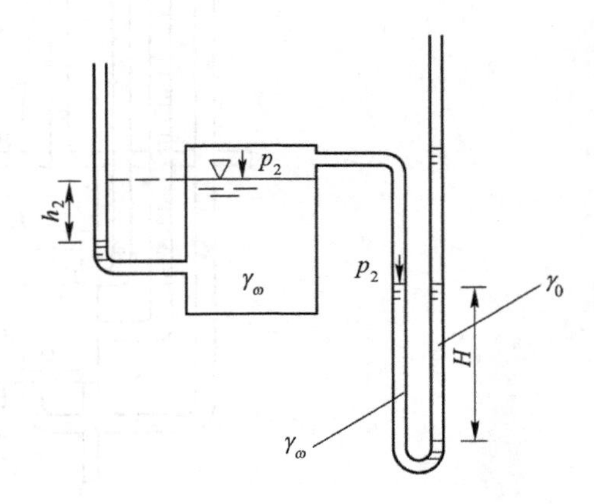

图 3-3 “U”形管中油水液面（ρ<0）

据此可用仪器直接测得ρ_0。

式（3-2）推导如下：

当“U”形管中水面与油面齐平（图 3-2），取其顶面为等压面，则

$$p_1=\gamma_\omega h_1=\gamma_0 H \tag{3-2a}$$

另当“U”形管中水面和油面齐平（图 3-3），取其油面为等压面，则

$$p_2+\gamma_\omega H=\gamma_0 H \qquad 又 \qquad p_2=-\gamma_\omega h_2=\gamma_0 H-\gamma_\omega H \tag{3-2b}$$

由式（3-2a）和式（3-2b）联解可得

$$H=h_1+h_2$$

代入式（3-2a）得

$$\frac{\gamma_0}{\gamma_\omega}=\frac{h_1}{h_1+h_2} \tag{3-2c}$$

四、实验步骤

1．搞清仪器组成及其用法

（1）各阀门的开关；

（2）加压方法，关闭所有阀门（包括截止阀），然后用打气筒充气；

（3）减压方法，开启筒底阀 11 放水；

（4）检查仪器是否密封，加压后检查测管 1、2、5 液面高程是否恒定。若下降，表明漏气，应查明原因并加以处理。

2．记录仪器号 No. 及各常数（记入表 3-1）

表 3-1　流体静压强测量记录及计算　　单位：cm

实验条件	次序	水箱液面 ∇_0	测压管液面 ∇_H	压强水头				测压管水头	
				$\frac{p_A}{\gamma}=\nabla_H-\nabla_0$	$\frac{p_B}{\gamma}=\nabla_H-\nabla_B$	$\frac{p_C}{\gamma}=\nabla_H-\nabla_C$	$\frac{p_D}{\gamma}=\nabla_H-\nabla_D$	$Z_C+\frac{p_C}{\gamma}$	$Z_D+\frac{p_D}{\gamma}$
$p_0=0$	1								
$p_0>0$	1								
	2								
	3								
$p_0<0$（其中一次 $p_B<0$）	1								
	2								
	3								

注：表中基准面选在＿＿＿＿；Z_C=＿＿＿＿cm；Z_D=＿＿＿＿cm。

3．量测点静压强［各点压强用水柱高（cm）表示］

（1）打开通气阀 6（此时 $p_0=0$），记录水箱液面标高∇_0和测管 2 液面标高∇_H（此时$\nabla_0=\nabla_H$）；

（2）关闭通气阀 6 及截止阀 8，加压使之形成 $p_0>0$，测记∇_0及∇_H；

（3）打开放水阀 11，使之形成 $p_0<0$（要求其中一次$\frac{p_B}{\gamma}<0$，即$\nabla_H<\nabla_B$），测记∇_0及∇_H。

4．测出 4 号测压管插入小水杯中的深度

5．测定油密度ρ_0

（1）开启通气阀 6，测记∇_0；

（2）关闭通气阀 6，打气加压（$p_0>0$），微调放气螺母使“U”形管中水面与油水交界面齐平（图 3-2），测记∇_0及∇_H（此过程反复进行 3 次）；

（3）打开通气阀，待液面稳定后，关闭所有阀门；然后开启放水阀 11 降压（$p_0<0$），使“U”形管中的水面与油面齐平（图 3-3），测记∇_0及∇_H（此过程反复进行 3 次）。

五、注意事项

（1）读取测压管及容器水面标高时，视线必须和液面在同一水平面上，以免产生误差。

（2）实验前应检查好仪器设备，如发现测压管水位改变，说明容器或测压管漏气，此时应采取措施。

（3）每次调压后，压力有一段时间的稳定过程，待各测压管液面平稳后方可读数。

（4）在加压（或减压）过程中应严格控制“U”形管中水自由面和油水交界面，不得

使其中任何一个界面达至“U”形管底部，否则将造成通气侧油水喷出或两侧油水混装，导致设备无法使用。

（5）设备由玻璃或有机玻璃制成，使用时注意动作力度。

六、实验结果整理

（1）记录有关常数。　　　　　　　　　　　实验台号　No.________

各测点的标尺读数为：∇_B=______cm；∇_C=______cm；∇_D=________cm。

（2）分别求出各次测量时 A、B、C、D 点的压强，并选择一个基准验证同一静止液体内的任意两点 C、D 的 $z+\dfrac{p}{\gamma}$ 是否为常数。

（3）求出油的容重，$\gamma_0=$________ N/cm^3。

（4）测出 4 号测压管插入小水杯水中的深度，$\Delta h_4=$______ cm。

七、思考与讨论

（1）重力作用下流体的静压强的基本规律是什么，试从实验结果分析证明 $z+\dfrac{p}{\gamma}=c$。

（2）同一静止液体内的测压管水头线是根什么线？

（3）当 $p_B<0$ 时，试根据记录数据确定水箱内的真空区域。

（4）如测压管太细，对测压管液面的读数将有何影响？

（5）过 C 点作一水平面，相对管 1、2、5 及水箱中液体而言，这个水平面是不是等压面？哪一部分液体是同一等压面？

表 3-2　油容重测量记录及计算　　　　单位：cm

条　件	次序	水箱液面标尺读数 ∇_0	测压管 2 液面标尺读数 ∇_H	$h_1=\nabla_H-\nabla_0$	$\overline{h}_1$	$h_2=\nabla_0-\nabla_H$	$\overline{h}_2$	$\dfrac{\gamma_0}{\gamma_w}=\dfrac{\overline{h}_1}{\overline{h}_1+\overline{h}_2}$
$p_0>0$ 且“U”形管中水面与油水交界齐平	1							
	2							
	3							
$p_0<0$ 且“U”形管中水面与油水交界齐平	1							
	2							
	3							

实验二　毕托管测速实验

一、实验目的

（1）通过对管嘴淹没出流点流速及点流速系数的测量，掌握用毕托管测量点流速的技能。

（2）了解普朗特型毕托管的构造和适用性，并检验其量测精度，进一步明确传统流体力学量测仪器的现实作用。

二、实验装置

实验装置如图 3-4 所示。

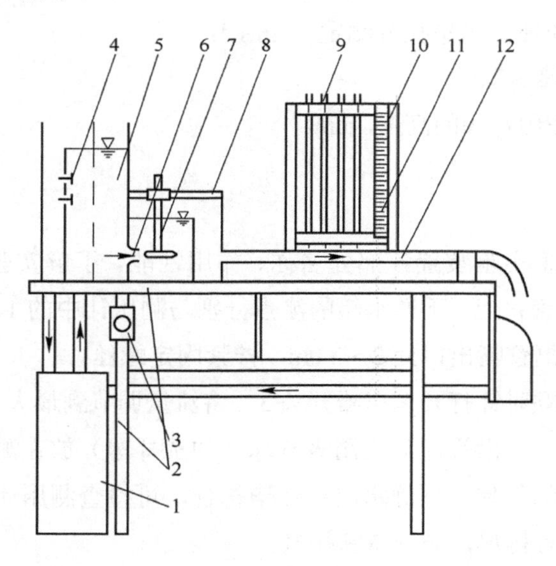

1—自循环供水器；2—实验台；3—可控硅无级调速器；4—水位调节阀；5—恒压水箱；6—管嘴；7—毕托管；8—尾水箱与导轨；9—测压管；10—测压计；11—滑动测量尺；12—上回水管。

图 3-4　毕托管实验装置

注：通过淹没管嘴 6，将高低水箱水位差的位能转换成动能，并用毕托管测出其点流速值。测压计 10 的 1、2 测压管用于测量高、低水箱位置水头，3、4 测压管用于测量毕托管的全压水头和静压水头，水位调节阀 4 用于改变测点的流速大小。

三、实验原理

$$u = c\sqrt{2g\Delta h} = k\sqrt{\Delta h} \tag{3-3}$$

$$k = c\sqrt{2g} \tag{3-4}$$

式中：u——毕托管测点处的流速，$\mathrm{cm\cdot s^{-1}}$；

c——毕托管的校正系数；

Δh——毕托管全压水头与静压水头高度差，cm。

$$u = \varphi'\sqrt{2g\Delta H} \tag{3-5}$$

联解式（3-3）和式（3-4）可得

$$\varphi' = c\sqrt{\Delta h / \Delta H} \tag{3-6}$$

式中：u——测点处流速，由毕托管测定，$\mathrm{cm\cdot s^{-1}}$；

φ'——测点流速系数；

ΔH——管嘴作用水头的高度，cm。

四、实验步骤

（1）准备：①熟悉实验装置各部分名称、作用性能，了解实验室装置的构造特征、实验原理。②用医塑管将上、下游水箱的测点分别与测压计中的 1、2 测压管相连。③将毕托管对准管嘴，距离管嘴出口处 2～3 cm，拧紧固定螺丝。

（2）开启水泵。顺时针打开调速器开关 3，将流量调节到最大。

（3）排气。待上、下游溢流后，用吸气球（如洗耳球）放在测压管口部抽吸，排出毕托管及各连通管中的气体，用静水匣罩住毕托管，可检查测压计液面是否齐平，液面不齐平可能是空气没有排尽，必须重新排气。

（4）测记各有关常数和实验参数，填入实验表格。

（5）改变流速。操作调节阀 4 并相应调节高速器 3，使溢流量适中，共测得 3 个不同恒定水位与相应的流速。改变流速后，按上述方法重复测量。

（6）完成以下实验项目：

①分别沿垂向和沿流向改变测点的位置，观察管嘴淹没射流的流速分布；

②在有压管道测量中，管道直径相对毕托管的直径在 6～10 倍时误差在 2%～5%，不宜使用。试将毕托管头部伸入管嘴中，予以验证。

（7）实验结束时，按上述（3）的方法检查毕托管比压计是否齐平。

五、实验结果整理（表 3-3）

表 3-3 记录计算

实验次序	上、下游水位差/cm			毕托管水头差/cm			测点流速/（$cm\cdot s^{-1}$）	测点流速系数
	H_1	H_2	ΔH	H_3	H_4	Δh	$u=k\sqrt{\Delta h}$	$\varphi'=c\sqrt{\Delta h/\Delta H}$

注：校正系数 c =__________；k=__________$cm^{0.5}/s$。

六、思考与讨论

（1）利用测压管测量点压强时，为什么要排气？怎样检验排净与否？

（2）毕托管的压头差 Δh 和管嘴上、下游水位差 ΔH 之间的大小关系怎样？为什么？

（3）所测的流速系数 φ' 表明什么？

（4）普朗特毕托管的测速范围为 0.2～2 m/s，流速过小或过大都不宜采用，为什么？

（5）为什么在光、声、电技术高度发展的今天，仍然使用毕托管这一传统的流体测速仪器？

实验三 不可压缩流体恒定流能量方程实验

一、实验目的

（1）验证流体恒定总流的能量方程。

（2）通过对动水力学诸多水力现象的实验分析研讨，进一步掌握有压管流中动水力学的能量转换特性。

（3）掌握流速、流量、压强等动水力学水力要素的实验量测技能与计算。

二、实验装置

实验装置如图 3-5 所示。

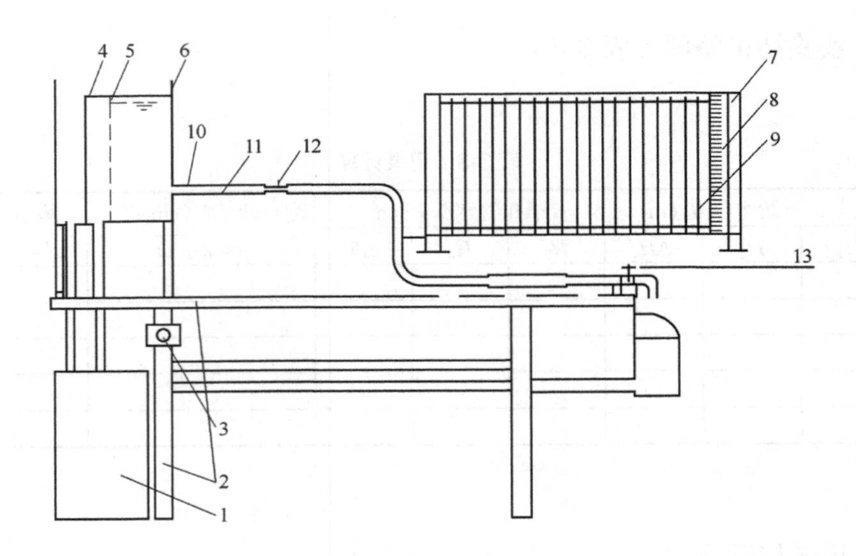

1—自循环供水器；2—实验台；3—可控硅无级调速器；4—溢流板；5—稳水孔板；6—恒压水箱；7—测压计；8—滑动测量尺；9—测压管；10—实验管道；11—测压点；12—毕托管；13—实验流量调节阀。

图 3-5　自循环能量方程实验装置

本仪器测压管有两种：

（1）毕托管测压管（表 3-4 中标*者），用以测读毕托管探头对准点的总水头$H'=z+\frac{p}{\gamma}+\frac{u^2}{2g}$，需注意一般情况下$H'$与断面总水头$H=z+\frac{p}{\gamma}+\frac{v^2}{2g}$不同（因一般$u\neq v$），它的水头线只能定性表示总水头变化趋势。

（2）普通测压管（表 3-4 未标*者），用于定量测定测压管水头。

实验流量用调节阀 13 调节，流量由体积时间法（量筒、秒表另备）、重量时间法（电子秤另备）或电测法测量。

表 3-4　管径记录　　单位：cm

测点编号	1*	2 3	4	5	6* 7	8* 9	10 11	12* 13	14* 15	16* 17	18* 19
管径											
两点间距	4	4	6	6	4	13.5	6	10	29	16	16

注：1. 测点 6、7 所在断面内径为 D_2，测点 16、17 所在断面内径为 D_3，其余均为 D_1。

2. 标“*”者为毕托管测点。

3. 测点 2、3 为直管均匀流段同一断面上的两个测压点，10、11 为弯管非均匀流段同一断面上的两个测点。

三、实验原理

在实验管路中沿管内水流方向取 n 个过水断面。可以列出进口断面（1）至另一断面（i）的能量方程式（i=2，3，…，n）

$$Z_1+\frac{p_1}{\gamma}+\frac{a_1v_1^2}{2g}=Z_i+\frac{p_i}{\gamma}+\frac{a_iv_i^2}{2g}+hw_{1-i} \tag{3-7}$$

取 $a_1=a_2=\cdots=a_n=1$，选好基准面，从已设置的各断面的测压管中读出 $Z+\frac{p}{\gamma}$ 值，测出通过管路的流量，即可计算出断面平均流速 v 及 $\frac{av^2}{2g}$，从而得到各断面测管水头和总水头。

四、实验步骤

（1）熟悉实验设备，分清哪些测压管是普通测压管，哪些是毕托管测压管，两者功能有何区别。

（2）打开开关供水，使水箱充水，待水箱溢流后，检查调节阀关闭后所有测压管水面是否齐平。如不平则需查明故障原因（如连通管受阻、漏气或夹气泡等）并加以排除，直至调平。

（3）打开调节阀 13，观察并思考：①测压管水头线和总水头线的变化趋势；②位置水头、压强水头之间的相互关系；③测点 2、3 测管水头是否相同，为什么？④测点 12、13 测管水头是否相同，为什么？⑤当流量增加或减小时，测管水头如何变化？

（4）改变调节阀 13 的开度，待流量稳定后，测记各测压管液面读数，同时测记实验流量（毕托管供演示用，不必测记读数）。

（5）改变流量 2 次，重复上述测量。其中一次阀门开度大到使 19 号测管液面接近标尺 0 点，但需保证所有测压管液面均在标尺读数范围内。

五、实验结果整理

（1）记录有关常数：

均匀段 D_1=______cm；缩管段 D_2=______cm；扩管段 D_3=______cm；水箱液面高程 ∇_0=______cm。

（2）测量（$Z+\frac{p}{\gamma}$）并记入表 3-5。

表 3-5 测记（$Z+\frac{p}{\gamma}$）数值表（基准面选在标尺的 0 点上）

测点编号		2	3	4	5	7	9	10	11	13	15	17	19	Q/（$cm^3 \cdot s^{-1}$）
实验次序	1													
	2													
	3													

（3）计算流速水头和总水头。

（4）在坐标纸上绘制上述成果中最大流量下的总水头线 E-E 和测压管水头线 P-P 于同一图上，轴向尺寸参见图 3-6。

提示：

（1）P-P 线根据表 3-5 数据绘制，其中测点 10、11、13 数据不用。

（2）E-E 线根据表 3-6（2）数据绘制，其中测点 10、11 数据不用。

（3）在等直径管段 E-E 与 P-P 线平行。

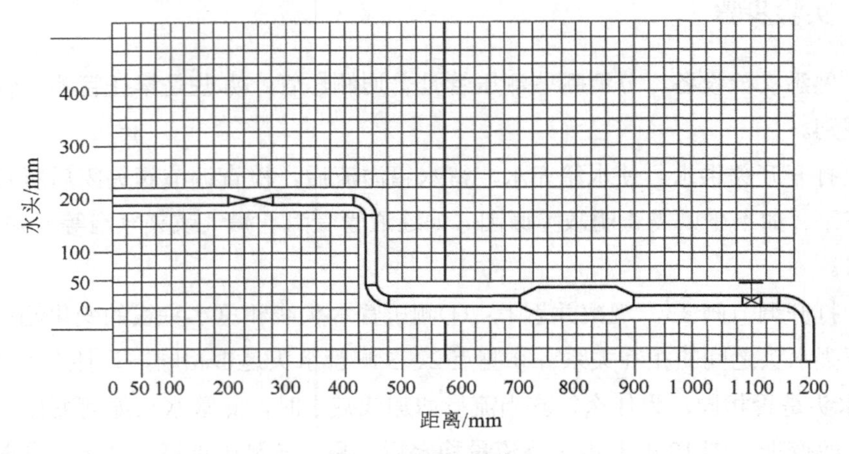

图 3-6 轴向尺寸

表 3-6 计算数值

（1）流速水头：

管径 d/cm	Q=______/（$cm^3 \cdot s^{-1}$）			Q=______/（$cm^3 \cdot s^{-1}$）			Q=______/（$cm^3 \cdot s^{-1}$）		
	A/cm^2	V/（$cm \cdot s^{-1}$）	$\frac{v^2}{2g}$ /cm	A/cm^2	V/（$cm \cdot s^{-1}$）	$\frac{v^2}{2g}$ /cm	A/cm^2	V/（$cm \cdot s^{-1}$）	$\frac{v^2}{2g}$ /cm

（2）总水头（$Z+\frac{p}{\gamma}+\frac{av^2}{2g}$）：

测点编号		2	3	4	5	7	9	10	11	13	15	17	19	Q/（$cm^3 \cdot s^{-1}$）
实验次序	1													
	2													
	3													

六、思考与讨论

（1）测压管水头线和总水头线的变化趋势有何不同？为什么？

（2）流量增加，测压管水头线有何变化？为什么？

（3）测点 2、测点 3 和测点 10、测点 11 的测压管读数分别说明了什么问题？

（4）在管路流动中，通过的流量相同、管段长度相同、管型变化不同的两段管路总水头损失有何不同？请举例说明。

（5）毕托管所显示的总水头线与实测绘制的总水头线略有差异，试分析其原因。

实验四　不可压缩流体恒定流动量定律实验

一、实验目的

（1）验证不可压缩流体恒定流的动量方程。

（2）通过对动量与流速、流量、出射角度、动量矩等因素进行相关性分析研讨，进一步掌握流体动力学的动量守恒定律。

（3）了解活塞式动量定律实验仪原理及构造，进一步启发与培养创造性思维的能力。

二、实验装置

实验装置如图 3-7 所示。

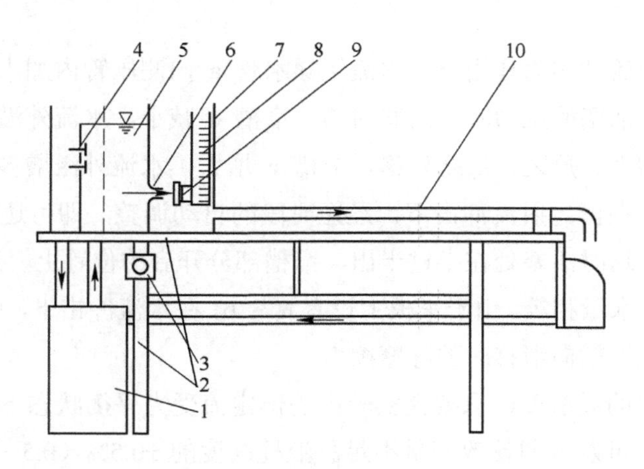

1—自循环供水器；2—实验台；3—可控硅无级调速器；4—水位调节阀；5—恒压水箱；6—管嘴；7—集水箱；8—带活塞的测压管；9—带活塞和翼片的抗冲平板；10—上回水管。

图 3-7　动量定律实验装置

自循环供水装置 1 由离心式水泵和蓄水箱组合而成。水泵的开启、流量大小的调节均由调速器 3 控制。不流经供水管供给恒压水箱 5，溢流水经回水管流回蓄水箱。流经管嘴 6 的水流形成射流，冲击带活塞和翼片的抗冲平板 9，并以与入射角成 90°的方向离开抗冲平板。抗冲平板在射流冲力和测压管 8 中的水压力作用下处于平衡状态。活塞形心水深 h_c 可由测压管 8 测得，由此可求得射流的冲力，即动量力 F_0 冲击后的弃水经集水箱 7 汇集后，再经上回水管 10 流出，最后经漏斗和下回水管流回蓄水箱。

为了自动调节测压管内的水位，实验装置应用了自动控制的反馈原理和动摩擦减阻技术，以使带活塞的平板受力平衡并减小摩擦阻力对活塞的影响。

带活塞和翼片的抗冲平板 9 和带活塞套的测压管 8 如图 3-8 所示，该图是活塞退出活塞套时的分部示意。活塞中心设有一细导水管 a，进口端位于平板中心，出口端伸出活塞头部，出口方向与轴向垂直。在平板上设有翼片 b，活塞套上设有窄槽 c。

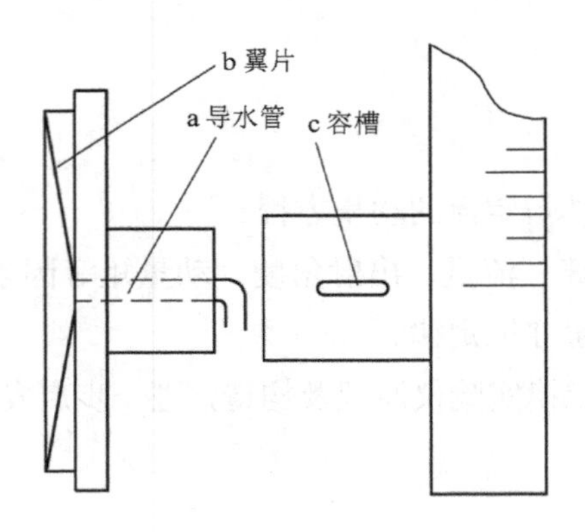

图 3-8 活塞与活塞套分部示意图

工作时，在射流冲击力作用下，水流经导水管 a 向测压管内加水。当射流冲击力大于测压管内水柱对活塞的压力时，活塞内移，窄槽 c 减小，水流外溢减少，测压管内水位升高，水压力增大。反之，活塞外移，窄槽 c 增大，水流外溢增多，测压管内水位降低，水压力减小。在恒定射流冲击下，经短时段的自动调整，即可达到射流冲击力和水压力的平衡状态。这时活塞处在半进半出、窄槽部分开启的位置上，过 a 流进测压管的水量和过 c 外溢的水量相等。由于平板上设有翼片 b，在水流冲击下，平板带动活塞旋转，因而克服了活塞在沿轴向滑移时的静摩擦力。

为验证本装置的灵敏度，只要在实验中的恒定流受力平衡状态下，人为地增减测压管中的液位高度，可发现即使改变量不足总液柱高度的 ±0.5%（0.5～1 mm），活塞在旋转下亦能有效地克服动摩擦力而作轴向位移，增大或减小窄槽 c，使过高的水位降低或过低的水位升高，恢复到原来的平衡状态。这表明该装置的灵敏度高达 0.5%，亦即活塞轴向动摩擦力不足总动量力的 0.5%。

三、实验原理

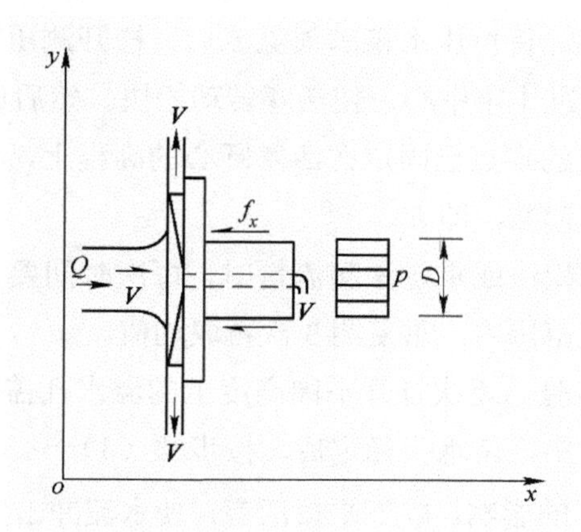

图 3-9 射流冲击力与静水压力平衡示意图

恒定总流动量方程为

$$\vec{F}=\rho Q(\beta_2\vec{v}_2-\beta_1\vec{v}_1) \tag{3-8}$$

射流冲击力与静水压力平衡示意如图 3-9 所示，因滑动摩擦阻力（F_x）水平分力 $f_x<0.5\%$，可忽略不计，故 x 方向的动量方程化为

$$F_x=-p_cA=-rh_c\frac{\pi}{4}D^2=\rho Q(0-\beta_1 v_{1x}) \tag{3-9}$$

即

$$\beta_1\rho Q v_{1x}-\frac{\pi}{4}\gamma h_c D^2=0 \tag{3-10}$$

式中：h_c——作用在活塞形心处的水深，cm；

D——活塞的直径，cm；

Q——射流流量，$cm^3 \cdot s^{-1}$；

v_{1x}——射流的速度，$cm \cdot s^{-1}$；

β_1——动量修正系数。

实验中，在平衡状态下，只要测得流量 Q 和活塞形心水深 h_c，由给定的管嘴内径 d 和活塞直径 D，代入上式，便可率定射流的动量修正系数 β_1 值，并验证动量定律。其中，测压管的标尺 0 点已固定在活塞的圆心处，因此液面标尺读数即为作用在活塞圆心处的水深。

四、实验步骤

（1）准备。熟悉实验装置各部分名称、结构特征、作用与性能，记录有关常数。

（2）开启水泵。打开调速器开关，水泵启动 2～3 min 后，关闭 2～3 s，利用回水排出离心式水泵内滞留的空气。

（3）调整测压管位置。待恒压水箱满顶溢流后，松开测压管固定螺丝，调整方位，要求测压管垂直、螺丝对准十字中心，使活塞转动松快。然后旋转螺丝固定好。

（4）测读水位。标尺的零点已固定在活塞圆心的高程上，当测压管内液面稳定后，记下测压管内液面的标尺读数，即 h_c。

（5）测量流量。用体积法或重量法测流量时，每次时间要求大于 20 s，若用电测仪测流量时，需在仪器量程范围内，重复测 3 次再取均值。

（6）改变水头重复实验。逐次打开不同高度上的溢水孔盖，改变管嘴的作用水头。调节调速器，使溢流量适中，待水头稳定后，按步骤（3）～（5）重复进行实验。

（7）验证 $v_{2x} \neq 0$ 对 F_x 的影响。取下平板活塞，使水流冲击到活塞套内，调整好位置，使反射水流的回射角度一致，记录回射角度的目估值、测压管作用水深 h_c' 和管嘴作用水头 H_0。

五、实验结果整理

（1）记录有关常数：

管嘴内径 d=________cm；活塞直径 D=________cm。

（2）设计实验参数记录及计算（表 3-7），并填入实测数据。

（3）取某一流量，绘出脱离体图，阐明分析计算的过程。

表 3-7　测量记录及计算

测次	体积 V/ cm^3	时间 T/ s	管嘴作用水头 H_0 / cm	活塞作用水头 h_c / cm	流量 Q / （$cm^3 \cdot s^{-1}$）	平均流量 Q / （$cm^3 \cdot s^{-1}$）	流速 v / （$cm \cdot s^{-1}$）	动量力 F / 10^{-5}N	动量修正系数 β_1

六、思考与讨论

（1）实测 $\bar{\beta}$（平均动量修正系数）与公认值（β=1.02～1.05）符合与否？如不符合，

试分析原因。

（2）带翼片的平板在射流作用下获得力矩，这对分析射流冲击翼片的平板沿 x 方向的动量方程有无影响？为什么？

（3）若通过细导水管的分流，其出流角度与 v_2 相同，对以上受力分析有无影响？

（4）滑动摩擦力 f_x 为什么可以忽略不计？试用实验来分析验证 f_x 大小，记录观察结果。（提示：平衡时，向测压管内加入或取出 1 mm 左右深的水量，观察活塞及液位的变化）

（5）v_{2x} 若不为 0，会对实验结果产生什么影响？试结合实验步骤（7）的结果予以说明。

实验五 雷诺实验

一、实验目的

（1）观察层流、紊流的流态及其转特征。

（2）测定临界雷诺数，掌握圆管流态判别准则。

（3）学习古典流体力学中应用无量纲参数进行实验研究的方法，并了解其实用意义。

二、实验装置

实验装置如图 3-10 所示。

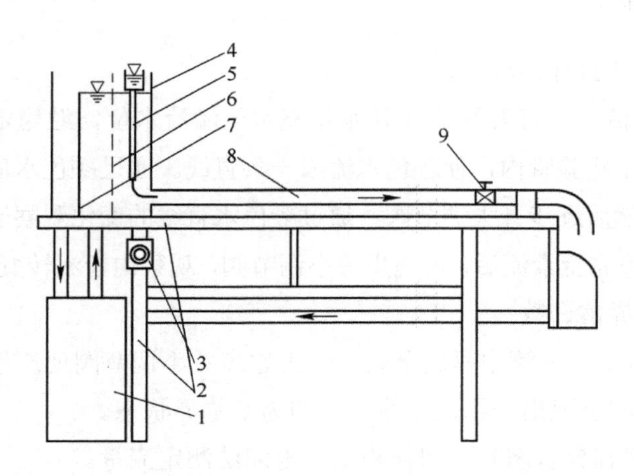

1—自循环供水器；2—实验台；3—可控硅无级调速器；4—恒压水箱；

5—有色水水管；6—稳水孔板；7—溢流板；8—实验管道；9—实验流量调节阀。

图 3-10 雷诺实验装置

供水流量由无级调速器调控，使恒压水箱 4 始终保持微溢流的程度，以提高进口前水体稳定度。本恒压水箱还设有多道稳水隔板，可使稳水时间缩短到 3～5 min。有色水经有色水水管 5 注入实验管道 8，可据有色水散开与否判别流态。为防止自循环水污染，有色指示水采用自行消色的专用有色水。

三、实验原理

$$R_e=\frac{v\cdot d}{V}=\frac{4Q}{\pi\cdot dV}=KQ\text{；}\quad K=\frac{4}{\pi\cdot dV} \tag{3-11}$$

式中：v——流体流速，$cm{\cdot}s^{-1}$；

V——流体黏度（液体的运动黏度系数），$cm^2{\cdot}s^{-1}$；

d——圆管直径，cm;

Q——圆管内过流流量，$cm^3{\cdot}s^{-1}$；

K——常数。

由于临界流速有 2 个，故临界雷诺数也有 2 个，当流量由 0 逐渐增大，产生一个上临界雷诺数 R_e，$R_e=\frac{vd}{V}$；当流量由大逐渐减小，产生一个下临界雷诺数 R_{e_c}，$R_{e_c}=\frac{v_c d}{V}$。上临界雷诺数易受外界干扰，数值不稳定，而下临界雷诺数 R_{e_c} 值比较稳定。雷诺经过反复实验测试，测得圆管水流下临界雷诺数 R_{e_c} 值为 2 320。因此，一般以下临界雷诺数作为判别流态的标准，当 $R_e < R_{e_c}$ =2 320 时，管中液流为层流；当 $R_e > R_{e_c}$ =2 320 时，管中液流为紊流。

四、实验步骤

（1）测记本实验的有关常数。

（2）观察 2 种流态。打开开关 3 使水箱充水至溢流水位，经稳定后，稍微开启调节阀 9，并注颜色水于实验管内，使颜色水流成一条直线。通过颜色水质点的运动观察管内水流的层流流态，然后逐步开大调节阀，通过颜色水直线的变化观察层流转变到紊流的水力特征，待管中出现完全紊流后，再逐步关小调节阀，观察由紊流转变为层流的水力特征。

（3）测定下临界雷诺数。

1）将调节阀打开，使管中呈完全紊流，再逐步关小调节阀使流量减小。当流量调节到使颜色水在全管刚呈现出一稳定直线时，即为下临界状态。

2）待管中出现临界状态时，用体积法或电测法测定流量。

3）根据所测流量计算下临界雷诺数，并与公认值（2 320）比较，偏离过大时需重新测量。

4）重新打开调节阀，使其形成完全紊流，按照上述步骤重复测量不少于 3 次。

5）用水箱中的温度计测量记录水温，从而可查得水的运动黏度。

注意：

①每调节阀门一次，均需等待稳定几分钟；

②关小阀门过程中，只许减小，不许开大；

③随出水流量减小，应适当调小开关（右旋），以减小溢流量引发的扰动。

（4）测定上临界雷诺数。逐渐开启调节阀，使管中水流由层流过渡到紊流，当有色水线刚开始散开时，即为上临界状态，测定上临界雷诺数1～2次。

五、实验结果整理

（1）记录、计算有关常数：

管径 d =_____cm；水温 t =____℃；运动黏度 $V=\dfrac{0.017\,75}{1+0.033\,7t+0.000\,221t^2}=$ ________$cm^2 \cdot s^{-1}$；计算常数 K=____________$s \cdot cm^{-3}$。

（2）整理、记录计算

表3-8　记录计算

实验次序	颜色水线形态	水体积 V/cm^3	时间 T/s	流量 Q/（$cm^3 \cdot s^{-1}$）	雷诺数 R_e	阀门开度增（↑）或减（↓）	备注
1							
2							
3							
4							
5							
6							
7							
8							
9							
10							
实测下临界雷诺数（平均值）$\overline{R_{e_c}}$ =							

注：颜色水形态指稳定直线，稳定略弯曲，直线摆动，直线抖动，断续，完全散开等。

六、思考与讨论

（1）为何认为上临界雷诺数无实际意义，而采用下临界雷诺数作为层流与紊流的判据，实测下临界雷诺数为多少？

（2）雷诺实验得出的圆管流动下临界雷诺数为2 320，而目前有些教科书中介绍采用的下临界雷诺数是2 000，原因何在？

（3）分析层流和紊流在运动学特性和动力学特性方面各有何差异？

实验六 管道沿程阻力损失实验

一、实验目的

（1）加深了解圆管层流和紊流沿程损失随平均流速变化的规律，绘制 $\lg h_f \sim \lg v$ 曲线；

（2）掌握管道沿程阻力系数的量测技术和应用气-水压差计及电测仪测量压差的方法；

（3）将测得的 $R_e \sim \lambda$ 关系值与莫迪图对比，分析其合理性，进一步提高实验成果分析能力。

二、实验装置

自循环管路沿程阻力损失实验的装置如图 3-11 所示。

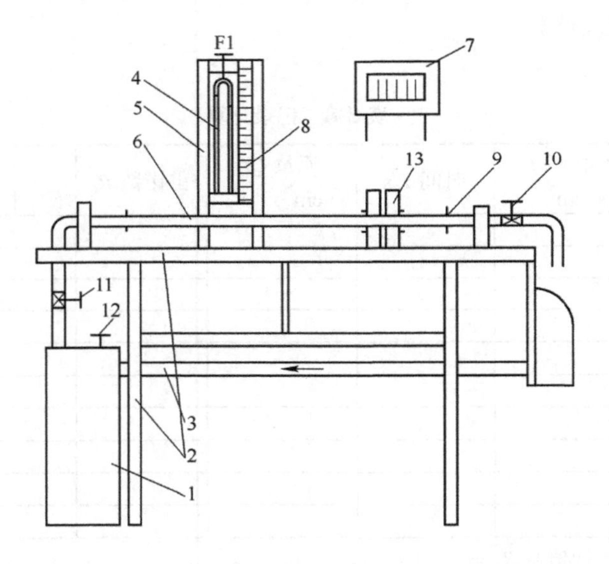

1—自循环高压恒定全自动供水器；2—实验台；3—回水管；4—水压差计；5—测压计；6—实验管道；7—电子量测仪；8—滑动测量尺；9—测压点；10—实验流量调节阀；11—供水管与供水阀；12—旁通管与旁通阀；13—稳压筒。

图 3-11 自循环管路沿程阻力损失实验装置

压差测量法有两种型式：

型式Ⅰ 压差计测压差。低压差用水压差计量测；高压差用水银多管式压差计量测。装置简图如图 3-12 所示。

型式Ⅱ 电子量测仪测压差。低压差仍用水压计量测；而高压差用电子量测仪（简称电测仪）量测。与型式Ⅰ比较，该型式唯一不同在于水银多管式压差计被电测仪（图 3-13）所取代。

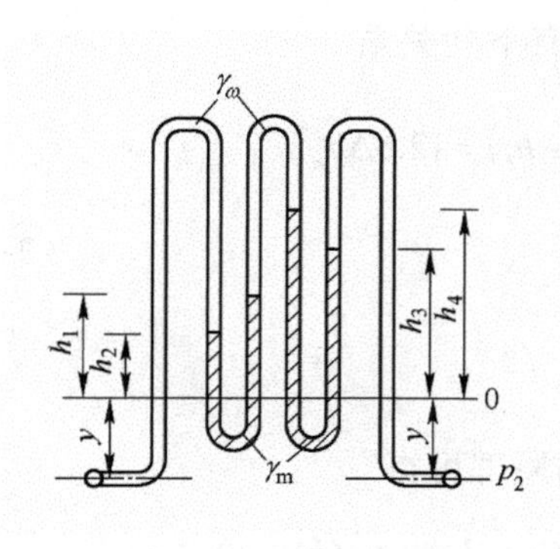

图 3-12　多管式水银压差计

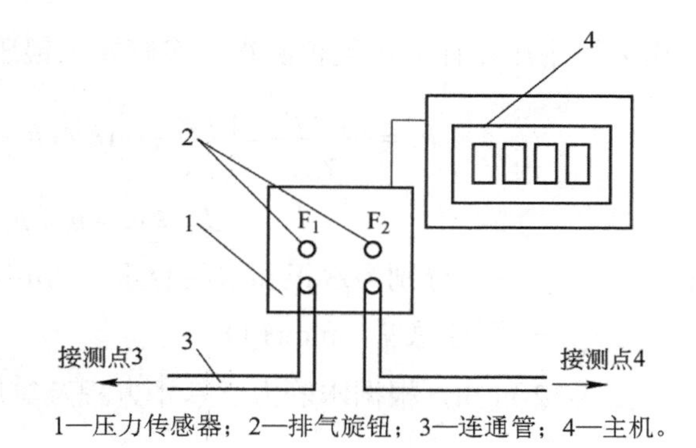

图 3-13　压差电测仪

沿程水头损失实验装置配备有：

（1）自动水泵与稳压器。自循环高压恒定全自动供水器由离心泵、自动压力开关、气-水压力罐式稳压器等组成。压力超高时自动停机，过低时自动开机。为避免因水泵直接向实验管道供水而造成的压力波动等影响，离心泵的输水先进入稳压器的压力罐，经稳压后再送向实验管道。

（2）旁通管与旁通阀。由于本实验装置采用水泵的特性，在供小流量时有可能时开时停，从而造成供水压力的较大波动。为避免这种情况出现，供水器设有与蓄水箱直通的旁通管（图 3-11 中未标出），通过分流可使水泵持续稳定运行。旁通管中设有调节分流量至蓄水箱的阀门，即旁通阀，实验流量随旁通阀开度减小（分流量减小）而增大。实际上旁通阀又是此实验装置用以调节流量的重要阀门之一。

（3）稳压筒。为了简化排气，并防止实验中再进气，在传感器前连接两只充水（不满顶）密封立筒。

（4）电测仪。由压力传感器和主机两部分组成，经由连通管将其接入测点（图 3-13）。压差读数（以厘米水柱为单位）通过主机显示。

三、实验原理

由达西公式：

$$h_f = \lambda \frac{L}{d}\frac{v^2}{2g} \tag{3-12}$$

得

$$\lambda = \frac{2gdh_f}{L}\frac{1}{v^2} = \frac{2gdh_f}{L}\left(\frac{\pi}{4}d^2/Q\right)^2 = K\frac{h_f}{Q^2} \tag{3-13}$$

$$K = \pi^2 gd^5/8L$$

另由能量方程对水平等直径圆管计算可得

$$h_f = (p_1 - p_2)/\gamma \tag{3-14}$$

压差可用压差计或电测仪测得。多管式水银压差有下列关系：

$$h_f = \frac{p_1 - p_2}{\gamma_\omega} = \left(\frac{\gamma_m}{\gamma_\omega} - 1\right)(h_2 - h_1 + h_4 - h_3) = 12.6\Delta h_m^*$$

$$\Delta h_m = h_2 - h_1 + h_4 - h_3 \tag{3-15}$$

式中：γ_m、γ_ω——分别为水银和水的容重，N/m^3；

Δh_m——汞柱总差，mmH_2O。

由图 3-12 可知，根据水静力学基本方程及等压面原理可得

$$p_1 - \gamma_\omega(y + h_1) + \gamma_m(h_1 - h_2) + \gamma_\omega(h_2 - h_3) + \gamma_m(h_3 - h_4) + \gamma_\omega(h_4 + y) = p_2$$

$$\frac{p_1 - p_2}{\gamma_\omega} = h_f = (\frac{\gamma_m}{\gamma_\omega} - 1)(h_2 - h_1 + h_4 - h_3) = 12.6\Delta h_m$$

四、实验步骤

准备 1　对照装置图和说明，弄清各组成部件的名称、作用及其工作原理；检查蓄水箱水位是否够高及旁通阀 12 是否已关闭，否则予以补水并关闭阀门；记录有关实验常数：工作管内径 d 和实验管长 L（标志于蓄水箱）。

准备 2　启动水泵。实验用的供水装置采用的是自动水泵，接通电源，全开旁通阀 12，打开供水阀 11，水泵自动开启供水。

准备 3　调通量测系统：

（1）夹紧水压计止水夹，打开流量调节阀 10 和供水阀 11（逆时针），关闭旁通阀 12（顺时针），启动水泵排出管道中的气体。

（2）全开旁通阀 12，关闭流量调节阀 10，松开水压计止水夹，并旋松水压计的旋塞 F_1，排出水压计中的气体。随后，关供水阀 11，开流量调节阀 10，使水压计液面降至标尺中部，即旋紧 F_1。再次开启供水阀 11 并立即关闭流量调节阀 10，稍候片刻检查水压计是否齐平，如不平则需重调。

（3）水压计齐平进，则可旋开电测仪排气旋钮，对电测仪的连接水管通水、排气，并将电测义调至“000”。

（4）实验装置通水排气后，即可进行实验测量。在旁通阀 12、供水阀 11 全开的前提下，逐次开大流量调节阀 10，每次调节流量时，均需稳定 2～3 min，流量越小，稳定时间越长；测流量时间不小于 8～10 s；测流量的同时，需测记水压计（或电测仪）、温度计（温度表应挂在水箱中）等读数：

层流段：应在水压计 $\Delta h \approx 196.133$ Pa（20 mmH_2O，夏季），$\Delta h \approx 294.199$ Pa（30 mmH_2O，

冬季）量程范围内，测记 3～5 组数据。

紊流段：夹紧水压计止水夹，开大流量，用电测仪记录 h_f 值，每次增量可按 $\Delta h \approx$ 9.81 kPa（100 mmH_2O）递加，直至测出最大的 h_f 值。阀的操作次序是：当供水阀 11、流量调节阀 10 开至最大后，逐渐关旁通阀 12，直至 h_f 显示最大值。

（5）结束实验前，应全开旁通阀 12，关闭流量调节阀 10，检查水压计与电测仪是否指示为 0，若均为 0，则关闭供水阀 11，切断电源。若不为 0，则表明压力计已进气，需重做实验。

五、实验结果整理

（1）有关常数。圆管直径 d =______cm，量测段长度 L =______cm。

（2）记录及计算（表 3-9）。

表 3-9 记录及计算

次序	体积 V/cm^3	时间 T/s	流量 Q/（$cm^3 \cdot s^{-1}$）	流速 v/（$cm \cdot s^{-1}$）	水温/℃	黏度 V/（$cm^2 \cdot s^{-1}$）	雷诺数 R_e	比压计、电测仪读数/cm		沿程损失 h_f/cm	沿程损失系数 λ	R_e<2 320，$\lambda = \frac{64}{R_e}$
								h_1	h_2			
1												
2												
3												
4												
5												
6												
7												
8												
9												
10												
11												
12												
13												
14												

注：常数 $K=\pi^2 gd^5/8L$=____________cm^5/s^2。

（3）绘图分析。绘制 $\lg v \sim \lg h_f$ 曲线，并确定指数关系值 m 的大小。在厘米纸上以 $\lg v$ 为横坐标，以 $\lg h_f$ 为纵坐标，点绘所测的 $\lg v \sim \lg h_f$ 关系曲线，根据具体情况连成一

段或几段直线。厘米纸上直线的斜率为

$$m=\frac{\lg h_{f2}-\lg h_{f1}}{\lg v_2-\lg v_1} \tag{3-16}$$

将从图上求得的 m 值与已知各流区的 m 值（即层流 m=1，光滑管流区 m=1.75，粗糙管紊流区 m=2.0，紊流过渡区 $1.75<m<2.0$）进行比较，确定流区。

实验曲线绘法建议：

（1）图纸。绘图纸可用普通厘米纸或对数纸，面积不小于 12 cm×12 cm。

（2）坐标确定。若采用厘米纸，取 $\lg h_f$ 为纵坐标（绘制实验曲线一般以因变量为纵坐标），$\lg v$ 为横坐标；采用对数纸，纵坐标为 h_f，横坐标用 v，即不定成对数。

（3）标注。在坐标轴上，分别标明变量名称、符号、单位以及分度值。

（4）绘点。据实验数据绘出实验点。

（5）绘曲线。据实验点分布绘制曲线，应使位于曲线两侧的实验点大致相等，且各点相对曲线的垂直距离总和也大致相等。

六、思考与讨论

（1）为什么压差计的水柱差就是沿程水头损失，如实验管道安装成倾斜，是否影响实验结果？

（2）据实测 m 值判别本实验的流动形态和流区。

（3）管道的当量粗糙度如何测得？

（4）本次实验结果与莫迪图是否吻合，试分析其原因。

实验七　局部阻力损失实验

一、实验目的

（1）掌握三点法、四点法量测局部阻力系数的技能。

（2）通过对圆管突扩局部阻力系数的包达公式和突缩局部阻力系数的经验公式的实验验证与分析，熟悉用理论分析法和经验法建立函数式的途径。

（3）加深对局部阻力损失机理的理解。

二、实验装置

实验装置如图 3-14 所示。

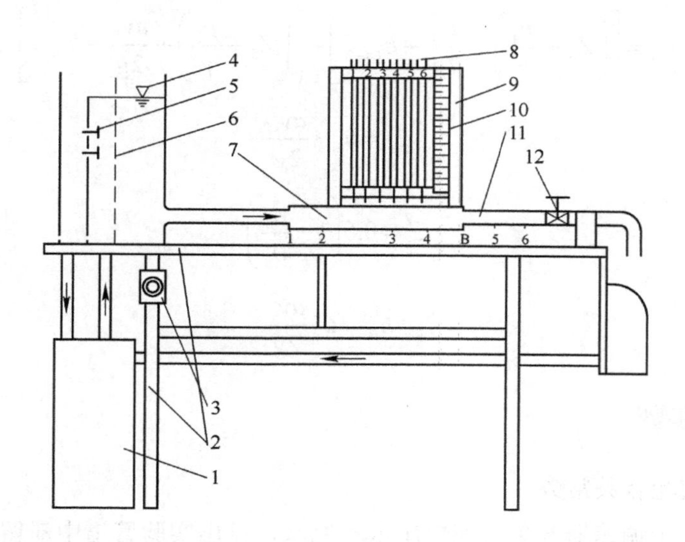

1—自循环供水器；2—实验台；3—可控硅无级调速器；4—恒压水箱；5—溢流板；
6—稳水孔板；7—突然扩大实验管段；8—测压计；9—滑动测量尺；
10—测压管；11—突然收缩实验管段；12—实验流量调节阀。

图 3-14　局部阻力系数实验装置

实验管道由小→大→小三种已知管径的管道组成，共设有 6 个测压孔，测孔 1～3 和 3～6 分别测量突扩和突缩的局部阻力系数。其中测孔 1 位于突扩界面处，用以测量小管出口端压强值。

三、实验原理

写出局部阻力前后断面的能量方程，根据推导条件，扣除沿程水头损失可得：

（1）突然扩大。采用三点法计算，式（3-17）中 h_{f1-2} 由 h_{f2-3} 按流长比例换算得出。

实测

$$h_{je}=\left[\left(Z_1+\frac{p_1}{\gamma}\right)+\frac{av_1^2}{2g}\right]-\left[\left(Z_2+\frac{p_2}{\gamma}\right)+\frac{av_2^2}{2g}+h_{f1-2}\right] \tag{3-17}$$

$$\zeta_e=h_{je}/\frac{av_1^2}{2g} \tag{3-18}$$

理论

$$\zeta'_e=\left(1-\frac{A_1}{A_2}\right)^2 \tag{3-19}$$

$$h'_{je}=\zeta'_e\frac{av_1^2}{2g} \tag{3-20}$$

（2）突然缩小。采用四点法计算，式（3-21）中 B 点为突缩点，h_{f4-B} 由 h_{f3-4} 换算得出，h_{fB-5} 由 h_{f5-6} 换算得出。

实测
$$h_{js}=\left[\left(Z_4+\frac{p_4}{\gamma}\right)+\frac{av_4^2}{2g}-h_{f4-B}\right]-\left[\left(Z_5+\frac{p_5}{\gamma}\right)+\frac{av_5^2}{2g}+h_{fB-5}\right] \quad (3\text{-}21)$$

$$\zeta_s=h_{js}/\frac{av_5^2}{2g} \quad (3\text{-}22)$$

经验
$$\zeta_s'=0.5\left(1-\frac{A_5}{A_3}\right) \quad (3\text{-}23)$$

$$h_{js}'=\zeta_s'\frac{av_5^2}{2g} \quad (3\text{-}24)$$

四、实验步骤

（1）测记实验有关常数。

（2）打开电子调速器开关，使恒压水箱充水，排出实验管道中滞留的气体。待水箱溢流后，检查泄水阀全关时各测压管液面是否齐平，若不平，则需排气调平。

（3）打开泄水阀至最大开度（要保证所有测压管均有读数），待流量稳定后，测记测压管读数，同时用体积法或用电测法测记流量。

（4）改变泄水阀开度 3～4 次，分别测记测压管读数及流量。

（5）实验完成后关闭泄水阀，检查测压管液面是否齐平，如不平，需重做。

五、实验结果整理

（1）记录、计算有关常数：

$d_2=D_1=$ ______cm； $d_2=d_3=d_4=D_2=$ ________cm； $d_5=d_6=D_3=$ _____cm；
$l_{1-2}=12$ cm； $l_{2-3}=24$ cm； $l_{3-4}=12$ cm； $l_{4-B}=6$ cm； $l_{B-5}=6$ cm； $l_{5-6}=6$ cm；

$\zeta_e'=\left(1-\frac{A_1}{A_2}\right)^2=$ ____________； $\zeta_s'=0.5\left(1-\frac{A_5}{A_3}\right)=$ ____________。

（2）整理记录、计算（表 3-10 和表 3-11）。

（3）将实测 ζ 值与理论值（突扩）或公认值（空缩）进行比较。

表 3-10　记录

次序	体积/cm^3	时间/s	流量/（$cm^3 \cdot s^{-1}$）	测压管读数/cm					
				h_1	h_2	h_3	h_4	h_5	h_6
1									
2									
3									
4									
5									

表 3-11　计算

阻力形式	次序	流量/（$cm^3 \cdot s^{-1}$）	前断面		后断面		h_j /cm	ζ	h'_j /cm
			$\frac{av^2}{2g}$ /cm	E/cm	$\frac{av^2}{2g}$ /cm	E/cm			
突然扩大	1								
	2								
	3								
	4								
	5								
突然缩小	1								
	2								
	3								
	4								
	5								

六、思考与讨论

（1）结合实验成果，分析比较突然扩大与突然缩小在相应条件下的局部损失大小关系。

（2）结合流动仪演示的水力现象，分析局部阻力损失的机理何在，产生突然扩大与突然缩小局部阻力损失的主要部位在哪里？怎样减小局部阻力损失？

（3）现有一段长度及连接方式与调节阀（图 3-14）相同、内径与实验管道相同的直管段，如何用两面点法测量阀门的局部阻力系数？

实验八　孔口与管嘴出流实验

一、实验目的

（1）掌握孔口与管嘴出流出流速系数、流量系数、侧收缩系数、局部阻力系数的量测技能。

（2）通过对不同管嘴与孔口的流量系数测量分析，了解进口形状对出流能力的影响及相关水力要素对孔口出流能力的影响。

二、实验装置

实验装置如图 3-15 所示。

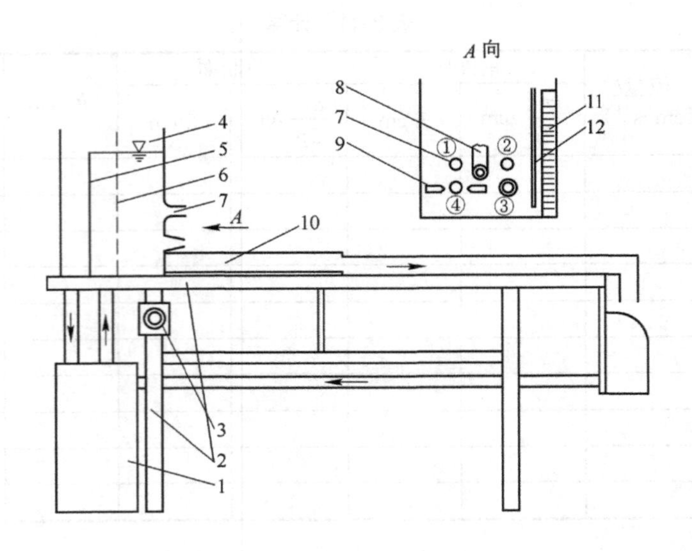

1—自循环供水器；2—实验台；3—可控硅无级调速器；4—恒压水箱；5—溢流板；6—稳水孔板；
7—孔口管嘴（其图内小字号①为喇叭进口管嘴，②为直角进口管嘴，③为圆锥形管嘴，④为孔口）；
8—防溅旋板；9—测量孔口射流收缩直径的移动触头；10—上回水槽；11—标尺；12—测压管。

图 3-15 孔口管嘴实验装置

测压管 12 和标尺 11 用于测量水箱水位、孔口管嘴的位置高程及直角进口管嘴②的真空度。防溅板 8 用于管嘴的转换操作，当某一管嘴实验结束时，将旋板旋至进口截断水流，再用橡皮塞封口；当需开启时，先用旋板挡水，再打开橡皮塞，这样可防止水花四溅。移动触头 9 位于射流收缩断面上，可水平向伸缩，当两个触块分别调节至射流两侧外缘时，将螺丝固定，然后用游标卡尺测量两触块的间距，即为射流收缩断面直径。

三、实验原理

$$Q=\varphi\varepsilon A\sqrt{2gH_0}=\mu A\sqrt{2gH_0} \tag{3-25}$$

流量系数
$$\mu=\frac{Q}{A\sqrt{2gH_0}} \tag{3-26}$$

收缩系数
$$\varepsilon=\frac{A_c}{A}=\frac{{d_c}^2}{d^2} \tag{3-27}$$

流速系数
$$\varphi=\frac{v_c}{\sqrt{2gH_0}}=\frac{\mu}{\varepsilon}=\frac{1}{\sqrt{1+\zeta}} \tag{3-28}$$

阻力系数
$$\zeta=\frac{1}{\varphi^2}-1 \tag{3-29}$$

四、实验步骤

（1）记录实验常数，各孔口管嘴用橡皮塞塞紧。

（2）打开调速器开关，使恒压水箱充水，至溢流后，再打开①号管嘴，待水面稳定后，测记水箱水在高程标尺读数H_1，测流量Q（要求重复测量3次，时间尽量长些，以求准确），测量完毕，先旋转水箱内的旋板，将#1管嘴进口盖好，再塞紧橡皮塞。

（3）依照上述方法，打开②号管嘴，测记水箱水面高程标尺读数H_1及流量Q，观察和测量直角管嘴出流时的真空情况。

（4）依次打开③号管嘴，测定H_1及Q。

（5）打开④号孔口，观察孔口出流现象，测定H_1及Q，并按下述（7）中②的方法测记孔口收缩断面的直径（重复测量3次）。然后改变孔口出流的作用水头（可减少进口流量），观察孔口收缩断面直径随水头变化的情况。

（6）关闭调速器开关，清理实验桌面及场地。

（7）注意事项：

①实验次序先管嘴后孔口，每次塞橡皮塞前，先用旋板将进口盖住，以免水花溅开。

②量测收缩断面直径，可用孔口两边的移动触头。首先松动螺丝，先移动一边触头将其与水股切向接触，并旋紧螺丝，再移动另一边触头，使之切向接触，并旋紧螺丝，再将旋板开关顺时针方向关上孔口，用卡尺测量触头间距，即为射流直径，实验时将旋板置于不工作的孔口（或管嘴）上，尽量减少旋板对工作孔口、管嘴的干扰。

③进行以上实验时，注意观察各出流的流股形态，并做好记录。

五、实验结果整理

（1）有关常数：

圆角管嘴 d_1=____cm，直角管嘴 d_2=___cm，出口高程读数 Z_1=Z_2=______cm。

圆锥管嘴 d_3=_____cm，孔口 d_4=_____cm，出口高程读数 Z_3=Z_4=_____cm。

（2）整理记录及计算表格（表3-12）。

表3-12　孔口、管嘴出流实验记录及计算

测量项 \ 测量位置	圆角管嘴			直角管嘴			圆锥管嘴			孔口		
水箱液面读数 H_1/cm												
体积/cm^3												
时间/s												
流量/（$m^3 \cdot s^{-1}$）												
平均流量/（$m^3 \cdot s^{-1}$）												

测量项 \ 测量位置	圆角管嘴	直角管嘴	圆锥管嘴	孔口
水头/cm $H_0=H_1-Z_1$（或 Z_2）				
面积 A/cm^2				
流量系数 μ				
测管读数 H_2/cm				
真空度 H_v/cm				
收缩直径 d_c/cm				
收缩断面 A_c/cm^2				
收缩系数 ε				
流速系数 φ				
阻力系数 ζ				
流股形态				

注：流股形态：①光滑圆柱；②紊流；③圆柱形麻花状扭变；④具有侧收缩的光滑圆柱；⑤其他形状。

六、思考与讨论

（1）结合观测不同类型管嘴与孔口出流的流股特征，分析流量系数不同的原因及增大过流能力的途径。

（2）观察 $\frac{d}{H}>0.1$ 时孔口出流的侧收缩率较 $\frac{d}{H}<0.1$ 时有何不同？

实验九　换热器性能测试

一、实验目的

（1）熟悉套管式、板式和列管式换热器的工作原理，掌握其传热性能及测量计算方法；

（2）测试和评价套管、列管、板式三种换热器的性能，分析其结构特点及换热性能的差别；

（3）加深对顺流和逆流的流动方式下换热器换热能力差别的认识；

（4）根据不同工况下测试数据，绘制换热器传热性能曲线。

二、实验装置和工作原理

换热器性能测试试验主要对应用较广的间壁式换热器中的套管式换热器、板式换热器和列管式换热器进行性能的测试。其中，套管式和板式换热器可进行顺流和逆流两种流动方式的性能测试，而列管式换热器只能做一种流动方式的性能测试。冷水可通过阀门调控实现顺、逆流切换，热水则只有一个流向，换热形式为热—冷水换热。实验装置如图 3-16 所示。

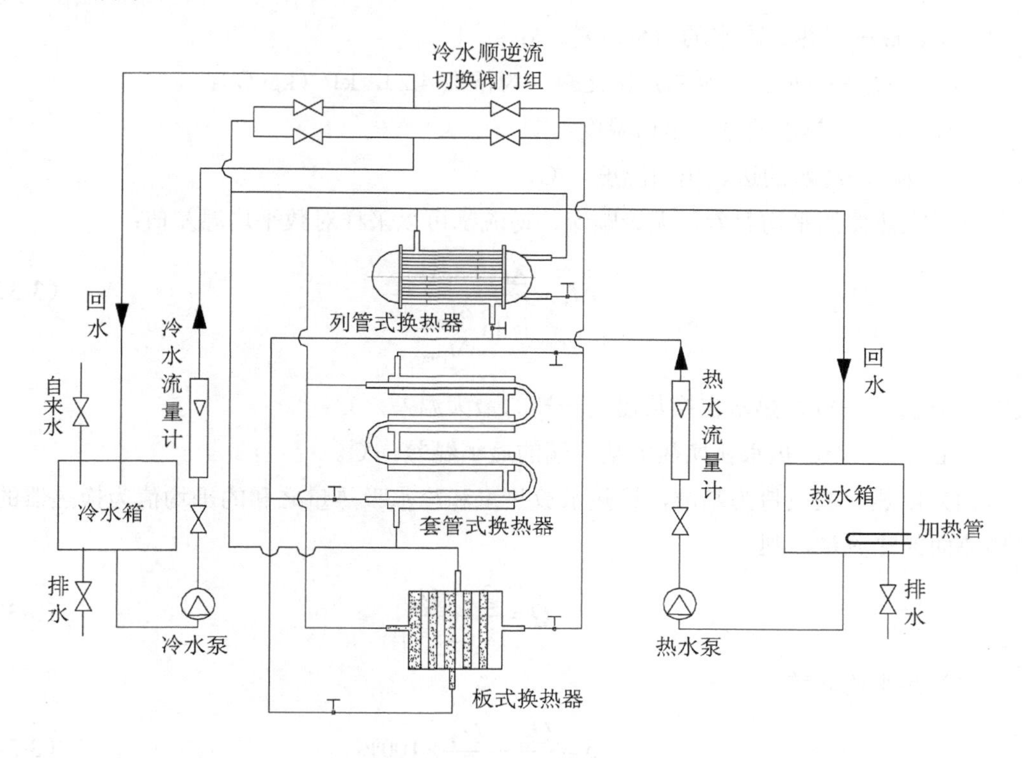

图 3-16　换热器综合实验台原理

仪器参数：套管式、板式和列管式换热器的换热面积分别为 0.12 m^2、0.52 m^2 和 0.40 m^2。电加热器总功率为 4.0 kW。冷、热水泵允许工作温度＜70℃，额定流量为 3 m^3/h，扬程为 12 m，电机功率为 160 W。转子流量计型号为 LZB-25，流量为 40～400 L/h，允许温度为 0～70℃。

本实验装置可测定换热器的总传热系数、对数传热温差和热平衡误差等，可探讨不同换热器在不同流动方式、不同工况的传热情况和性能，绘制传热性能曲线。

（1）换热器的传热方程：

$$Q=KF\Delta t_m \tag{3-30}$$

（2）冷热水热交换平衡方程：$Q_{热}=Q_{冷}$，即

$$m_1C_{p1}(T_1-T_2)=m_2C_{p2}(t_1-t_2) \tag{3-31}$$

式中：Q——换热器整个传热面上的热流量，W；

K——总传热系数，W/（m^2·℃）；

F——总传热面积，m^2；

Δt_m——换热器的平均温差（冷热流体间温差），℃；

$Q_{热}$——热水放热量，W；

$Q_{冷}$——冷水吸热量，W；

m_1、m_2——热、冷水的质量流量，kg/s；

C_{p1}、C_{p2}——热、冷水的定压比热（为常数 4.2），kJ/（kg·℃）；

T_1、T_2——热水的进、出口温度，℃；

t_1、t_2——冷水的进、出口温度，℃。

（3）换热器的平均温差，无论顺流、逆流都可以采样对数平均温差值：

$$\Delta t_m = \frac{\Delta t_{\max} - \Delta t_{\min}}{\ln \dfrac{\Delta t_{\max}}{\Delta t_{\min}}} \tag{3-32}$$

式中：$\Delta t_{\max}$ ——冷、热水在换热器某一端的最大温差，℃；

$\Delta t_{\min}$——冷、热水在换热器某一端的最小温差，℃。

（4）以热水放热量为基准，设热水放热量和冷水吸热量之和的平均值为换热器的整个传热面的热流量，则

$$Q = \frac{Q_{热} + Q_{冷}}{2} \tag{3-33}$$

（5）热平衡误差：

$$\delta = \frac{Q_{热} - Q_{冷}}{Q} \times 100\% \tag{3-34}$$

（6）总传热系数：

$$K = \frac{Q}{F\Delta t_m} \tag{3-35}$$

注：热、冷水的质量流量 m_1、m_2 是根据修正后的流量计体积流量折算成的质量流量（换算公式 l/h=0.000 278 kg/s）。

三、实验方法和步骤

1．实验前准备

（1）熟悉实验装置及使用仪表的工作原理和性能；

（2）打开所要实验的换热器阀门，关闭其他阀门；

（3）按顺流（或逆流）方式调整冷水换向阀门的开或关；

（4）冷—热水箱充水，禁止水泵无水运行（热水泵启动，加热才能供电）。

2．实验步骤

（1）接通电源，启动热水泵（为了提高热水温升速度，可先不启动冷水泵），并调整

好合适的流量。

（2）调节温控仪，使加热水温控制在 70℃以下的某一指定温度，仪器进入自动控温状态。

（3）待热水到达设定的温度后，启动冷水泵，并调整到合适流量。经过一段时间，冷热水交换达到相对稳定状态，即冷热水进出口测定数显温度计的读数较为稳定或变动极慢。

（4）待冷—热流体进出口的温度基本稳定后，即可测读出相应测温点的温度数值，同时测读转子流量计冷—热流体的流量读数；将实验测试结果记录到实验数据记录表中。

（5）依次完成套管和板式换热器的顺流、逆流流动方式的换热性能实验测定，可固定热水流量，改变 3～5 组冷水流量进行实验；列管换热器只需做其中一种流动方式下的换热性能实验测定。

（6）根据不同运行工况所获得的实验结果，可绘制相应换热器的传热性能曲线。

（7）实验结束后，首先关闭电加热器开关，5 min 后切断全部电源。

表 3-13　实验数据记录

换热器名称：套管换热器　　环境温度 t_0：____℃

顺逆流	热流体				冷流体		
	测量次数	进口温度 T_1/℃	出口温度 T_2/℃	流量计读数 V_1/（l/h）	进口温度 t_1/℃	出口温度 t_2/℃	流量计读数 V_2/（l/h）
顺流							
逆流							

表 3-14　实验数据记录

换热器名称：板式换热器　　环境温度 t_0：____℃

顺逆流	热流体				冷流体		
	测量次数	进口温度 T_1/℃	出口温度 T_2/℃	流量计读数 V_1/（l/h）	进口温度 t_1/℃	出口温度 t_2/℃	流量计读数 V_2/（l/h）
顺流							
逆流							

表 3-15 实验数据记录

换热器名称：列管换热器 环境温度 t_0：____℃

顺逆流	热流体				冷流体		
	测量次数	进口温度 T_1/℃	出口温度 T_2/℃	流量计读数 V_1/（l/h）	进口温度 t_1/℃	出口温度 t_2/℃	流量计读数 V_2/（l/h）
顺流							
逆流							

四、实验数据处理

（1）根据实验测定结果，计算不同换热器不同工况下的总传热系数、对数传热温差、热平衡误差和热流量。

（2）根据不同工况下的实验结果，绘制传热性能曲线，并进行比较：

①以传热系数为纵坐标，分别以冷水、热水流量为横坐标绘制传热性能曲线；

②对三种不同换热器的性能进行比较；

③对顺流和逆流换热性能进行比较。

五、注意事项

（1）热流体在热水箱中加热温度不得超过 70℃；

（2）实验台使用前应加接地线，以保安全；

（3）若长期不用请把系统中的水全部放掉。

六、思考与讨论

（1）冷热水箱温度不恒定对实验结果有何影响？

（2）实验中为什么可以不考虑辐射换热？

（3）顺逆流工况下换热器的换热性能有何差异？

（4）换热器结构特征对其换热性能有何影响？

（5）根据实验结果说明为什么工程上可以忽略换热器中间壁的导热热阻？

实验十　填料式气体吸收塔压降曲线测定

一、实验目的

（1）了解填料塔的结构特点；

（2）观察到气液接触状况与液泛现象；

（3）测定填料层压降Δp与空塔气速u的曲线关系；

（4）了解影响吸收效率的主要因素。

二、实验原理

在逆流操作的填料塔中，从塔顶喷淋下来的液体，依靠重力在填料表面成膜状向下流动，上升气体与下降液膜的摩擦阻力形成了填料层的压降。填料层压降与液体喷淋量及气速有关，在一定的气速下，液体喷淋量越大，压降越大；在一定的液体喷淋量下，气速越大，压降也越大。填料层压降是其流体力学性能之一，是确定其动力消耗必需的参数之一，能够决定填料塔操作的可靠性和经济性。

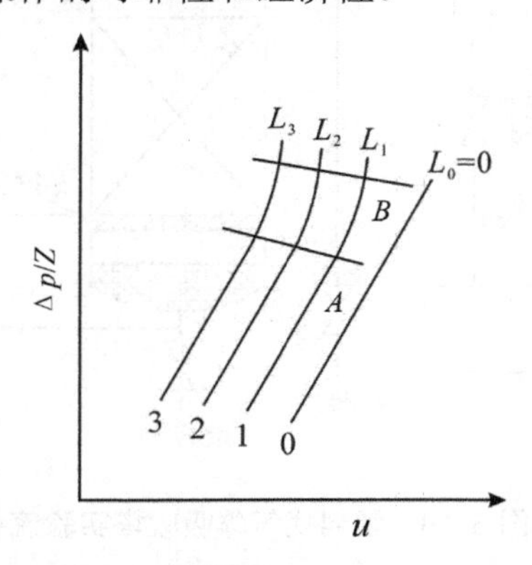

图 3-17　填料层的$\Delta p/Z$与u的关系

从图 3-17 中可看出，在一定的喷淋量下，压降随空塔气速的变化曲线大致可分为三段：当气速低于A点时，气体流动对液膜的曳力很小，液体流动不受气流的影响，填料表面上覆盖的液膜厚度基本不变，因而填料层的持液量不变，该区域称为恒持液量区。此时$\Delta p/Z \sim u$为一直线，位于干填料压降线的左侧，且基本与干填料压降线平行。当气速超过A点时，气体对液膜的曳力较大，对液膜流动产生阻滞作用，使液膜增厚，填料层的持液量随气速的增加而增大，此现象称为拦液。发生拦液现象时的空塔气速称为载点气速，曲线上的转折点A，称为载点。若气速继续增大，到达图中B点时，由于液体不能顺利向下流动，使填料层的持液量不断增大，填料层内几乎充满液体。气速增加很小便会引起压降的剧增，此现象称为液泛，开始发生液泛现象时的气速称为泛点气速，以 uF 表示，曲线上的点 B 称为泛点。从载点到泛点的区域称为载液区，泛点以上的区域称为液泛区。

三、实验装置

填料式气体吸收塔实验流程如图 3-18 所示。

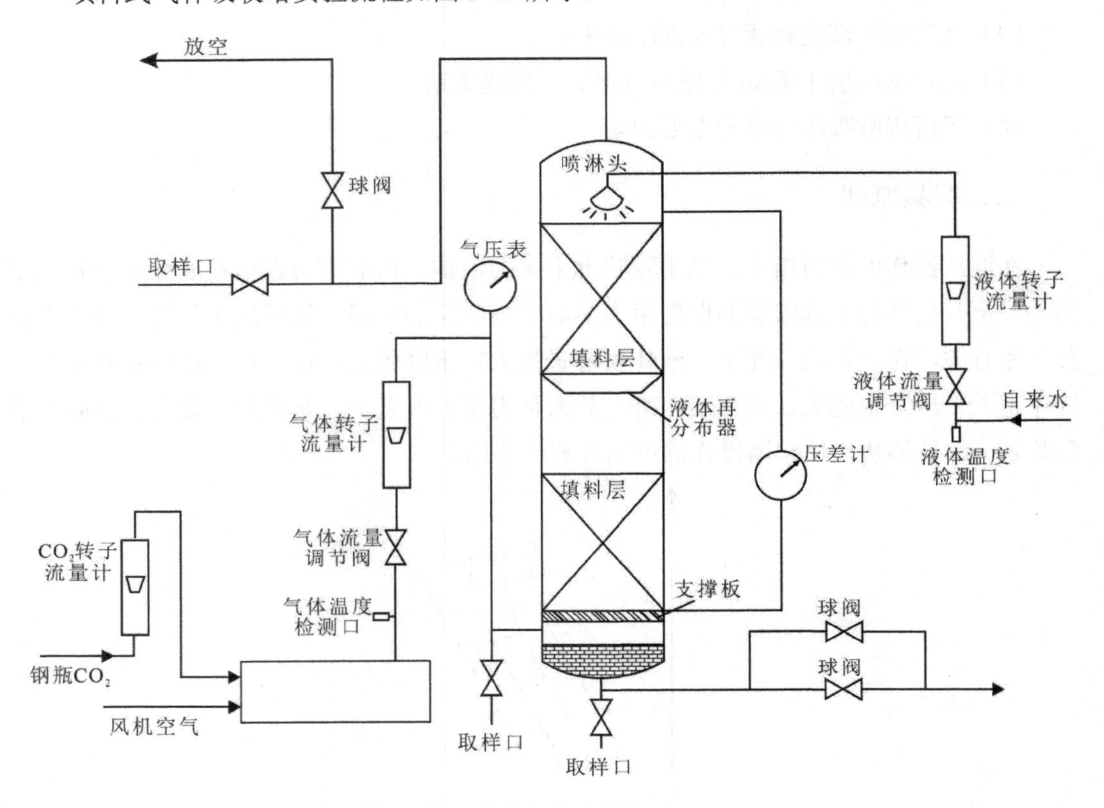

图 3-18 填料式气体吸收塔实验流程

本实验装置由自来水源处来的水送入填料塔塔顶经喷头喷淋在填料顶层。由风机送来的空气和由二氧化碳钢瓶来的二氧化碳混合后，一起进入气体中间贮罐，然后再直接进入塔底，与水在塔内逆流接触，进行质量和热量的交换，由塔顶出来的尾气放空。由于本实验为低浓度气体的吸收，所以热量交换可省略，整个实验过程近似等温操作。

四、操作步骤

（1）检查设备系统外况和全部电气连接线有无异常（如管道设备无破损，U 形压力计内部水量适当等），一切正常后开始操作；

（2）打开电控箱总开关，合上触电保护开关；

（3）启动鼓风机，调节进塔空气流量，按空气流量从小到大的顺序读取填料层压降Δp、转子流量计读数和空气温度，于坐标纸上绘制干填料层Δp-u关系曲线；

（4）打开吸收剂开关，当填料充分润湿后，调节阀门使吸收剂流量控制在适当的数值，维持恒定；

（5）启动鼓风机，调节风量由小到大，观察填料塔内流体力学状况，当出现液泛时记录对应的空气转子流量计读数，随后绘制一定喷淋量下填料层Δp-u关系曲线；

（6）增大吸收剂流量，再绘制两组一定喷淋量下填料层Δp-u关系曲线；

（7）实验结束后，依次关闭循环水泵、鼓风机和仪器总电源；

（8）检查设备状况，没有问题后离开。

五、实验数据处理

根据上述实验测得的数据填写到表3-16中。

表3-16　实验数据记录

实验日期：　　　　　　　　　　实验人员：

序号	吸收剂流量/（m^3/h）	进气流量/（m^3/h）	填料塔压降/kPa
1			
2			
3			
4			
5			
6			
7			
8			
9			
10			
11			
12			
13			
14			
15			
16			

六、思考与讨论

（1）填料塔在一定喷淋量时，气相负荷应控制在哪个范围内进行操作？

（2）可否通过改变空气流量达到改变传质系数的目的？

（3）通过实验观察，填料塔的液泛首先从哪个部位开始？为什么？

实验十一　水泵特性曲线的测定实验

一、实验目的

（1）掌握水泵的基本测试技术，了解实验设备及仪器仪表的性能和操作方法。

（2）测定 P-100 自吸泵的工作特性，绘制特性曲线。

二、实验装置

泵特性曲线实验仪实验泵的结构如图 3-19 所示。水泵由上下两部分组成，下部为稳压罐，上部为水泵电机。水泵工作方式为：进水口进水，由压力罐内 1 号管直接将水送入水泵，经水泵增压后，再由 2 号管排入压力罐，经稳压后由出水口排出，过程见图 3-19 中箭头指向。压力罐内 1 号管与压力罐内部不连通，只起到向水泵供水的作用。

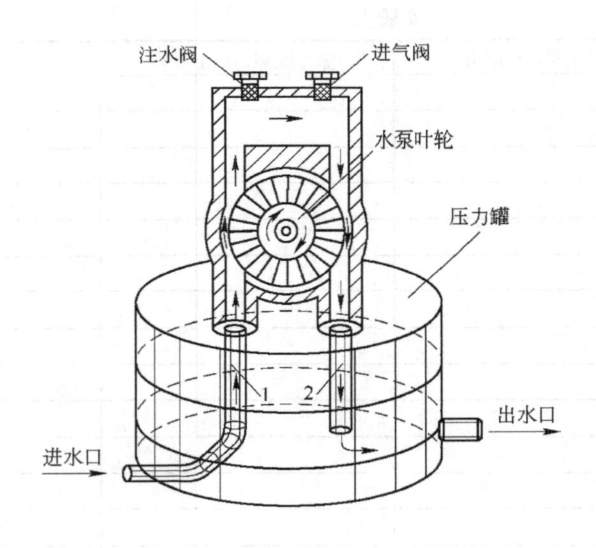

图 3-19　泵特性曲线实验仪实验泵结构示意图

三、实验原理

对应某一额定转速n，泵的实际扬程H，轴功率N，总效η与泵的出水流Q之间的关系以曲线表示，称为泵的特性曲线，它能反映出泵的工作性能，可作为选择泵的依据。泵的特性曲线测定装置如图 3-20 所示。

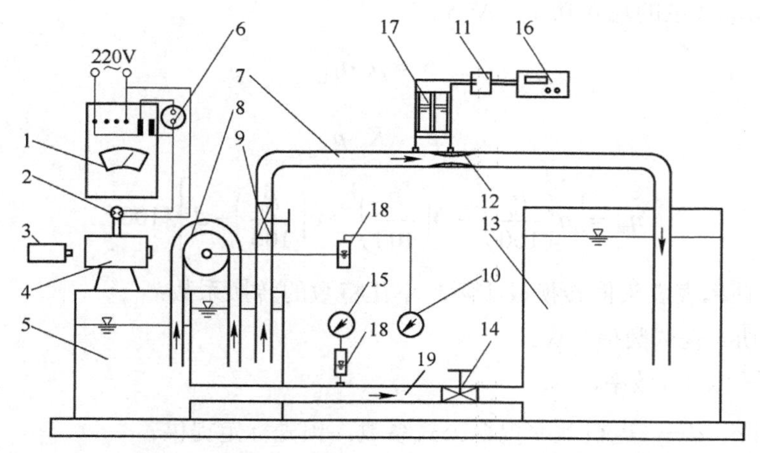

1—功率表；2—电机电源插座；3—光电测速仪；4—电动机；5—稳水压力罐；6—功率表开关；
7—输水管道；8—P-100 型自吸泵；9—流量调节阀；10—压力表；11—压差传感器；
12—文丘里流量计；13—蓄水箱；14—进水阀；15—压力真空表；16—压差电测仪；
17—电测仪稳压筒；18—压力表稳压筒；19—进水管道。

图 3-20　泵的特性曲线测定装置

泵的特性曲线可用下列 3 个函数关系表示：

$$H=f_1（Q）;\ N=f_2（Q）;\ \eta=f_3（Q）$$

这些函数关系均可由实验测得，其测定方法如下：

（1）流量 Q（$10^{-6}\,m^3/s$）。用文丘里流量计 12、压差电测仪 16 测量，并据式（3-36）确定 Q 值

$$Q=A（\Delta h）^B \tag{3-36}$$

式中：A、B——预先以标定得出的系数，由仪器提供；

Δh——文丘里流量计的测压管水头差，由压差电测仪读出，cm；

Q——流量，$10^{-6}\,m^3/s$。

（2）实际扬程 H 。泵的实际扬程是指水泵出口断面与进口断面之间的总能头差，是在测得泵进、出口压强、流速和测压表表位差后，经计算求得。由于实验装置内各点流速较小，流速水头可忽略不计，故有

$$H=102（h_d-h_s） \tag{3-37}$$

式中：H——扬程，m;

h_d——水泵出口压强，MPa;

h_s——水泵进口压强，MPa，真空值用“—”表示。

（3）轴功率（泵的输入功率）N(W)

$$N = p_0 \cdot \eta_{电} \tag{3-38}$$

$$p_0 = K \cdot p \tag{3-39}$$

$$\eta_{电} = \left[a\left(\frac{P_0}{100}\right)^3 + b\left(\frac{P_0}{100}\right)^2 + c\left(\frac{P_0}{100}\right) + d \right] / 100 \tag{3-40}$$

式中：K——功率表表头值转换成实际功率瓦特数的转换系数；

p——功率表读数值，W；

$\eta_{电}$——电动机效率，%；

a、b、c、d——电机效率拟合公式系数，预先标定提供。

（4）总效率

$$\eta = \frac{\rho g H Q}{N} \times 100\% \tag{3-41}$$

式中：ρ——水的密度，1 000 kg/m^3；

g——重力加速度，9.8 m/s^2。

（5）实验结果按额定转速的换算。如果泵实验转速 n 与额定转速 n_{sp} 不同，且满足 $\left|(n-n_{sp})/n_{sp} \times 100\%\right| < 20\%$，则应将实验结果按下面各式进行换算：

$$Q_0 = Q\left(\frac{n_{sp}}{n}\right) \tag{3-42}$$

$$H_0 = H\left(\frac{n_{sp}}{n}\right)^2 \tag{3-43}$$

$$N_0 = N\left(\frac{n_{sp}}{n}\right)^3 \tag{3-44}$$

$$\eta_0 = \eta \tag{3-45}$$

式中，带下标“0”的各参数都指额定转速下的值。

四、实验步骤

（1）准备：对照实验装置图，熟悉实验装置各部分名称与作用，检查水系统和电系统的连接是否正确，蓄水箱的水量是否达到规定要求。记录有关常数。

（2）排气：全开调节阀 9 与进水阀 14，接通电源开启水泵（泵启动前，功率表开关 6 一定要置于“关”的位置）。待供水管 7 中气体排尽后，关闭调节阀 9，然后拧开传感器 11 上的两只螺丝，使传感器和连接管排气，排气后将螺丝拧紧。

（3）电测仪 16 调至 0：在调节阀 9 全关下，电测仪应显示为 0，否则应调节其调零旋钮使其显示为 0。

（4）在进水阀 14 全开的情况下，调节阀 9 控制泵的出水流量。此时打开功率表开关 6，测记功率表 1，同时测记电测仪 16 和压力表 10 与 15 的读值。

（5）测记转速：将光电测速仪射出的光束对准贴在电机转轴端黑纸上的反光纸，即可读出轴的转速。转速须对应每一工况进行测记。

（6）调节不同流量，测量 7～13 次。

（7）在调节阀 9 半开（压力表 10 读数值约为 0.15 MPa）的情况下，调节进水阀 14，在不同开度下，按上述步骤（4）和（5）测量 2～3 次，其中一次应使压力真空表 15 的表值约为 –0.08 MPa。

（8）实验结束，先切断电动机电源，检查电测仪是否为 0，如不为 0 应进行修正。最后切断电测仪电源。

五、实验成果及要求

（1）记录有关常数。

实验装置号 No.__________。

流量换算公式系数：A=_________；B=________。

电动机效率换算公式系数：a =______；b=______；c=______；d=_______。

功率表转换系数：K =_____；泵额定转速：n_{sp} =________r/min。

（2）记录及计算（表 3-17 和表 3-18）。

表 3-17　实验记录

序号	转速 n/（$r \cdot min^{-1}$）	功率表读值 P/W	流量计读值Δh/ cmH_2O	真空表读值 h_s/ $MPa \times 10^{-2}$	压力表读值 h_d/（$MPa \times 10^{-2}$）
1					
2					
3					
4					
5					
6					
7					
8					
9					
10					
11					
12					
13					

注：1 mmH_2O = 9.806 65 Pa。

表 3-18 泵特性曲线测定实验结果

序号	实验换算值				n_{sp}= r/min 时的值			
	转速 n/（$r\cdot min^{-1}$）	流量 Q/（$\times 10^{-6}\ m^3\cdot s^{-1}$）	总扬程 H/m	泵输入功率 N/W	流量 Q/（$\times 10^{-6}\ m^3\cdot s^{-1}$）	总扬程 H/m	泵输入功率 N/W	泵效率 η/%
1								
2								
3								
4								
5								
6								
7								
8								
9								
10								
11								
12								
13								

（3）根据实验值在同一图上绘制 H_0～Q_0、N_0～Q_0、η_0～Q_0 曲线。

本实验曲线应自备毫米方格纸绘制，图中的公用变量 Q_0 为横坐标，纵坐标则分别对应 H_0、N_0、η_0，用相应的分度值表示。坐标轴应注明分度值的有效数字、名称和单位，不同曲线分别以函数关系予以标注。

六、思考与讨论

（1）本实验 P-100 自吸泵与离心泵的特性曲线相比较有何异同，它们的使用操作分别注意什么？

（2）当水泵入口处真空度达 68.6～78.4 kPa（7～8 mmH_2O）时，泵的性能明显恶化，试分析其原因。

（3）实验泵安装高程能否高于吸水井水面 7～8 m，为什么？

实验十二 恒压过滤实验

一、实验目的

（1）熟悉板框压滤机的构造和操作方法，通过恒压过滤实验理解过滤基本理论。

（2）掌握测定过滤常数 K、q_e、τ_e 及压缩性指数 s 的方法。

（3）了解过滤压力对过滤速率的影响。

二、实验原理

过滤是以某种多孔物质作为介质来处理悬浮液的操作。在外力的作用下，悬浮液中的液体通过介质的孔道而固体颗粒被截留下来，从而实现固液分离，因此，过滤操作本质上是流体通过固体颗粒床层的流动，所不同的是这个固体颗粒层的厚度随着过滤过程的进行而不断增加，故在恒压过滤操作中，其过滤速率不断降低。

影响过滤速度的主要因素除压强差Δp、滤饼厚度 L 外，还有滤饼和悬浮液的性质、悬浮液温度、过滤介质的阻力等，故难以用流体力学的方法处理。

比较过滤过程与流体经过固定床的流动可知：过滤速度即为流体通过固定床的表现速度 u。同时，流体在细小颗粒构成的滤饼空隙中的流动属于低雷诺数范围，因此，可利用流体通过固定床压降的简化模型，寻求滤液量与时间的关系，运用层流时泊肃叶公式推导出过滤速度计算式：

$$u=\frac{1}{K'}\frac{\varepsilon^3}{a^2(1-\varepsilon)^2}\frac{\Delta p}{\mu L} \tag{3-46}$$

式中：Δp——过滤的压强差，Pa；

K'——康采尼系数，层流时，K=5.0；

ε——床层的空隙率，m^3/m^3；

μ——过滤黏度，Pa·s；

a——颗粒的比表面积，m^2/m^3；

u——过滤速度，m/s；

L——床层厚度，m。

由此可以导出过滤基本方程式：

$$\frac{dV}{d\tau}=\frac{A^2\Delta p^{1-s}}{\mu r' v(V+V_e)} \tag{3-47}$$

式中：V——滤液体积，m^3；

τ——过滤时间，s；

A——过滤面积，m^2；

s——滤饼压缩性指数（一般情况下，s=0～1，对于不可压缩滤饼，s=0）；

R——滤饼比阻，$1/m^2$，$r = 5.0\ a^2(1-\varepsilon)^2/\varepsilon^3$；

r'——单位压差下的比阻，$1/m^2$；

v——滤饼体积与相应的滤液体积之比，无因次；

V_e——虚拟滤液体积，m^3。

在恒压过滤时，对式（3-47）积分可得

$$(q+q_e)^2=K(\tau+\tau_e) \tag{3-48}$$

式中：q——单位过滤面积的滤液体积，m^3/m^2；

q_e——单位过滤面积的虚拟滤液体积，m^3/m^2；

τ_e——虚拟过滤时间，s；

K——滤饼常数，由物理特性及过滤压差所决定，m^2/s。

对式（3-48）微分得

$$\left.\begin{aligned}&2(q+q_e)dq=Kd\tau\\&\frac{d\tau}{dq}=\frac{2}{K}q+\frac{2}{K}q_e\end{aligned}\right\} \tag{3-49}$$

该式表明以 $d\tau/dq$ 为纵坐标，以 q 为横坐标做图，直线斜率为 $2/K$，截距为 $2q_e/K$。在实验测定中，为便于计算，可用增量Δ替代，把式（3-49）改写成

$$\frac{\Delta\tau}{\Delta q}=\frac{2}{K}q+\frac{2}{K}q_e \tag{3-50}$$

在恒压条件下，用秒表和量筒分别测定一系列时间间隔及对应的滤液体积，由此算出一系列在直角坐标系中绘制的函数关系，得一条直线，由直线的斜率和截距便可求出 K 和 q_e，再根据 $\tau_e=q_e/K$，求出 τ_e。

三、实验装置与流程

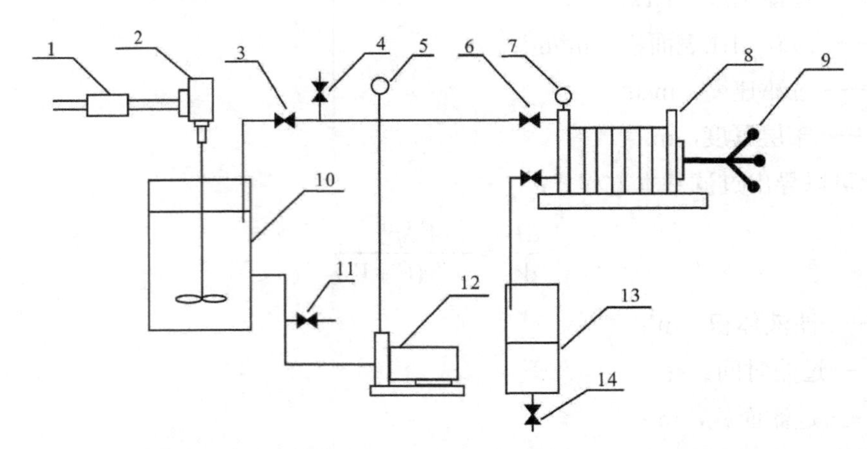

1—调速器；2—电动搅拌器；3、4、6、11、14—阀门；5、7—压力表；

8—板框过滤机；9—压紧装置；10—滤浆槽；12—旋涡泵；13—计量桶。

图 3-21 恒压过滤实验装置和流程

四、实验步骤

1．实验准备

（1）配料：关闭配料罐底部阀门，在配料罐内配制约含 25% $MgCO_3$ 的水悬浮液。

（2）装板框：正确装好滤板、滤框及滤布。滤布使用前用水浸湿，滤布要绷紧，不能起皱。滤布紧贴滤板，密封垫贴紧滤布。（注意：用螺旋压紧时，千万不要把手指压伤，先慢慢转动手轮使板框合上，然后再压紧）

2．过滤过程

（1）鼓泡：通压缩空气至压力罐，使容器内料浆不断搅拌。压力料槽的排气阀应不断排气，但又不能喷浆。

（2）过滤：将中间双面板下通孔切换阀开到通孔通路状态。打开进板框前料液进口的两个阀门，打开出版框后清液出口球阀。此时，压力表指示过滤压力，清液出口流出滤液。

（3）每次实验应在滤液从汇集管刚流出的时候作为开始时刻，每次 ΔV 分别量取 800 mL、700 mL、600 mL、500 mL、400 mL、300 mL、200 m 和 100 mL 左右，并记录相应的过滤时间$\Delta\tau$。

（4）设定 0.1 MPa 和 0.2 MPa 不同压力进行压滤实验。一个压力下的实验完成后，先打开泄压阀使压力罐泄压；卸下滤框、滤板和滤布进行清洗，清洗时滤布不要折；每次滤液及滤饼均收集在小桶内，滤饼弄细后重新倒入料浆桶内搅拌配料，进入下一个压力实验。注意：若清水罐水量不足，可补充一定水源，补水时仍应打开该罐的泄压阀。

3．清洗过程

（1）关闭板框过滤的进出阀门。将中间双面板下通孔切换阀开到通孔关闭状态（阀门手柄与滤板平行为过滤状态，垂直为清洗状态）。

（2）打开清洗液进入板框的进出阀门（板框前两个进口阀，板框后一个出口阀）。此时，压力表指示清洗压力，清液出口流出清洗液。清洗液速度比同压力下过滤速度小很多。

（3）清洗液流动约 1 min，可观察浑浊变化判断结束。一般物料可不进行清洗，结束清洗后，关闭清洗液进出板框的阀门，关闭定值调节阀后进气阀门。

4．实验结束

（1）先关闭水泵出口球阀，关闭电源。

（2）卸下滤框、滤板和滤布进行清洗，清洗时滤布不要弯折。

五、实验数据记录与处理

（1）记录实验原始数据。

表 3-19 数据记录

序号	过滤滤液体积 ΔV/mL	0.1 MPa 压力	0.2 MPa 压力
		过滤时间 $\Delta\tau$/s	过滤时间 $\Delta\tau$/s
1			
2			
3			
4			
5			
6			
7			
8			

（2）数据处理。

①过滤面积：A=__________________m^2。

②计算不同过滤压力下 Δq、$\Delta\tau/\Delta q$ 和 q 值。

表 3-20 恒压过滤实验结果

序号	0.1 MPa 压力			0.2MPa 压力		
	Δq/（m^3/m^2）	$\Delta\tau/\Delta q$/（$s\cdot m^2/m^3$）	q/（m^3/m^2）	Δq/（m^3/m^2）	$\Delta\tau/\Delta q$/（$s\cdot m^2/m^3$）	q/（m^3/m^2）
1						
2						
3						
4						
5						
6						
7						
8						

（3）以 $\Delta\tau/\Delta q$ 为纵坐标，q 为横坐标，绘制曲线图。

（4）依据曲线回归方程，计算不同压力下的过滤常数 K、q_e 和 τ_e。

六、思考与讨论

（1）结合实验中不同压力下的过滤常数 K、q_e 和 τ_e，分析过滤压力对过滤常数系数的影响。

（2）影响过滤速率的主要因素有哪些？如何提高压滤机的过滤速率？

（3）在压滤过滤过程中，过滤初始阶段为何滤液是浑浊的？

第四章　环境分析化学实验

实验一　实验基础认知及标准溶液的配制与标定

一、实验目的

（1）熟悉实验用纯水规格、用途及检验方法。

（2）熟悉化学试剂的分类、分级和用途。

（3）掌握用直接法和间接法配制标准溶液。

（4）通过硫代硫酸钠标准溶液的配制与标定，掌握容量分析仪器的用法和滴定操作技术。

二、实验原理

1．实验用纯水规格、用途及检验方法

分析化学实验对实验用水的质量要求较高，不能直接用自来水进行实验。纯水的纯度是影响实验结果准确度的重要因素。在配制溶液时应使用纯水作为溶剂配制。洗涤玻璃器皿时，最后需要用纯水润洗 3 次。实验过程中应根据分析任务的要求，选择合适规格和级别的纯水。纯水的规格及用途见表 4-1。

表 4-1　纯水的规格及用途

纯水规格		纯水用途	检验方法
纯水	一级水	纯度最高，用于有严格要求的分析实验，如高效液相色谱分析、电化学分析、原子光谱分析用水	电导率≤0.1 μS/cm
	二级水	用于无机痕量分析等实验，如原子吸收光谱分析用水	电导率≤1 μS/cm
	三级水	用于一般化学分析实验，多数的滴定分析可用三级水	电导率≤5 μS/cm
超纯水		用于研制超纯材料的实验用水	电导率≤0.01 μS/cm

2. 化学试剂的分类、分级和用途

化学试剂种类繁多，世界各国对化学试剂的分类和分级标准不一致。国际纯粹化学与应用化学联合会（IUPAC）将化学标准物质分为 A～E 五级。其他常用的分类还可按用途分为标准试剂、一般（通用）试剂、高纯试剂、特效试剂、指示剂、仪器专用试剂、生化试剂等。下面主要介绍分析实验常用的标准试剂、一般试剂和高纯试剂。

（1）标准试剂。标准试剂是用于衡量其他待测物质化学量的标准物质。标准试剂一般由大型试剂厂生产，并严格按照国家标准进行检验，标签使用浅绿色。主要国产标准试剂等级和用途如表 4-2 所示。

表 4-2 主要国产标准试剂等级和用途

类别	相当于 IUPAC 的级别	用途
滴定分析第一基准	C	滴定分析工作基准试剂的定值
滴定分析工作基准	D	滴定分析标准溶液的定值
滴定分析标准溶液	E	滴定分析测定物质的含量
pH 基准试剂	D	pH 计的校准
气象色谱分析标准	D	气象色谱分析的标准
有机元素分析标准	E	有机物元素分析

（2）一般试剂。一般试剂指实验室普遍使用的试剂。我国的一般试剂分为四个等级，其中四级应用较少。此外还有生化试剂。一般试剂的分级、标志、标签颜色及主要用途见表 4-3。

表 4-3 试剂规格和适用范围

级别	英文名称	英文符号	标签颜色
优级纯	Guaranteed Reagent	GR	深绿色
分析纯	Analytical Reagent	AR	金光红色
化学纯	Chemical Pure	CP	中蓝色
基准试剂	Standard Reagent	SR	深绿色
生物染色试剂	Dye Reagent	DR	玫红色

（3）高纯试剂。高纯试剂是纯度远高于优级纯的试剂，是为专门的使用目的而用特殊方法生产的纯度最高的试剂。纯度为 4 个 9（99.99%）的高纯试剂简写为 4N。高纯试剂一般不用于标准溶液的配置，主要用于微量或痕量分析中试样的分解和试液的制备。

根据实验要求选择合适规格的化学试剂。一般情况下，选择合适规格试剂的原则为：滴定分析中一般使用分析纯试剂；仪器分析实验中一般使用优级纯、分析纯或专用试剂，痕量分析时多选择高纯试剂；由于高纯试剂和基准试剂的价格比一般试剂高，因此，在满足实验要求的前提下，选用试剂的级别应尽可能地低。

化学试剂的取用。取用化学试剂时，首先要做到“三不”，即不能用手接触药品、不可直接闻气味、不得品尝任何药品的味道。注意节约药品，按规定取用，不要多取。注意试剂瓶塞或瓶盖要倒置于实验台面上。取用后立即塞紧盖好。有毒试剂的取用必须在教师指导下进行。

固体试剂的取用：一般用洁净干燥的药匙取用，并尽量送入容器底部。取用试剂后的镊子或药匙务必擦拭干净、不留残物。不能一匙多用。

试液的取用：从试剂瓶中取试液时，把试剂瓶上贴有标签的一面握在手心，将容器倾斜，使瓶口与容器口接触，倾斜试剂瓶倒出液体，或沿着洁净的玻璃棒将液体试剂引流入容量瓶或其他玻璃器皿中。

3. 反应过程

利用重铬酸钾作基准物质标定硫代硫酸钠溶液时，发生下述反应

$$K_2Cr_2O_7 + 6KI + 7H_2SO_4 = 4K_2SO_4 + 3I_2 + Cr_2(SO_4)_3 + 7H_2O$$

$$I_2 + 2Na_2S_2O_3 = 2NaI + Na_2S_4O_6$$

当 $K_2Cr_2O_7$ 的量一定时（直接称取一定量无水 $K_2Cr_2O_7$ 以水溶解或吸取一定体积的 $K_2Cr_2O_7$ 标准溶液），用硫代硫酸钠溶液滴定，以酚酞作指示剂滴到无色为终点，此终点体积近似认为化学计量点体积，根据物质的量相等，即可求得 $Na_2S_2O_3$ 溶液的标准浓度。

三、器材与试剂

1. 器材

25 mL 酸式滴定管 1 支，滴定装置 1 套，5 mL、10 mL 移液管各 1 支，250 mL 锥形瓶 3 个，50 mL、500 mL 容量瓶各 1 支，50 mL 烧杯 1 个，分析天平（万分之一）等。

2. 试剂

基准重铬酸钾，五水合硫代硫酸钠（$Na_2S_2O_3·5H_2O$），碳酸钠，碘化钾，硫酸，蒸馏水。

3. 指示剂

0.5%酚酞水溶液。

四、实验步骤

1. 重铬酸钾的称量与溶液配制

（1）将优级纯（或基准试剂）$K_2Cr_2O_7$ 在干燥箱中 120℃下烘干 2 h，干燥器中冷却至室温。准确称取 9.800 0 g 溶于 600 mL 水中，边搅拌边加入浓硫酸 200 mL，冷却后移入 1 000 mL 的容量瓶中，稀释至标线，摇匀。

（2）取上述溶液 5 mL 于 50 mL 的容量瓶中，稀释至标线。

（3）计算（2）溶液的物质的量浓度（$1/6K_2Cr_2O_7$）。

2．硫代硫酸钠溶液配制

计算配制 500 mL 0.025 mol/L 溶液时需要 $Na_2S_2O_3 \cdot 5H_2O$ 的质量，称取相应质量的 $Na_2S_2O_3 \cdot 5H_2O$ 溶于煮沸放冷的水中，加入 0.2 g 碳酸钠，用水稀释至 500 mL，摇匀。

3．标定

（1）用少量待标定的硫代硫酸钠溶液，洗涤洁净的酸式滴定管 3 次，然后装入待标定的硫代硫酸钠溶液，打开活塞，赶走气泡，调节滴定管上端的液面为“0.00”mL 刻度线上。（读数准确至小数点后二位）

（2）于 250 mL 锥形瓶中，分别加入 100 mL 水和 1 g 碘化钾，加入步骤（1）和（2）配制的重铬酸钾标准溶液 10 mL，5 mL（1+5）硫酸溶液，摇匀，于暗处静置 5 min。

（3）用待标定的硫代硫酸钠溶液滴定至淡黄色，加入 6～8 滴淀粉指示剂，继续滴定至蓝色刚好褪去为止，即为终点，记下读数。

注：需要做平行实验 3～5 个。

4．计算

根据 $K_2Cr_2O_7$ 基准物质的量，计算 $Na_2S_2O_3$ 溶液的浓度（mol/L）。

$$C_{\frac{1}{2}Na_2S_2O_3} = \frac{C_{\frac{1}{6}K_2Cr_2O_7}}{V_{C_{\frac{1}{2}Na_2S_2O_3}}} \times 10.00 \qquad (4\text{-}1)$$

式中：$C_{\frac{1}{6}K_2Cr_2O_7}$——重铬酸钾溶液的浓度，mol/L；

$V_{\frac{1}{2}Na_2S_2O_3}$——滴定消耗硫代硫酸钠的体积，mL；

$C_{\frac{1}{2}Na_2S_2O_3}$——硫代硫酸钠的浓度，mol/L；

10.00——重铬酸钾的取样体积，mL。

五、数据记录与处理

数据记录及计算结果记录于表 4-4 中。

表 4-4　$Na_2S_2O_3$ 溶液标定结果

名称	结果				计算公式
$\frac{1}{6}K_2Cr_2O_7$ 的浓度/（mol/L）					
$Na_2S_2O_3 \cdot 5H_2O$ 用量/g					
滴定过程/mL	实验次序	1	2	3	
	初始读数				
	终点读数				
	消耗体积				
硫代硫酸钠浓度/（mol/L）					均值：
相对标准偏差（RSD）					

六、思考题

（1）如果移液管、吸量管上未刻有"吹"字，放出溶液后切勿把残留在管尖内的溶液吹出，为什么？

（2）标定硫代硫酸钠溶液时，称量 $Na_2S_2O_3 \cdot 5H_2O$ 是否要十分准确？用蒸馏水溶解时加蒸馏水的量是否也要十分准确？

（3）移液管、吸量管和滴定管在使用前必须用待吸溶液润洗几次，而锥形瓶则不同。为什么？

（4）标定硫代硫酸钠溶液时，加入 KI 的作用是什么？

实验二　溶解氧的测定

一、实验目的

（1）熟悉氧化还原滴定的基本原理。

（2）掌握碘量法滴定的基本操作及标准溶液的配制及标定方法。

（3）掌握碘量法测定溶解氧的基本操作规程。

二、实验原理

碘量法测定水中溶解氧是基于溶解氧的氧化性能。当水样中加入硫酸锰和碱性 KI 溶液时，立即生成 $Mn(OH)_2$ 沉淀。$Mn(OH)_2$ 极不稳定，迅速在水中溶解氧化合生成棕色的氢氧化物沉淀。在加入硫酸酸化后，已化合的溶解氧（以锰酸锰的形式存在）将 KI 氧化并释放出与溶解氧相当的游离碘。然后用硫代硫酸钠标准溶液滴定，换算出溶解氧的含量。此法适用于含少量还原性物质及硝酸氮＜0.1 mg/L、铁≤1 mg/L、较为清洁的水样。其反应式如下：

$$MnSO_4 + 2NaOH = Na_2SO_4 + Mn(OH)_2 \downarrow$$

$$2Mn(OH)_2 + O_2 = 2MnO(OH)_2 \downarrow$$

$$MnO(OH)_2 + 2H_2SO_4 = Mn(SO_4)_2 + 3H_2O$$

$$Mn(SO_4)_2 + 2KI = MnSO_4 + K_2SO_4 + I_2$$

三、实验器材

250 mL 溶解氧瓶、25 mL 酸式滴定管、250 mL 锥形瓶。

四、试剂及其配制

（1）硫酸锰溶液：称取 480 g $MnSO_4·4H_2O$，溶于蒸馏水中，过滤后稀释至 1 L（此溶液在酸性时，加入 KI 后，遇淀粉不变色）。

（2）碱性 KI 溶液：称取 500 g NaOH 溶于 300～400 mL 蒸馏水中，称取 150 g KI 溶于 200 mL 蒸馏水中，待 NaOH 溶液冷却后将两种溶液合并，混匀，用蒸馏水稀释至 1 L。若有沉淀，则放置过夜后，倾出上层清液，贮于塑料瓶中，用黑纸包裹避光保存。

（3）硫酸溶液（1+5）。

（4）浓硫酸（ρ =1.84 g/mL）。

（5）1%淀粉溶液：称取 1 g 可溶性淀粉，用少量水调成糊状，边搅拌边倒入刚煮沸的蒸馏水，冷却后转移到 100 mL 的容量瓶中，加入 0.1 g 水杨酸或 0.4 g 氯化锌防腐，定容至刻度。

（6）0.025 00 mol/L（$\frac{1}{6}K_2Cr_2O_7$）重铬酸钾标准溶液：称取 0.306 4 g 重铬酸钾于 105～110℃干燥箱中烘干 2 h 并将冷却的基准 $K_2Cr_2O_7$ 溶于水，移入 250 mL 的容量瓶中，用水稀释至标线，摇匀。

（7）0.025 mol/L 硫代硫酸钠溶液：称取 6.2 g 硫代硫酸钠（$Na_2S_2O_3·5H_2O$）溶于煮沸放冷的水中，加入 0.2 g 碳酸钠，用水稀释至 1 000 mL。贮于棕色瓶中，使用前用 0.025 00 mol/L 重铬酸钾标准溶液标定。

标定方法如下：

于 250 mL 碘量瓶中，加入 100 mL 水和 1 g KI，加入 10.00 mL 0.025 00 mol/L 重铬酸钾（$\frac{1}{6}K_2Cr_2O_7$）标准溶液、5 mL（1+5）硫酸溶液，密塞，摇匀。于暗处静置 5 min 后，用待标定的硫代硫酸钠溶液滴定至溶液呈淡黄色，加入 1 mL 淀粉溶液，继续滴定至蓝色刚好褪去为止，记录用量，用式（4-2）计算。

$$C_{Na_2S_2O_3} = (10.00 \times 0.025\,00)/V \quad (4-2)$$

式中：$C_{Na_2S_2O_3}$——硫代硫酸钠溶液的浓度，mol/L；

V——滴定时消耗硫代硫酸钠溶液的体积，mL。

五、实验步骤

（1）DO 的固定。用吸管插入溶解氧瓶液面下，加入 1 mL $MnSO_4$溶液，2 mL 碱性 KI 溶液，盖好瓶塞，颠倒混合数次，静置，待棕色沉淀物降至瓶内一半时，再颠倒混合一次，待沉淀下降至瓶底。

（2）析出碘。轻轻打开瓶塞，立即用吸管插入液面下加入 2.0 mL 浓硫酸，小心盖好瓶塞，颠倒混合摇匀，至沉淀物全部溶解为止，于暗处放置 5 min。

（3）滴定。吸取 100.0 mL 上述溶液于 250 mL 锥形瓶中，用 $Na_2S_2O_3$ 溶液滴定至溶液呈淡黄色，加入 1 mL 淀粉溶液，继续滴至蓝色刚好褪去为止，记录 $Na_2S_2O_3$ 用量，用式（4-3）计算溶解氧浓度。

$$DO_{O_2}=\frac{C_{Na_2S_2O_3}V_{Na_2S_2O_3}\times 8\times 1\,000}{V_{水}} \tag{4-3}$$

式中：$C_{Na_2S_2O_3}$——$Na_2S_2O_3$ 标准溶液的浓度，mol/L；

V——滴定消耗硫代硫酸钠溶液的体积，mL；

$V_{水}$——水样的体积，mL。

六、结果计算

（1）标定硫代硫酸钠，记录于表 4-5 中。

表 4-5 标定硫代硫酸钠记录

编号	$C_{\left(\frac{1}{6}K_2Cr_2O_7\right)}$ /（mol·L^{-1}）	$V_{\left(\frac{1}{6}K_2Cr_2O_7\right)}$ /mL	$V_{Na_2S_2O_3}$ /mL	$C_{Na_2S_2O_3}$ /（mol·L^{-1}）	$d_{相对}$/%
1					
2					
3					
平均值					

（2）样品测定，记录于表 4-6 中。

表 4-6 样品测定记录

编号	$C_{Na_2S_2O_3}$ /（mol·L^{-1}）	$V_{Na_2S_2O_3}$ /mL	DO_{O_2} /（mg·L^{-1}）	$d_{相对}$/%
1				
2				
3				
平均值				

实验三　硬度的测定

一、实验目的

（1）加深对水的硬度概念的理解。

（2）掌握 EDTA 标准溶液的标定方法。

（3）掌握水的硬度的测定方法。

二、实验原理

水的硬度是由于水能与肥皂作用生成沉淀和雨水中某些阴离子化和作用生成水垢的二价金属离子的存在而产生的。主要有 Ca^{2+}、Mg^{2+}，其次有 Fe、Mn、Sr、Zn、Al 等。与金属离子化相关的阴离子有 HCO_3^-、CO_3^{2-}、SO_4^{2-}、Cl^-、NO_3^-、SiO_3^{2-}等。

碳酸盐硬度主要由钙、镁的碳酸盐和重碳酸盐所形成，能通过煮沸去除，故称为暂时硬度。如

$$Ca(HCO_3)_2 \longrightarrow CaCO_3\downarrow + CO_2\uparrow + H_2O$$

非碳酸盐硬度主要由钙、镁的硫酸盐、氯化物等所形成，不受加热的影响，故称为永久硬度。

水中碳酸盐与非碳酸盐硬度之和即为水的总硬度，以 mol/L 表示。

铬黑 T 指示剂显色原理：

$$\underset{\text{蓝色}}{Mg^{2+} + HD^{2-}} \longrightarrow \underset{\text{红色}}{MgD^-} + H^+$$

$$\underset{\text{红色}}{MgD^-} + H_2Y^{2-} \longrightarrow MgY^{2-} + H^+ + \underset{\text{蓝色}}{HD^{2-}}$$

三、实验试剂

（1）钙标准溶液：10 mmol/L。

（2）EDTA 标准溶液：0.01 mol/L。称取 4 g EDTA-Na_2溶于水，稀释至 1 000 mL。以基准 $CaCO_3$标定其准确浓度。

（3）氨性缓冲溶液：pH=10。称取 67 g NH_4Cl 溶于水，加 500 mL 氨水后，用水稀释至 1 L。用试纸检查并调节 pH=10。

（4）甲基红指示剂：0.1%。称取 0.1 g 甲基红，溶于 60%乙醇溶液中。

四、实验步骤

EDTA 标准溶液的标定：

准确称取 0.250 0 g 经 120℃干燥箱中烘干的基准碳酸钙于 250 mL 烧杯中，先用少量水湿润，盖上表面皿，滴加 6 mol/L 盐酸 10 mL，加热溶解。溶解后用少量水洗表面皿极烧杯壁，冷却后，将溶液转移至 250 mL 容量瓶中，用水稀释至刻度，摇匀。

(1)用移液管平行移取 3 份 10 mmol/L Ca^{2+}标准溶液 25.00 mL 分别于 250 mL 锥形瓶中，加 0.1%甲基红指示剂 1 滴，用氨水调至由红色变为淡黄色，加入 20 mL 水，氨性缓冲溶液 10 mL，铬黑 T 指示剂一小勺，摇匀。用 EDTA 溶液滴定至溶液由紫红色变为纯蓝色，即为终点。记录用量，用式（4-4）计算。

$$C_{\mathrm{EDTA}} = \frac{C_1 V_1}{V} \tag{4-4}$$

式中：C_{EDTA}——EDTA 标准溶液浓度，mmol/L；

V——EDTA 耗量，mL；

C_1——钙标准溶液浓度，mmol/L；

V_1——钙标准溶液体积，mL。

（2）用移液管标准移取 20 mL 待测水样，加入 pH=10 的氨性缓冲溶液 5 mL，铬黑 T 指示剂一小勺，用 EDTA 溶液滴定至溶液由紫红色变为纯蓝色，即为终点，记录用量。

$$\text{硬度} = \frac{M_{\mathrm{EDTA}} V_{\mathrm{EDTA}}}{V_{\text{水}}} \tag{4-5}$$

式中：M_{EDTA}——EDTA 溶液的浓度，mol/L；

V_{EDTA}——滴定时所耗 EDTA 溶液的体积，mL；

$V_{\text{水}}$——水样的体积，mL。

五、数据记录与处理

（1）记录实验数据。

（2）计算 EDTA 溶液浓度、水样硬度。

六、思考与讨论

滴定时为什么加氨性缓冲溶液？

实验四　碱度的测定

一、实验目的

（1）理解水质碱度的含义，明确碱度测定意义；

（2）通过实验掌握水中碱度测定的方法，进一步掌握滴定终点的判断。

二、实验原理

水中的碱度指水中能与强酸发生中和作用的物质的总量，酸度是指水中所有能与强碱定量作用的物质的总量。水中酸度、碱度的测定在评价水环境中污染物质的迁移转化规律和研究水体的缓冲容量等方面具有重要的实际意义。

水中的碱度主要有3类。一类是强碱，如 $Ca(OH)_2$、NaOH 等，在水中全部离解成 OH^-；一类是弱碱，如 NH_3、$C_6H_5NH_2$ 等，在水中部分离解成 OH^-；最后一类是强碱弱酸盐，如 Na_2CO_3、$NaHCO_3$ 等在水中部分水解产生 OH^-。在特殊情况下，强碱弱酸盐碱度还包括磷酸盐、硅酸盐、硼酸盐等，但它们在天然水中的含量往往不多，常可忽略不计。

水中可能存在的碱度组成有5类：①OH^- 碱度；②OH^- 和 CO_3^{2-} 碱度；③CO_3^{2-} 碱度；④CO_3^{2-} 和 HCO_3^- 碱度；⑤HCO_3^- 碱度。

一般假设水中 HCO_3^- 和 OH^- 碱度不能同时存在。

对于 pH＜8.3 的天然水中主要含有 HCO_3^-，而 pH 略大于 8.3 的天然水、生活污水中除有 HCO_3^- 外还有 CO_3^{2-}，而工业废水中如造纸、制革废水、石灰软化的锅炉水中主要有 OH^- 和 CO_3^{2-} 碱度。

碱度的测定在水处理工程实践中，如饮用水、锅炉用水、农田灌溉用水和其他用水中应用很普遍。碱度又常作为混凝效果、水质稳定和管道腐蚀控制的依据以及废水好氧厌氧处理设备良好运行的条件等。

采用连续滴定法测定水中碱度。首先以酚酞为指示剂，用 HCl 标准溶液滴定至终点时溶液由红色变为无色，用量为 P（mL）；接着以甲基橙为指示剂继续用同浓度 HCl 标准溶液滴定至溶液由橘黄色变为橘红色，用量为 M（mL）。如果 $P>M$，则有 OH^- 和 CO_3^{2-} 碱度；$P<M$，则有 CO_3^{2-} 和 HCO_3^- 碱度；如果 $P=M$，则只有 CO_3^{2-} 碱度；如果 $P>0$，$M=0$，则只有 OH^- 碱度；如果 $P=0$，$M>0$，则只有 HCO_3^- 碱度。根据 HCl 标准溶液浓度和用量（P 和 M），求出水中的碱度。

三、仪器与试剂

1．仪器

50 mL 酸式滴定管 1 支；250 mL 锥形瓶 4 只；50 mL 移液管 1 支。

2．试剂

无 CO_2 蒸馏水、0.1 mol/L HCl 溶液、无水 Na_2CO_3、酚酞指示剂、甲基橙指示剂。

四、实验内容

1．0.1 mol/L HCl 溶液的配制与标定

用 5 mL 吸量管吸取 2.1 mL 浓度为 12 mol/L 浓盐酸溶液，放入 250 mL 容量瓶中，用无 CO_2 蒸馏水稀释至刻度，摇匀，待用。即得近似 0.1 mol/L 的盐酸。为知其准确浓度，必须用无水 Na_2CO_3 标准溶液标定。

取在 180℃干燥箱中烘干 2 h 并在干燥器中冷却至室温的无水 Na_2CO_3，用差减法准确称取 0.4～0.5 g（精确到 0.000 1 g），放入 100 mL 烧杯中，转移至 100 mL 容量瓶中，用无 CO_2 蒸馏水稀释至刻度，摇匀，待用。

用 25 mL 移液管取上述无水 Na_2CO_3 标准溶液 25.00 mL，转移至 250 mL 锥形瓶中，加 1～2 滴甲基橙指示剂，用 HCl 标准溶液滴定至溶液由橙黄色变为淡橙红色为终点。记录消耗 HCl 溶液的量，根据 Na_2CO_3 基准物质的质量，计算 HCl 溶液物质的量浓度（mol/L）。

2．水样的测定

（1）用移液管吸取 3 份水样，每份水样 50.0 mL；蒸馏水 50.00 mL，分别放入 4 只 250 mL 锥形瓶中，加入 2 滴酚酞指示剂，摇匀。

（2）若水样呈红色，用 0.1 mol/L 的 HCl 溶液滴定至刚好无色（可与无 CO_2 蒸馏水的锥形瓶比较）。记录用量 P。若加酚指示剂后溶液无色，则不需要用 HCl 滴定。接着按下步操作。

（3）加入甲基橙 1 滴，混匀。

（4）若水样变为橘黄色，继续用 0.1 mol/L 的 HCl 溶液滴定至刚刚变为橘红色为止（与无 CO_2 蒸馏水的锥形瓶比较）。记录用量 M。如果加甲基橙指示剂后溶液为橘红色，则不需要用 HCl 滴定。

3．实验原始结果记录（表 4-7）

表 4-7 实验原始记录

	锥形瓶编号	1	2	3
酚酞指示剂	滴定管终读数/mL			
	滴定管始读数/mL			
	P/mL			
甲基橙指示剂	滴定管终读数/mL			
	滴定管始读数/mL			
	M/mL			

五、数据处理

1．结果计算

$$\text{总碱度（CaO 计，mg/L）} = \frac{C(P+M)\times 28.04}{V}\times 1000 \qquad (4\text{-}6)$$

$$\text{总碱度（}CaCO_3\text{ 计，mg/L）} = \frac{C(P+M)\times 50.05}{V}\times 1000 \qquad (4\text{-}7)$$

式中：C——HCl 标准溶液浓度，mol/L；

P——酚酞为指示剂滴定终点时消耗 HCl 标准溶液的量，mL；

M——甲基橙为指示剂滴定终点时消耗 HCl 标准溶液的量，mL；

V——水样体积，mL。

2．碱度测定结果

碱度计算结果填入表 4-8 中。

表 4-8 实验测定结果

锥形瓶编号	1	2	3
酚酞指示剂 *P*/mL			
甲基橙指示剂 *M*/mL			
（*P*+*M*）/mL			
总碱度（CaO 计，mg/L）			
平均值（CaO 计，mg/L）			
绝对偏差			
平均偏差			
相对平均偏差			
总碱度（$CaCO_3$ 计，mg/L）			
平均值（$CaCO_3$ 计，mg/L）			
绝对偏差			
平均偏差			
相对平均偏差			

六、思考与讨论

（1）根据实验数据，判断水样中有何种碱度？

（2）为什么水样直接以甲基橙为指示剂，用酸标准溶液滴定至终点，所得碱度是总碱度？

（3）计算 HCl（相对密度 1.19，含量 37%）的物质的量浓度。

实验五　化学需氧量（COD_{Cr}）的测定

一、实验目的

（1）了解化学需氧量的含义。

（2）掌握微波密封消解法测定化学需氧量。

二、实验原理

化学需氧量（COD_{Cr}）是指水样在强酸并加热条件下，以重铬酸钾作氧化剂与其中的还原性物质作用时所消耗氧化剂的量，以氧的 mg/L 来表示。化学需氧量（COD_{Cr}）反映了水中受还原性物质污染的程度，还原性物质包括有机物、亚硝酸盐、亚铁盐、硫化物等。

COD_{Cr} 的经典测定方法是重铬酸钾加热回流法。本实验采用微波密封消解快速法测定 COD_{Cr}。其原理是在高频微波能作用下，反应液体的分子产生高速摩擦运动，迅速升温，密封消解使罐内压力迅速提高，从而缩短消解时间。

在强酸性溶液中，准确加入过量的重铬酸钾标准溶液，微波密封消解，将水样中还原性物质（主要是有机物）氧化，过量的重铬酸钾以试亚铁灵作指示剂，用硫酸亚铁铵标准溶液回滴，根据所消耗的重铬酸钾标准溶液量计算水样的化学需氧量。

$$\underset{（过量）}{2Cr_2O_7^{2-}} + \underset{（有机物）}{3C} + 16H^+ \Longleftrightarrow 4Cr^{3+} + 3CO_2 + 8H_2O$$

$$Fe^{2+} + \underset{（剩余）}{Cr_2O_7^{2-}} + 14H^+ \Longleftrightarrow Fe^{3+} + 2Cr^{3+} + 7H_2O$$

计量点时：

$$\underset{（蓝色）}{Fe\left(C_{12}H_8N_2\right)_3^{3+}} \longrightarrow \underset{（红色）}{Fe\left(C_{12}H_8N_2\right)_3^{2+}}$$

三、仪器及试剂

（1）微波消解 COD 速测仪。

（2）酸式滴定管、锥形瓶、移液管、容量瓶等。

（3）含 Hg^{2+}消解液：称取经 120℃干燥箱中烘干 2 h 的基准纯 $K_2Cr_2O_7$ 9.806 g，溶于 600 mL 水中，再加入 $HgSO_4$ 25.0 g，边搅拌边慢慢加入浓 H_2SO_4 250 mL，冷却后移入 1 000 mL 容量瓶中，稀释至刻度，摇匀。该溶液 $K_2Cr_2O_7$ 浓度为 0.200 0 mol/L，适用含氯离子浓度＞100 mg/L 的水样。

（4）无 Hg^{2+}消解液（配制略）0.200 0 mol/L。

（5）试亚铁灵指示剂：称取邻菲罗啉 1.485 g，硫酸亚铁（$FeSO_4 \cdot 7H_2O$）0.695 g 溶于水中，稀释至 100 mL，贮于棕色瓶内。

（6）硫酸亚铁铵标准溶液：称取$(NH_4)_2Fe(SO_4)_2 \cdot 6H_2O$ 16.6 g 溶于水中，边搅拌边缓慢加入浓 H_2SO_4 20 mL，冷却后移入 1 000 mL 容量瓶中，定容。此溶液浓度约 0.042 mol/L，使用前用 $K_2Cr_2O_7$ 标准溶液标定。标定方法如下：

准确吸取 5.00 mL 重铬酸钾标准溶液于 150 mL 锥形瓶中，加水稀释至约 30 mL，缓慢加入浓硫酸 5 mL，混匀。冷却后，加入 2 滴试亚铁灵指示剂，用硫酸亚铁铵溶液滴定，溶液的颜色由黄色经蓝绿色至红褐色即为终点。

$$C_{(NH_4)_2Fe(SO_4)_2} = (0.200\,0 \times 5.00) / V \quad (4\text{-}8)$$

式中：$C_{(NH_4)_2Fe(SO_4)_2}$——硫酸亚铁铵标准溶液的浓度，mol/L；

V——硫酸亚铁铵标准溶液的用量，mL。

（7）硫酸—硫酸银催化剂：于 1 000 mL 浓 H_2SO_4 中加入 10 g 硫酸银，放置 1～3 天，不时摇动使其溶解。

四、实验步骤

1．样品测定

（1）准确移取 5.00 mL 水样置于消解罐中，再加入 5.00 mL 消解液和 5.00 mL 催化剂，摇匀。（注意，加入各种溶液时，移液管不能接触消解罐内壁，避免破坏其光洁度，造成分析误差）

（2）旋紧密封盖上的方形旋钮，然后旋紧密封盖，将消解罐均匀置放入消解炉玻璃盘上，离转盘边沿约 2 cm。

（3）按表设置样品消解时间进行样品消解（表 4-9）。

表 4-9　消解时间的确定

消解罐数目/个	3	4	5	6	7	8	9	10	11	12
消解时间/min	5	6	7	8	10	11	12	13	14	15

（4）样品消解结束后，过 2 min 将消解罐取出冷却。

（5）滴定。将消解罐内溶液转移到 150 mL 锥形瓶中，用蒸馏水冲洗罐帽 2～3 次，冲洗液并入锥形瓶中，控制体积约 30 mL，冷却后，加入 2～4 滴试亚铁灵指示剂，用硫酸亚铁铵标准溶液回滴，溶液的颜色由黄色经蓝绿色变为红褐色为终点，记录$(NH_4)_2Fe(SO_4)_2$的用量，计算 COD_{Cr}。

2．空白测定

以蒸馏水代替水样，其他步骤同样品测定。

五、数据处理

1．列表记录实验数据（表 4-10）

表 4-10　COD_{Cr}测定实验数据

样品		V_1/mL	V_2/mL	COD_{Cr}（O_2）/（$mg\cdot L^{-1}$）	V_0/mL	$C_{[(NH_4)_2Fe(SO_4)_2]}$/（$mol\cdot L^{-1}$）
水样	1-1					
	1-2					
标定						

2．化学需氧量计算

$$COD_{Cr}（O_2，mg/L）= [(V_0-V_1)\times C_{[(NH_4)_2Fe(SO_4)_2]}\times 8\times 1\,000]/V_2 \qquad (4-9)$$

式中：V_0——滴定空白消耗$(NH_4)_2Fe(SO_4)_2$标准溶液量，mL；

V_1——滴定水样消耗$(NH_4)_2Fe(SO_4)_2$标准溶液量，mL；

V_2——水样体积，mL；

$C_{[(NH_4)_2Fe(SO_4)_2]}$——$(NH_4)_2Fe(SO_4)_2$标准溶液的量浓度，mol/L。

六、注意事项

（1）注意取样的均匀性，尤其对浑浊及悬浮物较多的水样，以避免较大误差。

（2）滴定时溶液酸度不宜太大，否则终点不明显。

（3）测定结果保留 3 位有效数字，水样的 COD 小于 10 mg/L 时应表示为 COD＜10 mg/L。

（4）干扰消除。本法主要干扰为 Cl^-，可加汞盐络合消除。

（5）对 COD 小于 50 mg/L 的水样，可改用 0.1 mol/L $\frac{1}{6}K_2Cr_2O_7$ 消解液，回滴用 0.021 mol/L 的硫酸亚铁铵。

（6）消解后反应液中 $K_2Cr_2O_7$ 剩余量应为加入量的 1/5～4/5 为宜。

（7）每次实验时，应对硫酸亚铁铵标准溶液进行标定。

七、思考与讨论

（1）COD_{Cr} 的测定方法有哪些，各有何优缺点？

（2）快速法测定 COD_{Cr} 应注意哪些事项？

实验六　生物化学需氧量（BOD_5）的测定

一、实验目的

（1）了解 BOD_5 的测定意义并掌握其测定原理与方法。

（2）掌握本方法的操作技能，如稀释水的制备、稀释倍数的确定、水样稀释操作及溶解氧的测定等。

二、实验原理

生化需氧量（BOD）是指在有溶解氧的条件下，好氧微生物分解水中的有机物质所进行的生物化学氧化过程中消耗的溶解氧量。BOD 是反映水体受有机物污染程度的综合指标，也是研究废水的可生化降解性和生化处理效果的重要参数。

微生物分解水中有机物是一个缓慢的过程，要将可分解有机物全部分解常需 20 天以上的时间。微生物的活动与温度有关，测定生化需氧量时，常以 20℃作为标准温度。一般而言，在第 5 天消耗的氧量约为总需氧量的 70%，为便于测定，目前国内外普遍采用 20℃培养 5 天所需要的氧作为指标，以氧的 mg/L 表示，简称 BOD_5。

稀释法测定 BOD_5 是将水样经过适当稀释后，使其中含有足够的溶解氧供微生物 5 天生化需氧之用。将此水样分成两份，一份测定培养前的溶解氧，另一份放入 20℃恒温培养箱培养 5 天后测定溶解氧，二者之差即为 BOD_5。

水中有机物质越多，消耗氧也越多，但水中溶解氧有限，因此需用含有一定养分和饱和溶解氧的水稀释，使培养后减少的溶解氧占培养前溶解氧的 40%～70%为宜。

水体发生生化过程必须具备：

（1）水体中存在能降解有机物的好氧微生物。对难降解有机物，必须进行生物菌种驯化。

（2）有足够的溶解氧。因此稀释水要充分曝气至溶解氧近饱和。

（3）有微生物生长所需的营养物质。实验中加入磷酸盐、钙盐、镁盐和铁盐。

三、仪器

（1）恒温培养。

（2）1 000 mL 量筒、大玻璃瓶、玻璃搅棒、虹吸管。

（3）溶解氧瓶、150 mL 锥形瓶、移液管等。

四、试剂

1．营养盐

（1）磷酸盐缓冲溶液：将 8.5 g 磷酸二氢钾（KH_2PO_4）、21.75 g 磷酸氢二钾（K_2HPO_4）、33.4 g 磷酸氢二钠（$Na_2HPO_4 \cdot 7H_2O$）和 1.7 g 氯化铵（NH_4Cl）溶于水，稀释至 1 000 mL。此溶液的 pH 应为 7.2。

（2）硫酸镁溶液：将 22.5 g 硫酸镁（$MgSO_4 \cdot 7H_2O$）溶于水中，稀释至 1 000 mL。

（3）氯化钙溶液：将 27.5 g 无水氯化钙溶于水，稀释至 1 000 mL。

（4）氯化铁溶液：将 0.25 g 氯化铁（$FeCl_3 \cdot 6H_2O$）溶于水，稀释至 1 000 mL。

2．稀释水

在 20 L 的大玻璃瓶中装入蒸馏水，每升蒸馏水中加入以上四种营养液各 1 mL，曝气 1～2 天，至溶解氧饱和，盖严，静置 1 天，使溶解氧稳定。

3．接种稀释水

取适量生活污水于 20℃恒温箱放置 24～36 h，上层清夜即为接种液，每升稀释水加入 1～3 mL 接种液即为接种稀释水。对某些特殊工业废水最好加入专门培养驯化过的菌种。

4．葡萄糖-谷氨酸标准液

将葡萄糖和谷氨酸在 103℃干燥箱中干燥 1 h 后，各称取 150 mg 溶于水中，移入 1 000 mL 容量瓶内并稀释至标线，混匀。此溶液临用前配制。

5．测溶解氧所需试剂

（1）硫酸锰溶液：称取 480 g 硫酸锰（$MnSO_4 \cdot 4H_2O$）溶于水，稀释至 1 000 mL，此溶液加至酸化过的碘化钾溶液中，遇淀粉不得产生蓝色。

（2）碱性碘化钾溶液：称取 500 g 氢氧化钠溶解于 300～400 mL 水中；另称取 150 g 碘化钾溶于 200 mL 水中，待氢氧化钠溶液冷却后，将两溶液合并，混匀，用水稀释至 1 000 mL。如有沉淀，则放置过夜后，倾出上清液，贮于棕色瓶中，用橡皮塞塞紧，避光保存。此溶液酸化后，遇淀粉应不呈蓝色。

（3）硫酸溶液（1+5）。

（4）浓硫酸（ρ =1.84 g/mL）。

（5）1%淀粉溶液：称取 1 g 可溶性淀粉，用少量水调成糊状，边搅拌边倒入正煮沸的约 80 mL 蒸馏水中，冷却后转移到 100 mL 容量瓶，加入 0.1 g 水杨酸或 0.4 g 氯化锌防腐，定容到刻度。

（6）0.025 00 mol/L（$\frac{1}{6}K_2Cr_2O_7$）重铬酸钾标准溶液：称取于 105～110℃烘干箱中烘干 2 h 并冷却的重铬酸钾 1.225 8 g，溶于水，移入 1 000 mL 容量瓶中，用蒸馏水定容。

（7）硫代硫酸钠溶液：称取 6.2 g 硫代硫酸钠（$Na_2S_2O_3 \cdot 5H_2O$）溶于煮沸放冷的水中，加 0.2 g 碳酸钠用水稀释至 1 000 mL，贮于棕色瓶中。使用前用 0.025 00 mol/L 重铬酸钾标准溶液标定。标定方法如下：

在 250 mL 碘量瓶中，加入 100 mL 水和 1 g 碘化钾，加入 10.00 mL 0.025 00 mol/L 重铬酸钾标准溶液，5 mL（1+5）硫酸，密塞，摇匀，于暗处静置 5 min，用待标定的硫代硫酸钠溶液滴定至溶液呈淡黄色，加入 1 mL 淀粉指示剂，继续滴定至蓝色刚好褪去。用式（4-10）计算硫代硫酸钠浓度。

$$C_{Na_2S_2O_3}=\frac{10.00\times 0.025\,00}{V} \tag{4-10}$$

式中：$C_{Na_2S_2O_3}$——硫代硫酸钠溶液的浓度，mol/L；

V——滴定消耗硫代硫酸钠溶液的体积，mL。

五、实验步骤

1. 水样的预处理

（1）水样的 pH 若超出 6.5～7.5，可用 1 mol/L 的盐酸或氢氧化钠溶液调节水样 pH 近于 7，用量不要超过水样体积的 0.5%。酸碱浓度的选择可视水样 pH 而定。

（2）水样含有重金属等有毒物质时，可使用经驯化的微生物接种液的稀释水进行稀释或增大稀释倍数，以减小毒物浓度。

（3）游离氯大于 0.10 mg/L，加亚硫酸钠或硫代硫酸钠除去。

2. 水样的稀释

（1）确定稀释倍数：根据 COD_{Cr} 含量来确定，做 3 个稀释比。

①地面水可由测得的高锰酸盐指数乘以适当的系数求出稀释倍数，也可视污染程度确定是否需要稀释。

②工业废水可由 COD_{Cr} 确定，一般做 3 个稀释比。使用稀释水时，由 COD_{Cr} 值分别乘以 0.075、0.15 和 0.225，获得 3 个稀释倍数。使用接种稀释水时，则分别乘以 0.075、

0.15 和 0.25。

（2）稀释水样：按确定的稀释倍数，用虹吸法沿筒壁先加入部分稀释水（或接种稀释水）于 1 000 mL 量筒中，加入需要量的均匀水样，再引入稀释水至 800 mL，用带胶板的玻璃棒在水面以下慢慢搅匀（上下提动搅棒），搅拌时勿使搅棒的胶板露出水面，避免产生气泡。

3．水样装瓶及测定

用虹吸法将量筒中的混匀水样沿瓶壁慢慢转移至两个预先编号、体积相同的（250 mL）溶解氧瓶内，至充满后溢出少许为止，加塞水封。注意瓶内不应有气泡。立即测定其中一瓶溶解氧，将另一瓶放入培养箱中，在（20±1）℃培养 5 天后测定其溶解氧，具体操作步骤见本章实验二。

4．空白测定

另取两个有编号的溶解氧瓶，用虹吸法装满稀释水作为空白对照，分别测定其 5 天前后的溶解氧含量。

5．标准测定

用移液管移取 16 mL 葡萄糖—谷氨酸标准液于 1 000 mL 量筒中，再引入稀释水至 800 mL，其他操作同水样测定。

六、数据处理

根据公式计算 BOD_5，并以表格形式记录测定数据和结果（表 4-11）。

$$BOD_5 = \frac{(\rho_1 - \rho_2) - (B_1 - B_2) f_1}{f_2} \tag{4-11}$$

式中：B_1——稀释水（或接种稀释水）培养前的溶解氧浓度，mg/L；

B_2——稀释水（或接种稀释水）培养 5 天后的溶解氧浓度，mg/L；

ρ_1——水样培养前的溶解氧质量浓度，mg/L；

ρ_2——水样培养 5 天后的溶解氧质量浓度，mg/L；

f_1——稀释水（或接种稀释水）在培养液中所占比例，%；

f_2——水样在培养液中所占比例，%。

表 4-11　实验数据及结果

样品		V_1/mL	V_2/mL	ρ_1/（$mg \cdot L^{-1}$）	ρ_2/（$mg \cdot L^{-1}$）	BOD_5/（$mg \cdot L^{-1}$）
水样	稀-1					
	稀-2					
	稀-3					
标样						
空白						

注：V_1——水样培养前用碘量法测定溶解氧时消耗 $Na_2S_2O_3$ 标准溶液体积，mL；

V_2——水样培养后用碘量法测定溶解氧时消耗 $Na_2S_2O_3$ 标准溶液体积，mL。

七、注意事项

（1）在整个操作过程中，要注意防止气泡产生。

（2）在 2 个或 3 个稀释比的样品中，凡消耗溶解氧大于 2 mg/L 和剩余溶解氧大于 1 mg/L 都有效，计算结果时，应取平均值。

（3）测定时所带葡萄糖—谷氨酸标样，其 BOD_5 结果应在 180～230 mg/L，否则，应检查接种液、稀释水或操作技术问题。

（4）空白的 BOD_5 结果应在 0.3～1.0 mg/L。

（5）本实验操作最好在 20℃左右室温下进行，实验用稀释水和水样应保持在 20℃左右。

八、思考与讨论

（1）本实验误差的主要来源是什么，实验中应注意哪些问题才能使测定结果较准确？

（2）BOD_5 在环境评价中有何作用，有何局限性？

实验七　高锰酸盐指数的测定

一、实验目的

（1）学会高锰酸钾标准溶液的配制与标定。

（2）掌握清洁水中高锰酸盐指数的测定原理和方法。

二、实验原理

在酸性条件下，于水样中加入过量的高锰酸钾，高锰酸钾将水样中的某些有机物及还原性的物质氧化，剩余 $KMnO_4$，用过量的 $Na_2C_2O_4$ 还原，再以 $KMnO_4$ 标准溶液回滴剩余的 $Na_2C_2O_4$，根据 $KMnO_4$ 和 $Na_2C_2O_4$ 标准溶液的用量，计算高锰酸盐指数，以 mg O_2/L 表示。反应式如下：

$$4MnO_4^{-}+5C+12H^{+} \longrightarrow 4Mn^{2+}+5CO_2\uparrow+6H_2O$$

$$5C_2O_4^{2-}+2MnO_4^{-}+16H^{+} \longrightarrow 2Mn^{2+}+10CO_2\uparrow+8H_2O$$

三、仪器与试剂

（1）调温电炉、酸式滴定管、锥形瓶、移液管。

（2）$KMnO_4$贮备液：$C_{\frac{1}{5}KMnO_4}$=0.1 mol/L。称取 3.2 g $KMnO_4$溶于 1.2 L 水中，加热煮沸，使体积减小至约 1 L，在暗处放置过夜，过滤，贮于棕色瓶中，避光保存。

（3）$KMnO_4$使用液：$C_{\frac{1}{5}KMnO_4}$=0.01 mol/L。吸取上述 $KMnO_4$贮备液稀释，贮于棕色瓶中，使用当天标定。

（4）$Na_2C_2O_4$标准贮备液：$C_{\frac{1}{2}Na_2C_2O_4}$=0.100 0 mol/L。称取 6.705 g 在 105～110℃干燥箱中烘干 1 h 并冷却的优级纯 $Na_2C_2O_4$溶于水，移入 1 000 mL 容量瓶中，用水稀释至标线。

（5）$Na_2C_2O_4$标准使用液：$C_{\frac{1}{2}Na_2C_2O_4}$=0.01 mol/L。吸取 10.00 mL 0.100 0 mol/L $Na_2C_2O_4$稀释至 100 mL，混匀。

（6）准备硫酸（1+3）溶液。

四、实验步骤

1. $KMnO_4$溶液的标定

将 50 mL 蒸馏水和 5 mL（1+3）硫酸依次加入 250 mL 锥形瓶中，然后用移液管移取 10.00 mL 0.01 mol/L $Na_2C_2O_4$标准溶液，加热至 70～85℃，用 0.01 mol/L $KMnO_4$溶液滴定至溶液由无色至刚刚出现浅红色为滴定终点。记录 0.01 mol/L $KMnO_4$溶液用量。共做 3 份，并计算 $KMnO_4$标准溶液的准确浓度。

$$C_{标(KMnO_4)} = 0.01\times10.00/V \tag{4-12}$$

式中：$C_{标(KMnO_4)}$——$KMnO_4$标准溶液的浓度，mol/L；

$V_{标(KMnO_4)}$——$KMnO_4$标准溶液的用量，mL。

2. 水样测定

（1）取样：清洁透明水样取样 100 mL；浑浊水取 10～15 mL，加蒸馏水稀释至 100 mL。将水样放入 250 mL 锥形瓶中，做 3 份。

（2）加入 5 mL 硫酸（1+3），用滴定管准确加入 10 mL 0.01 mol/L $KMnO_4$溶液（V_1），并投入几粒玻璃珠，加热至沸腾，从此时准确煮沸 10 min。若溶液红色消失，说明水中有机物含量太多，则另取较少量水样用蒸馏水稀释 2～5 倍（至总体积 100 mL）。再按步骤（1）和（2）重做。

（3）煮沸 10 min 后的溶液，趁热用吸量管准确加入 10.00 mL 0.01 mol/L $Na_2C_2O_4$溶液（V_2），摇匀，立即用 0.01 mol/L $KMnO_4$溶液滴定至显微红色。记录消耗 $KMnO_4$溶液的量（V_1'）。

五、结果计算

1．列表记录实验数据（表 4-12）

表 4-12 高锰酸盐指数测定实验数据

样品		V_1/mL	V_2/mL	V_1'	高锰酸盐指数（O_2）/（$mg\cdot L^{-1}$）	$C_{Na_2C_2O_4}$ /（$mol\cdot L^{-1}$）
水样	1-1					
	1-2					
	1-3					

2．高锰酸盐指数计算公式

高锰酸盐指数（O_2，mg/L）= $[C_{KMnO_4}(V_1 + V_1') - C_{Na_2C_2O_4} V_2] \times 8 \times 1\,000/V_{水}$ （4-13）

式中：C_{KMnO_4}——$KMnO_4$标准溶液浓度（1/5 $KMnO_4$），mol/L；

V_1——开始加入$KMnO_4$标准溶液的量，mL；

V_1'——最后滴定$KMnO_4$标准溶液的用量，mL；

C_2——$Na_2C_2O_4$标准溶液的浓度（1/2 $Na_2C_2O_4$=0.01 mol/L），mol/L；

V_2——加入$Na_2C_2O_4$标准溶液的量，mL；

8——氧的物质的量（$\frac{1}{2}O_2$），g/mol；

$V_{水}$——水样的体积，mL。

六、注意事项

（1）水样用硫酸酸化，以抑制微生物生长，并在 0～5℃条件下保存，保存时间不能超过 48 h。

（2）水样消解后应呈淡红色，如变浅或全部褪去，说明$KMnO_4$用量不够，应将水样稀释后再测定，使加热氧化后残留的$KMnO_4$为其加入量的 1/3～1/2 为宜。

（3）在酸性条件下，$Na_2C_2O_4$与$KMnO_4$的反应温度应保持在 60～80℃，所以滴定操作应趁热进行。若溶液温度过低，需适当加热。

（4）反应生成的Mn^{2+}可催化反应的进行，开始几滴应慢速滴定，生成Mn^{2+}自催化剂后，可加快滴定速度。

（5）Cl^-浓度大于 300 mg/L，发生诱导反应，使测定结果偏高。

$$2MnO_4^- + 10Cl^- + 16H^+ \longrightarrow 2Mn^{2+} + 5Cl_2 + 8H_2O$$

七、思考与讨论

（1）在高锰酸盐指数的实际测定中，往往引入 $KMnO_4$ 标准溶液的校正系数 K，简述它的测定方法，说明 K 与 $KMnO_4$ 标准溶液浓度之间的关系。

（2）如果水样中 Cl^- 浓度大于 300 mg/L，则干扰测定，应如何测定可防止干扰？

实验八　总氮的测定

大量生活污水、农田排水或含氮工业废水排入水体，使水中有机氮和各种无机氨化物含量增加，生物和微生物类的大量繁殖，消耗水中溶解氧，使水体质量恶化。湖泊、水库中含有超标的氮、磷类物质时，造成浮游植物繁殖旺盛，出现富营养化状态。因此，总氮是衡量水质的重要指标之一。总氮测定方法通常采用过硫酸钾氧化，使有机氮和无机氮化合物转变为硝酸盐后，再以紫外法、偶氮比色法、离子色谱法或气相分子吸收法进行测定。

一、实验目的

（1）掌握过硫酸钾消解分光光度法测定水中总氮的原理和操作。

（2）学习用过硫酸钾消解水样的方法。

二、实验原理

在 60℃以上的水溶液中，过硫酸钾按如下反应式分解，生成氢离子和氧。

$$K_2S_2O_8+H_2O \longrightarrow 2KHSO_4+\frac{1}{2}O_2$$

$$KHSO_4 \longrightarrow K+HSO_4^-$$

$$HSO_4^- \longrightarrow H^++SO_4^{2-}$$

加入氢氧化钠用以中和氢离子，使过硫酸钾分解完全。

在 60℃以上水溶液中，过硫酸钾可分解产生硫酸氢钾和原子态氧，硫酸氢钾在溶液中离解而产生氢离子，故在氢氧化钠的碱性介质中可促使分解过程趋于完全。分解出的原子态氧在 120～124℃条件下，可使水样中含氯化合物的氮元素转化为硝酸盐。并且在此过程中有机物同时被氧化分解。可用紫外分光光度法于波长 220 nm 和 275 nm 处，分别测出吸光度 A_{220} 及 A_{275}，根据式（4-13）求出校正吸光度 A。

$$A = A_{220}-2A_{275} \qquad (4\text{-}14)$$

根据 A 的值，查校准曲线并计算总氮（以 NO_3-N 计）含量。

三、仪器和试剂

（1）紫外分光光度计及 10 mm 石英比色皿，医用手提式蒸汽灭菌器或家用压力锅（压力为 0.11～0.14 MPa），锅内温度相当于 120～124℃，25 mL 具玻璃磨口塞比色管，所用玻璃器皿可以用盐酸（1+9）或硫酸（1+35）浸泡，清洗后再用水冲洗数次。

除非另有说明，分析时均使用符合国家标准或专业标准的分析纯试剂。

（2）无氨水。按下述方法之一制备：

离子交换法：将蒸馏水通过一个强酸型阳离子交换树脂（氢型）柱，流出液收集在带有密封玻璃塞的玻璃瓶中。

蒸馏法：在 1 000 mL 蒸馏水中，加入 0.10 mL 硫酸（ρ =1.84 g/mL）。并在全玻璃蒸馏器中重蒸馏，弃去前 50 mL 馏出液，然后将馏出液收集在带有玻璃塞的玻璃瓶中。

（3）氢氧化钠溶液，200 g/L：称取 20 g 氢氧化钠（NaOH）溶于水无氨水中，稀释至 100 mL。

（4）氢氧化钠溶液，20 g/L：将（3）溶液稀释 10 倍而得。

（5）碱性过硫酸钾溶液：称取 40 g 过硫酸钾（$K_2S_2O_8$），另称取 15 g 氢氧化钠（NaOH），溶于无氨水中，稀释至 1 000 mL，溶液存放在聚乙烯瓶内，最长可贮存一周。

（6）盐酸溶液（1+9）。

（7）硝酸钾标准溶液。

①硝酸钾标准贮备液，ρ_N=100 mg/L：硝酸钾（KNO_3）在 105～110℃烘箱中干燥 3 h，在干燥器中冷却后，称取 0.721 8 g，溶于无氨水中，移至 1 000 mL 容量瓶中，用无氨水稀释至标线，在 0～10℃暗处保存，或加入 1～2 mL 三氯甲烷保存，可稳定保存 6 个月。

②硝酸钾标准使用液，ρ_N=10 mg/L：将贮备液用无氨水稀释 10 倍而得。使用时配制。

（8）硫酸溶液（1+35）。

四、样品采样

在水样采集后立即放入冰箱中或低于 4℃的条件本保存，但不得超过 24 h。

水样放置时间较长时，可在 1 000 mL 水样中加入约 0.5 mL 硫酸（ρ=1.84 g/mL），酸化到 pH＜2，并尽快测定。样品可贮存在玻璃瓶中。

试样的制备：

取实验室样品，用氢氧化钠溶液或硫酸溶液调节 pH 至 5～9，从而制得试样。

五、实验步骤

（1）测定：用无分度吸管取 10.00 mL 试样（ρ_N 超过 100 mg 时，可减少取作量并加无氨水稀释至 10 mL）置于比色管中。

（2）试样不含悬浮物时，按下述步骤进行：

①加入 5 mL 碱性过硫酸钾溶液，塞紧磨口塞用布及绳等方法扎紧瓶塞，以防弹出。

②将比色管置于医用手提蒸汽灭菌器中，加热，使压力表指针到 0.11～0.14 MPa，温度达 120～124℃后开始计时。或者将比色管置于家用压力锅中，加热至顶压阀吹气时开始计时。保持此温度加热 30 min。

③冷却、开阀放气，移去外盖，取出比色管并冷至室温。

④加盐酸（1+9）1 mL，用无氨水稀释至 25 mL 标线，混匀。

⑤移取部分溶液至 10 mm 石英比色皿中，在紫外分光光度计上，以无氨水作参比，分别在波长为 220 nm 与 275 nm 处测定吸光度，并用式（4-14）计算出校正吸光度 A。

（3）试样含悬浮物时，先按上述五实验步骤（2）中的①～④进行，待澄清后移取上清液到石英比色皿中，再按⑤步骤继续进行测定。

（4）空白试验。空白试验除以 10 mL 水代替试料外，采用与测定完全相同的试剂、用量和分析步骤进行平行操作。

注：当测定在接近检测限时，必须控制空白试验的吸光度 A 不超过 0.03，超过此值，要检查所用水、试剂、器皿和家用压力锅或医用手提蒸汽灭菌器的压力。

（5）校准。

①校准系列的制备。用分度吸管向一组（10 支）比色管中分别加入硝酸盐氮标准使用溶液 0.0 mL、0.10 mL、0.30 mL、0.50 mL、0.70 mL、1.00 mL、3.00 mL、5.00 mL、7.00 mL、10.00 mL。加无氨水稀释至 10.00 mL。

②按步骤五中（2）测定吸光度。

③校准曲线的绘制。使用零浓度（空白）溶液和其他硝酸钾标准溶液制得的校准系列完成全部分析步骤，于波长 220 nm 和 275 nm 处测定吸光度后，分别按式（4-15）～（4-17）求出除零浓度外其他校准系列的校正吸光度 A_s 和零浓度的校正吸光度 A_b 及其差值 A_r。

$$A_s=A_{s220}-2A_{s275} \tag{4-15}$$

$$A_b=A_{b220}-2A_{b275} \tag{4-16}$$

$$A_r=A_s-A_b \tag{4-17}$$

式中：A_{s220}——标准溶液在 220 nm 波长的吸光度；

A_{s275}——标准溶液在 275 nm 波长的吸光度；

A_{b220}——零浓度（空白）溶液在 220 nm 波长的吸光度；

A_{b275}——零浓度（空白）溶液在 275 nm 波长的吸光度。

按 A_r 值与相应的 NO_3-N 含量（μg）绘制校准曲线。

六、实验结果整理

按式（4-14）计算得试样校正吸光度 A_r，在校准曲线上查出相应的总氮微克数，总氮质量浓度（mg/L）按式（4-18）计算：

$$\rho_N = \frac{m}{V_{水}} \tag{4-18}$$

式中：m——由工作曲线查得氮的质量，μg；

$V_{水}$——水样体积，mL。

实验九　总磷的测定

一、实验目的

（1）掌握钼锑抗钼蓝光度法测定水中总磷的原理和操作。

（2）学习用过硫酸钾消解水样的方法。

二、实验原理

在天然水和废水中，磷几乎以各种磷酸盐的形式存在。它们分别为正磷酸盐、缩合磷酸盐（焦磷酸盐、偏磷酸盐和多磷酸盐）和有机结合的磷酸盐，存在于溶液和悬浮物中。天然水和海水中磷含量较低，化肥、冶炼、合成洗涤剂等行业的工业废水及生活污水中常含有大量的磷。水体中磷含量过高，易致水体富营养化，恶化水质。磷是评价水质的重要指标。

水中磷的测定，通常按其存在的形式，分别测定总磷、溶解性正磷酸盐和总溶解性磷。总磷分析方法由两个步骤组成：第一步可用氧化剂过硫酸钾、硝酸—高氯酸或硝酸—硫酸等，将水样中不同形态的磷转化成正磷酸盐。第二步测定正磷酸盐（常用钼锑抗钼蓝光度法、氯化亚锡钼蓝光度法、孔雀绿—磷钼杂多酸法以及离子色谱法等），从而求得总磷含量。

本实验采用过硫酸钾氧化—钼锑抗钼蓝光度法测定水中总磷。在微沸（最好在高压釜内经 120℃加热）条件下，过硫酸钾将试样中不同形态的磷氧化为正磷酸盐。在硫酸介质中，正磷酸盐与钼酸铵反应（酒石酸锑钾为催化剂），生成的磷钼杂多酸立即被抗坏血酸还原，生成蓝色低价钼的氧化物即钼蓝，生成钼蓝的多少与磷含量呈正相关，以此测定水样中总磷。反应式如下：

$$K_2S_2O_8+H_2O \longrightarrow 2KHSO_4+1/2O_2$$

$$P（缩合磷酸盐或有机磷中的磷）+2O_2 \longrightarrow PO_4^{3-}$$

$$PO_4^{3-}+12MoO_4^{2-}+24H^++3NH_4^+ \longrightarrow (NH_4)_3PO_4\cdot 12MoO_3+12H_2O$$

$$24(NH_4)_2MoO_3+2H_3PO_4+21H_2SO_4 \longrightarrow 2[(NH_4)_3PO_4\cdot 12MoO_3]+21(NH_4)_2SO_4+24H_2O$$

$$(NH_4)_3PO_4\cdot 12MoO_3 + 还原剂 \longrightarrow (Mo_2O_5\cdot 4MoO_3)_2\cdot H_3PO_4（磷钼蓝）$$

本实验的最低检出限质量浓度为 0.01 mg/L，测定上限为 0.6 mg/L。适用于绝大多数的地表水和一部分工业废水，对于严重污染的工业废水和贫氧水，则要采用更强的氧化剂 HNO_3-H_2SO_4 等才能消解完全。

三、仪器和试剂

（1）分光光度计；高压灭菌锅；具塞比色管。

（2）过硫酸钾溶液：50 g/L。

（3）H_2SO_4（1+1）。

（4）抗坏血酸：100 g/L，棕色瓶贮存，冷藏可稳定几周，颜色变黄应弃去。

（5）钼酸盐溶液：

①溶解 13 g 钼酸铵［$(NH_4)_6\cdot Mo_7O_{24}\cdot 4H_2O$］于 100 mL 水中，在不断搅拌下，将钼酸铵溶液徐徐加入 300 mL 硫酸（1+1）中。

②溶解 0.35 g 酒石酸锑钾[$KSbC_4H_4O_7\cdot 1/2H_2O$]于 100 mL 水中。

将①与②两溶液合并，混匀。试剂贮存于棕色玻璃瓶中冷藏，可稳定两个月。

（6）磷酸盐标准贮备溶液：50 μg/mL（以 P 计）。

称取（0.219 7 ± 0.001）g 于 110℃干燥箱中烘干 2 h 并在干燥器中放冷的磷酸二氢钾（KH_2PO_4），用水溶解后转移至 1 000 mL 容量瓶中，加入约 800 mL 水，再加入 5 mL 硫酸（1+1），用水稀释至标线并混匀。

（7）磷酸盐标准工作液：2.00 μg/mL（以 P 计）。

吸取 10.00 mL 磷酸盐标准贮备溶液于 250 mL 容量瓶中，用水稀释至标线并混匀。使用当天配制。

四、实验步骤

1．水样的测定

（1）水样的消解。过硫酸钾消解：吸取 25 mL 均匀水样于 50 mL 具塞刻度管中，加入 4 mL 50 g/L 过硫酸钾溶液，将具塞刻度管的盖塞紧后，用一小块布和线将玻璃塞扎紧（或用其他方法固定），以免加热时玻璃塞冲出。将具塞刻度管放在大烧杯中，置于高压蒸汽消毒器中加热，待压力达 0.11 MPa（相应温度为 120℃）时，保持 30 min 后停止加热。待压力表读数降至 0 后，取出放冷。然后用水稀释至标线。

（2）发色。分别向各份消解液中加入 1 mL 100 g/L 抗坏血酸溶液，混匀，30 s 后加

2 mL 钼酸盐溶液，充分混匀。

（3）测量。室温下放置 15 min 后，使用 10 mm 或 30 mm 比色皿，于 700 nm 波长处，以水做参比，测量吸光度。扣除空白试验的吸光度后，从工作曲线上查得磷的质量。

2．工作曲线的绘制

取 7 支 50 mL 比色管，分别加入 2.00 μg/mL 磷酸盐标准工作溶液 0.00 mL、0.50 mL、1.00 mL、3.00 mL、5.00 mL、10.00 mL、15.00 mL，加水至 25 mL，然后按水样的消解、发色步骤进行处理。以水作参比，测定吸光度。减去空白试验的吸光度后，和对应的磷的含量绘制工作曲线。

五、样品测定

将消解后并稀释至标线的水样按标准曲线制作步骤进行显色和测量。从标准曲线上查出含磷量。

1．实验数据整理（表 4-13）

表 4-13　实验数据记录

标液体积/mL		0.00	0.50	1.00	3.00	5.00	10.00	15.00
标液中磷的质量/μg								
吸光值	标液							
	水样							

（1）绘制工作曲线。

（2）结果计算如下：

$$\text{磷酸盐（P，mg/L）}=\frac{m}{V_{水}} \tag{4-19}$$

式中：m——由工作曲线查得的磷量，μg；

V——水样体积，mL。

2．注意事项

（1）操作所用玻皿，可用盐酸（1+5）浸泡 2 h，或用不含磷酸盐的洗涤剂刷洗。

（2）比色皿用后应以稀硝酸或铬酸洗液浸泡片刻，以除去吸附的钼蓝有色物。

六、思考与讨论

（1）如果本实验制作标准曲线时省略了预处理的步骤，即标准工作溶液不经消解，而是直接显色、测量，对试样的测定结果可能会有什么影响？

（2）如果只需测定水样中可溶性正磷酸盐或可溶性总磷酸盐，应如何进行？

实验十　氨氮的测定

一、实验目的

（1）学习水中氨氮的预蒸馏方法；

（2）掌握纳氏试剂光度法测定水中氨氮的原理和方法。

二、实验原理

水中的氨氮是指以游离氨（非离子氨，NH_3）和离子氨（NH_4^+）形式存在的氮，其主要来源于生活污水中含氮有机物受微生物作用的分解产物。水中氨氮含量较高时，对鱼类和人体有不同程度的危害。

氨氮的测定方法主要有纳氏试剂光度法、水杨酸—次氯酸盐光度法、电极法和容量法。本实验采用纳氏试剂光度法。

水样有色或浑浊及含其他干扰物质时影响测定，需进行预蒸馏处理。调节水样至微碱性，进行蒸馏，使水中的氨氮以气态氨蒸出，用硼酸溶液吸收。水中的氨氮与纳氏试剂作用生成黄棕色胶态络合物 NH_2Hg_2OI。

$$\underset{\text{纳氏试剂}}{NH_3 + 2K_2HgI_4} + 3KOH \rightarrow \underset{\text{黄棕色}}{H_2N{-}Hg{-}O{-}Hg{-}I} + 7KI + 2H_2O$$

在 420 nm 波长下，测定吸光度值，用标准曲线法求出水中氨氮含量。

三、仪器和试剂

1. 仪器

（1）带氮球的定氮蒸馏装置：500 mL 凯氏烧瓶、氮球、直形冷凝管。冷凝管末端可连接一段适当长度的滴管，使出口尖端浸入吸收液液面下（图 4-1）。

（2）分光光度计、pH 计。

2. 试剂

（1）无氨水：使蒸馏水通过强酸性阳离子交换柱。也可于蒸馏水中加入硫酸至 pH＜2，进行重蒸馏制得。

（2）2%硼酸溶液（吸收液）：称取 20 g 硼酸溶于水，稀释至 1 L。

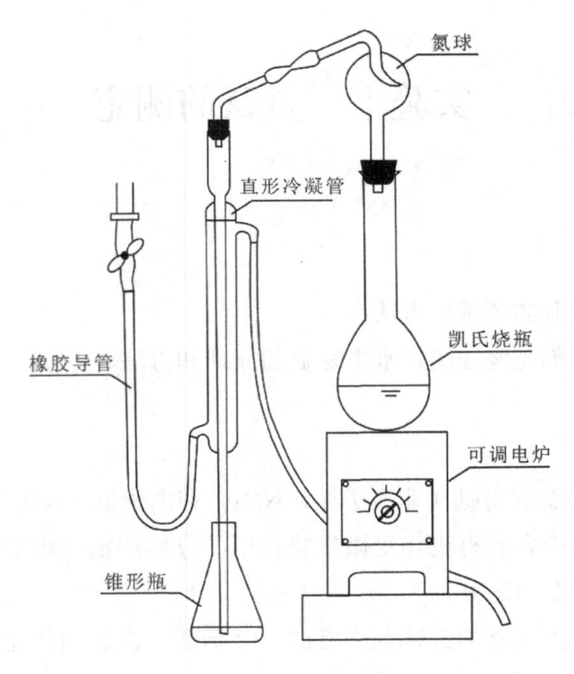

图 4-1 定氮蒸馏装置

（3）纳氏试剂：称取 10 g 碘化汞 HgI_2 和 7 g 碘钾 KI 溶于水，将此溶液边搅拌边缓慢地加入 50 mL 32%（m/V）NaOH 的冷溶液中，并稀释至 100 mL。贮于试剂瓶中，用橡皮塞盖紧，暗处保存，可稳定 1 年。（注意：纳氏试剂毒性很强，防止吸入。）

（4）酒石酸钾钠溶液（50%）：称取 50 g 酒石酸钾钠（$KNaC_4H_4O_6 \cdot 4H_2O$）溶于 100 mL 水中，加热煮沸以除去氨，放冷，定容至 100 mL。

（5）铵标准溶液

①贮备液：称取 3.819 g 经 100℃干燥箱中干燥过的无水氯化铵 NH_4Cl 溶于水中，移入 1 000 mL 容量瓶中，稀释至标线，此溶液含氨氮 1.00 mg/mL。

②使用液：吸取贮备液 5.00 mL，放入 500 mL 容量瓶中，稀释至标线。此溶液含氨氮 0.010 mg/mL。

（6）0.05%溴百里酚蓝指示剂（pH 为 6.0～7.6）。

（7）1 mol/L 盐酸溶液。

（8）1 mol/L 氢氧化钠溶液。

四、实验内容

1. 水样预蒸馏

如果水样的 NH_3-N 大于 1 mg/L 时，可直接用纳氏试剂光度法测定；但若小于 1 mg/L 或水样的颜色、浑浊度较高时，则应预先用蒸馏法将 NH_3 蒸出，再用纳氏试剂光度法测定。

（1）蒸馏装置的预处理，将 250 mL 无氨水放入凯氏烧瓶中，调节溶液至微碱性，加数粒玻璃珠，蒸馏至馏出液不含氨为止。弃去瓶内残液。

（2）取水样 250 mL（若氨氮含量较高，可酌情少取，加无氨水补足 250 mL，使氨氮含量不超过 2.5 mg）移入凯氏烧瓶中，加数滴溴百里酚蓝指示剂，用 1 mol/L NaOH 溶液或 HCl 溶液调节 pH 至 7 左右。加入 0.25 g 轻质氧化镁和数粒玻璃珠，立即连接蒸馏装置（用一只盛有 50 mL 硼酸吸收液的 250 mL 锥形瓶收集馏出液），导管插入吸收液液面 2 cm 以下，加热蒸馏（蒸馏速度 6～10 mL/min），至馏出液达 200 mL，将导管移出吸收液面，再停止加热。用无氨水稀释至 250 mL。

2．标准曲线绘制

（1）吸取 0.00 mL、0.50 mL、1.00 mL、3.00 mL、5.00 mL、7.00 mL 和 10.00 mL 按标准使用液，分别放入 50 mL 比色管中，稀释至刻度。

（2）加入 1.0 mL 酒石酸钾钠溶液，混匀。

（3）加 1.5 mL 纳氏试剂，混匀。

（4）放置 10 min 待显色完全后，在 420 nm 波长处，用 2 cm 比色皿，以试剂空白为参比，测定吸光度值。以 NH_3-N 含量（mg）为横坐标，对应的吸光度值为纵坐标，绘制标准曲线。

3．水样的测定

分取适量经蒸馏预处理后的馏出液，放入 50 mL 比色管中，用 1 mol/L 氢氧化钠溶液中和硼酸，稀释至标线。之后按标准曲线绘制程序测定吸光度，做 2 个平行样。在标准曲线上查出水样中氨氮的含量。

4．空白试验

以无氨水代替水样，做全程序空白测定。

五、实验数据处理

（1）将原始实验数据记录于表 4-14 中。

表 4-14 实验数据记录

铵标准溶液							
移取体积/mL	0.00	0.50	1.00	3.00	5.00	7.00	10.00
NH_3-N 含量/mg							
吸光值 A							

水样				
	1-1	1-2	2-1	2-2
取样体积/mL				
吸光值 A				

（2）绘制标准曲线

（3）结果计算

由水样的吸光度减去空白试验的吸光度后，从标准曲线上查出氨氮量（mg）。

$$氨氮（N，mg/L）=\frac{m}{V}\times 1000 \tag{4-20}$$

式中：m——由标准曲线查得的氨氮量，mg；

V——水样的体积，mL。

六、注意事项

（1）蒸馏装置的气密性应良好，勿漏气。

（2）干扰消除。钙、镁、铁等金属离子会干扰测定，可加入络合剂或预蒸馏消除。余氯与氨生成氯胺，不能与纳氏试剂显色，可在含有余氯的水样中加入适量还原剂（如0.35%硫代硫酸钠溶液）消除干扰后测定。

（3）水样预蒸馏需在弱碱性溶液中进行，pH 过高促使有机氮水解，使结果偏高；pH 低，氨不能被完全蒸出，使结果偏低。

（4）注意把握显色溶液的稳定时间，显色完全后，应在短时间内完成比色测定。

七、思考与讨论

（1）蒸馏过程中有时会出现倒吸现象，是什么原因引起的？如何防止？

（2）水中氮的存在形态有哪些？对其测定有何实际意义？

实验十一　高熔点固体酒精的制备

一、实验目的

（1）了解一般固体酒精的制备方法。

（2）掌握高熔点固体酒精的制备方法。

二、实验原理

固体酒精是一种使用安全、携带方便、经济实惠、日常生活中常用的固体燃料。固体酒精一般利用硬脂酸与氢氧化钠反应，生成硬脂酸钠。硬脂酸钠是一直不溶于乙醇的长链极性分子，但可均匀分散在乙醇中形成溶胶。当温度降低时，胶粒相互连接起来形成网状结构，酒精分子存在于网状结构的孔隙中，形成了固体酒精。

硬脂酸与氢氧化钠混合后发生反应：

$$C_{17}H_{35}COOH + NaOH \longrightarrow C_{17}H_{35}COONa + H_2O$$

这种方法制备的固体酒精为凝胶体，是非晶态物质，没有恒定的熔点，一般放置一段时间后就会变软，呈膏状，有液体渗出。当熔点＜50℃时，固体酒精的贮存稳定性差，燃烧时火焰不稳定，燃烧时间短。当熔点在60℃以上时，固体酒精燃烧火焰平稳，燃烧时间较长。燃烧时，固体酒精从凝胶向溶胶转变，硬脂酸钠胶束的空间网状结构的疏密程度，是决定固体酒精熔点高低的关键。加入一些高分子聚合物，可以增加这种网状结构的密实程度，提高固体酒精的熔点。因此，在制作固体酒精时，常加入聚乙烯吡咯烷酮和硫酸铝，以提高固体酒精的熔点，增强固体酒精的稳定性，使其燃烧时间更长。

三、实验试剂及器皿

（1）工业酒精（＞95%）、硬脂酸、氢氧化钠、聚乙烯吡咯烷酮和硫酸铝。

（2）可选着色剂：酚酞、甲基橙、甲基红、硝酸铜、硝酸钴、氯化钡等。

（3）磁力搅拌器、水浴锅，铁架台、量筒、烧杯。

四、实验步骤

（1）取95%酒精100 mL置于250 mL烧瓶中，分别加入2.0 g、4.0 g、6.0 g、8.0 g硬脂酸，加热至75～80℃，保持微沸状态，搅拌，使硬脂酸完全溶解。

（2）慢慢加入氢氧化钠1.3～1.5 g，在不断搅拌下加入着色剂——10%硝酸铜溶液2.5 mL和10%硫酸铝溶液1.5 mL。

（3）加入聚乙烯吡咯烷酮0.1～0.5 g，继续搅拌保持微沸。待温度降至50℃左右倒入模具，慢慢冷却。当温度降至室温时，倒出模具，即可得固体酒精。

（4）对上述实验得到的固体酒精进行熔点测试。

五、实验数据

固体酒精熔点测试结果（表4-15）：

固体酒精（聚乙烯吡咯烷酮）熔点：

表4-15　固体酒精熔点测定记录

硬脂酸加入量/g	2.0	4.0	6.0	8.0
熔点/℃				
燃烧时间/（$s \cdot g^{-1}$）				

六、注意事项

（1）在加入硬脂酸后要等到其完全溶解，才能加入氢氧化钠。

（2）在整个实验过程中，严禁使用明火。

七、思考与讨论

（1）制作固体酒精时，常用的固化剂有哪些？

（2）纯酒精燃烧时火焰基本没有颜色，为什么本实验中固体酒精燃烧时火焰有颜色？

实验十二　有机物熔点的测定

一、实验目的

（1）学习熔点测定的原理和意义。

（2）掌握熔点测定的操作方法。

二、实验原理

熔点（melting point，m.p.）是指固体物质在大气压下加热熔化时的温度。严格地讲，熔点是指固体物质在一个大气压下达到固—液两态平衡时的温度。

纯净的固体有机物一般都具有固定的熔点，固—液两相之间的变化非常敏锐，从初熔到全熔的温度范围称熔程或熔距，一般不超过0.5～1℃（除液晶外）。当混有杂质时，熔点就有显著的变化，将会使其熔点降低且熔程变长。

熔点测定的意义：①粗略地鉴定固体样品；②检验化合物纯度；③确定两个固体样品是否为同一化合物。

熔点测定的方法：①毛细管法（Thiele管法或b型管法）；②显微熔点仪。

三、实验步骤

（1）待测样品必需充分干燥并研细，在玛瑙研钵中研磨。

（2）采用1 mm内径、长度70 mm左右、粗细均匀，一端封闭的干净的玻璃毛细管，将毛细管的一端熔封，得到熔点管。

（3）将毛细管开口一端向下插入粉末堆（表面皿）中，然后把熔点管开口向上，沿着干燥的直形冷凝管或玻璃管（长度30～40 cm）自由落到实验桌面上，反复几次，让样品紧密堆实。样品高度为2～3 mm。

（4）加热测定熔点。

1）开始加热时，升温速度 4～6℃/min；

2）距熔点约 10℃时，升温速度 1～2℃/min；

3）接近熔点时，升温速度 0.2～0.3℃/min，以减少测定误差；

①初熔——样品开始塌落并呈现湿润；

②全熔——固体完全消失，全部液化；

③熔程——初熔到全熔的温度；

为减少误差，每个样品至少要测 2～3 次，至少要有两次重复的数据。

（5）全自动熔点仪操作。

1）打开仪器电源开关，观察显示界面是否正常；点击液晶显示屏右下角“全自动熔点仪”，仪器进入主界面。

2）轻触“测试”键，进入参数设置界面；点击“预热温度”，输入测试所需要的温度；点击“升温速率”，选择合适的升温速率。

3）设置好参数，点击“确定”，进入测试界面；轻触“预热”键，仪器开始快速加热，实际温度稳定后，与预设温度一致（±0.5℃），插入毛细管，点击升温测试样品。

4）轻触“校正”键，进入校正界面，输入奈二酸、己二酸和蒽醌的标准熔点温度值和仪器所设置的预热温度值（比标准熔点温度值低 5℃），点击“确定”进入校正测试界面。

5）点击界面中“预热”按键，仪器进行快速加热。

6）等待数分钟后，实际温度与预热温度一致后，插入标准样品毛细管，点击“升温”按键，仪器开始测试 3 种标准物质的熔点。

7）等待约 6 min，仪器判断出样品的初、终熔点后，点击“确定”对数据保存。

四、实验结果记录（表 4-16）

表 4-16　样品熔点测试记录

序号	物质	熔点/℃		

测定内容：未知样、尿素（熔点 132.7℃）、肉桂酸（熔点 133℃）、尿素与肉桂酸混合物、苯甲酸（熔点 122.13℃）、萘（熔点 80.5℃）、己二酸（熔点 152℃）、蒽醌（熔

点 286℃）。

五、思考与讨论

（1）测定物质熔点的目的是什么？有什么用途？

（2）对于两个固定熔点的物质的混合物，熔点将会如何变化，说明理由。以尿素与肉桂酸混合物为例。

第五章　环境工程微生物学实验

实验一　光学显微镜的使用及微生物形态的观察

一、实验目的

（1）了解普通光学显微镜的构造、原理和功能，掌握显微镜的使用方法。

（2）观察细菌、放线菌和蓝细菌的个体形态，学会绘制微生物的形态结构图。

二、实验原理

微生物个体微小，必须借助显微镜才能观察到它的个体形态和细胞构造。熟悉和掌握显微镜的操作技术是学习微生物的必要手段。

（一）显微镜的分类

现代显微镜主要分为光学显微镜和非光学显微镜两大类，根据不同的情况可分为若干类，具体如图 5-1 所示。

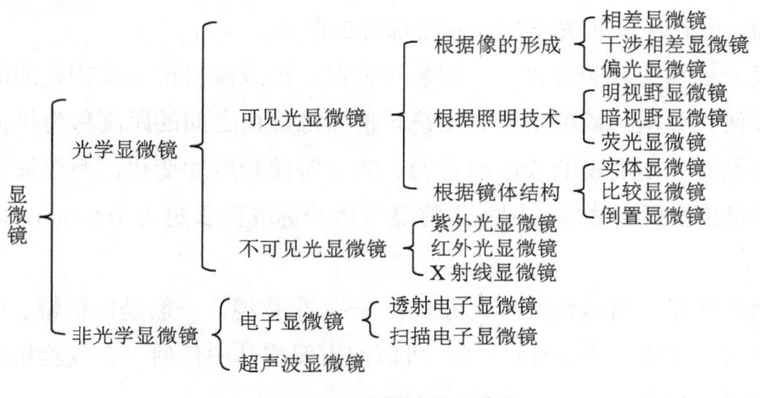

图 5-1　显微镜的分类

（二）显微镜的构造

普通光学显微镜的构造可分为机械装置和光学系统两大部分。

1. 光学显微镜的机械装置

显微镜的机械装置包括镜座、镜筒、物镜转换器、载物台、推动器、粗调螺旋和微调螺旋等部件（图 5-2）。

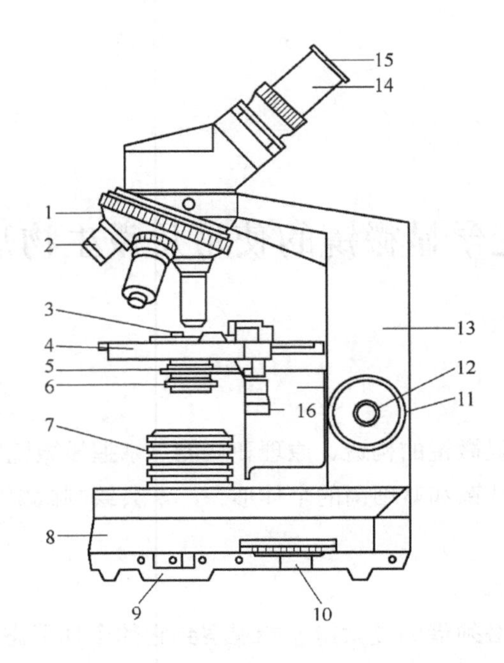

1—物镜转换器；2—物镜；3—游标卡尺；4—载物台；5—聚光器；6—虹彩光圈；7—光源；8—镜座；9—电源开关；10—光源滑动变阻器；11—粗调螺旋；12—微调螺旋；13—镜臂；14—镜筒；15—目镜；16—标本移动螺旋。

图 5-2 光学显微镜构造示意图

（1）镜座。镜座是显微镜的基本支架，由底座和镜臂两部分组成。在其上部连接有载物台和镜筒，是用于安装光学放大系统部件的基础。

（2）镜筒。镜筒上端装目镜，下端装转换器，形成接目镜与接物镜间的暗室。镜筒有单筒和双筒两种。从镜筒的上缘到物镜转换器螺旋口之间的距离称为机械筒长。因为物镜的放大率是对一定的镜筒长度而言的。随着镜筒长度的变化，不仅放大倍率会随之变化，成像质量也会受到影响。国际上将显微镜的标准筒长定为 160 mm，此数字标在物镜的外壳上。

（3）物镜转换器。物镜转换器上可安装 3～4 个物镜，一般是低倍镜、中倍镜、高倍镜和油浸物镜 4 个物镜。转动转换器，可以按需要将其中任何一个接物镜和镜筒接通，与镜筒上面的目镜构成一个放大系统。

（4）载物台。载物台中央有一孔，为光线通路。在台上装有弹簧标本夹和推动器。

（5）推动器。推动器是移动标本的机械装置，由一横一纵两个推进齿轴和齿条构成，载物台纵横架杆上刻有刻度标尺，构成精密的平面坐标系。如需要重复观察已检查标本的某一物像时，可在第一次检查时记下纵横标尺的数值，下次按数值移动推动器，就可以找到原来标本的位置。

（6）粗调螺旋。粗调螺旋用于粗略调节物镜和标本的距离。

（7）微调螺旋。用粗调螺旋只能粗放地调节焦距，难以观察到清晰的物像，因而需要用微调螺旋进一步调节。微调螺旋每转一圈镜筒仅移动 100 μm。新近出产的较高档次的显微镜的粗调螺旋和微调螺旋是共轴的。

2．显微镜的光学系统

显微镜的光学系统由反光镜、聚光器、物镜和目镜等组成，光学系统使标本物像放大，形成倒立的放大物像。

（1）反光镜。早期的普通光学显微镜常用自然光检视标本，在镜座上装有反光镜。反光镜是由一个平面和另一个凹面的镜子组成，可以将投射在它上面的光线反射到聚光器透镜的中央，照明标本。不用聚光器时可用凹面镜，凹面镜也能起到汇聚光线的作用。用聚光器时，一般都用平面镜。新近出产的显微镜镜座上装有光源，并有电流调节螺旋，可通过调节电流大小来调节光照强度。

（2）聚光器。聚光器安装在载物台下，由聚光透镜、虹彩光圈和升降螺旋组成，其作用是将光线聚焦于样品上，以得到最强的照明，使物像获得明亮清晰的效果。聚光器的高低可以调节，使焦点落在被检物体上，以得到最大亮度。一般聚光器的焦点在其上方 1.25 mm 处，而其上升限度为载物台平面下方 0.1 mm。因此，要求使用的载玻片厚度应在 0.8～1.2 mm，否则被检样品不在焦点上，影响镜检效果。聚光器前透镜组前面装有虹彩光圈，它可以调大和缩小，影响成像的分辨力和反差，若将虹彩光圈调放过大，超过物镜的数值孔径时，便产生光斑；若收缩虹彩光圈过小，虽反差增大，但分辨力下降。因此，在观察时应将虹彩光圈调节开启到视场周缘的外切处，使不在视场内的物体得不到任何光线的照明，以避免散射光的干扰。

（3）物镜。物镜利用入射光线对被检物像进行第一次造像，物镜成像的质量对分辨力有着决定性的影响。物镜的性能取决于物镜的数值孔径（numerical apeature，NA），每个物镜的数值孔径都标在物镜的外壳上，数值孔径越大，物镜的性能越好。

物镜的种类很多，可从不同角度来分类：

根据物镜前透镜与被检物体之间的介质不同，可分为以下 2 种：

①干燥系物镜。以空气为介质，如常用的 40×以下的物镜，数值孔径均小于 1。

②油浸系物镜。常以香柏油为介质，此物镜又叫油镜头，其放大率为 90×～100×，数值孔值大于 1。

根据物镜放大率的高低，可分为：

①低倍物镜，1×～6×，NA 值为 0.04～0.15；

②中倍物镜，6×～25×，NA 值为 0.15～0.40；

③高倍物镜，25×～63×，NA 值为 0.35～0.95；

④油浸物镜，90×～100×，NA 值为 1.25～1.40。

（4）目镜。目镜的作用是把物镜放大了的实像进行第二次放大，并把物像映入观察者的眼中。目镜的结构较物镜简单，普通光学显微镜的目镜通常由两组透镜组成，上端的一组透镜称为“接目镜”，下端的则称为“场镜”。上下透镜之间或在两组透镜的下方，装有由金属制的环状光阑或叫“视场光阑”，物镜放大后的中间像就落在视场光阑平面处，所以其上可安置目镜测微尺。

（三）光学显微镜的成像原理

显微镜的放大是通过透镜来完成的，单透镜成像具有像差和色差，影响物像质量。由单透镜组合而成的透镜组相当于一个凸透镜，放大作用更好，可消除或部分消除像差或色差。图 5-3 所示为显微镜的成像原理。$A''B''$和眼睛的距离为显微镜的明视距离，标本 AB 的像经过 L_o（物镜）后到 $A'B'$处成为一个放大倒立的实像（中间像），F 为 L_o的后焦点。当光线传到 L_e（目镜）时，在 $A''B''$处 $A'B'$被放大成一个直立的虚像，然后传递到视网膜 $A'''B'''$ 上，标本 AB 就被放大了，人眼看到的是 AB 被放大后的虚像，$A'''B'''$ 与原样品像的方向是相反的。

显微镜的总放大倍数为物镜放大倍数和目镜放大倍数的乘积。

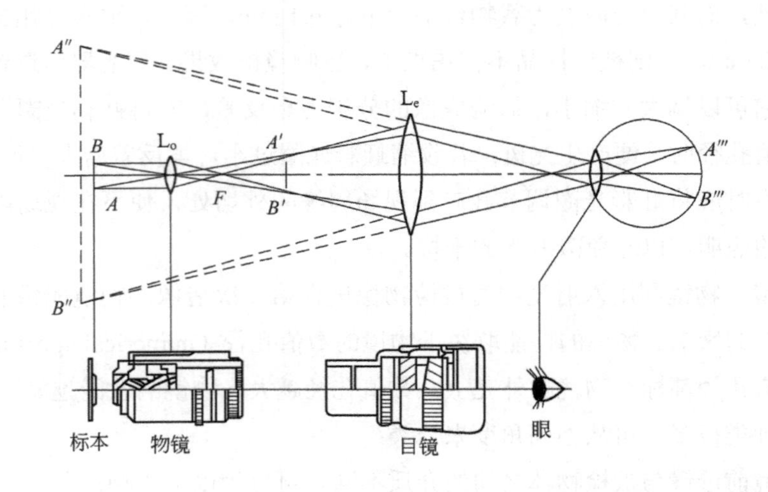

图 5-3 显微镜的成像原理

（四）光学显微镜的操作方法

1．低倍镜的操作

（1）置显微镜于固定的桌上，窗外不宜有障碍视线之物。

（2）旋动转换器，将低倍镜移到镜筒正下方的工作位置。

（3）转动反光镜向着光源处（有内源灯的可直接使用），同时用眼对准目镜（选用适当放大倍数的目镜）仔细观察，使视野成为白色，亮度均匀。

（4）将标本片放在载物台上，使观察的目的物置于圆孔的正中央。

（5）将粗调螺旋向下旋转（或载物台向上旋转），眼睛注视物镜，以防物镜和载玻片相碰。当物镜的尖端距载玻片约 0.5 cm 处时停止旋转。

（6）左眼向目镜里观察，将粗调螺旋向上慢慢旋转，如果见到目的物，但不十分清楚，可用细调螺旋调节至目的物清晰为止。

（7）如果粗调节器旋得太快，致使超过焦点，必须从第（5）步重调。不应在正视目镜的情况下调粗调节器，以防没把握的旋转使物镜与载玻片相碰损坏。

（8）观察时两眼同时睁开（双眼不感疲劳）。单筒显微镜应习惯用左眼观察，以便于绘图。

2．高倍镜的操作

（1）使用高倍镜前，先用低倍镜观察，发现目的物后将它移至视野正中央。

（2）旋动转换器换高倍镜，如果高倍镜触及载玻片立即停止旋动，说明原来低倍镜没有调准焦距，目的物并没有找到，要用低倍镜重新调焦。显微镜在设计过程中都是共焦点的，低倍镜对焦后，换高倍镜时一般都可以对准焦点，看到目的物。若有点模糊，用细调螺旋调节后即清晰可见。

3．油镜的操作

（1）先用低倍镜和高倍镜检查标本片，将目的物移到视野正中央。

（2）在载玻片上滴一滴香柏油（或液体石蜡），将油镜移至正中使镜头浸没在油中，刚好贴近载玻片。用细调螺旋微微调焦至目标物清晰，切记不可用粗调节器。

（3）油镜观察完毕，用擦镜纸将镜头上的油揩净，另用擦镜纸蘸少许二甲苯揩拭镜头，再用擦镜纸揩干。

（五）数码显微镜的拍照方法

1．DMB 型数码显微镜的使用

（1）打开显微镜的电源开关，适当调整底座上的亮度调节手轮，此时底座内灯亮。

（2）按一般生物显微镜的常规操作方法，将显微镜调整到正常状态。

2. 显微镜图像的调整

（1）显微镜镜筒附近的拉杆拉出至最后一挡，此时，显微镜处于既可目视观察又可摄像状态。

（2）打开计算机的电源开关。

（3）双击计算机桌面的 Advanced 3.0 图标，在 Advanced 3.0 界面选择“模块”菜单下的“MoticTek”。

（4）在“MoticTek”界面中将显示被观察切片的图像，该图像与从显微镜目镜观察到的一致。具体操作步骤如下：

①点击工具栏中的“MoticTek”按钮（图 5-4 中加框处所示）。

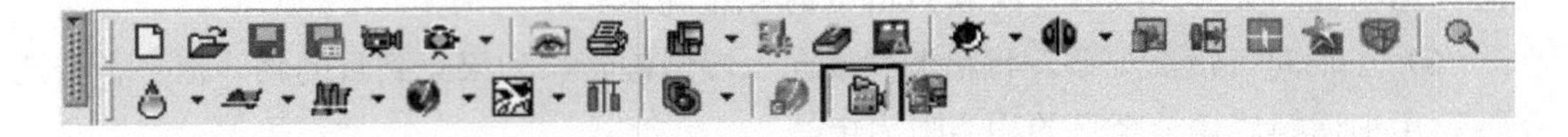

图 5-4　Advanced 3.0 窗口工具栏

②启动“MoticTek”后，软件会自动计算曝光和白平衡，使显示图像质量与色彩接近于真实的图像。

③对图 5-5 的工作界面中控制窗口的各项参数加以设置，可以改变预览窗口中的图像质量和效果。

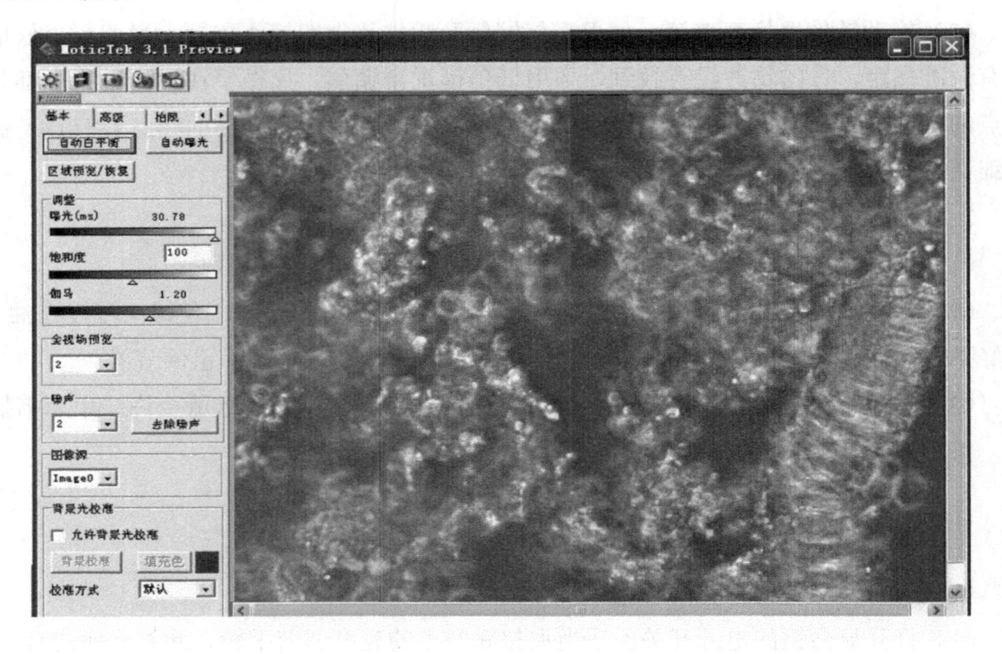

图 5-5　静态图像捕捉图像预览窗口

④点击窗口工具栏中的静态图像捕捉按钮（　），将捕捉到预览窗口所见到的实时图像。

⑤点击窗口工具栏中的自动捕捉按钮（　），可以自动采集到若干幅实时图像，其采集得到的图像的大小、采集图片的频率等均由设置对话框的设置参数决定。

⑥在“MoticTek”中具有自动曝光、白平衡和背景光校准功能，此功能位于基本标签中，如果观察中途改变显微镜的光亮度或更换样本等，可以使用自动曝光和白平衡功能来调整图像的质量，具体可参考图 5-6。

⑦“MoticTek”还具有区域预览功能，如果在预览窗口中拖动鼠标，可以画出一个方形区域，点击位于基本标签中的区域预览/恢复按钮，可以预览已经选定的区域，再次点击该按钮可以恢复全视场预览，如图 5-7 所示。

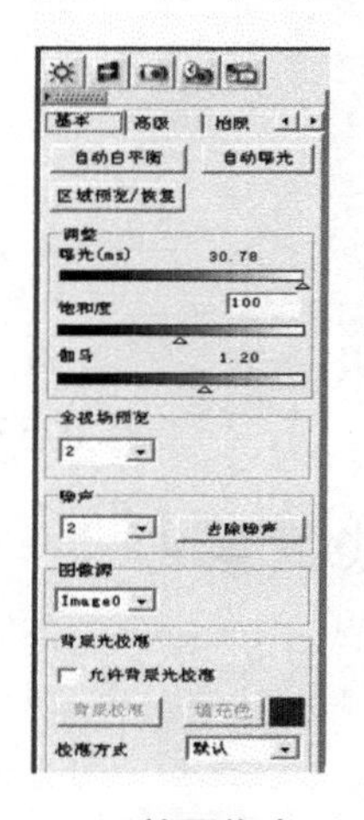

图 5-6　调整图像窗口

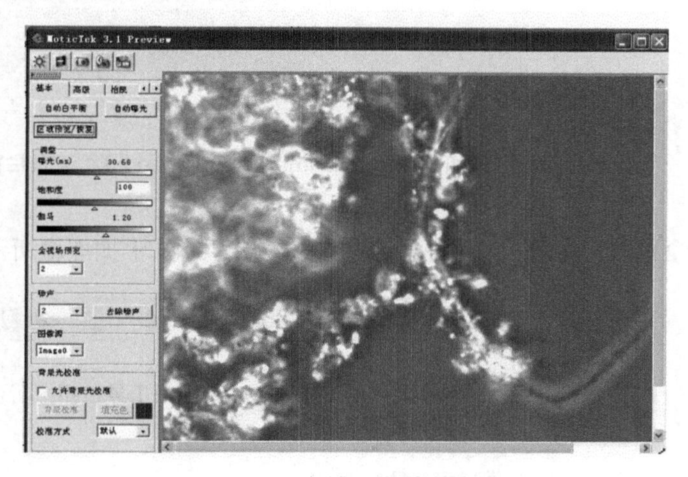

图 5-7　区域预览/恢复窗口

⑧“MoticTek”中还具有实时图像预览处理功能，点选位于区域标签中的滤波选项后，可以选择不同的过滤器对全局实时图像进行处理，也可在预览窗口中对划出区域进行处理，共有底片、灰度和浮雕三种过滤器可供选用，可参考图 5-8。

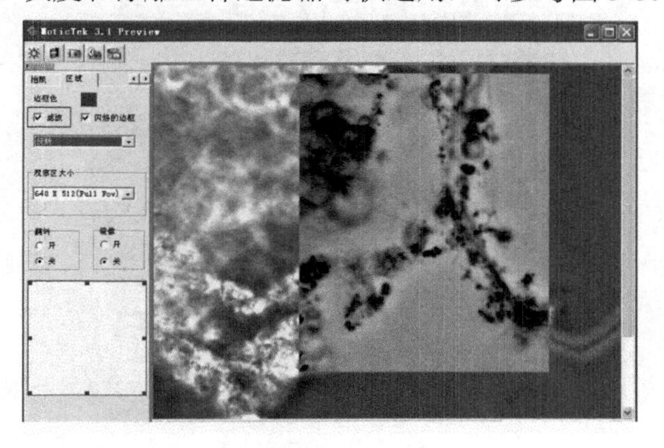

图 5-8　实时图像预览过滤处理窗口

⑨ “MoticTek”具有针对外部光源亮度不够的情况下拍出清晰图片的功能，可以从拍照标签中选择拍照设置。

3．数码显微镜捕捉图片

（1）启动 Motic Images Advanced 3.1 后，将出现图 5-9 所示工作界面。

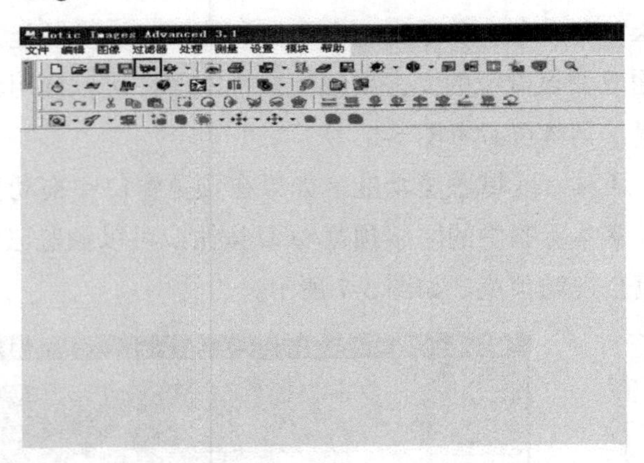

图 5-9　Motic Images Advanced 3.1 工具栏窗口

（2）点击工具栏中的采集窗按钮，如图 5-10 中加黑框所示。

图 5-10　Motic 视频工具按钮

（3）启动 Motic 视频工具。

（4）点击窗口工具栏中的静态图像捕捉按钮，将捕捉到采集窗口所见到的实时图像，如图 5-11 所示。

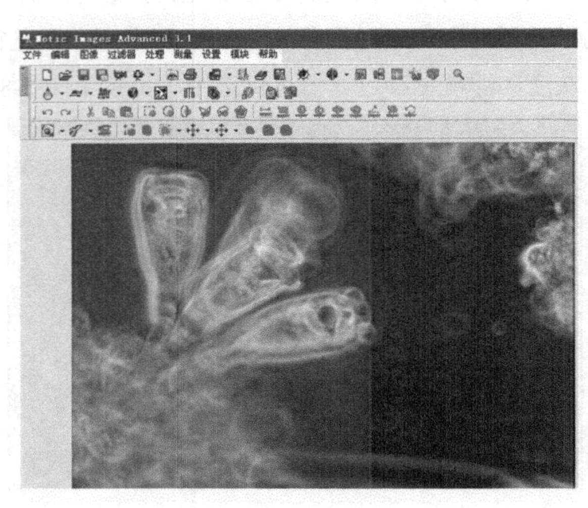

图 5-11　实时图像预览

（5）捕捉图像之后，主窗口将显示实时图像捕捉设置窗口，如图 5-12 所示。

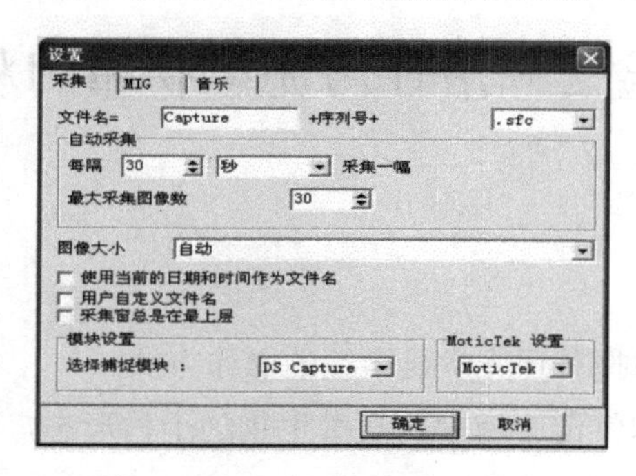

图 5-12　实时图像捕捉设置窗口

（6）点击设置按钮，在设置对话框中自定义捕捉图片文件名并且选择存储文件格式及存储路径，设置完成之后，点击确定，文件便可以用户自定义的名称和格式进行存储。

4．用采集窗捕捉视频

（1）打开捕捉窗口，选择“捕捉”菜单中的录像时间设置命令。

（2）在录像时间设置对话框中选择录像时间的长度，输入时间后，点击“确定”按钮。

（3）点击采集窗左边工具栏中的开始视频捕捉按钮。

（4）输入录像内容保存的名称，点击保存按钮。这时会出现另一个对话框，点击确定按钮后，采集窗口将再次出现并开始录像。

三、实验内容

1．实验仪器和材料

（1）光学显微镜、擦镜纸、载玻片、盖玻片、香柏油或液体石蜡、二甲苯等。

（2）细菌、放线菌、酵母菌、霉菌、藻类等标本示范片。

2．实验操作方法

严格按照光学显微镜的操作方法，按低倍镜、高倍镜和油镜的顺序逐个观察细菌、放线菌、酵母菌、霉菌、藻类等标本示范片，并用铅笔分别描绘其形态。

四、思考与讨论

（1）使用高倍镜前为什么要先用低倍镜观察？

（2）用油镜观察时有哪些注意事项？在载玻片和镜头之间加滴香柏油有什么作用？

实验二 活性污泥生物相的观察

一、实验目的

（1）进一步熟悉和掌握普通光学显微镜的操作方法。

（2）观察活性污泥曝气混合液中典型微生物的个体形态，学会辨认活性污泥中指示性原生动物的形态特征，判断活性污泥的活性。

（3）掌握用数码显微镜对典型活性污泥微生物进行拍照的方法。

（4）学习用压滴法制作活性污泥标本片。

二、实验原理

活性污泥法曝气池中的活性污泥是生物法处理废水的工作主体。它们由细菌、真菌、放线菌、原生动物、后生动物与废水中的固体物质所组成。

在活性污泥系统中，细菌数量最多，分解有机物的能力最强，繁殖迅速，是污水生物处理的主体。细菌一般甚少以单体的形式存在，菌胶团是活性污泥中细菌的主要存在形式。不同细菌形成不同的菌胶团，有分枝状的、垂丝状的、球形的、椭圆形的、蘑菇形的以及各种不规则形状的。一般来说，活性污泥性能的好坏，可根据所含菌胶团数量、大小及结构的紧密程度判断。新生菌胶团颜色较浅，甚至无色透明，有旺盛的生命力，氧化分解有机物的能力较强。老化的菌胶团由于吸附了许多杂质，颜色较深，看不到细菌单体，类似一摊烂泥，生命力较差。当遇到不适宜的环境时，菌胶团会发生松散，甚至呈现单个游离细菌，影响处理效果。因此，为了使污水处理达到较好的效果，要求菌胶团结构紧密，吸附和沉降性能良好。

原生动物是细菌的一次捕食者，具有新陈代谢、运动、繁殖、对外界刺激的感应性和对环境的适应性等生理功能。活性污泥中原生动物物种非常丰富，分为游泳型和固着型两种，主要包括鞭毛纲、肉足纲和纤毛纲三大类，常见物种包括鞭毛虫、变形虫、漫游虫、裂口虫、盾纤虫、钟虫、吸管虫等。原生动物个体比细菌大，在显微镜下易于观察，且不同种类的原生动物都有各自所需的生存条件，所以哪一类原生动物占优势，就反映出相应的水质状况。国内外都把原生动物当作污水处理的指示性生物，并利用原生动物的变化情况了解污水处理效果及污水处理运转是否正常。

例如，当活性污泥中出现数量较多又活跃的固着型纤毛虫——钟虫、盖纤虫、等枝虫时，说明污水处理效果良好，出水 COD、BOD_5较低，水质清澈，可达到国家排放标准。当曝气池中溶解氧降低到 1 mg/L 以下时，钟虫生活不正常，体内伸缩泡会胀得很大，顶端突进一个气泡，虫体很快会死亡。当污水处理中出现大量鞭毛虫和变形虫时，指示污水处理效果不好，出水 COD、BOD_5 较高，水质浑浊。当外界环境条件不适宜于生长时，原生动物会形成胞囊，胞囊是原生动物抵抗不良外界环境的休眠体。

后生动物是细菌的二次捕食者，活性污泥中通常能观察到不同类型的微型后生动物，例如轮虫、线虫、瓢体虫、仙女虫等。后生动物也是污水处理的重要指示生物。轮虫对溶解氧要求较高，故轮虫的出现反映出水水质较好，水中有机物含量低，污水处理效果好。但若轮虫数量太多，则有可能破坏污泥的结构，使污泥上浮。瓢体虫、颤蚓、水丝蚓和线虫等物种在水体缺氧时大量繁殖，是污水净化程度差的指示生物。

为了准确判断水质及运行参数改变的原因，生物相观察中必须根据原生动物和原生动物的种群变化、数量多少及生长活性三方面状况综合考察，否则将产生片面的结论。例如，纤毛虫在环境适宜时，用裂殖方式进行生殖；当食物不足，或溶解氧、温度、pH 不适宜，或有毒物质超过其忍受限度时，就变为接合生殖，甚至形成胞囊以保卫其身体。当观察到纤毛虫活动能力差，钟虫类口盘缩进、伸缩泡很大，细胞质空泡化、活动力差、畸形、接合生殖、有大量胞囊形成等现象时，即使虫数较多，也说明处理效果不好。

三、实验内容

1. 实验仪器和材料

（1）光学显微镜、擦镜纸、载玻片、盖玻片、搁玻架等；

（2）活性污泥曝气混合液。

2. 实验操作方法

（1）标片的制作：取一片洁净的载玻片，用小滴管取活性污泥混合液一小滴于载玻片中央，用干净的盖玻片覆盖在液滴上，尽量避免出现气泡，制作方法如图 5-13 所示。

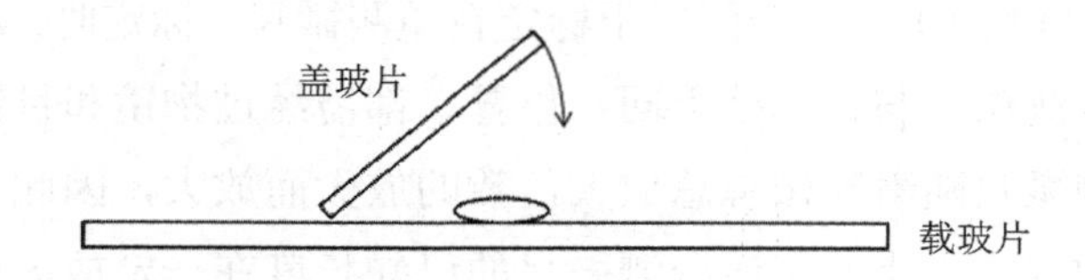

图 5-13 压滴法制作标片示意图

（2）严格按光学显微镜的使用操作方法，分别在低倍镜、高倍镜下观察标片，观察菌胶团、原生动物、后生动物、藻类等微生物的形态，用铅笔绘图说明观察到的各种微生物的形态结构特征。

（3）将观察到的微生物与微生物图谱进行对照，找出活性污泥中典型的指示微生物并拍照，描述其活性，评价活性污泥的活性。

四、思考与讨论

（1）进行微生物活体观察时，要使所观察的目标清晰，应该如何调节光线？

（2）用压滴法制片时，如何操作才能避免产生气泡？

（3）通过所观察的微生物情况，评判处理后水质的好坏，评价活性污泥的活性。

实验三　微生物细胞大小的测定

一、实验目的

了解目镜测微尺和镜台测微尺的构造及使用原理，掌握微生物细胞大小的测量方法。

二、实验原理

微生物细胞的大小是微生物重要的形态特征之一，由于菌体微小，只能在显微镜下测量。用于测量微生物细胞大小的工具是显微镜测微尺，包括目镜测微尺和镜台测微尺。

目镜测微尺（图 5-14）是一块带有精确刻度尺的圆形玻片，通常将 5 mm 划分为 50 格，或将 10 mm 划分成 100 格，实际每小格等于 100 μm。测量时，将其安装在接目镜中的隔板上（此处正好与物镜放大的中间物像重叠），用于测量经显微镜放大后的物象。由于不同目镜、物镜组合的放大倍数不同，目镜测微尺每格表示的实际长度也不一样，因此目镜测微尺不能直接测量细胞大小，必须先用镜台测微尺标定。

镜台测微尺（图 5-15）是一块特制的载玻片，中央部分有精确刻度尺，一般将 1 mm 等分为 100 格，每小格长 10 μm，专门用于标定目镜测微尺。标定时，将镜台测微尺放在载物台上，由于镜台测微尺与标本处于同一位置，都需经过物镜和目镜的两次放大成像进入视野，即镜台测微尺随着显微镜总放大倍数的放大而放大，因此从镜台测微尺上得到的读数就是细胞的真实大小。用镜台测微尺的已知长度在一定放大倍数下标定目镜测微尺，即可求出目镜测微尺每格所代表的实际长度，然后移去镜台测微尺，换上待测标本片，用标定好的目镜测微尺在同样放大倍数下测量微生物细胞大小。

由于不同显微镜及附件的放大倍数不同，标定目镜测微尺必须针对特定的显微镜和附件（物镜、目镜、镜筒长度）进行，而且只能在该显微镜上重复使用，当更换不同显微镜目镜或物镜时，必须重新标定目镜测微尺每一格所代表的实际长度。

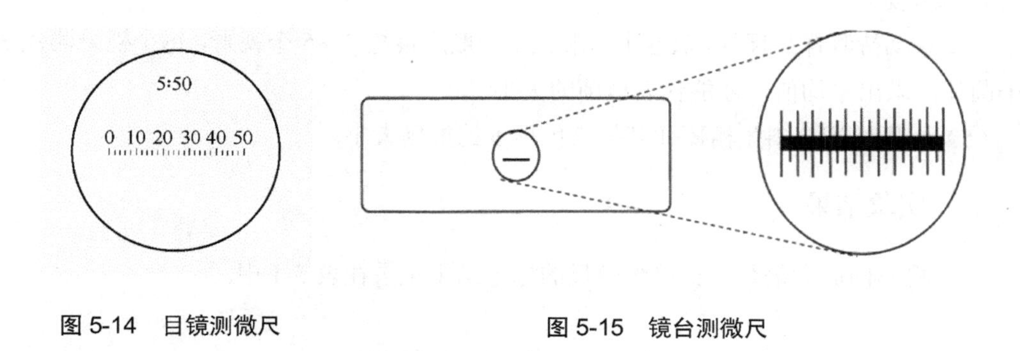

图 5-14　目镜测微尺

图 5-15　镜台测微尺

三、实验仪器和材料

（1）材料：酿酒酵母（*Saccharomyces cerevisiae*）斜面菌种、斜生栅藻（*Scenedesmus obliquus*）藻液、枯草杆菌（*Bacillus subtilis*）等染色标本片。

（2）器材：显微镜、目镜测微尺、镜台测微尺、盖玻片、载玻片、滴管、擦镜纸。

四、实验方法

1. 目镜测微尺的标定

把目镜的上透镜旋下，将目镜测微尺的刻度朝下轻轻地装入目镜的隔板上，把镜台测微尺置于载物台上，刻度朝上。先用低倍镜观察，对准焦距，视野中看清镜台测微尺的刻度后，转动目镜，使目镜测微尺与镜台测微尺的刻度平行，移动推动器，使两尺重叠，再使两尺的“0”刻度完全重合，定位后，仔细寻找两尺第二个完全重合的刻度，计数两重合刻度之间目镜测微尺的格数和镜台测微尺的格数。镜台测微尺的刻度每格长 10 μm，由下列公式可以算出目镜测微尺每格所代表的实际长度。

$$\text{目镜测微尺每格长度（μm）}=\frac{\text{两重合线间镜台测微尺的格数}\times 10}{\text{两重合线间目镜测微尺的格数}}$$

例如，目镜测微尺 5 小格正好与镜台测微尺 5 小格重叠，已知镜台测微尺每小格为 10 μm，则目镜测微尺上每小格长度为 5×10 μm/5=10 μm。

用此法分别校正高倍镜和油镜下目镜测微尺每小格所代表的长度。

2. 细胞大小的测定

（1）将酵母菌斜面制成一定浓度的菌悬液。

（2）取一滴酵母菌菌悬液制成水浸片。

（3）取下镜台测微尺，换上酵母菌水浸片，先在低倍镜下观察并找到目的物，然后转到高倍镜，调至视野清晰，用目镜测微尺测量酵母菌菌体的长和宽各占几格（不足一格的部分估计到小数点后一位数）。测出的格数乘以目镜测微尺每格的标定值，即等于该菌体的长和宽。

(4) 移动待测样品标片，转至其他视野。一般应镜检 3～5 个视野，每个视野测量 3～5 个菌体，求出平均值，才能代表该菌的大小。

(5) 用同法测定斜生栅藻和其他染色标本的细胞大小。

五、实验结果

(1) 将不同放大倍数下目镜测微尺的标定结果记录在表 5-1 中。

表 5-1　目镜测微尺校正结果

物镜倍数	重合线间目镜测微尺格数/个	重合线间物镜测微尺格数/个	目镜测微尺每格实际长度/μm
10×			
40×			
100×			

(2) 将不同待测样品的测量结果记录在表 5-2 中。

表 5-2　待测样品细胞大小测定结果

样品名称:				物镜倍数:		
编号	1	2	3	4	5	平均
长度或直径所占目镜测微尺格数/个						
菌体长度或直径/μm						
宽度所占目镜测微尺格数/个						
菌体宽度/μm						

实验四　微生物的显微镜直接计数法

一、实验目的

(1) 了解血球计数板的构造、计数原理和计数方法;

(2) 掌握使用显微镜直接测定微生物细胞数的方法。

二、实验原理

测定微生物细胞数量的方法很多，通常采用的有血球计数板和细菌计数板。细菌计数板适用于计数细菌等较小的微生物，血球计数板适用于计数酵母菌或霉菌孢子等菌体较大的微生物。细菌计数板和血球计数板的计数原理和结构基本相同，只是细菌计数板较薄（0.02 mm），可以使用油镜观察，而血球计数板较厚，不能使用油镜进行计数。

血球计数板是一块特制的厚型载玻片，载玻片上有 4 条槽所构成的 3 个平台。中间的平台较宽，被一短横槽分隔成两半，每个半边上面各有一个计数区（图 5-16），计数区的刻度有两种：一种是计数区分为 16 个大方格（大方格用三线隔开），而每个大方格又分成 25 个小方格；另一种是一个计数区分成 25 个大方格（大方格之间用双线分开），而每个大方格又分成 16 个小方格。无论计数区是哪一种构造，它们都由 400 个小方格组成（图 5-17）。

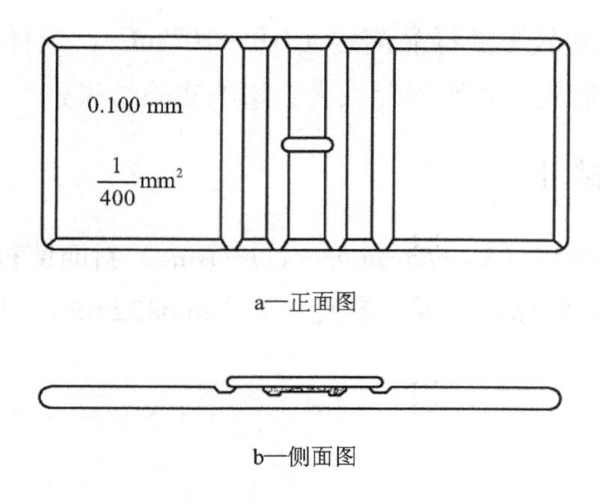

a—正面图

b—侧面图

图 5-16　血球计数板的构造示意图

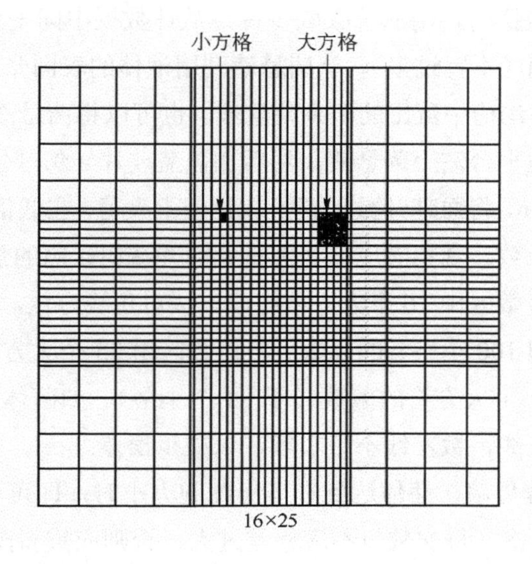

图 5-17　血球计数板的计数区结构示意图

计数区的长和宽均为 1 mm，计数区的面积为 1 mm^2，每个小方格的面积为 1/400 mm^2。盖上盖玻片后，计数区的高度为 0.1 mm，所以计数区的体积为 0.1 mm^3，每个小方格的体积为 1/4 000 mm^3。使用血球计数板计数时，首先要测定每个小方格中微生物的数量，再换算成每 mL 菌液（或每 g 样品）中微生物细胞的数量。

已知：1 mL 体积=10 mm×10 mm×10 mm=1 000 mm^3

所以：1 mL 体积应含有小方格数为 1 000 mm^3/（1/4 000 mm^3）=4×10^6 个小方格，即系数 $K=4\times10^6$。

因此：1 mL 菌悬液中含有细胞数=每个小格中细胞平均数（N）×系数（K）×菌液稀释倍数（d）。

此方法适用于细胞数较多的样品测定（10^5～10^6/mL），当样品中微生物细胞浓度较低时，须采用其他方法测定，否则误差太大会影响实验结果。

三、实验仪器和材料

（1）活材料：酿酒酵母（*Saccharomyces cerevisiae*）斜面菌种或培养液。

（2）器材：显微镜、血球计数板、盖玻片（22 mm×22 mm）、吸水纸、计数器、滴管、擦镜纸。

四、实验方法

（1）根据待测菌悬液浓度，加无菌水适量稀释，以每小格的菌数可数清楚为宜。

（2）取洁净的血球计数板一块，在计数区上盖上一块盖玻片。

（3）将酵母菌悬液摇匀，用滴管吸取少许，从计数板中间平台两侧的沟槽内沿盖玻片的下边缘滴入一小滴（不宜过多），让菌悬液利用液体的表面张力充满计数区，勿产生气泡，并用吸水纸吸去沟槽中流出的多余菌悬液。也可以将菌悬液直接滴加在计数区上，注意不要使计数区两边平台沾上菌悬液，然后加盖盖玻片（勿产生气泡）。

（4）静置 5～10 min，将血球计数板置于载物台上夹稳，在低倍镜下观察到计数区后，再转换高倍镜观察并计数。观察时应适当关小光圈并减弱光照的强度。

（5）计数时，若计数区由 16 个大方格组成，按对角线方位，数左上、左下、右上、右下的 4 个大方格（即 100 小格）的菌数。若计数区由 25 个大方格组成，除上述 4 个大方格外，还需数中央 1 个大方格的菌数（即 80 个小格）。如菌体位于大方格的双线上，计数时则数上线不数下线，数左线不数右线，以减少误差。

（6）对于出芽的酵母菌，芽体达到一半母细胞大小时，即可作为两个菌体计算。每个样品重复计数 2～3 次（每次数值不应相差过大，否则应重新操作），求出每一个小格中细胞平均数（N），按公式计算出每 mL（g）菌悬液所含酵母菌细胞数量。

（7）测数完毕，取下盖玻片，用水将血球计数板冲洗干净，切勿用硬物洗刷或抹擦，以免损坏网格刻度。洗净后自行晾干或用吹风机吹干，放入盒内保存。

五、实验结果

将实验结果填入表 5-3 中。

表 5-3 实验结果记录

记数次数	每个大方格菌数/个					稀释倍数	菌悬液的总菌数/个	平均值
	1	2	3	4	5			
第一次								
第二次								

六、思考与讨论

（1）用血球计数板计数时，为何要求样品浓度在 10^5～10^6/mL 以上？

（2）分析本实验结果的误差来源与相应的改进措施。

实验五 细菌的简单染色和革兰氏染色

一、实验目的

学习微生物的染色原理、染色的基本操作技术，掌握微生物的一般染色法和革兰氏染色法。

二、实验原理

微生物（尤其是细菌）的机体是无色透明的，在显微镜下微生物体与其背景反差小，不易看清微生物的形态和结构，若增加其反差，微生物的形态就可看得清楚。通常用染料将菌体染上颜色以增加反差，便于观察。

微生物细胞是由蛋白质、核酸等两性电解质及其他化合物组成，所以微生物细胞表现出两性电解质的性质。细菌等电点 pH 在 2～5，在中性（pH 等于 7）、碱性（pH 大于 7）或偏酸性（pH 为 6～7）的溶液中，细菌的等电点均低于上述溶液的 pH，所以细菌带负电荷，容易与带正电荷的碱性染料结合，故用碱性染料染色为多。碱性染料有美蓝、甲基紫、结晶紫、龙胆紫、碱性品红、中性红、孔雀绿和番红等。

革兰氏染色法是细菌学中很重要的一种鉴别染色法。它可将细菌区别为革兰氏阳性菌和革兰氏阴性菌两大类。

革兰氏染色的机理：细菌细胞经草酸铵结晶紫初染及碘液媒染后，在细胞壁及细胞膜上结合了不溶于水的结晶紫–碘大分子复合物。革兰氏阳性菌的细胞壁较厚，肽聚糖含量较高，分子交联度紧密，故酒精脱色时，肽聚糖网孔会因脱水而收缩，将结晶紫–碘的复合物阻留在细胞臂上而使细胞呈蓝色，复染亦不上色。革兰氏阴性菌的细胞壁较薄，肽聚糖含量低且结构松散，与酒精反应后肽聚糖不易收缩，同时其脂类含量多且位于外层，酒精易将细胞壁溶出较大的空洞或缝隙，结晶紫–碘的复合物易被溶出细胞壁，脱去初染颜色，从而被番红复染液染成红色。

三、实验仪器和材料

（1）显微镜、接种环、载玻片、酒精灯、擦镜纸、吸水纸。

（2）草酸铵结晶紫染色液、碘液、95%酒精、番红复染液。

（3）菌种：大肠杆菌、苏云金杆菌。

四、实验内容和步骤

1. 细菌的单染色

标片的制作应执行无菌操作，接种环取菌前后都应进行灭菌，灭菌操作如图 5-18 所示。标片的制作及细菌染色操作过程如图 5-19 所示。

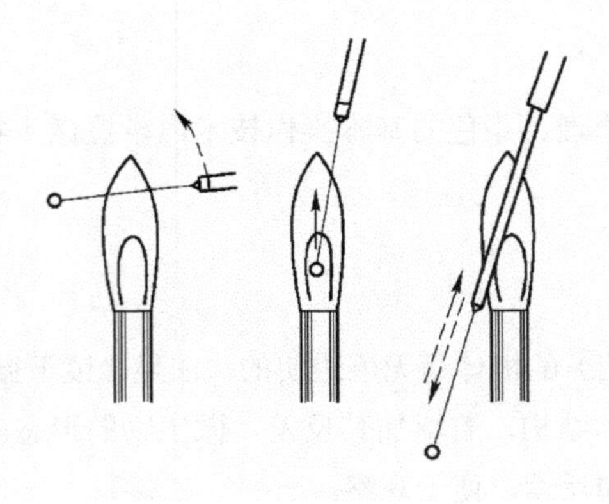

图 5-18　接种环的灭菌

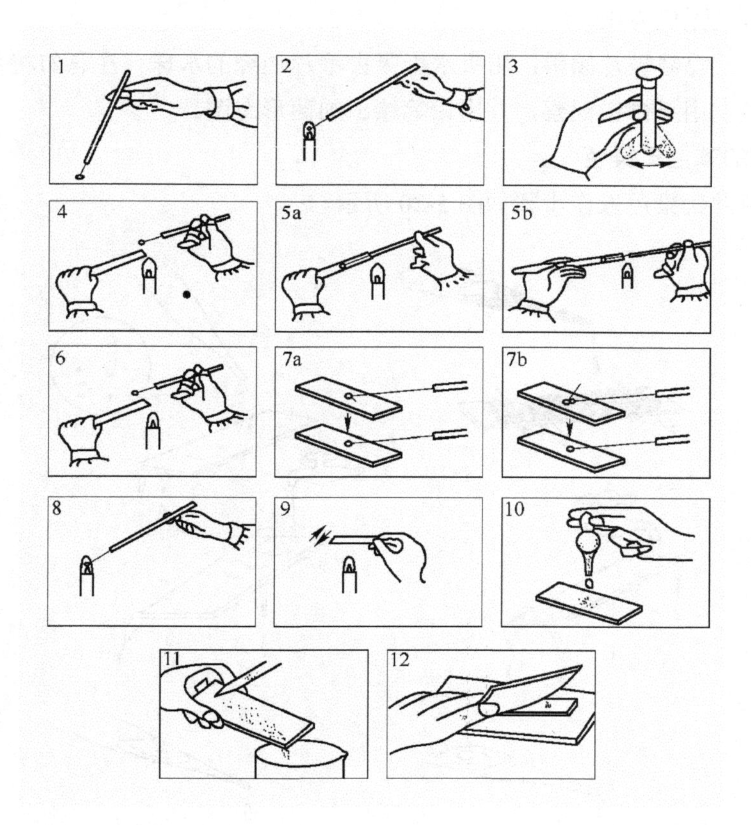

1—取接种环；2—灼烧接种环；3—摇匀菌液；4—灼烧管口；5a—从菌液取菌（或如 5b 从斜面中取菌）；6—取菌毕，再灼烧管口，塞上棉塞；7a—把菌液直接涂片；7b—从斜面取菌，先在载玻片上加一小滴水，然后从斜面菌种中取菌涂片；8—烧去接种环上的残菌；9—固定；10—染色；11—水洗；12—吸干。

图 5-19　细菌染色标本制作及染色过程

（1）涂片。取干净的载玻片于实验台上，在背面边角做个记号，按无菌操作的方法取一小滴菌液于载玻片中央（如菌种在固体培养基上，则滴 1 滴无菌蒸馏水于载玻片的中央，从斜面挑取少量菌种与载玻片上的水滴充分混匀），在载玻片上涂布成一个均匀的薄层，涂布面积不宜过大。

（2）干燥。最好在空气中自然晾干，为了加速干燥，可在微小火焰上方烘干，但不宜在高温下长时间烤干，否则急速失水会使菌体变形。

（3）固定。将已干燥的涂片正面向上，在微小的火焰上通过 2～3 次（以载玻片与手接触感到稍微烫手为度）。由于加热使蛋白质凝固，菌体固着在载玻片上不易脱落，同时固定也可使标本更容易着色。

（4）染色。在载玻片上滴加染色液（草酸铵结晶紫染色液），使染液铺盖所有涂有细菌的部位作用约 1 min。

（5）水洗。倾去染液，斜置载玻片，用洗瓶以小股水流冲洗（避免直接冲在涂面上），直至流下的水呈无色为止。

（6）吸干。将载玻片倾斜，用吸水纸吸去涂片边缘的水珠（注意勿将细菌擦掉）。

（7）镜检。用显微镜观察，并用铅笔绘出细菌形态图。

2. 细菌的革兰氏染色

细菌的革兰氏染色操作步骤如图 5-20 所示。

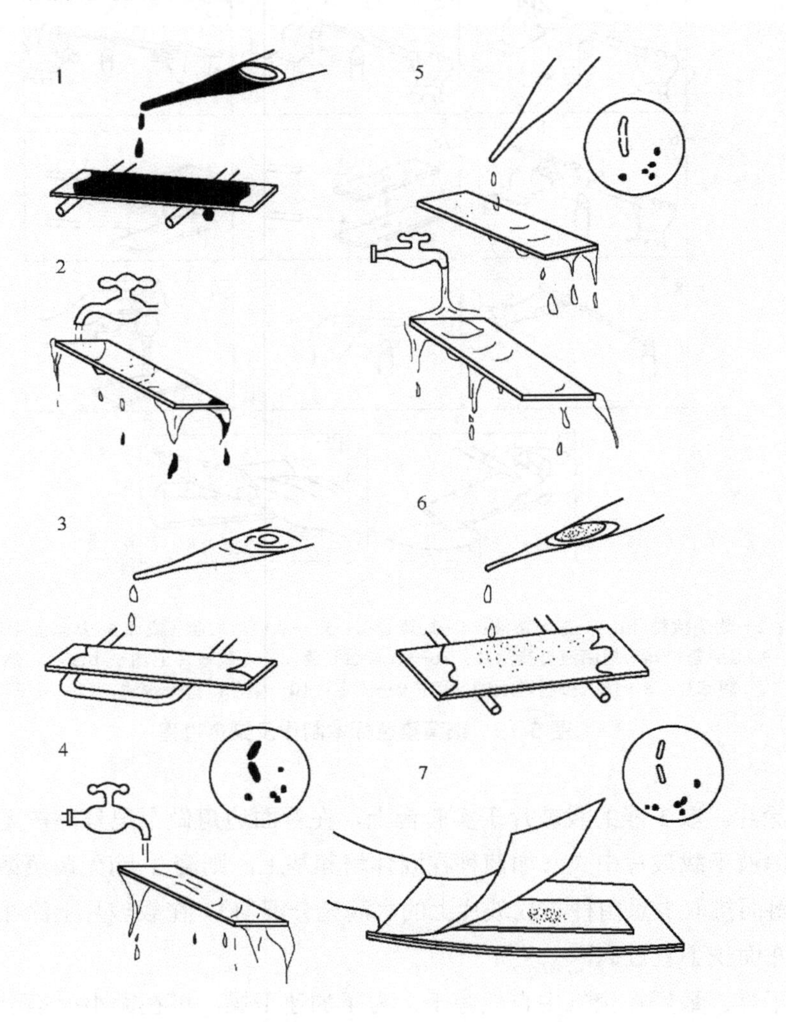

1—加结晶紫；2—水冲；3—加碘液；4—水冲；5—加乙醇退色；6—加沙黄复染液；7—水洗、吸干。

图 5-20 革兰氏染色步骤

（1）取两种菌种（均无菌操作）分别进行涂片、干燥、固定。方法均与简单染色相同。

（2）用草酸铵结晶紫染液染 1 min，水洗。

（3）加碘液媒染 1 min，水洗。

（4）斜置载玻片于一烧杯之上，滴加 95%酒精脱色，至流出的液体不呈紫色即可，随即水洗。（注：为了节约酒精，可将95%酒精滴在涂片上静置 30～45 s，水洗。）

（5）用番红复染液复染 1 min，水洗。

（6）用吸水纸吸掉水滴，置标本片于显微镜下，先用低倍镜观察，发现目的物后用高倍镜观察，注意细菌细胞的颜色。绘出细菌的形态图并说明革兰氏染色的结果。

染色关键：染色过程中必须严格掌握酒精脱色程度，如果褪色过度，阳性菌被误染为阴性菌，造成假阴性；若脱色不够，阴性菌被误染为阳性菌，造成假阳性。

五、实验结果记录

将实验结果填入表 5-4 中。

表 5-4　革兰氏染色结果记录

菌种名称	形态图绘制	革兰氏染色后颜色	革兰氏阴性或阳性	备注

六、思考与讨论

（1）微生物的染色原理是什么？

（2）革兰氏染色法中若只做（1）～（4）的步骤而不用番红染液复染，能否分辨出革兰氏染色结果？为什么？

（3）微生物经固定后是死的还是活的？

（4）你认为革兰氏染色在微生物学中有何实践意义？

实验六　培养基的制备与灭菌

一、实验目的

本次实验旨在为后面的实验做准备，实验内容包括玻璃器皿的洗涤与包装，培养基的制备与灭菌技术等，主要实验要求如下：

（1）熟悉玻璃器皿的洗涤包装和灭菌前的准备工作。

（2）掌握培养基和无菌水的制备方法。

（3）掌握高压蒸汽灭菌技术。

二、实验原理

（一）培养基

培养基（medium）是用人工的办法将多种营养物质按微生物生长代谢的需要配制成的一种营养基质。由于微生物种类繁多，对营养物质的要求各异，加之实验和研究的目的不同，所以培养基在组成成分上也存在差异。但是，不同种类或不同组成的培养基中，均应含有满足微生物生长发育且比例合适的水分、碳源、氮源、无机盐、生长因子以及某些特需的微量元素等。配制培养基时不仅需要考虑满足这些营养成分的需求，而且应该注意各营养成分之间的协调。此外，培养基还应具有适宜的酸碱度（pH）、缓冲能力、氧化还原电位和渗透压等。

1. 培养基营养物质的来源及功能

（1）水。水是微生物生存的基本条件。除休眠体（如芽孢、孢子和孢囊等）外，微生物细胞的含水量一般为70%～90%。水与微生物细胞正常胶体状态的维持、养料的吸收、代谢废物的排泄以及细胞内的全部代谢生理活动息息相关。因此，水是微生物生命活动不可缺少的条件。一般情况下，配制培养基时可直接取用自来水。天然水中含有的微量杂质不仅对微生物无害，还可作为营养物质被微生物吸收利用。但在测定微生物某些生理特性、合成产物数量以及其他要求精确性高的实验时，则必须采用蒸馏水甚至超纯水，以保证结果的准确性。

（2）碳源。碳源是组成微生物细胞的主要元素，但不同微生物所能利用的碳素养料的范围和最适种类是不同的。化能有机营养型微生物以有机碳化合物作为必需的碳源和生命活动的能源。在实验室条件下，制备培养基最常用的碳源为葡萄糖，可为许多微生物利用。其他糖类如蔗糖、麦芽糖、甘露醇、淀粉、纤维素，脂肪、有机酸、醇类、烃等都可作为培养不同微生物时选择使用的碳源。蛋白质、氨基酸既是氮素养料，同时也是碳素养料。米粉、玉米粉、麦麸和米糠等常用作微生物固体发酵的碳源。自养型的微生物以 CO_2 作为碳素营养在细胞内合成有机物质，故不需要向它们提供现成的有机碳化合物作为碳素营养。

（3）氮源。氮素是组成细胞蛋白质的主要成分，也是构成所有微生物细胞的基本物质。绝大多数微生物都需要化合态氮作为氮素养料，因而常用于培养基的氮源分为无机氮和有机氮两类。无机氮有铵盐、硝酸盐等。大多数真菌利用铵盐及硝酸盐，许多细菌能利用铵盐，但不能利用硝酸盐。有机氮有蛋白胨、牛肉膏或牛肉浸汁、多肽及各种氨基酸等。此外，豆芽汁、酵母膏等也是常用的有机氮源。一些含蛋白质较多的农副产品如豆饼粉、花生饼粉、棉籽饼等常可作为培养放线菌的氮源。鱼粉、蚕蛹等也可作为培养某些微生物的氮素养料。

（4）矿质营养。微生物需要的矿质养料可分为主要元素和微量元素两大类。主要元素包括磷、钾、钙、镁、硫、钠六种，它们分别参与细胞结构物质的组成、能量转移、物质代谢以及调节细胞原生质的胶体状态和细胞透性等。培养基中添加这些营养一般采用含有这些元素的盐类即可，如磷酸氢二钾、硫酸镁、氯化钙、硫酸亚铁、氯化钠等。微生物需要的微量元素主要有铁、硼、锰、铜、锌和钼等，它们多是辅酶和辅基的成分或酶的激活剂。微生物对微量元素的需要量很少。在培养某些具有特殊生理需求的微生物时，需要在培养基中另行加入某些微量元素。

（5）生长因子。生长因子是微生物需要量很少却能促进微生物生长的有机化合物的统称。微生物生长所需的生长因子大部分是维生素物质。常见的种类主要是硫胺素、核黄素、烟酰胺、泛酸和叶酸等。它们是许多酶的组成部分，具有维持生物代谢的功能。在制备培养基时，除合成培养基应考虑加入某些特定维生素外，天然培养基中一般不必加入维生素。

2. 培养基的种类

（1）按照配制培养基的营养物质来源，可将培养基分为天然培养基、合成培养基和半合成培养基三类。使用培养基时，应根据不同的微生物种类和实验目的，选择需要的培养基。

天然培养基（complex medium；nonsynthetic medium）是指一些利用动植物或微生物产品或其提取物制成的培养基。培养基的主要成分是复杂的天然物质，如马铃薯、豆芽、麦芽、牛肉膏、蛋白胨、鸡蛋、酵母膏、血清等。一般难以确切知道其中的营养成分。这类培养基的优点是营养丰富、种类多样、配制方便；缺点是化学成分不甚清楚。因此，天然培养基多适合于配制实验室用的各种基础培养基及生产中用的种子培养基或发酵培养基。

合成培养基（defined medium；synthetic medium）是一类采用多种化学试剂配制的、各种成分（包括微量元素）及其用量都确切知道的培养基。合成培养基一般用于营养、代谢、生理、生化、遗传、育种、菌种鉴定和生物测定等要求较高的研究工作。

半合成培养基（semidefined medium）是既含有天然物质，又含有纯化学试剂的培养基。这类培养基的特点是其中的一部分化学成分和用量是清楚的，而另一部分的成分不甚清楚。例如，培养真菌用的马铃薯蔗糖培养基，其中蔗糖及其用量是已知的，而马铃薯的成分则不完全清楚。在微生物学研究中，半合成培养基是应用最广泛的一类培养基。

（2）按培养基外观的物理状态可将培养基分成三类，即液体培养基、固体培养基和半固体培养基。

①液体培养基（liquid medium）是指呈液体状态的培养基。在实验室中，多用液体培养基培养微生物以观察其生长特性，如好氧或兼性厌氧微生物，常使液体培养基变得

浑浊或产生沉淀、絮凝等。液体培养基还用于研究微生物的某些生理生化特性。如糖类发酵、V. P 反应、吲哚产生、硝酸盐还原等。此外，进行土壤微生物区系分析时，也常应用液体培养基进行稀释培养计数以反映各生理类群的数量关系。

②固体培养基（solid medium）是指外观呈固体状态的培养基。根据固体的性质又可分为凝固培养基（solidified medium）和天然固体培养基。如在液体培养基中加入1%～2%琼脂或5%～12%明胶作凝固剂，就可以制成加热可熔化、冷却后则凝固的固体培养基，即凝固培养基。微生物培养常用的凝固剂有琼脂（agar或称冻粉，洋菜）、明胶、硅酸钠等，其中琼脂是应用最广的凝固剂。琼脂是由海洋红藻中的石花菜、须状石花菜等加工制成，其成分主要为多糖类物质，化学性质较稳定，一般微生物不能分解利用。琼脂制成的固体培养基理化性质稳定，且在一般微生物的培养温度范围内（25～37℃）不会熔化而保持良好的固体状态。此外，琼脂溶于水冷凝后，形成透明的胶冻，在用琼脂制成的固体培养基上培养微生物，便于观察和识别微生物菌落的形态。微生物实验中，琼脂培养基正广泛应用于微生物的分离、纯化、培养、保存、鉴定等工作。实验室中，琼脂的使用量一般可控制在1.5%～2.0%。

此外，明胶也可作凝固剂，但其化学成分是动物蛋白质，一般在25℃以上即熔化，20℃以下凝固，因而难以作为常用的凝固剂。由于有的微生物能够分解利用明胶而使之液化，所以用明胶制成的固体培养基多用于穿刺培养，用以观察不同微生物使明胶液化的能力。

③半固体培养基（semisolid medium）是在凝固性固体培养基中，如凝固剂含量低于正常量，培养基呈现出在容器倒放时不致流动、但在剧烈振荡后则能破散的状态，这种固体培基即称半固体培养基，一般加0.5%的琼脂作凝固剂。半固体培养基在微生物学实验中有许多独特的用途，如细菌运动性的观察（在半固体琼脂柱中央进行细菌的穿刺接种，观察细菌的运动能力），噬菌体效价测定（双层平板法），微生物趋化性的研究，各种厌氧菌的培养以及菌种保藏等。

（3）按照培养基的功能和用途，可将其分为基础培养基、加富培养基、选择培养基、鉴别培养基等。

①基础培养基（basic medium）是指代谢类型相似的微生物所需要的营养物质比较接近的培养基。例如牛肉膏蛋白胨琼脂培养基，其中含有多数有机营养型细菌所需的营养成分，是适用于培养细菌的基础培养基。同样，马铃薯葡萄糖琼脂培养基、麦芽汁琼脂培养基，可作为酵母和霉菌的基础培养基。

②加富培养基（enriched medium）也称增殖培养基。此类培养基是在培养基中加入有利于某种或某类微生物生长繁殖所需的营养物质，使这类微生物增殖速度快于其他微生物，从而使这类微生物能在混有多种微生物的培养条件下占有生长优势。培养基中加富营养物质通常是被加富对象专门需求的碳源和氮源。例如加富石油分解菌时用石蜡油，加富固氮菌时加甘露醇。自然界中数量较少的微生物，经过有意识地加富培养后再进行

分离，就增加了分离到这种微生物的概率。

③选择培养基（selected medium）是在一定的培养基中加入某些物质或除去某些营养物质以阻抑其他微生物的生长，从而有利于某一类群或某一目标微生物的生长。有时也可在培养基中加入某些药剂（如染料、有机酸、抗生素等）以抑制某些微生物的生长而形成有利于特定微生物种类优先生长的条件。用于抑制其他种微生物的选择性抑制剂有染料（如结晶紫等）、抗生素和脱氧胆酸钠等；有利于选择培养的理化因素有温度、氧气、pH 或渗透压等。

④鉴别培养基（identification medium）主要用来检查微生物的某些代谢特性。一般是在基础培养基中加入能与某一微生物的无色代谢产物发生显色反应的指示剂，从而使该种菌落与外形相似的其他种菌落区分开来。常见的鉴别培养基是伊红美蓝乳糖培养基，即 EMB（eosin methylene blue）培养基。它在饮用水、牛乳的大肠杆菌等细菌学检验以及遗传学研究上有着重要的用途。此外，测定微生物其他生理生化特性用的培养基，也是应用类似的原理。例如，醋酸铅培养基可用于鉴别细菌是否产生硫化氢；明胶培养基可用来观察细菌是否有液化明胶的能力等。

3. 培养基的配制方法

配制培养基的流程如下：

原料称量→溶解→（加琼脂熔化）→调节 pH→分装→塞棉塞和包扎→灭菌。

（1）原料称量、溶解。根据培养基配方，准确称取各种原料成分，在容器中加一半所需水量，然后依次将各种原料加入水中，用玻棒搅拌使之溶解。某些不易溶解的原料如蛋白胨、牛肉膏等可事先在小容器中加少许水，加热溶解后再倒入容器中。有些原料需用量很少，不易称量，可先配成高浓度的溶液按比例换算后取一定体积的溶液加入容器中。待原料全部放入容器后，加热使其充分溶解，并补足需要的全部水分，即成液体培养基。

配制固体培养基时，将称好的琼脂粉倒入液体培养基中，加热至琼脂完全熔化。在加热过程中应注意不断搅拌，以防琼脂沉淀在容器底部烧焦，并控制火力，以免培养基因暴沸而溢出容器。待琼脂完全熔化后，再用热水补足因蒸发而损失的水分。

（2）调节 pH。液体培养基配好后，一般要调节至所需的 pH。常用盐酸及氢氧化钠溶液进行调节。调节培养基酸碱度最简单的方法是用精密 pH 试纸进行测定。用玻棒蘸少许培养基，点在试纸上进行对比。如 pH 偏酸，则加 30 g/L 氢氧化钠溶液，偏碱则加 30 g/L 盐酸溶液，经反复几次调节至所需 pH。用酸度计可准确地调节培养基 pH。

固体培养基酸碱度的调节，与液体培养基相同，一般在加入琼脂后进行。调节 pH 时，应注意将培养基温度保持在 80℃以上，以防因琼脂凝固影响调节操作。

（3）分装。培养基配好后，要根据不同的目的，分装到各种不同的容器中，分装量应视具体情况而定，做到适量、实用。培养基分装量一般以不超过锥形瓶总容量的

3/5 为宜。用于制作斜面培养基的分装量，一般不超过试管高度的 1/5。分装量过多、过少或容器使用不当，都会影响随后的工作。培养基是多种营养物质的混合液，大都具有黏性，在分装过程中，应注意避免培养基沾污管口和瓶口，以免污染棉塞，造成杂菌生长。

分装培养基，通常使用大漏斗进行小容量分装。分装装置的下口连有一段橡皮软管，橡皮管下面再连一小段末端开口处略细的玻璃管。在橡皮管上夹一个弹簧夹。分装时，将玻璃管插入试管内。不要触及管壁，松开弹簧夹，注入定量培养基，然后夹紧弹簧夹，止住液体，再抽出试管，依然不要触及管壁或管口（图 5-21）。

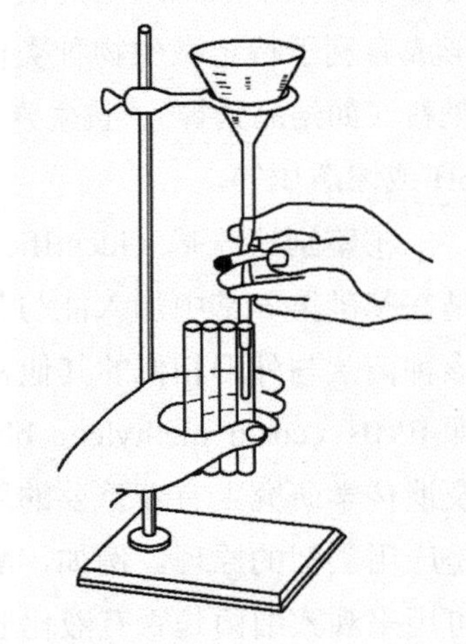

图 5-21 培养基分装装置

（4）塞棉塞和包扎。培养基分装到各种规格的容器（试管、三角瓶、克氏瓶等）后，应按管口或瓶口的不同大小分别塞上大小适度、松紧适合的棉塞。

棉塞的做法如图 5-22 所示。此外，现配现用的培养基和试管无菌水，还可使用硅胶橡胶塞或聚丙烯塑料试管帽。棉塞的作用主要在于阻止外界微生物进入培养基内，防止因此可能导致的污染，同时还可保证良好的通气性能，使微生物能不断地获得无菌空气。塞棉塞后，试管培养基可若干支扎成一捆或排放在铁丝筐内。由于棉塞外面容易附着灰尘及杂菌，且灭菌时容易凝结水气，因此，在灭菌前和存放过程中，应用牛皮纸或旧报纸将管口、瓶口或试管筐包起来。

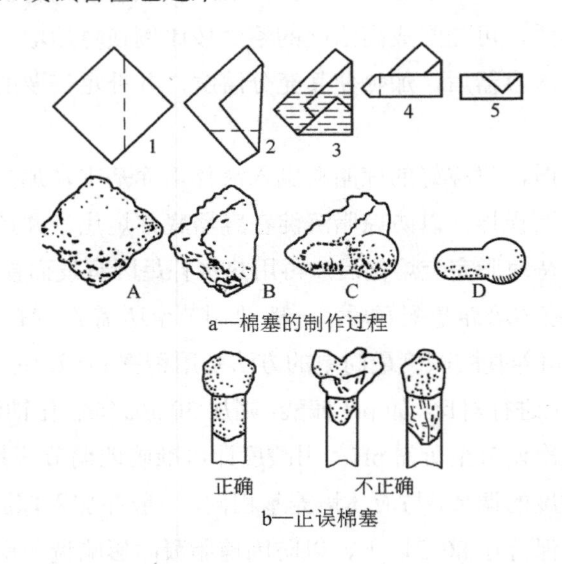

图 5-22 棉塞的做法

培养基制备完毕后应立即进行高压蒸汽灭菌。如延误时间，会因杂菌繁殖生长，导致培养基变质而不能使用。若确实不能立即灭菌，可将培养基暂放于4℃冰箱或冰柜中，但时间不宜过久。

灭菌后，需做斜面的试管，应趁热及时摆放斜面（图5-23）。斜面的斜度要适当，使斜面的长度不超过试管长度的1/2。摆放时避免使培养基沾污棉塞，冷凝过程中勿再移动试管。待斜面完全凝固后，再进行收存。灭菌后的培养基，最好置于28℃环境中保温检查，如发现有杂菌生长，应及时再次灭菌，以保证使用前的培养基处于绝对无菌状态。

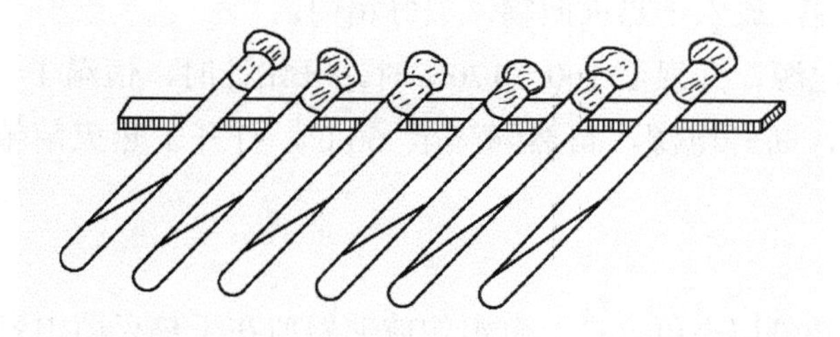

图5-23　斜面摆放法示意图

培养基一次不宜配制过多，最好是现配现用。因工作需要或一时用不掉的培养基应放在低温、干燥、避光且洁净的地方保存。试管斜面培养基，因灭菌时棉塞受潮，容易引起棉塞和培养基污染。因此，新配制的琼脂斜面最好在恒温室放置一段时间，等棉塞上的冷凝水蒸发后再贮存备用。装于三角瓶或其他容器的培养基，灭菌前最好用牛皮纸包扎瓶口，以防灰尘落于棉塞或瓶口而引起污染。贮放过程中，不要取下包头纸，以减少水分蒸发。

（二）灭菌和消毒技术

灭菌（sterilization）是采用强烈的理化因素使任何物体内外所有的微生物永远丧失其生长繁殖能力的措施。消毒（disinfection）则是用较温和的物理或化学方法杀死物体上绝大多数微生物（主要是病原微生物和有害微生物的营养细胞），实际上是部分灭菌。

实验室最常用的灭菌方法是利用高温处理达到杀菌效果。高温的致死作用，主要是使微生物的蛋白质和核酸等重要生物大分子发生变性。高温灭菌分为干热灭菌和湿热灭菌两大类。湿热灭菌的效果比干热灭菌好。这是因为湿热条件下热量易于传递，更容易破坏保持蛋白质稳定性的氢键等结构，从而加速其变性。此外，过滤除菌、射线灭菌和消毒、化学药物灭菌和消毒等也是微生物学操作中不可缺少的常用方法。

1. 干热灭菌

用干燥热空气杀死微生物的方法称为干热灭菌。微生物接种工具如接种环、接种针或其他金属用具等，可直接在酒精灯火焰上灼烧进行灭菌，这种方法灭菌迅速彻底。此外，接种过程中，试管或三角瓶口等也可通过火焰灼烧灭菌。玻璃器皿（如吸管、培养皿等）、金属用具等不适于用其他方法灭菌而又能耐高温的物品都可用干热法灭菌。通常将灭菌物品置于鼓风干燥箱内，在 160～170℃加热 1～2 h。灭菌时间可根据灭菌物品性质与体积做适当调整，以达到灭菌目的。但是，培养基、橡胶制品、塑料制品等不能干热灭菌。

（1）干热灭菌操作步骤

①装箱。将准备灭菌的玻璃器材洗涤干净、晾干，用锡箔纸包裹好或放入灭菌专用的铁盒（或铝盒）内，放入干热灭菌箱，关好箱门。

②灭菌。接通电源，升温至 160～170℃时，开始计时，恒温 1～2 h。

③灭菌结束后，断开电源，自然降温至 60℃，打开干热灭菌箱门，取出物品放置备用。

（2）注意事项

①灭菌的玻璃器皿切不可有水。有水的玻璃器皿在干热灭菌中容易炸裂。

②灭菌物品不能堆得太满、太紧，以免影响温度均匀上升。

③灭菌物品不能直接放在电烘箱底板上，以防止包装纸或棉花被烤焦。

④灭菌温度恒定在 160～170℃为宜。温度超过 180℃，棉花、报纸会烧焦甚至燃烧。

⑤降温时，需待温度自然降至 60℃以下才能打开箱门取出物品，以免因温度过高而骤然降温导致玻璃器皿炸裂。

2. 湿热灭菌

湿热灭菌是利用热蒸汽灭菌的一种方法。在相同温度下，湿热的效力比干热灭菌好的原因是：①热蒸汽对细胞成分的破坏作用更强。水分子的存在有助于破坏维持蛋白质三维结构的氢键和其他相互作用弱键，更易使蛋白质变性。蛋白质含水量与其凝固温度成反比，微生物蛋白质含水量越高，越易凝固；如当蛋白质含水量达到 5%时，凝固温度仅为 56℃；②热蒸汽比热空气穿透力强，能更加有效地杀灭微生物；③蒸汽存在潜热，当气体转变为液体时可放出大量热量，故可迅速提高灭菌物体的温度。

多数细菌和真菌的营养细胞在 60℃左右处理 15 min 后即可杀死，酵母菌和真菌的孢子要耐热些，要用 80℃以上的温度处理才能杀死，而细菌的芽孢更耐热，一般要在 120℃下处理 15 min 才能杀死。湿热灭菌常用的方法有常压蒸汽灭菌和高压蒸汽灭菌。

（1）常压蒸汽灭菌

常压蒸汽灭菌是湿热灭菌的方法之一，在不能密闭的容器里产生蒸汽进行灭菌。在不具备高压蒸汽灭菌的情况下，常压蒸汽灭菌是一种常用的灭菌方法。此外，不宜用高压蒸煮的物质如糖液、牛奶、明胶等，可采用常压蒸汽灭菌。这种灭菌方法所用的灭菌器有阿诺氏灭菌器或特制的蒸锅，也可用普通的蒸笼。由于常压蒸汽的温度不超过 100℃，压力为常压，大多数微生物的营养细胞能被杀死，但芽孢细菌却不能在短时间内死亡，因此必须采取间歇灭菌或持续灭菌的方法，以杀死芽孢细菌，达到完全灭菌的目的。

1）巴氏消毒法

巴氏消毒法是用于牛奶、啤酒、果酒和酱油等不能进行高温灭菌的液体的一种消毒方法，其主要目的是杀死其中的无芽孢病原菌（如牛奶中的结核分枝杆菌或沙门氏菌），而又不影响其特有风味。巴氏消毒法是一种低温消毒法，具体的处理温度和时间各有不同，一般在60～85℃下处理15～30 min。具体的方法可分为两类：一类是较老式的，称为低温维持法，例如在63℃下保持30 min可进行牛奶消毒；另一类是较新式的，称为高温快速法，用于牛奶消毒时只要在85℃下保持5 min即可。但是巴氏消毒法不能杀灭引起Q热的病原体——伯氏考克斯氏体（一种立克次氏体）。

2）间歇灭菌法

间歇灭菌法又称分段灭菌法，适用于不耐热培养基的灭菌。方法是将待灭菌的培养基在100℃下蒸煮30～60 min，以杀死其中所有微生物的营养细胞，然后置于室温或20～30℃下保温过夜，诱导残留的芽孢萌发，第二天再以相同方法蒸煮和保温过夜，如此连续重复3天，即可在较低温度下达到彻底灭菌的效果。例如，培养硫细菌的含硫培养基就应用间歇灭菌法灭菌，因为其中的元素硫经常规的高压灭菌（121℃）后会发生熔化，而在100℃的温度下则呈结晶状。

3）蒸汽持续灭菌法

微生物制品的土法生产或食用菌菌种制备时常用这种方法。在容量较大的蒸锅中进行。从蒸汽大量产生开始，继续加大火力保持充足蒸汽，待锅内温度达到100℃时，持续加热3～6 h，杀死绝大部分芽孢和全部营养体，达到灭菌目的。

以上三种方法通常是在无高压蒸汽灭菌条件的地方使用。

4）灭菌过程中的注意事项

①使用间歇法或持续法灭菌时必须在灭菌物里外都达到100℃后，开始计算灭菌时间，此时锅顶上应有大量蒸汽冒出。

②为利于蒸汽穿透灭菌物，锅内或蒸笼上堆放物品不宜过满过挤，应留有空隙。固体曲料大量灭菌时，每袋以1.5～2.0 kg为宜，料袋在锅内用篦子分层隔开，不能堆压在一起。

③蒸锅里应先把水加足，一次持续灭菌时，如锅内盛水量不能维持到底，应在蒸锅侧面安装加水口，以便在蒸煮过程中添水。添水应用开水，以防骤然降温。

④间歇法灭菌时应在每次加热后，迅速降温，然后在室温放置24 h，再进行第二次加热。如果降温慢，会使未杀死的杂菌大量滋长，反而导致灭菌物变质，特别是固体曲料包装过大时，靠近中心部分更易发生这种情况。

⑤从使用效果看，分装试管、三角瓶或其他容器的培养基，因其体积小、透热快，

用间歇法为佳。固体曲料，因其包装较大、透热慢，用间歇法容易滋生杂菌变质或者水分蒸发过多，曲料变得不新鲜，影响培养效果，因此使用一次持续灭菌法较好。

（2）高压蒸汽灭菌

高压蒸汽灭菌法是微生物学研究和教学中应用最广、效果最好的湿热灭菌方法。

1）灭菌原理

高压蒸汽灭菌是在密闭的高压蒸汽灭菌器（锅）中进行的。其原理是将待灭菌的物体放置在盛有适量水的高压蒸汽灭菌锅内，把锅内的水加热煮沸，把其中原有的冷空气彻底驱尽后将锅密闭。再继续加热就会使锅内的蒸汽压逐渐上升，从而温度也随之上升到 100℃以上。为达到良好的灭菌效果，一般要求温度应达到 121℃（压力为 0.1 MPa），时间维持 15～30 min。也可采用在较低的温度（115℃，即 0.075 MPa）下维持 35 min 的方法。此法适合于一切微生物学实验室、医疗保健机构或发酵工厂中培养基及多种器材、物品的灭菌。蒸汽压力与温度的关系如表 5-5 所示。

表 5-5 蒸汽压力与温度的关系

蒸汽压力（表压）		蒸汽温度	
kg/cm^2	MPa	℃	℉
0.00	0.00	100	212
0.25	0.025	107.0	224
0.50	0.050	112.0	234
0.75	0.075	115.5	240
1.00	0.100	121.0	250
1.50	0.150	128.0	262
2.00	0.200	134.5	274

在使用高压蒸汽灭菌器进行灭菌时，蒸汽灭菌器内冷空气是否完全排出极为重要。因为空气的膨胀压大于水蒸气的膨胀压，当水蒸气中含有空气时，压力表显示的压力是水蒸气压力和部分空气压力的总和，不是水蒸气的实际压力，实际温度与高压灭菌锅内的温度是不一致的。在同一压力下的实际温度，含空气的蒸汽低于饱和蒸汽，由表 5-6 可以看出，如不将灭菌锅中的空气排干净，就达不到灭菌所需的实际温度。因此，必须将灭菌器内的冷空气完全排出，才能达到完全灭菌的目的。

表 5-6　空气排出程度与温度的关系

压力表读数/Pa	灭菌器内温度/℃				
	未排出空气	排出 1/3 空气	排出 1/2 空气	排出 2/3 空气	完全排出空气
35	72	90	94	100	109
70	90	100	105	109	115
105	100	109	112	115	121
140	109	115	118	121	126
175	115	121	124	126	130
210	121	126	128	130	135

在空气完全排出的情况下，一般培养基只需在 0.1 MPa 下灭菌 30 min 即可。但对某些物体较大或蒸汽不易穿透的灭菌物品，如固体曲料、土壤和草炭等，则应适当延长灭菌时间，或将蒸汽压力升到 0.15 MPa 保持 1～2 h。

2）灭菌设备

高压蒸汽灭菌的主要设备是高压蒸汽灭菌锅，有立式、卧式及手提式等不同类型。不同类型的灭菌锅，虽大小外形各异，但其主要结构基本相同。

高压蒸汽灭菌锅的基本构造如下：

①外锅（或称“套层”）。外锅供贮存蒸汽用，连有用电加热的蒸汽发生器，并有水位玻管以标志盛水量。外锅的外侧一般包有石棉或玻璃棉绝缘层以防止散热。如直接使用由锅炉接入的高压蒸汽，则外锅在使用时充满蒸汽，作为内锅保温之用。

②内锅（或称“灭菌室”）。内锅是放置灭菌物的空间，可配制铁箅架以分放灭菌物品。

③压力表。内外锅各装一只，老式的压力表上标明三种单位：公斤压力单位（kg/cm^2），英制压力单位（Ib/in^2）和温度单位（℃），便于灭菌时参照。现在的压力表用 MPa 表示。

④温度计。温度计可分为两种，一种是直接插入式的水银温度计，装在密闭的铜管内，焊插在内锅中，另一种是感应式仪表温度计，其感应部分安装在内锅的排气管内，仪表安装于锅外顶部，便于观察。

⑤排气阀。一般外锅、内锅各一个排气阀，用于排除空气。新型的灭菌器多在排气阀外装有汽液分离器，内有由膨胀盒控制的活塞。利用空气、冷凝水与蒸汽之间的温差控制开关，在灭菌过程中，可不断地自动排出空气和冷凝水。

⑥安全阀（或称“保险阀”）。利用可调弹簧控制活塞，超过额定压力即自动放气减压。通常调在额定压力之下，略高于使用压力。安全阀只供超压时安全报警之用，不可在保温时用作自动减压装置。

⑦热源。近年来的产品以电热为主，即底部装有调控电热管，使用比较方便。

3）常用高压蒸汽灭菌锅的使用方法

以本实验室常用的立式全自动高压蒸汽灭菌锅为例，介绍使用方法与注意事项。

A．立式高压蒸汽灭菌锅的使用方法：

①加水。往灭菌锅内胆加入去离子水，加水量应在标定水位线以上。

②装锅。将待灭菌物品装入锅内时，不要太紧太满，应留有间隙，以利蒸汽流通。盖好锅盖后，即可将螺旋柄旋紧，注意不宜旋得太紧，以免损坏橡胶密封垫圈。

③加热和排冷空气。合上电闸通电，设定灭菌温度和时间，一般灭菌条件设置为121℃（0.15 MPa）、灭菌 15～30 min。本设备带有自动排气功能，选择自动排气模式，将盖顶排气活塞关闭，开始加热灭菌即可。

④灭菌。排气完毕后，锅内压力逐渐升高直至预设压力，并相应地在预设时间内保压，保压时间（一般为 25～30 min）结束后，灭菌结束设备自动停止运行。

⑤降压与排气。设备停止加热后，应使其自然冷却。此时切勿急于打开排气塞，因为压力骤然降低，将导致培养基剧烈沸腾而冲掉或污染棉塞。待压力降至 0 以下方可打开排气阀使余气排出。

⑥出锅。排气完毕后，即可扭松螺旋柄使锅盖松动。先将锅盖打开 5～10 cm，不必完全推开锅盖，目的是借锅中余热将棉塞及包装纸烘干。30 min 后，即可推开锅盖，取出已灭菌的物品。

B．立式高压蒸汽灭菌锅的使用注意事项：

①使用前“三检查”

a. 检查内胆水位：灭菌锅内胆水位应与底部平齐（浸没过电热管），不能太多或太少，太多会浸湿灭菌物品，太少可能有干烧爆炸危险，内胆只能加去离子水，禁止加入自来水。

b. 检查冷却壶水位：灭菌锅侧面下部的冷却水水位应介于“高水位”和“低水位”之间，冷却水可用自来水。

c. 检查总压力表：使用之前确保总压力表指针位于 0，若指针不在 0 处，不得使用。

②使用时“三观察”

a. 观察压力表：观察压力表是否随着温度的上升而上升至预设值。

b. 观察温度表：观察温度表是否正常显示，是否正常升温。

c. 观察排气阀：若使用自动排气模式，要确保气体从侧面的冷却壶处排出；若使用非自动排气模式，要待排气 5～10 min 后，手动将排气阀关闭，如此气压才能升至预设值。

③使用后“三注意”

a. 注意压力：当灭菌结束时，此时锅内的压力依然大于大气压，严禁打开锅盖，以免发生危险；当压力表指针回到 0 处，才能打开灭菌锅，若提前放气太快，压力急速下降，会使锅内液体沸腾从培养容器中溢出。

b. 注意温度：当灭菌结束时，此时锅内的温度依然很高，严禁打开锅盖，以免烫伤。当温度降至 60℃以下，方可将灭菌物品拿出。

c. 注意关闭电源：使用完毕须及时拿出灭菌物品并关闭电源。

三、实验仪器和材料

（1）高压蒸汽灭菌锅、烘箱、电炉。

（2）培养皿、试管、移液管、锥形瓶、烧杯、玻璃棒。

（3）纱布、棉花、棉线、橡皮筋、牛皮纸（或报纸）、精密 pH 试纸 6.4～8.4。

（4）牛肉膏、蛋白胨、氯化钠、琼脂、乳糖、磷酸氢二钾、伊红、亚甲蓝、蒸馏水。

四、实验内容

（一）玻璃器皿的洗涤和包装

1．玻璃器皿的洗涤

玻璃器皿在使用前必须洗涤干净。培养皿、试管、锥形瓶等可用洗衣粉加去污粉洗刷并用自来水冲净。移液管先用洗液浸泡，再用水冲洗干净。洗刷干净的玻璃器皿自然晾干或放入烘箱中烘干，备用。

2．玻璃器皿的包装

（1）移液管

在移液管的吸气端用细铁丝将少许棉花塞入，构成 1～1.5 cm 长的棉塞（起过滤作用，防止细菌吸入移液管口中，并避免将吸耳球中细菌吹入管内），棉花要塞得松紧适宜，吸时既能通气，又不致使棉花滑入管内。将塞好棉花的移液管尖端，放在 4～5 cm 宽的长纸条的一端，移液管与纸条约成 30°夹角，折叠包装纸包住移液管的尖端，用左手将移液管的尖端压紧，在桌面上向前搓转，纸条螺旋式地包在移液管外面，余下纸头折叠打结（图 5-24）。

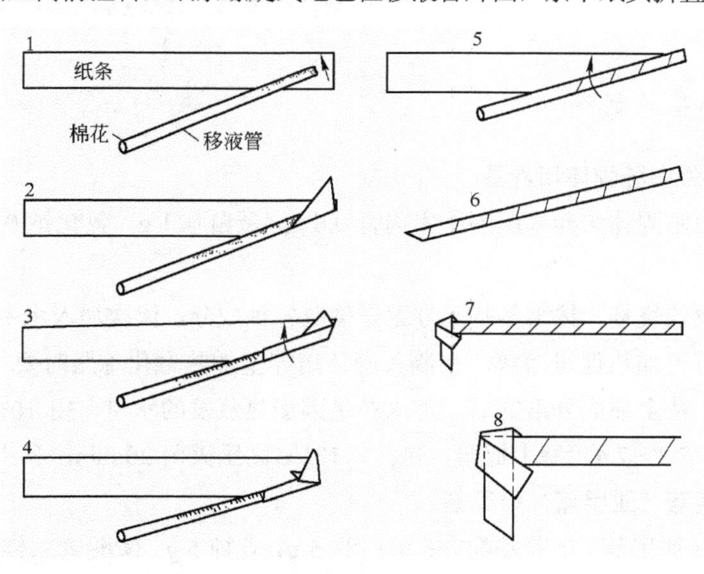

图 5-24　移液管的包装方法

（2）试管和锥形瓶

按试管口或锥形瓶口大小估计纱布大小，将纱布铺在管口或瓶口，逐点塞入棉花并避免纱布有褶皱，塞至一定长度后用棉线将口子扎紧，做成棉塞。棉塞可以防止杂菌污染并保证通气良好，因此棉塞质量的优劣对实验的结果有很大影响。正确的棉塞要求形状、大小、松紧与试管口（或锥形瓶瓶口）完全适合，不宜过松或过紧，过紧则妨碍空气流通，操作不便，过松则达不到滤菌的目的。用手提棉塞，以管、瓶不掉下为准，棉塞四周应紧贴管壁和瓶壁，不能有褶皱，以防空气中微生物沿棉塞褶皱侵入。棉塞的直径和长度视试管和锥形瓶的大小而定，一般约 2/3 插入管内（瓶内），其余留在管口（或瓶口）外，以便拔塞，拔出时不能松散或变形。试管、锥形瓶塞好棉塞后，用牛皮纸包好棉塞并用细绳或橡皮筋捆扎好待灭菌（图 5-25）。

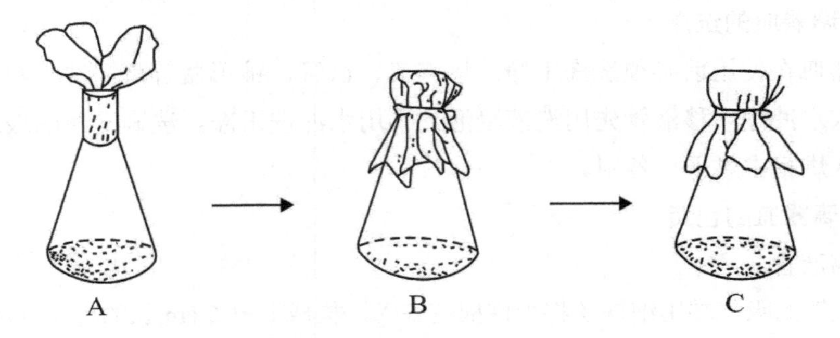

图 5-25 锥形瓶的包装方法

（3）培养皿

培养皿由一底一盖组成一套，用牛皮纸或报纸将 5 套培养皿（皿底朝里，皿盖朝外）包好。

（二）培养基的制备

1．牛肉膏蛋白胨固体培养基

牛肉膏蛋白胨固体培养基配方：牛肉膏 0.6 g，蛋白胨 1 g，氯化钠 0.5 g，琼脂 2 g，水 100 mL。

取一定容量的烧杯，按培养基配方逐一称取各种成分，依次加入水中溶解。蛋白胨、牛肉膏、琼脂等可加热促进溶解。在制备固体培养基加热融化琼脂时要不断搅拌，避免琼脂糊底烧焦。待全部成分溶解后，加水补足因加热蒸发的水量。用 10% NaOH 和 HCl 溶液调节 pH 至 7.2～7.4。塞上棉塞，包扎，121℃高压灭菌 20 min，备用。

2．伊红-美蓝（亚甲蓝）培养基

伊红-美蓝（亚甲蓝）培养基配方：蛋白胨 5 g，乳糖 5 g，磷酸氢二钾 1 g，琼脂 10～15 g，水 500 mL，2%伊红水溶液 10 mL，0.5%美蓝水溶液 6.5 mL。

先将琼脂加入 500 mL 蒸馏水中加热溶解，然后加入磷酸氢二钾及蛋白胨，混匀使之溶解，加蒸馏水补足至 500 mL，调 pH 为 7.2～7.4，再加入乳糖，混匀后定量分装于锥形瓶内，121℃高压灭菌 20 min。冷却至 50～55℃，再加入无菌的伊红、美兰溶液，混匀，立即制成平板，备用。现市场上有售配制好的伊红-美蓝培养基，使用方便。

3．无菌水的制备

取一个 250 mL 的锥形瓶装 80 mL 蒸馏水，塞上棉塞包扎，121℃高压灭菌 20 min，备用。

五、思考与讨论

（1）培养基是根据什么原理配制成的？牛肉膏蛋白胨培养基中的不同成分各起什么作用？

（2）配置培养基的基本步骤有哪些？有什么注意事项？

（3）为什么湿热灭菌比干热灭菌优越？

实验七　水中细菌总数的测定

一、实验目的

（1）通过实验掌握平板菌落计数法测定水中细菌总数。

（2）学会水中细菌总数的检验原理、数据处理和报告方法。

（3）强化水中细菌总数检验的卫生学知识。

二、实验原理

细菌菌落总数是指 1 mL 水样在营养琼脂培养基中，于 37℃培养 24 h 后所生长的腐生性细菌菌落总数。它是有机物污染程度的指标，也是卫生指标。在饮用水中所测得的细菌菌落总数除说明该饮用水被污染的程度外，还指示该饮用水是否适合饮用。但饮用水中的细菌菌落总数不能说明污染的来源。因此，结合水中大肠菌群数来判断水的污染程度更为全面。

水中细菌种类很多，每种细菌都有其各自的生理特性，必须用适合它们生长的培养基才能将它们培养出来，这在实际工作中不易做到，通常用一种适合大多数细菌生长的基础培养基培养腐生性细菌，以它的菌落总数表明有机物污染程度，但计算出来的水中细菌总数只是一个近似值。

三、实验仪器和材料

（1）无菌移液器（10 mL、1 mL）、试管、培养皿、锥形瓶若干。

（2）超净工作台、恒温培养箱、菌落计数器、电炉、酒精灯、试管架、吸耳球等。

（3）牛肉膏蛋白胨固体培养基、无菌水。

四、实验内容与操作方法

1．生活饮用水（自来水）

先冲洗水龙头，放水 5～10 min，关闭水龙头，用酒精灯灼烧龙头灭菌，在酒精灯旁打开水样瓶盖（或棉花塞），取完水样后盖上瓶盖（或棉塞），待分析。

以无菌操作方法，用无菌移液管吸取 1 mL 充分混匀的水样注入无菌培养皿中，倾注约 15 mL 已融化并冷却至 50℃左右的牛肉膏蛋白胨固体培养基，平放于桌上迅速旋摇培养皿，使水样与培养基充分混匀，冷凝后成平板（平板的制作如图 5-26 所示）。另取一个无菌培养皿倒入培养基冷凝成平板作空白对照。将以上所有平板倒置于 37℃恒温培养箱内培养 24 h 后，记录菌落数。

2．水源水水样（湖水、河水或池水）

（1）取水样。应取水面下 10～15 cm 的深层水样。将灭菌的带塞取样瓶瓶口向下浸入水中，然后翻转瓶身，取下瓶塞，盛满水后用瓶塞盖好，从水中取出，立即检测或放入冰箱短暂保存。

（2）稀释水样。在无菌操作条件下，以 10 倍稀释法稀释水样，视水体污染程度确定稀释倍数，取在平板上能长出 30～300 个菌落的该种水样的稀释倍数。

具体操作如图 5-27 所示：用 10 mL 无菌移液器分别移取 9 mL 灭菌水至 4 个灭菌试管中，取 1 mL 水样注入第一管 9 mL 灭菌水内，充分摇匀。再从第一管稀释水中取 1 mL 水样注入下一管 9 mL 灭菌水内，如此稀释到第 4 管，稀释度分别为 10^{-1}、10^{-2}、10^{-3} 和 10^{-4}。

（3）接种。用无菌移液管吸取 4 个适宜浓度的稀释液 1 mL 加入无菌培养皿内，倾注约 15 mL 已融化并冷却至 50℃左右的牛肉膏蛋白胨固体培养基，平放于桌上迅速旋摇培养皿，使水样与培养基充分混匀，冷凝后成平板。将以上所有平板倒置于 37℃恒温箱内培养 24 h 后，记录菌落数。

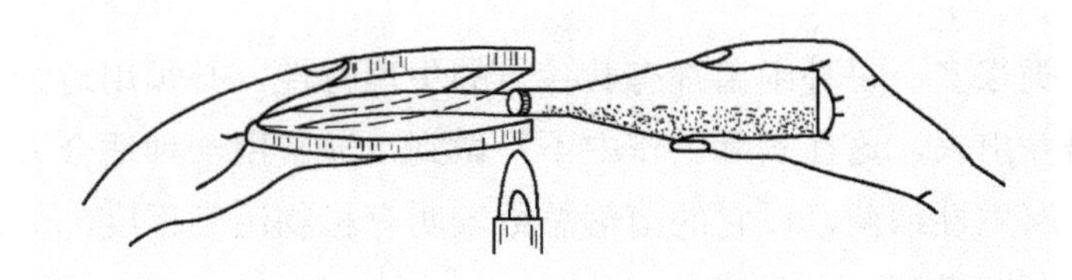

图 5-26　平板培养基的制作方法

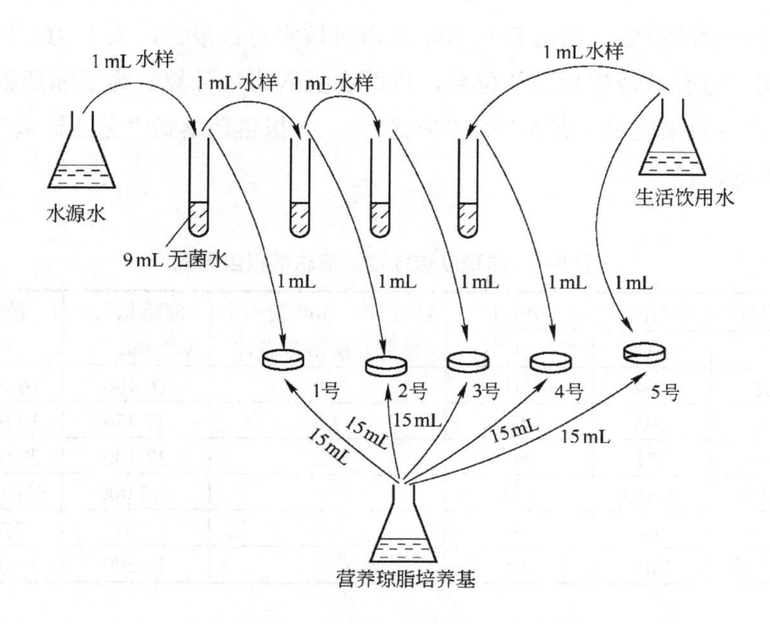

图 5-27　平板菌落计数法操作示意图

五、菌落计数及报告方法

用肉眼观察，记录平板上的细菌菌落数，也可用放大镜和菌落计数器计数。各种不同情况的计算方法如下：

（1）首先选择平均菌落数在 30～300 之间者进行计算，当只有一个稀释度的平均菌落符合此范围时，则以该平均菌落数乘其稀释倍数报告（表 5-7 例次 1）。

（2）若两个稀释度的平均菌落数均在 30～300 之间，则按两者的菌落总数的比值来决定，若其比值小于 2 应报告两者的平均数，若大于 2 则报告其中较小的菌落总数（表 5-7 例次 2 及例次 3）。

（3）若所有稀释度的平均菌落数均大于 300，则应按稀释度最高的平均菌落数乘以稀释倍数报告（表 5-7 例次 4）。

（4）若所有稀释度的平均菌落数均小于 30，则应按稀释度最低的平均菌落数乘以稀释倍数报告（表 5-7 例次 5）。

（5）若所有稀释度的平均菌落数均不在 30～300 之间，则以最接近 300 或 30 的平均菌落数乘以稀释倍数报告（表 5-7 例次 6）。

（6）在求同稀释度的平均数时，若其中一个平板上有较大片状菌落生长时，则不宜采用，而应以无片状菌落生长的平板作为该稀释度的平均菌落数。若片状菌落约为平板的一半，而另一半平板上菌落数分布很均匀，则可按半平板上的菌落计数，然后乘以 2 作为整个平板的菌落数。

（7）菌落计数的报告，菌落数在 100 以内时按实有数报告，大于 100 时，采用二位有效数字，在二位有效数字后面的位数，以四舍五入方法计算。为了缩短数字后面的零数，可用 10 的指数来表示（表 5-7 报告方式栏）。在报告菌落数“无法计数”时，应注明水样的稀释倍数。

表 5-7 稀释度选择及菌落总数报告方式

例次	不同稀释度的平均菌落数/（个·mL^{-1}）			符合 30～300 的两个稀释度菌落数之比	菌落总数/（个·mL^{-1}）	最终报告结果/（个·mL^{-1}）
	10^{-1}	10^{-2}	10^{-3}			
1	1 365	164	20	—	16 400	16 000 或 1.6×10^4
2	2 760	295	46	1.6	37 750	38 000 或 3.8×10^4
3	2 890	271	60	2.2	27 100	27 000 或 2.7×10^4
4	无法计数	4 650	513	—	513 000	510 000 或 5.1×10^5
5	27	11	5	—	270	270 或 2.7×10^2
6	无法计数	305	12	—	30 500	31 000 或 3.1×10^4

六、实验结果记录

将实验结果如实记录在表 5-8 中。

表 5-8 实验结果记录

样品编号	不同稀释度的平均菌落数/（个·mL^{-1}）				符合 30～300 的两个稀释度菌落数之比	菌落总数/（个·mL^{-1}）	最终报告结果/（个·mL^{-1}）
	10^{-1}	10^{-2}	10^{-3}	10^{-4}			
1							
2							
3							
4							
5							
6							

七、注意事项

（1）细菌稀释时悬浮液应尽量摇匀，悬浮液的稀释不能过浓和过稀。

（2）整个操作过程要求执行严格的无菌操作，时间尽量短。

（3）第一次检查结果时，以培养 24 h 为宜。

（4）将菌液滴在培养皿的中央，倒入培养基后立即轻轻摇匀，使培养基布满整个培养皿底，以利于孢子的均匀分布。

八、思考与讨论

（1）测定水中细菌菌落总数有什么实际意义？

（2）根据我国饮用水水质标准，讨论你这次自来水的细菌总数检验结果。

（3）你所测定的水源水水样污染程度如何？

实验八　水中总大肠菌群数的测定

一、实验目的

（1）学习水中总大肠菌群数的测定方法。

（2）了解大肠菌群的数量指标在环境领域和水的卫生细菌学检验上的重要意义。

（3）通过检验过程，了解大肠菌群的不同菌落特性和生化特性。

二、实验原理

人的肠道中存在三大类细菌：大肠菌群（G^-菌）、肠球菌（G^+菌）和产气荚膜杆菌（G^+菌）。由于大肠菌群的数量大，在体外存活时间与肠道致病菌相近，且检验方法比较简便，故被定为检验肠道致病菌的指示菌。

大肠菌群主要包括埃希氏菌属、柠檬酸细菌属、肠杆菌属及克雷伯氏菌属等，这些菌都是兼性厌氧、无芽孢的革兰氏阴性杆菌（G^-菌），有相似的生化反应，都能发酵葡萄糖产酸、产气，但发酵乳糖的能力不同。

大肠菌群数是指每升水样中所含的大肠菌群的总数目。水中大肠菌群数量多少，表明水体被粪便污染的程度，并间接地推测水源受肠道致病菌污染的可能性。总大肠菌群中的细菌除了来自人畜肠道外，在自然水体与土壤中也经常存在，在非粪便污染的情况下，也能检测出这些细菌，但自然环境中大肠菌群生长的最适温度为25℃，如培养温度升高至37℃时仍可生长，但将培养温度继续升高至44.5℃则不可生长；而来自粪便的大肠菌群，最适生长温度为37℃，将培养温度继续升高至44.5℃仍可继续生长。因此，可用提高培养温度的方法将自然环境中的大肠菌群和粪便中的大肠菌群区分开来，高温下存活的称为耐热大肠菌群，作为水质受粪便污染的重要指示菌。耐热大肠菌群主要由埃希氏菌属组成，埃希氏菌属中与人类生活密切相关的仅有一种，即大肠埃希氏菌（大肠杆菌或普通大肠杆菌），是人畜肠道中的正常寄生菌。作为水质粪便污染的最佳指示菌，大肠埃希氏菌的检出意义最大，其次是耐热大肠菌群。

《生活饮用水卫生标准》（GB 5749—2006）中规定，饮用水中总大肠菌群（*MPN*/100 mL

或 *CFU*/100 mL）不得检出，大肠埃希氏菌（*MPN*/100 mL 或 *CFU*/100 mL）不得检出，耐热大肠菌群（*MPN*/100 mL 或 *CFU*/100 mL）不得检出。当水样检出总大肠菌群时，应进一步检验大肠埃希氏菌或耐热大肠菌群，水样未检出总大肠菌群，不必检验大肠埃希氏菌或耐热大肠菌群。《城市污水再生利用景观环境用水水质》（GB/T 18921—2002）规定，人体非直接接触的再生水总大肠菌群 1 000 个/L，人体非全身性接触的再生水总大肠菌群 500 个/L。

检测总大肠菌群的传统方法有多管发酵法和滤膜法，多管发酵法沿用已久，通过初发酵和复发酵两个步骤测定水样中大肠菌群的数目，广泛适用于各种样品的检测，但具有检测周期长、操作过程烦琐等缺点，而滤膜法仅适用于杂质较少或较洁净的样品。近年推行的《水质　总大肠菌群、粪大肠菌群和大肠埃希氏菌的测定　酶底物法》（HJ 1001—2018）和《水质　总大肠菌群和粪大肠菌群的测定　纸片快速法》（HJ 755—2015）能便捷、快速地检测大肠菌群数，较好地弥补传统方法的不足，对水质状况作出快速评价。

大肠菌群细菌能产生β-半乳糖苷酶分解色原底物 ONPG（邻硝酸苯-β-*D*-吡喃半乳糖苷），释放出色原体，生成黄色的邻硝基苯酚，使培养液由无色变成黄色，酶底物法采用这一原理来判断水样中是否含有大肠菌群。此外，大肠埃希氏菌能同时产生β-葡萄糖醛酸酶，分解选择性培养基中的 MUG（4-甲基伞形酮-β-*D*-葡萄糖醛酸苷），释放出荧光物质（4-甲基伞形酮），使培养液在波长 366 nm 紫外光下产生蓝色荧光，进而分辨是否存在大肠埃希氏菌。

本实验以酶底物法为例，介绍污水、景观水和饮用水中总大肠菌群的检测方法。

三、仪器和材料

（1）无菌取样瓶（100 mL）、无菌培养皿、涂布棒。

（2）自来水、受粪便污染的污水和景观水。

（3）蛋白胨、乳糖、磷酸氢二钾、琼脂、蒸馏水、2%伊红水溶液、0.5%美蓝水溶液。

（4）10% NaOH、10%HCl、精密 pH 试纸 6.4～8.4。

（5）酶底物试剂、97 孔定量盘、51 孔定量盘。

（6）恒温培养箱、超净工作台、封口机、366 nm 紫外灯。

四、实验前准备工作

1. 伊红-美蓝培养基的配置

具体操作见本章实验六。

2. 水样的采集、处理和保藏

采集水样的器具必须事前灭菌。

（1）自来水水样的采集。先冲洗水龙头，放水 5～10 min，关闭水龙头，用酒精灯灼烧水龙头灭菌，在酒精灯旁打开水样瓶盖（或棉花塞），取 100 mL 水样后盖上瓶盖（或棉塞），迅速送回实验室，用于总大肠菌群数的测定。

经氯处理的水中含余氯，会减少水中细菌的数目，采样瓶在灭菌前加入硫代硫酸钠，以便取样时消除氯的作用。硫代硫酸钠的用量视采样瓶的大小而定。若是 500 mL 的采样瓶，加入 1.5%的硫代硫酸钠溶液 1.5 mL（可消除余氯量为 2 mg/L 的 450 mL 水样中全部氯量）。

（2）景观水、河湖、井水和海水的采集。采集地表水样品时，可握住瓶子下部直接将带塞采样瓶插入水中，距水面 10～15 cm 处，瓶口朝水流方向，拔瓶塞，使样品灌入瓶内然后盖上瓶塞，将采样瓶从水中取出。如果没有水流，可握住瓶子水平往前推。样品采集完毕后，迅速扎上无菌包装纸或塞上无菌瓶塞。

若取深水层水样，要用特制的采样器，采样器外部为金属框，内装玻璃瓶，其底部装有重沉坠，可按需要坠入一定深度。瓶盖上系有绳索，拉起绳索，即可打开瓶盖，松开绳索瓶盖即自行塞好瓶口。采集水样后，将水样瓶取出，若是测定好氧微生物，应立即改换无菌棉花塞。

本实验采集 100 mL 景观水各 2 瓶，分别用于总大肠菌群数和耐热大肠菌群数的测定。

（3）污水厂进水水样的采集。用无菌瓶分别采集 5 瓶 100 mL 校园内污水厂进水污水水样。

（4）采集水样后，迅速送回实验室立即检验，若来不及检验，放在 4℃冰箱内保存。若缺乏低温保存条件，应在报告中注明水样采集与检验相隔的时间。较清洁的水可在 12 h 以内检验，污水要在 6 h 内检验结束。

3．污水厂进水水样的不同处置与测定

（1）次氯酸钠溶液处理。在 3 瓶污水样品中分别加入 0.5 mL、1.0 mL、1.5 mL 8%次氯酸钠溶液处理 1 h，用于总大肠菌群数的测定。

（2）空白对照。1 瓶污水样品作为空白对照，不做任何处理，用于大肠菌群数的测定。

（3）取 1 瓶污水样品，不做任何处理，用于耐热大肠菌群数的测定。

五、大肠菌群数的测定方法与步骤

1．大肠菌群的平板分离培养

（1）伊红美蓝培养基平板的制备

在无菌培养皿内，倾注约 15 mL 已融化并冷却至 50℃左右的伊红美蓝培养基，平放于桌上待冷凝后形成平板，备用。本实验制备 5 个伊红美蓝培养基平板。

（2）接种和培养

用无菌移液管分别移取 0.1 mL 不同的水样至伊红美蓝培养基平板上，用无菌涂布棒涂布均匀，待液体充分吸收后，将平板倒置于 37℃恒温箱内培养 24 h 后，观察和描绘菌落形态。

大肠菌群在伊红美蓝培养基平板上的菌落特征：

1）深紫黑色、具有金属光泽的菌落——典型的大肠杆菌菌落。

2）紫黑色，不带或略带金属光泽的菌落；

3）淡紫红色，中心颜色较深的菌落；

4）乳白色的菌落。

2. 酶底物法测定大肠菌群数

（1）总大肠菌群数的测定

在装有 100 mL 水样的无菌瓶中，加入 1 瓶酶底物试剂，充分摇匀，待试剂溶解后，将水样倒入 97 孔定量盘中（自来水倒入 51 孔定量盘），封口机封口，立刻置于恒温培养箱中 37℃恒温培养 24 h，观察定量盘中各孔水样的颜色，根据阳性孔的数目，对照 97 孔定量盘 *MPN* 表和 51 孔定量盘 *MPN* 表判断总大肠菌群数。

（2）大肠埃希氏菌群的测定

用 366 nm 波长紫外灯照（1）中的定量盘，黄色且有荧光的就是大肠埃希氏菌阳性孔，根据阳性孔的数目，对照 97 孔定量盘 *MPN* 表和 51 孔定量盘 *MPN* 表判断大肠埃希氏菌群数。

（3）耐热大肠菌群数的测定

在装有 100 mL 水样的无菌瓶中，加入 1 瓶酶底物试剂，充分摇匀，待试剂溶解后，将水样倒入 97 孔定量盘中，封口机封口，立刻置于恒温培养箱中 44.5℃恒温培养 24 h，观察定量盘中各孔水样的颜色，根据阳性孔的数目，对照 97 孔定量盘 *MPN* 表判断总大肠菌群数。

（4）结果计算

从 97 孔或 51 孔定量盘 *MPN* 表中查得每 100 mL 样品中总大肠菌群、耐热大肠菌群数或大肠埃希氏菌的 *MPN* 值后，再根据样品不同的稀释度，按照式（5-1）换算样品中总大肠菌群、耐热大肠菌群数或大肠埃希氏菌浓度（*MPN*/L）。

$$C=\frac{MPN\text{值}\times 1\,000}{f} \tag{5-1}$$

式中：C——样品中总大肠菌群、耐热大肠菌群数或大肠埃希氏菌浓度，*MPN*/L；

MPN 值——每 100 mL 样品中总大肠菌群、耐热大肠菌群数或大肠埃希氏菌浓度，*MPN*/100 mL；

1 000——将 C 单位由 *MPN*/mL 转换为 *MPN*/L；

f——最大接种量，mL。

六、实验结果记录

将实验结果记录于表 5-9 中。

表 5-9　实验结果记录

样品编号	水样名称	水样处理方式	阳性管数	总大肠菌群浓度 *MPN*/L	大肠埃希氏菌群浓度 *MPN*/L	耐热大肠菌群浓度 *MPN*/L
1						
2						
3						
4						
5						
6						
7						
8						

七、思考与讨论

（1）为什么要选择大肠菌群作为水源被肠道病原菌污染的指标？为什么提高温度培养出的大肠菌群更能代表水质受粪便污染情况？

（2）经检查，自来水水样是否符合饮用水的标准？

（3）根据污水和景观水中大肠菌群数结果，结合水处理相关行业标准分析水质情况。

97 孔定量盘 *MPN* 表（每 100 mL 水样）

大孔阳性格数	小孔阳性格数																								
	0	1	2	3	4	5	6	7	8	9	10	11	12	13	14	15	16	17	18	19	20	21	22	23	24
0	<1	1.0	2.0	3.0	4.0	5.0	6.0	7.0	8.0	9.0	10.0	11.0	12.0	13 0	14.1	15.1	16.1	17.1	18.1	19.1	20.2	21.2	22.2	23.3	24.3
1	1.0	2.0	3.0	4.0	5.0	6.0	7.1	8.1	9.1	10.1	11.1	12.1	13.2	14.2	15.2	16.2	17.3	18.3	19.3	20.4	21.4	22.4	23.5	24.5	25.6
2	2.0	3.0	4.1	5.1	6.1	7.1	8.1	9.2	10.2	11.2	12.2	13.3	14.3	15.4	16.4	17.4	18.5	19.5	20.6	21.6	22.7	23.7	24.8	25.8	26.9
3	3.1	4.1	5.1	6.1	7.2	8 2	9.2	10.3	11.3	12.4	13.4	14.5	15.5	16.5	17.6	18.6	19.7	20.8	21.8	22.9	23.9	25.0	26.1	27.1	28.2
4	4.1	5.2	6.2	7.2	8.3	9.3	10.4	11.4	12.5	13.5	14.6	15.6	16.7	17.8	18.8	19.9	21.0	22.0	23.1	24.2	25.3	26.3	27.4	28.5	29.6
5	5.2	6.3	7.3	8.4	9.4	10.5	11.5	12.6	13.7	14.7	15.8	16.9	17.9	19.0	20.1	21.2	22.2	23.3	24.4	25.5	26.6	27.7	28.8	29.9	31.0
6	6.3	7.4	8.4	9.5	10.6	11.6	12.7	13.8	14.9	16.0	17.0	18.1	19.2	20.3	21.4	22.5	23.6	24.7	25.8	26.9	28.0	29.1	30.2	31.3	32.4
7	7.5	8.5	9.6	10.7	11.8	12.8	13.9	15.0	16.1	17.2	18.3	19.4	20.5	21.6	22.7	23.8	24.9	26.0	27.1	28.3	29.4	30.5	31.6	32.8	33.9
8	8.6	9.7	10.8	11.9	13.0	14.1	15.2	16.3	17.4	18.5	19.6	20.7	21.8	22.9	24.1	25.2	26.3	27.4	28.6	29.7	30.8	32.0	33.1	34.3	35.4
9	9.8	10.9	12.0	13.1	14.2	15.3	16.4	17.6	18.7	19.8	20.9	22.0	23.2	24.3	25.4	26.6	27.7	28.9	30.0	31.2	32.3	33.5	34.6	35.8	37.0
10	11.0	12.1	13.2	14.4	15.5	16.6	17.7	18.9	20.0	21.1	22.3	23.4	24.6	25.7	26.9	28.0	29.2	30.3	31.5	32.7	33.8	35.0	36.2	37.4	38.6
11	12.2	13.4	14.5	15.6	16.8	17.9	19.1	20.2	21.4	22.5	23.7	24.8	26.0	27.2	28.3	29.5	30.7	31.9	33.0	34.2	35.4	36.6	37.8	39.0	40.2
12	13.5	14.6	15.8	16.9	18.1	19.3	20.4	21.6	22.8	23.9	25.1	26.3	27.5	28.6	29.8	31.0	32.2	33.4	34.6	35.8	37.0	38.2	39.5	40.7	41.9
13	14.8	16.0	17.1	18.3	19.5	20.6	21.8	23.0	24.2	25.4	26.6	27.8	29.0	30.2	31.4	32.6	33.8	35.0	36.2	37.5	38.7	39.9	41.2	42.4	43.6
14	16.1	17.3	18.5	19.7	20.9	22.1	23.3	24.5	25.7	26.9	28.1	29.3	30.5	31.7	33.0	34.2	35.4	36.7	37.9	39.1	40.4	41.6	42.9	44.2	45.4
15	17.5	18.7	19.9	21.1	22.3	23.5	24.7	25.9	27.2	28.4	29.6	30.9	32.1	33.3	34.6	35.8	37.1	38.4	39.6	40.9	42.2	43.4	44.7	46.0	47.3
16	18.9	20.1	21.3	22.6	23.8	25.0	26.2	27.5	28.7	30.0	31.2	32.5	33.7	35.0	36.3	37.5	38.8	40.1	41.4	42.7	44.0	45.3	46.6	47.9	49.2
17	20.3	21.6	22.8	24.1	25.3	26.6	27.8	29.1	30.3	31.6	32.9	34.1	35.4	36.7	38.0	39.3	40.6	41.9	43.2	44.5	45.9	47.2	48.5	49.8	51.2
18	21.8	23.1	24.3	25.6	26.9	28.1	29.4	30.7	32.0	33.3	34.6	35.9	37.2	38.5	39.8	41.1	42.4	43.8	45.1	46.5	47.8	49.2	50.5	51.9	53.2
19	23.3	24.6	25.9	27.2	28.5	29.8	31.1	32.4	33.7	35.0	36.3	37.6	39.0	40.3	41.6	43.0	44.3	45.7	47.1	48.4	49.8	51.2	52.6	54.0	55.4
20	24.9	26.2	27.5	28.8	30.1	31.5	32.8	34.1	35.4	36.8	38.1	39.5	40.8	42.2	43.6	44.9	46.3	47.7	49.1	50.5	51.9	53.3	54.7	56.1	57.6
21	26.5	27.9	29.2	30.5	31.8	33.2	34.5	35.9	37.3	38.6	40.0	41.4	42.8	44.1	45.5	46.9	48.4	49.8	51.2	52.6	54.1	55.5	56.9	58.4	59.9
22	28.2	29.5	30.9	32.3	33.6	35.0	36.4	37.7	39.1	40.5	41.9	43.3	44.8	46.2	47.6	49.0	50.5	51.9	53.4	54.8	56.3	57.8	59.3	60.8	62.3
23	29.9	31.3	32.7	34.1	35.5	36.8	38.3	39.7	41.1	42.5	43.9	45.4	46.8	48.3	49.7	51.2	52.7	54.2	55.6	57.1	58.6	60.2	61.7	63.2	64.7

大孔阳性格数	小孔阳性格数 0	1	2	3	4	5	6	7	8	9	10	11	12	13	14	15	16	17	18	19	20	21	22	23	24
24	31.7	33.1	34.5	35.9	37.3	38.8	40.2	41.7	43.1	44.6	46.0	47.5	49.0	50.5	52.0	53.5	55.0	56.5	58.0	59.5	61.1	62.6	64.2	65.8	67.3
25	33.6	35.0	36.4	37.9	39.3	40.8	42.2	43.7	45.2	46.7	48.2	49.7	51.2	52.7	54.3	55.8	57.3	58.9	60.5	62.0	63.6	65.2	66.8	68.4	70.0
26	35.5	36.9	38.4	39.9	41.4	42.8	44.3	45.9	47.4	48.9	50.4	52.0	53.5	55.1	56.7	58.2	59.8	61.4	63.0	64.7	66.3	67.9	69.6	71.2	72.9
27	37.4	38.9	40.4	42.0	43.5	45.0	46.5	48.1	49.6	51.2	52.8	54.4	56.0	57.6	59.2	60.8	62.4	64.1	65.7	67.4	69.1	70.8	72.5	74.2	75.9
28	39.5	41.0	42.6	44.1	45.7	47.3	48.8	50.4	52.0	53.6	55.2	56.9	58.5	60.2	61.8	63.5	65.2	66.9	68.6	70.3	72.0	73.7	75.5	77.3	79.0
29	41.7	43.2	44.8	46.4	48.0	49.6	51.2	52.8	54.5	56.1	57.8	59.5	61.2	62.9	64.6	66.3	68.0	69.8	71.5	73.3	75.1	76.9	78.7	80.5	82.4
30	43.9	45.5	47.1	48.7	50.4	52.0	53.7	55.4	57.1	58.8	60.5	62.2	64.0	65.7	67.5	69.3	71.0	72.9	74.7	76.5	78.3	80.2	82.1	84.0	85.9
31	46.2	47.9	49.5	51.2	52.9	54.6	56.3	58.1	59.8	61.6	63.3	65.1	66.9	68.7	70.5	72.4	74.2	76.1	78.0	79.9	81.8	83.7	85.7	87.6	89.6
32	48.7	50.4	52.1	53.8	55.6	57.3	59.1	60.9	62.7	64.5	66.3	68.2	70.0	71.9	73.8	75.7	77.6	79.5	81.5	83.5	85.4	87.5	89.5	91.5	93.6
33	51.2	53.0	54.8	56.5	58.3	60.2	62.0	63.8	65.7	67.6	69.5	71.4	73.3	75.2	77.2	79.2	81.2	83.2	85.2	87.3	89.3	91.4	93.6	95.7	97.8
34	53.9	55.7	57.6	59.4	61.3	63.1	65.0	67.0	68.9	70.8	72.8	74.8	76.8	78.8	80.8	82.9	85.0	87.1	89.2	91.4	93.5	95.7	97.9	100.2	102.4
35	56.8	58.6	60.5	62.4	64.4	66.3	68.3	70.3	72.3	74.3	76.3	78.4	80.5	82.6	84.7	86.9	89.1	91.3	93.5	95.7	98.0	100.3	102.6	105.0	107.3
36	59.8	61.7	63.7	65.7	67.7	69.7	71.7	73.8	75.9	78.0	80.1	82.3	84.5	86.7	88.9	91.2	93.5	95.8	98.1	100.5	102.9	105.3	107.7	110.2	112.7
37	62.9	65.0	67.0	69.1	71.2	73.3	75.4	77.6	79.8	82.0	84.2	86.5	88.8	91.1	93.4	95.8	98.2	100.6	103.1	105.6	108.1	110.7	113.3	115.9	118.6
38	66.3	68.4	70.6	72.7	74.9	77.1	79.4	81.6	83.9	86.2	88.6	91.0	93.4	95.8	98.3	100.8	103.4	105.9	108.6	111.2	113.9	116.6	119.4	122.2	125.0
39	70.0	72.2	74.4	76.7	78.9	81.3	83.6	86.0	88.4	90.9	93.4	95.9	98.4	101.0	103.6	106.3	109.0	111.8	114.6	117.4	120.3	123.2	126.1	129.2	132.2
40	73.8	76.2	78.5	80.9	83.3	85.7	88.2	90.8	93.3	95.9	98.5	101.2	103.9	106.7	109.5	112.4	115.3	118.2	121.2	124.3	127.4	130.5	133.7	137.0	140.3
41	78.0	80.5	83.0	85.5	88.0	90.6	93.3	95.9	98.7	101.4	104.3	107.1	110.0	113.0	116.0	119.1	122.2	125.4	128.7	132.0	135.4	138.8	142.3	145.9	149.5
42	82.6	85.2	87.8	90.5	93.2	96.0	98.8	101.7	104.6	107.6	110.6	113.7	116.9	120.1	123.4	126.7	130.1	133.6	137.2	140.8	144.5	148.3	152.2	156.1	160.2
43	87.6	90.4	93.2	96.0	99.0	101.9	105.0	108.1	111.2	114.5	117.8	121.1	124.6	128.1	131.7	135.4	139.1	143.0	147.0	151.0	155.2	159.4	163.8	168.2	172.8
44	93.1	96.1	99.1	102.2	105.4	108.6	111.9	115.3	118.7	122.3	125.9	129.6	133.4	137.4	141.4	145.5	149.7	154.1	158.5	163.1	167.9	172.7	177.7	182.9	188.2
45	99.3	102.5	105.8	109.2	112.6	116.2	119.8	123.6	127.4	131.4	135.4	139.6	143.9	148.3	152.9	157.6	162.4	167.4	172.6	178.0	183.5	189.2	195.1	201.2	207.5
46	106.3	109.8	113.4	117.2	121.0	125.0	129.1	133.3	137.6	142.1	146.7	151.5	156.5	161.6	167.0	172.5	178.2	184.2	190.4	196.8	203.5	210.5	217.8	225.4	233.3
47	114.3	118.3	122.4	126.6	130.9	135.4	140.1	145.0	150.0	155.3	160.7	166.4	172.3	178.5	185.0	191.8	198.9	206.4	214.2	222.4	231.0	240.0	249.5	259.5	270.0
48	123.9	128.4	133.1	137.9	143.0	148.3	153.9	159.7	165.8	172.2	178.9	186.0	193.5	201.4	209.8	218.7	228.2	238.2	248.9	260.3	272.3	285.1	298.7	313.0	328.2
49	135.5	140.8	146.4	152.3	158.5	165.0	172.0	179.3	187.2	195.6	204.6	214.3	224.7	235.9	248.1	261.3	275.5	290.9	307.6	325.5	344.8	365.4	387.3	410.6	435.2

97 孔定量盘 *MPN* 表（每 100 mL 水样）

大孔阳性格数	小孔阳性格数																							
	25	26	27	28	29	30	31	32	33	34	35	36	37	38	39	40	41	42	43	44	45	46	47	48
0	25.3	26.4	27.4	28.4	29.5	30.5	31.5	32.6	33.6	34.7	35.7	36.8	37.8	38.9	40.0	41.0	42.1	43.1	44.2	45.3	46.3	47.4	48.5	49.5
1	26.6	27.7	28.7	29.8	30.8	31.9	32.9	34.0	35.0	36.1	37.2	38.2	39.3	40.4	41.4	42.5	43.6	44.7	45.7	46.8	47.9	49.0	50.1	51.2
2	27.9	29.0	30.0	31.1	32.2	33.2	34.3	35.4	36.5	37.5	38.6	39.7	40.8	41.9	43.0	44.0	45.1	46.2	47.3	48.4	49.5	50.6	51.7	52.8
3	29.3	30.4	31.4	32.5	33.6	34.7	35.8	36.8	37.9	39.0	40.1	41.2	42.3	43.4	44.5	45.6	46.7	47.8	48.9	50.0	51.2	52.3	53.4	54.5
4	30.7	31.8	32.8	33.9	35.0	36.1	37.2	38.3	39.4	40.5	41.6	42.8	43.9	45.0	46.1	47.2	48.3	49.5	50.6	51.7	52.9	54.0	55.1	56.3
5	32.1	33.2	34.3	35.4	36.5	37.6	38.7	39.9	41.0	42.1	43.2	44.4	45.5	46.6	47.7	48.9	50.0	51.2	52.3	53.5	54.6	55.8	56.9	58.1
6	33.5	34.7	35.8	36.9	38.0	39.2	40.3	41.4	42.6	43.7	44.8	46.0	47.1	48.3	49.4	50.6	51.7	52.9	54.1	55.2	56.4	57.6	58.7	59.9
7	35.0	36.2	37.3	38.4	39.6	40.7	41.9	43.0	44.2	45.3	46.5	47.7	48.8	50.0	51.2	52.3	53.5	54.7	55.9	57.1	58.3	59.4	60.6	61.8
8	36.6	37.7	38.9	40.0	41.2	42.3	43.5	44.7	45.9	47.0	48.2	49.4	50.6	51.8	53.0	54.1	55.3	56.5	57.7	59.0	60.2	61.4	62.6	63.8
9	38.1	39.3	40.5	41.6	42.8	44.0	45.2	46.4	47.6	48.8	50.0	51.2	52.4	53.6	54.8	56.0	57.2	58.4	59.7	60.9	62.1	63.4	64.6	65.8
10	39.7	40.9	42.1	43.3	44.5	45.7	46.9	48.1	49.3	50.6	51.8	53.0	54.2	55.5	56.7	57.9	59.2	60.4	61.7	62.9	64.2	65.4	66.7	67.9
11	41.4	42.6	43.8	45.0	46.3	47.5	48.7	49.9	51.2	52.4	53.7	54.9	56.1	57.4	58.6	59.9	61.2	62.4	63.7	65.0	66.3	67.5	68.8	70.1
12	43.1	44.3	45.6	46.8	48.1	49.3	50.6	51.8	53.1	54.3	55.6	56.8	58.1	59.4	60.7	62.0	63.2	64.5	65.8	67.1	68.4	69.7	71.0	72.4
13	44.9	46.1	47.4	48.6	49.9	51.2	52.5	53.7	55.0	56.3	57.6	58.9	60.2	61.5	62.8	64.1	65.4	66.7	68.0	69.3	70.7	72.0	73.3	74.7
14	46.7	48.0	49.3	50.5	51.8	53.1	54.4	55.7	57.0	58.3	59.6	60.9	62.3	63.6	64.9	66.3	67.6	68.9	70.3	71.6	73.0	74.4	75.7	77.1
15	48.6	49.9	51.2	52.5	53.8	55.1	56.4	57.8	59.1	60.4	61.8	63.1	64.5	65.8	67.2	68.5	69.9	71.3	72.6	74.0	75.4	76.8	78.2	79.6
16	50.5	51.8	53.2	54.5	55.8	57.2	58.5	59.9	61.2	62.6	64.0	65.3	66.7	68.1	69.5	70.9	72.3	73.7	75.1	76.5	77.9	79.3	80.8	82.2
17	52.5	53.9	55.2	56.6	58.0	59.3	60.7	62.1	63.5	64.9	66.3	67.7	69.1	70.5	71.9	73.3	74.8	76.2	77.6	79.1	80.5	82.0	83.5	84.9
18	54.6	56.0	57.4	58.8	60.2	61.6	63.0	64.4	65.8	67.2	68.6	70.1	71.5	73.0	74.4	75.9	77.3	78.8	80.3	81.8	83.3	84.8	86.3	87.8
19	56.8	58.2	59.6	61.0	62.4	63.9	65.3	66.8	68.2	69.7	71.1	72.6	74.1	75.5	77.0	78.5	80.0	81.5	83.1	84.6	86.1	87.6	89.2	90.7
20	59.0	60.4	61.9	63.3	64.8	66.3	67.7	69.2	70.7	72.2	73.7	75.2	76.7	78.2	79.8	81.3	82.8	84.4	85.9	87.5	89.1	90.7	92.2	93.8
21	61.3	62.8	64.3	65.8	67.3	68.8	70.3	71.8	73.3	74.9	76.4	77.9	79.5	81.1	82.6	84.2	85.8	87.4	89.0	90.6	92.2	93.8	95.4	97.1
22	63.8	65.3	66.8	68.3	69.8	71.4	72.9	74.5	76.1	77.6	79.2	80.8	82.4	84.0	85.6	87.2	88.9	90.5	92.1	93.8	95.5	97.1	98.8	100.5
23	66.3	67.8	69.4	71.0	72.5	74.1	75.7	77.3	78.9	80.5	82.2	83.8	85.4	87.1	88.7	90.4	92.1	93.8	95.5	97.2	98.9	100.6	102.4	104.1
24	68.9	70.5	72.1	73.7	75.3	77.0	78.6	80.3	81.9	83.6	85.2	86.9	88.6	90.3	92.0	93.8	95.5	97.2	99.0	100.7	102.5	104.3	108.1	107.9

大孔阳性格数	小孔阳性格数																							
	25	26	27	28	29	30	31	32	33	34	35	36	37	38	39	40	41	42	43	44	45	46	47	48
25	71.7	73.3	75.0	76.6	78.3	80.0	81.7	83.3	85.1	86.8	88.5	90.2	92.0	93.7	95.5	97.3	99.1	100.9	102.7	104.5	108.3	108.2	110.0	111.9
26	74.6	76.3	78.0	79.7	81.4	83.1	84.8	86.6	88.4	90.1	91.9	93.7	95.5	97.3	99.2	101.0	102.9	104.7	108.6	108.5	110.4	112.3	114.2	116.2
27	77.6	79.4	81.1	82.9	84.6	86.4	88.2	90.0	91.9	93.7	95.5	97.4	99.3	101.2	103.1	105.0	108.9	108.8	110.8	112.7	114.7	116.7	118.7	120.7
28	80.8	82.6	84.4	86.3	88.1	89.9	91.8	93.7	95.6	97.5	99.4	101.3	103.3	105.2	107.2	109.2	111.2	113.2	115.2	117.3	119.3	121.4	123.5	125.6
29	84.2	86.1	87.9	89.8	91.7	93.7	95.6	97.5	99.5	101.5	103.5	105.5	107.5	109.5	111.6	113.7	115.7	117.8	120.0	122.1	124.2	126.4	128.6	130.8
30	87.8	89.7	91.7	93.6	95.6	97.6	99.6	101.6	103.7	105.7	107.8	109.9	112.0	114.2	116.3	118.5	120.6	122.8	125.1	127.3	129.5	131.8	134.1	136.4
31	91.6	93.6	95.6	97.7	99.7	101.8	103.9	106.0	108.2	110.3	112.5	114.7	116.9	119.1	121.4	123.6	125.9	128.2	130.5	132.9	135.3	137.7	140.1	142.5
32	95.7	97.8	99.9	102.0	104.2	108.3	108.5	110.7	113.0	115.2	117.5	119.8	122.1	124.5	126.8	129.2	131.6	134.0	136.5	139.0	141.5	144.0	146.6	149.1
33	100.0	102.2	104.4	106.6	108.9	111.2	113.5	115.8	118.2	120.5	122.9	125.4	127.8	130.3	132.8	135.3	137.8	140.4	143.0	145.6	148.3	150.9	153.7	156.4
34	104.7	107.0	109.3	111.7	114.0	116.4	118.9	121.3	123.8	126.3	128.8	131.4	134.0	136.6	139.2	141.9	144.6	147.4	150.1	152.9	155.7	158.6	161.5	164.4
35	109.7	112.2	114.6	117.1	119.6	122.2	124.7	127.3	129.9	132.6	135.3	138.0	140.8	143.6	146.4	149.2	152.1	155.0	158.0	161.0	164.0	167.1	170.2	173.3
36	115.2	117.8	120.4	123.0	125.7	128.4	131.1	133.9	136.7	139.5	142.4	145.3	148.3	151.3	154.3	157.3	160.5	163.6	166.8	170.0	173.3	176.6	179.9	183.3
37	121.3	124.0	126.8	129.6	132.4	135.3	138.2	141.2	144.2	147.3	150.3	153.5	156.7	159.9	163.1	166.5	169.8	173.2	176.7	180.2	183.7	187.3	191.0	194.7
38	127.9	130.8	133.8	136.8	139.9	143.0	146.2	149.4	152.6	155.9	159.2	162.6	166.1	169.6	173.2	176.8	180.4	184.2	188.0	191.8	195.7	199.7	203.7	207.7
39	135.3	138.5	141.7	145.0	148.3	151.7	155.1	158.6	162.1	165.7	169.4	173.1	176.9	180.7	184.7	188.7	192.7	196.8	201.0	205.3	209.6	214.0	218.5	223.0
40	143.7	147.1	150.6	154.2	157.8	161.5	165.3	169.1	173.0	177.0	181.1	185.2	189.4	193.7	198.1	202.5	207.1	211.7	216.4	221.1	226.0	231.0	236.0	241.1
41	153.2	157.0	160.9	164.8	168.9	173.0	177.2	181.5	185.8	190.3	194.8	199.5	204.2	209.1	214.0	219.1	224.2	229.4	234.8	240.2	245.8	251.5	257.2	263.1
42	164.3	168.6	172.9	177.3	181.9	186.5	191.3	196.1	201.1	208.2	211.4	216.7	222.2	227.7	233.4	239.2	245.2	251.3	257.5	263.8	270.3	276.9	283.6	290.5
43	177.5	182.3	187.3	192.4	197.6	202.9	208.4	214.0	219.8	225.8	231.8	238.1	244.5	251.0	257.7	264.6	271.7	278.9	286.3	293.8	301.5	309.4	317.4	325.7
44	193.6	199.3	205.1	211.0	217.2	223.5	230.0	236.7	243.6	250.8	258.1	265.6	273.3	281.2	289.4	297.8	306.3	315.1	324.1	333.3	342.8	352.4	362.3	372.4
45	214.1	220.9	227.9	235.2	242.7	250.4	258.4	266.7	275.3	284.1	293.3	302.6	312.3	322.3	332.5	343.0	353.8	364.9	376.2	387.9	399.8	412.0	424.5	437.4
46	241.5	250.0	258.9	268.2	277.8	287.8	298.1	308.8	319.9	331.4	343.3	355.5	368.1	381.1	394.5	408.3	422.5	437.1	452.0	467.4	483.3	499.6	516.3	533.5
47	280.9	292.4	304.4	316.9	330.0	343.6	357.8	372.5	387.7	403.4	419.8	436.6	454.1	472.1	490.7	509.9	529.8	550.4	571.7	593.8	616.7	640.5	665.3	691.0
48	344.1	360.9	378.4	396.8	416.0	436.0	456.9	478.6	501.2	524.7	549.3	574.8	601.5	629.4	658.6	689.3	721.5	755.6	791.5	829.7	870.4	913.9	960.6	1 011.2
49	461.1	488.4	517.2	547.5	579.4	613.1	648.8	686.7	727.0	770.1	816.4	866.4	920.8	980.4	1 046.2	1 119.9	1 203.3	1 299.7	1 413.6	1 553.1	1 732.9	1 986.3	2 419.6	>2 419.6

51 孔定量盘使用 *MPN* 表

阳性孔数（每 100 mL 水样）	*MPN* 值	95%可信范围	
		下限	上限
0	<1	0.0	3.7
1	1.0	0.3	5.6
2	2.0	0.6	7.3
3	3.1	1.1	9.0
4	4.2	1.7	10.7
5	5.3	2.3	12.3
6	6.4	3.0	13.9
7	7.5	3.7	15.5
8	8.7	4.5	17.1
9	9.9	5.3	18.8
10	11.1	6.1	20.5
11	12.4	7.0	22.1
12	13.7	7.9	23.9
13	15.0	8.8	25.7
14	16.4	9.8	27.5
15	17.8	10.8	29.4
16	19.2	11.9	31.3
17	20.7	13.0	33.3
18	22.2	14.1	35.2
19	23.8	15.3	37.3
20	25.4	16.5	39.4
21	27.1	17.7	41.6
22	28.8	19.0	43.9
23	30.6	20.4	46.3
24	32.4	21.8	48.7
25	34.4	23.3	51.2
26	36.4	24.7	53.9
27	38.4	26.4	56.6
28	40.6	28.0	59.5
29	42.9	29.7	62.5
30	45.3	31.5	65.6
31	47.8	33.4	69.0
32	50.4	35.4	72.5
33	53.1	37.5	76.2
34	56.0	39.7	80.1
35	59.1	42.0	84.4
36	62.4	44.6	88.8

阳性孔数（每 100 mL 水样）	MPN 值	95%可信范围	
		下限	上限
37	65.9	47.2	93.7
38	69.7	50.0	99.0
39	73.8	53.1	104.8
40	78.2	56.4	111.2
41	83.1	59.9	118.3
42	88.5	63.9	126.2
43	94.5	68.2	135.4
44	101.3	73.1	146.0
45	109.1	78.6	158.7
46	118.4	85.0	174.5
47	129.8	92.7	195.0
48	144.5	102.3	224.1
49	165.2	115.2	272.2
50	200.5	135.8	387.6
51	＞200.5	146.1	—

实验九　细菌的分离与纯种培养

一、实验目的

（1）学习和掌握几种细菌接种技术。

（2）了解从环境中分离、纯化细菌的常用方法。

二、实验原理

水中混杂地生长或生存着很多细菌，而把要研究的某一细菌分离出来，这一过程称为“分离”。微生物学中，把通过一个细胞分裂得到后代的过程叫作纯化培养。细菌分离和纯化的方法很多，常用的有平板稀释分离法（包括混均法和涂布法两种）和平板划线分离法。另外，还有单细胞挑取分离和培养条件控制法等，后者包括选择培养基分离法、好氧与厌氧培养分离法和 pH、温度等控制分离法。

利用上述方法使细菌单个细胞或同一类细胞在培养基上形成菌落，挑取单个菌落于斜面培养基上培养，然后从斜面培养基的菌苔挑出少许进行划线分离（图 5-28），获得单一菌落，经过多次反复后，便可获得菌落形态及菌体形态一致的纯培养，供鉴定用。

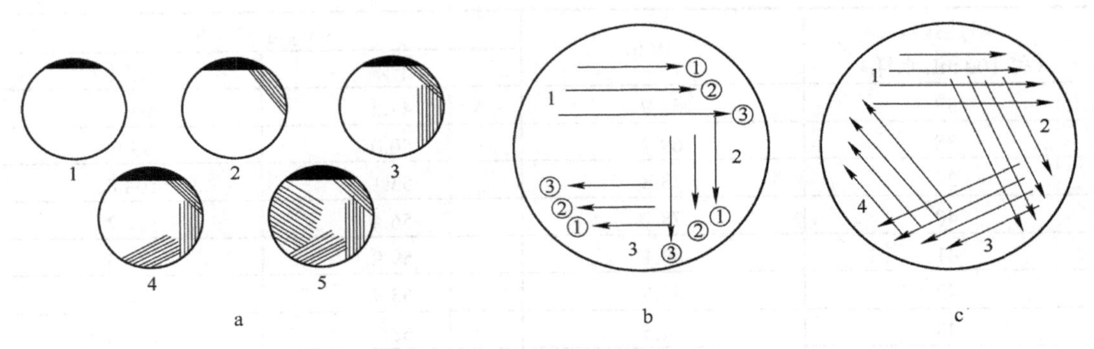

图 5-28　平板划线法示意图

三、实验仪器和材料

（1）实验八中培养的大肠菌群细菌。

（2）无菌伊红美蓝固体培养基。

（3）接种环、无菌培养皿、酒精灯、超净工作台、恒温培养箱等。

四、实验内容

（1）伊红美蓝培养基平板的制备

在无菌培养皿内，倾注入约 15 mL 已融化并冷却至 50℃左右的伊红美蓝培养基，平放于桌上待冷凝后形成平板，备用。

（2）大肠菌群细菌的纯化培养

根据实验八平板分离得到的菌落，观察菌落的大小、形状、边缘、光泽、质地、颜色和透明程度等形态特征。找出不同形态特征的菌落，用接种环无菌操作挑取单菌落，分别接种到伊红美蓝培养基上，倒置于 37℃培养箱内恒温培养 24 h。

在挑取单菌落时应注意选择单独的菌落，接种时应在菌落边缘挑取少量菌苔移入新平板，尽量不要带入原来的基质。划线时要在所划的范围内尽量划满，然后灼烧接种环，再转动一定的角度连接已划线的区域再划另一区，最后划满整个平皿，培养后得单菌落。如此反复几次后便可获得纯菌株，供细菌属鉴定用。

五、实验结果

表 5-10　菌落形态记录

编号	大小	形状	边缘	光泽	颜色	透明度	隆起程度

实验十　细菌淀粉酶与过氧化氢酶的定性测定

一、实验目的

通过对淀粉酶和过氧化氢酶的定性测定，加深对酶和酶促反应的感性认识。

二、实验原理

酶是由生物细胞产生的，具有催化能力的生物催化剂。生物体内一切化学反应，几乎都是在酶的催化下进行的。按部位，酶分为胞外酶、胞内酶及表面酶。

某些细菌能够产生水解培养基中淀粉的淀粉酶（胞外酶），使淀粉水解为糊精、麦芽糖和葡萄糖，并进一步转化为糖，淀粉被水解后遇碘不再变蓝。可根据这一现象定性测定细菌淀粉酶的活性。

过氧化氢（H_2O_2）酶又称接触酶，能催化 H_2O_2 分解成 H_2O 和 O_2，是一种以正铁血红素作为辅基的酶，其反应式如下：

$$2H_2O_2 \xrightarrow{\text{过氧化氢酶}} 2H_2O + O_2\uparrow$$

因为厌氧菌和乳酸菌不产生过氧化氢酶，因此有无过氧化氢酶，是区别好氧菌和厌氧菌的方法之一。

三、实验仪器和材料

（1）接种环、载玻片。

（2）1%淀粉溶液：取可溶性淀粉 1 g，加 5 mL 水搅匀后，缓缓倾入沸水至 100 mL，随加随搅拌，煮沸 2 min，置冷，倾取上清液即可。本液应临用新制。

（3）牛肉膏蛋白胨淀粉培养基：蛋白胨 10 g、NaCl 5 g、牛肉膏 5 g、可溶性淀粉 2 g、琼脂 15～20 g、蒸馏水 1 000 mL、pH=7.2，配制时，先将淀粉用少量水调成糊状，再加入融化好的培养基中，121℃灭菌锅中灭菌 25 min。

（4）碘液、体积分数 3%过氧化氢溶液、待检测的细菌菌株、生活污水。

四、实验内容

1．生活污水中淀粉酶活性的测定

（1）取 4 支无菌干净的试管，按 1、2、3、4 编号，置于试管架备用。

（2）按照表 5-11 的顺序在试管中加入各种物质。将上述试管中的各种溶液混合均匀，加入碘液后开始记录起始时间，观察现象，蓝色褪去的时间即为终点（即淀粉酶和淀粉反应完全的时间）。记录各试管褪色所需要的时间，分析说明问题。

表 5-11 生活污水淀粉酶活性的测定

试管编号	1	2	3	4（对照）
生活污水/mL	5	10	15	0
无菌蒸馏水/mL	10	5	0	15
1%淀粉溶液/滴	4	4	4	4
碘液/滴	4	4	4	4

2. 细菌淀粉酶活性的测定

取一块干净的载玻片，按表 5-12 在载玻片上分别滴加淀粉溶液与碘液，混合均匀，分别挑取 1～3 环培养 24 h 的菌苔，在淀粉与碘液的混合溶液中涂抹均匀。记录起始时间，注意观察，蓝色褪去的时间即为终点（即淀粉酶和淀粉反应完全的时间），比较各反应褪色所需要的时间，分析说明问题。

表 5-12 细菌淀粉酶活性的测定

编号	1	2	3	4（对照）
细菌/环	1	2	3	0
1%淀粉溶液/滴	1	1	1	1
碘液/滴	1	1	1	1

3. 淀粉酶在固体培养基中的扩散实验

（1）将牛肉膏蛋白胨淀粉培养基加热融化，待冷却至 50℃左右倒入无菌培养皿内，静置等冷凝即成平板。

（2）在无菌操作条件下，用接种环分别挑取两种细菌各一环在平板上点种 2 个点，37°培养箱内倒置培养 24 h（图 5-29）。

（3）取出平板，观察细菌的生长情况，打开皿盖，分别在平板内的菌落周围滴加碘液，轻轻旋转平板，使碘液均匀铺满平板，观察菌落周围颜色的变化。若在菌落周围有一个无色的透明圈，说明该细菌产生淀粉酶并扩散到基质中，已将培养基中的淀粉水解成了遇碘不显色的物质，透明圈越大说明该菌水解淀粉的能力越强；若菌落周围为蓝色（无透明圈出现），说明该细菌不产生淀粉酶，培养基中的淀粉未被水解。

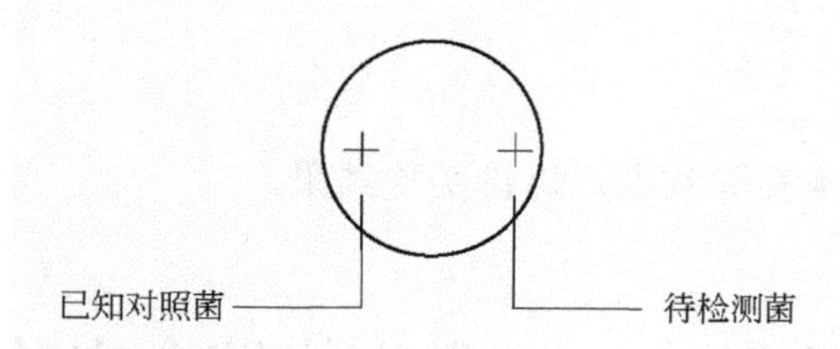

图 5-29　淀粉平板接种示意图

4．细菌过氧化氢酶活性的定性测定

取一块干净的载玻片，在上面滴加一滴 3%过氧化氢溶液，挑取一环培养 24 h 的菌苔，在过氧化氢溶液中涂抹。有气泡产生的为过氧化氢酶阳性，无气泡产生的为过氧化氢酶阴性。

五、实验结果

表 5-13　生活污水中淀粉酶活性的测定

试管编号	1	2	3	4（对照）
生活污水/mL	5	10	15	0
蒸馏水/mL	10	5	0	15
1%淀粉溶液/滴	4	4	4	4
碘液/滴	4	4	4	4
褪色时间/s				

表 5-14　细菌淀粉酶活性的测定

编号		1	2	3	4（对照）
细菌/环		1	2	3	0
1%淀粉溶液/滴		1	1	1	1
碘液/滴		1	1	1	1
褪色时间/s	菌 1				
	菌 2				
	菌 3				
	菌 4				

表 5-15　细菌过氧化氢酶活性的测定

细菌种类	1	2	3	4	5	6	7
过氧化氢酶活性（+/–）							

六、思考与讨论

根据以上内容，分析实验数据，讨论实验结果。

实验十一 微生物综合实验

学生在掌握环境微生物基础知识和基本实验技能的基础上开展综合性实验，在教师指导下系统地运用所学专业知识，利用实验室现有条件，进行具有综合性和探索性的实验。

综合性实验要求学生分组查阅资料、设计和撰写实验方案，教师负责把握实验方案的方向和可行性，学生根据修改完善的实验方案，在教师监督下进入实验室开展和完成实验内容。实验完毕，撰写和提交综合实验报告。

具体实施过程如下：

1. 组织课题小组

学生根据个人情况自由组织，形成课题小组，小组人数以3～4人为宜，确保在实验过程中，每个学生都能得到独立的锻炼机会，共同完成实验课题。

2. 确立实验课题

学生围绕着土壤、水体和空气3种不同环境介质的微生物或感兴趣的生产、生活方面的相关问题，在实验允许的条件下，确立难度适宜的实验课题。教师也可从科研项目中提取适宜的实验素材，转化为教学实验，供学生选择；或者整理往年学生的综合实验报告，选择典型实例加以介绍和点评，给学生提供思路参考。

3. 查阅资料

教师介绍实验室现有的实验设备、实验材料及其用途，对实验课题做概括性的介绍，包括实验目的、实验要求、实验的重点与难点等，引导学生查阅文献资料，设计合理可行的具体操作方案。同时，结合往届学生综合实验的开展情况，强调实验过程中的注意事项。

4. 撰写实验方案

根据查阅的资料，通过分析、讨论和综合，每个小组撰写一份实验设计方案，内容包括前言（国内外研究现状、实验原理等）、实验目的和意义、实验仪器、实验材料和试剂、实验详细步骤、实验重点和难点、实验进度安排和预期成果等，要求内容详尽，以保证实验的顺利进行。

5. 修改和完善实验方案

教师认真审阅每个小组的实验方案，在尊重学生意愿和思路的前提下，结合现有实验条件，与学生共同讨论，对实验方案进行修改，对重要步骤加以解释和说明，引导学生最终形成一个方向明确、思路清晰、可行性强的实验方案。

6. 开展实验

教师为学生提供相关实验用品，各小组根据实验方案，自行统筹安排实验内容与实验时间。在学生开展实验过程中，教师要现场巡视指导，及时纠正错误或帮助学生解决实验中存在的问题。学生要注意详细观察实验现象、记录实验结果，并加以认真分析和讨论。实验完成后，做好实验设备、仪器的清洁维护工作，整理实验室卫生。

7. 撰写实验报告

综合实验报告需按照科技论文的形式撰写，包括封面、题目、摘要、前言（国内外研究现状、实验原理等）、实验材料与方法、实验结果、讨论和参考文献等部分。学生在撰写综合实验报告过程中，要认真整理实验数据，查阅相关研究资料，进行严格的数据分析，开展实验的系统总结和思考，以培养科研思维，提高科研素质。

8. 实验总结

教师组织学生对每个实验课题进行答辩和总结，对实验结果、实验过程中的问题和异常现象进行讨论，并交流实验体会和经验教训。通过不同小组的交流，扩宽学生的知识面。学生提交综合实验报告后，教师及时审阅与评价学生的报告。

9. 实验考核与成绩评定

综合性实验的成绩评定主要包括以下几个方面：

①实验设计（20%）：主要考查学生对实验方案的设计是否合理可行，对项目研究的目的和意义是否理解和掌握。

②实验技能（30%）：主要考查学生在各个实验环节的操作规范性，以及分析和解决问题的能力。

③实验表现（10%）：主要考查学生的实验态度、团队协作意识等。

④实验报告（40%）：主要考查学生的数据分析、综合能力和科研素养，以及对项目研究领域相关知识了解的深度和广度等。

综合实验报告格式模板：

综合实验标题：____________________

作者（名字、学号、班级等信息）

摘要：

关键词：

前言

____

1 实验材料与方法

---

2 实验结果

---

3 实验讨论

---

4 实验总结

---

5 参考文献

第六章　物理性污染控制工程实验

实验一　室内噪声的测量

一、实验目的

（1）熟悉噪声频谱分析仪的校准和使用方法；
（2）掌握室内环境噪声的测量方法；
（3）掌握室内设备噪声测量及频谱分析方法；
（4）通过监测室内环境噪声，确定工作环境是否符合标准。

二、实验原理

对于室内噪声，如果是稳态噪声只测 A 声级，如果是非稳态的连续噪声，则在足够长的时间内（能够代表 8 h 内起伏状况的部分时间）取样，计算等效连续 A 声级 L_{eq}。

三、测量仪器

（1）HS6280D 型噪声频谱分析仪；
（2）噪声源（指定室内的设备，如通风橱、真空泵等）。

四、实验步骤

（1）噪声频谱分析仪的校准
（2）噪声频谱分析仪的使用方法
（3）室内环境噪声的测量方法
①绘制平面布置图和测点位置图；
②启动噪声源，在测点（测点高度：1.2～1.5 m）测出 A 声级或等效连续 A 声级 L_{eq}，

记录测量值，填入表 6-1 中。

（4）室内机器设备噪声的测量及频谱分析

①根据选点原则，确定测点；

②关闭噪声源，在各测点上测量背景噪声 A 声级，记录各测量值，填入表 6-2 中；

③启动噪声源，在相应测点上测量 A 声级，记录各测量值，填入表 6-2 中；

④选定一个测点，关闭噪声源，分别测出在各倍频程中心频率下的声压级，记录各测量值，填入表 6-3 中；

⑤启动噪声源，在该测点测出在各倍频程中心频率下的声压级，记录各测量值，填入表 6-3 中。

表 6-1　室内环境噪声记录　　单位：dB

测点		1	2	3	……	平均值	标准值	是否超标
测量项目	A 声级							
	L_{eq}							

表 6-2　设备噪声测量记录　　单位：dB

	测点					平均值
	1	2	3	4	……	
测量值						
背景值						
实际值						

表 6-3　设备噪声频谱分析记录　　单位：dB

	中心频率/Hz								
	31.5	63	125	250	500	1 000	2 000	4 000	8 000
测量值									
背景值									
实际值									

注：$L_{实}=L_{测}+10\lg[1-10^{-0.1\times(L_{测}-L_{背})}]$

五、结果与数据处理

（1）要求绘制室内平面布置简图，并指出声源位置；确定室内噪声是否超标。

（2）计算出噪声源（指定设备）的噪声。

（3）以各倍频程中心的频率为横坐标，以频率的对数为标度，用声压级做纵坐标（单位为 dB），绘制频谱图。

六、注意事项

（1）在测量时，无关同学远离噪声源；

（2）做实验时，应认真记录；

（3）注意保护好仪器，严禁对传声器尖叫。

七、思考与讨论

（1）这种室内环境噪声的测量方法可否用于工业企业内部生产环境的测量？为什么？

（2）此种测量室内设备噪声的方法，在实际运用中还可用来测量哪些噪声？

实验二　声功率级的测量

一、实验目的

（1）加深对声功率级和声压级的概念的认识；

（2）了解并掌握测量声功率级的一种简单方法。

二、实验原理

对新产品样机或系列风机等，有时需要测量声功率级，以及该机器客观的噪声源特性，在一定的工作状态下每个机器的声功率是一个恒量，不随距离和工作环境的改变而改变。声功率不能直接测量，它是通过测量声压级后计算得到，但要精确测定机械的声功率级，必须测量在自由场条件下的远场声压级或测量混响室里扩散条件下的声压级。在工厂、车间等条件下往往不能得到满足，只能采用较粗糙的调查方法。当我们忽略掉环境存在的修正值以后，就可近似知道该机械的声功率级。（实际运用中，要把测量所得的声功率级减掉一个修正值，此修正值表示环境的反射声影响的程度。）

（1）测量环境

测量应在室外空旷地域或在空间较大的车间现场进行，在声源和测点附近不应存在声反射体。

（2）声源位置

待测声源应放在反射平面（一般指地面）上的一个或几个常规使用的典型位置，声源距其他壁面和房顶要足够远。

（3）测点分布

1）测量面

为便于测量定位，要规定一个包络声源的参照面（假设面），这个参照面既可以是一个尽可能小的矩形六面体，也可以是半球面。选择矩形六面体时应以地面作为底面，参照面的长、宽、高应与设备主要外形尺寸相同，测量应分布在包围参照面的测量面上。对声学条件较差的测量环境，最好选取矩形测量面，且使测量面至参照面的距离 d 足够小。距离的选取也应满足环境要求。

2）矩形体测量测点分布

对于轮廓是长方形的声源，以采用矩形测量面为好，但组成矩形体测量的 5 个平面应分别与参照面的 5 个面距离均为 d（d 为测点至声源的距离），一般 d 取 1 m，最小不应小于 0.25 m，测点分布如图 6-1 所示。

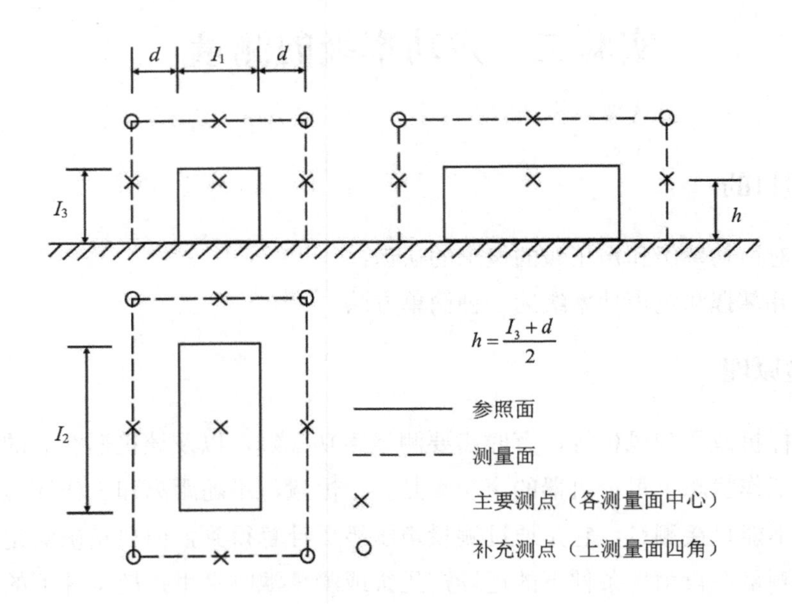

图 6-1 声功率级测点分布

对于体积声源（最大的水平线性尺寸大于 1 m），除在 5 个测量面上各布 1 个测量点外，还应在 4 个角补充 4 个角落测点，如图 6-1 中 O 所示。

三、仪器及设备

（1）HS6280D 型声级；

（2）空压机；

（3）直尺。

四、实验步骤

（1）校正声级计；
（2）选定测量对象，确定采用什么样的测量面；
（3）定好测点位置，根据选定位置确定要测量哪几个点的声压级值，并做好记录；
（4）空压机未开启前先测量各测点的声压级，并记录下数值；
（5）打开空压机，测定各点的声压级数据，并记录所得的数据；
（6）量取、计算测量面面积。

五、注意事项

（1）在选取测量面时，距离要适中；
（2）在测量声压级时，一定要严格按测声压级要求去做，尽量不人为影响测量结果；
（3）注意观察各点的声压级有无变化。

六、数据处理

（1）各点所得的 L_{pi}，先修正背景噪声值，再按式（6-1）计算 $\overline{Lp}$

$$\overline{Lp}=10\lg\left(\frac{1}{n}\sum_{i=1}^{n}10^{0.1\overline{L_{pi}}}\right) \tag{6-1}$$

式中：$\overline{L_{pi}}$——第 i 个测点经修正背景噪声值后的声压级，dB。

$$\overline{L_{pi}}=L_{pi}+10\lg[1-10^{-0.1\times(L_{pi}-L_{piB})}] \tag{6-2}$$

（2）按式（6-3）计算声功率级

$$L_{\mathrm{w}}=\overline{Lp}+10\lg\frac{S}{S_0} \tag{6-3}$$

式中：S——测量面积，m^2；$S_0=1\ \mathrm{m}^2$

（3）实验结果记录

①自行设计表格把测量结果记录下来；
②分别计算出各点的校正声压级值；
③求出声功率级。

七、思考与讨论

此种方法计算出的噪声的声功率级与声源实际的声功率级是否一致？由何原因引起？

实验三　环境中电磁辐射监测

一、实验目的

（1）了解测定工作室、实验室电磁辐射环境监测的方法；

（2）掌握手持式电磁辐射分析仪的使用。

二、实验原理

电荷的周围存在一种特殊的物质，称为电场。电流在其所通过的导体周围产生的具有磁力的空间，称为磁场。

电场（E）和磁场（H）是互相联系、互相作用，且同时并存的。由于交变电场的存在，会在其周围产生交变的磁场；磁场的变化，又会在其周围产生新的磁场。它们的运动方向是相互垂直的，并与自己的运动方向垂直。这种交变的电场和磁场的总和，称为电磁场。这种变化的电场和磁场交替产生，由近及远，互相垂直（亦与自己的运动方向垂直），并以一定的速度在空间传播的过程中不断地向周围空间辐射能量，这种辐射的能量称为电磁辐射，也称为电磁波。电磁波是由电磁振荡产生的，在垂直于行进方向振荡的电磁场，在空气中以光速（$c=3\times10^{8}\ \mathrm{m\cdot s^{-1}}$）传播。

电磁场频率划分参考表 6-4，典型辐射体环境辐射等场强值线如图 6-2 所示。

表 6-4　射频电磁场频率划分

频率范围	波长范围	频段名称	波段名称
3～30 kHz	100～10 km	甚低频（VLF）	超长波
30～300 kHz	10～1 km	低频（LF）	长波
0.3～3 MHz	1～0.1 km	中频（MF）	中波
3～30 MHz	100～10 m	高频（HF）	短波
30～300 MHz	10～1 m	甚高频（VHF）	超短波（米波）
0.3～3 GHz	1～0.1 m	超高频（VHF）	分米波
3～30 GHz	10～1 cm	特高频（SHF）	厘米波
30～300 GHz	10～1 mm	极高频（EHF）	毫米波

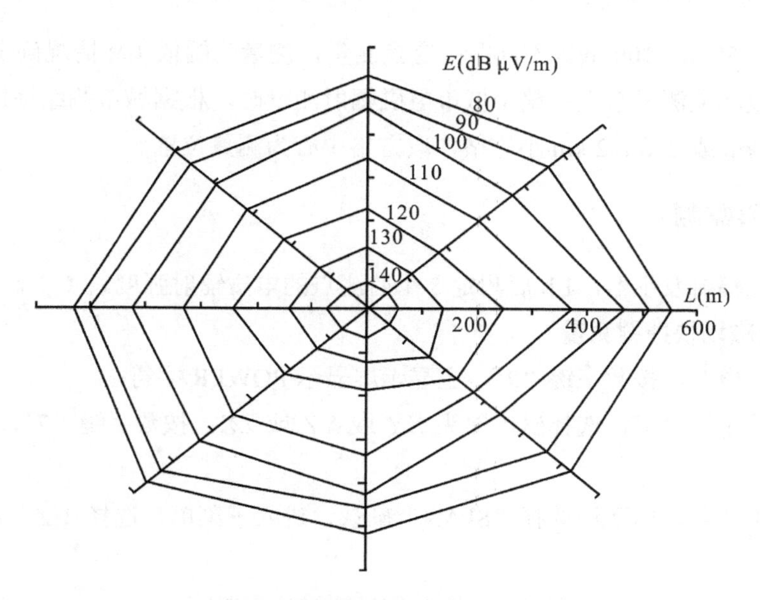

图 6-2　典型辐射体环境辐射等场强值线

三、仪器设备

（1）手持式电磁辐射分析仪（NF-3020 型）；

（2）电磁辐射发生器（电磁辐射体或电磁辐射源）。

四、实验步骤

1．环境条件

符合行业标准和仪器标准中规定使用条件。测量记录表应注明环境温度和相对湿度。

2．测量时间

在辐射体正常工作时间内进行测量，每个点连续测量 5 次，每次测量时间不少于 60 s，读取稳定状态的最大值，若测量读数起伏较大时，则应该延长测量时间。

3．测量位置

（1）测量位置取作业人员操作位置，距离地面 0.5 m、1.0 m、1.7 m 3 个位置；

（2）辐射体各辅助设施（计算机房、供电室）旁作业人员经常操作的位置，测量部位距地面 0.5 m，辐射体附近的固定哨位、值班位置。

4．数据处理

每个测量部位的平均场强值（超过 1 次读数）。

5．布点方法

（1）典型辐射体环境测量布点：对于典型辐射体，比如某个电视发射塔周围环境实施监测时，则应以辐射体为中心，按间隔 45°的八个方位为测量线，每条测量线上选取场源分别 30 m、50 m、100 m 等不同距离定点测量，测量范围依实际情况确定。

（2）一般环境测量布点：整个城市电磁辐射测量时，根据城市测绘地图，将全区划分为 1 km×1 km 或 2 km×2 km 小方格，取方格中心为测量位置。

五、实验监测

打开电磁辐射发生器，1 h 后测定 5 个监测点的电磁辐射强度。

1．工频磁场快捷键测量

（1）打开电源，按数字键“2”，主显示屏显示 POWER 字符；

（2）按数字键“6”，选择磁场探头 XY 或 YZ 或 ZX，按数字键“7”，选择 3D，按主菜单返回；

（3）按主菜单，向下键选择“SPAN”确认，进入子菜单，选择 HZ，从数字键输入 30 确认；

（4）向下键选择“SPTIME”，“MS”，数字键输入至少 25 ms；

（5）按主菜单，可以根据自己的需求来选择是否更改测量结果单位（默认为 T 特斯拉）；

（6）按主菜单返回扫描即可，“点”键保持最大（测量最大值）。

2．工频电场快捷键测量

（1）打开电源，按数字键“2”，主显示屏显示 POWER 字符；

（2）按数字键“6”，选择电场探头 E-F（电场单维），回车确认，按主菜单返回；

（3）按主菜单，向下键选择“SPAN”确认，进入子菜单，选择 Hz，数字键输入 30 确认；

（4）向下键选择“SPTIME”，“MS”，数字键输入至少 20 ms；

（5）按主菜单返回扫描即可，“点”键保持最大（测量最大值）。

注： 电场测量情况下，单维默认为 $V\cdot m^{-1}$。

由于工频电场受外界因素影响较大，建议使用 2 m 长木质棍棒做手柄，且周围无人走动。

3．自行设置操作测试（以工频磁场为例）

（1）按主菜单，上下键选择 CENTER 和 SPAN（设置中心频率和频率范围）。也可以选择 FLOW（开始低）和 FHIGH（结束高），来设置频率和截止频率。

（2）选择 FLOW，确认进入子菜单，选择 HZ 确认，从数字键输入数值 35。

（3）选择 FHIGH，确认进入子菜单，选择 HZ 确认，从数字键输入数值 65。

（4）RBW 选择 3 Hz。

（5）SWTIME 最小设置 20 ms。

（6）ATT 选择 0 dB。

（7）按主菜单返回扫描。

六、数据处理

（1）画出布点图，标明测量距离和辐射体位置。

（2）在表 6-5 中记录每个点的原始数据，并求平均值。

表 6-5 辐射监测记录数据记录

点位	E1	E2	E3	E4	E5	E_{av}
1						
2						
3						
……						

（3）评价标准。

按照《电磁环境控制限值》（GB 8702—2014）和《辐射环境保护管理导则 电磁辐射监测仪器和方法》（HJ/T 10.2—1996）进行评价。根据标准，学生宿舍属于安全区，需按一级标准进行评价。所测电脑辐射频率范围涵盖了长波、中波、短波、超短波、微波，属于标准中的混合波段，其综合电场强度标准限制由复合场强加权决定，为 5～10 $V \cdot m^{-1}$。

七、注意事项

（1）电磁辐射分析仪有多种品种，凡是用于 EMC（电磁兼容）、EMI（电磁干扰）目的的测试接收机都可用于环境电磁辐射监测。使用仪器应经计量标准定期鉴定。

（2）学生宿舍环境电磁辐射源不仅仅是电脑，还有与学生长时间、近距离接触的电器如床头台灯、床头电子闹钟等。因此仅测量电脑环境电磁辐射强度不能完全判断长期处于宿舍环境中的大学生这一群体是否受到了电磁辐射的危害。

（3）NF-3020 适合的定频率在 4 kHz 的工频电、磁场，开关，排插，插座，风扇等。

（4）对于手机、对讲机等射频、高频波段的电、磁场，不适用。

（5）关闭或清除实验室能产生电磁辐射的一切仪器和物品（如实验仪器、手机、日光灯等）。

八、思考与讨论

设计实验方案测定电脑操作时，处于不同位置所受电脑电磁辐射强度的大小。

实验四　室内照明测量

一、实验目的

（1）学会多功能环境检测仪的使用方法；

（2）了解并掌握室内或办公间内照度的测量方法；

（3）以保障视觉工作要求和有利工作效率安全，确定维护和改善照明的措施为下列目的进行测量；

（4）检验照明设施所产生的照明效果与各照明设计标准的符合情况。

二、实验原理

照度 E（illuminance）：表面上一处的光照度是入射在包含该点的面元上的光通量（$d\Phi$）除以该面元面积（dA）之商，单位为勒[克斯]（lx）。

$$E = \frac{\mathrm{d}\Phi}{\mathrm{d}A} \tag{6-4}$$

照明均匀度（U_1，U_2）：通常指规定表面上的最小照度与最大照度之比，符号为 U_1；也用最小照度与平均照度之比，符号为 U_2。

光电池是把光能直接转换成电能的光电元件。当光线射到硒光电池表面时，入射光透过金属薄膜到达半导体硒层和金属薄膜的分界面上，在界面上产生光电效应。产生的光生电流的大小与光电池受光表面上的照度有一定的比例关系。如果接上外电路，就会有电流通过，电流值从以勒[克斯]（lx）为刻度的微安表上指示出来。光电流的大小取决于入射光的强弱。

（一）测量条件

（1）在现场进行照明测量时，现场的照明光源宜满足下列要求

①白炽灯和卤钨灯累计燃点时间在 50 h 以上；

②气体放电灯类光源累计燃点时间在 100 h 以上。

（2）在现场进行照明测量时，应在下列时间后进行

①白炽灯和卤钨灯应燃点 15 min；

②气体放电灯类光源应燃点 40 min。

（二）测点分布

1. 中心布点法

在照度测量的区域一般将测量区域划分成矩形网格，网格宜为正方形，应在矩形网格中心点测量照度，如图 6-3 所示。该布点方法适用于水平照度、垂直照度或摄像机方向的垂直照度的测量，垂直照度应标明照度的测量面的法线方向。

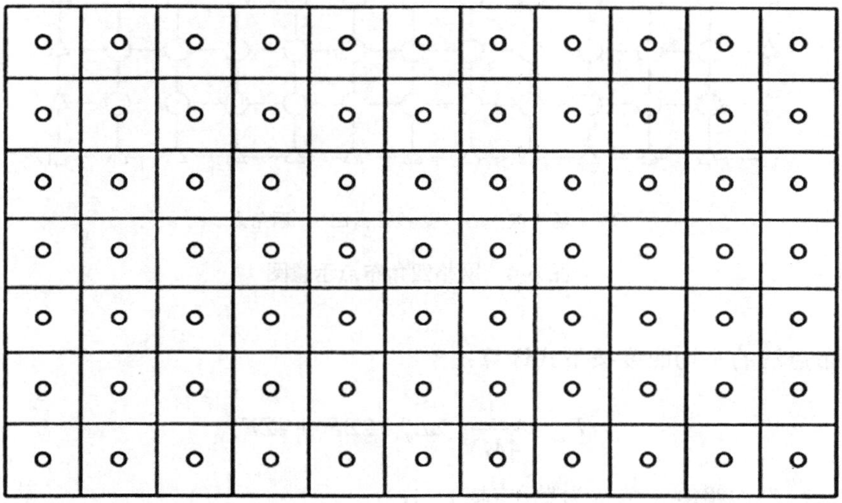

图 6-3　网格中心布点示意图

中心布点法的平均照度按下式计算：

$$E_{av}=\frac{1}{MN}\Sigma E_i \tag{6-5}$$

式中：E_{av}——平均照度，单位为勒[克斯]（lx）；

E_i——在第 i 个测点上的照度，单位为勒[克斯]（lx）；

M——纵向测点数；

N——横向测点数。

2. 四角布点法

在照度测量的区域一般将测量区域划分成矩形网格，网格宜为正方形，应在矩形网格 4 个角点上测量照度，如图 6-4 所示。该布点方法使用与水平照度、垂直照度或摄像机方向的垂直照度的测量，垂直照度应标明照度测量面的法线方向。

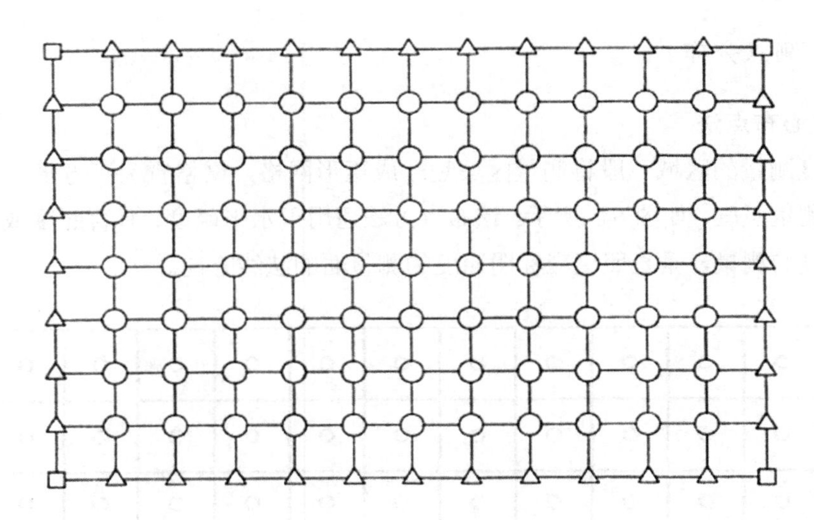

○——场内点；Δ——边线点；□——四角点。

图 6-4 网格四角布点示意图

四角布点法的平均照度按下式计算：

$$E_{av} = \frac{1}{4MN}(\Sigma E_\theta + 2\Sigma E_0 + 4\Sigma E) \tag{6-6}$$

式中：E_{av}——平均照度，单位为勒[克斯]（lx）；

M——纵向网格数；

N——横向网格数；

E_θ——测量区域四个角处的测点照度，单位为勒[克斯]（lx）；

E_0——除 E_θ 外，四条边上的测点照度，单位为勒[克斯]（lx）；

E——四条外边以内的测点照度，单位为勒[克斯]（lx）。

照度均匀度按下式计算：

$$U_1 = E_{min}/E_{max} \tag{6-7}$$

式中：U_1——照度均匀度（极差）；

E_{min}——最小照度，单位为勒[克斯]（lx）；

E_{max}——最大照度，单位为勒[克斯]（lx）。

$$U_2 = E_{min}/E_{av} \tag{6-8}$$

式中：U_2——照度均匀度（均差）；

E_{min}——最小照度，单位为勒[克斯]（lx）；

E_{av}——平均照度，单位为勒[克斯]（lx）。

三、测量仪器

（1）H61 多功能环境检测仪；

（2）秒表。

四、实验步骤

（1）预先在测定场所打好网格，作测点记号，一般室内或工作区为 2～4 m 正方形网格。对于小面积的房间可取 1 m 的正方形网格。

（2）对走廊、通道、楼梯等处在长度方向的中心线上按 1～2 m 的间隔布置测点。

（3）网格边线一般距房间各边 0.5～1 m。

（4）选定测定点，打开设备，选定照度测量挡。

（5）待指示值稳定后读数。

（6）要防止测试者人影和其他各种因素对接收器的影响。

（7）在测量中宜使电源电压不变，在额定电压下进行测量，如做不到，在测量时应测量电源电压，当与额定电压不符时，则应按电压偏差对光通量变化予以修正。

（8）为提高测量的准确性，一个测点可取 2～3 次读数，取算术平均值。

五、数据整理

（1）设计表格把测量结果记录下来（表 6-6）；

（2）分别计算照度均匀度 U_1 和 U_2；

（3）评估测量室内的光照强度是否符合光照标准。

表 6-6　室内照明照度检测记录

<table>
<tr><td>场地名称</td><td colspan="2"></td><td colspan="2">检验日期</td><td colspan="2"></td><td colspan="2">检验项目</td><td colspan="4">照度、照度均匀度</td></tr>
<tr><td>检验设备名称</td><td colspan="2">照度计</td><td colspan="2">环境温度</td><td colspan="2"></td><td colspan="2">检验前设备状况</td><td colspan="4"></td></tr>
<tr><td>测量点</td><td>1</td><td>2</td><td>3</td><td>4</td><td>5</td><td>6</td><td>7</td><td>8</td><td>9</td><td>10</td><td>11</td><td>12</td></tr>
<tr><td>实测值</td><td></td><td></td><td></td><td></td><td></td><td></td><td></td><td></td><td></td><td></td><td></td><td></td></tr>
<tr><td rowspan="2">照度最大值</td><td rowspan="2" colspan="2"></td><td rowspan="2" colspan="2">照度最小值</td><td rowspan="2" colspan="2"></td><td rowspan="2" colspan="2">照度平均值</td><td rowspan="2"></td><td rowspan="2" colspan="2">照度均匀值</td><td>U_1=</td></tr>
<tr><td>U_2=</td></tr>
</table>

六、注意事项

（1）宜在额定电压下进行照明测量。测量时，应监测电源电压；若实测电压偏差超过相关标准规定的范围，应对测量结果进行修正。

（2）室内照明测量应在没有天然光和其他非被测光源影响下进行。室外照明测量应在清洁和干燥的路面或场地上进行，不宜在明月和测量场地有积水或积雪时进行。

（3）应排除杂散光射入光接收器，并防止各类人员和物体对光接收器造成遮挡。

七、思考题

（1）中心布点法和四角布点法分别有什么优缺点，各适用于何种条件下的照度测量？

（2）室外的照度测量中，由于存在太阳光线的干扰，波动较大，在测量过程中我们应该注意哪些问题？

实验五　城市交通噪声测量

一、实验目的

（1）掌握测量城市噪声大小的方法；

（2）掌握测量城市噪声的选点原则与测量的要求。

二、实验原理

城市交通运输噪声主要是机动车辆噪声，其表征是声级、频谱特征、行驶速度、发动机功率等。城市交通噪声一般指交通干线在某一时段内的等效连续声级和累积百分声级 L_{10}、L_{50}、L_{90} 等。干线上的交通噪声随车流量的增加而提高，此外还与车速、车种、道路表面的状况、鸣号次数和道路坡度等因素有关。城市建设中，无论新建一条马路，还是新建一个机场，为合理布局规划和限制噪声对环境的污染，都要对噪声进行监测。

选点原则：在两个交叉路口之间的交通干线上选择一个测点，这个测点可选在马路边人行道上，一般离马路边 20 cm，离地面高度 1.2～1.5 m，这个测点的噪声代表两个路口之间该段马路的交通噪声。

三、测量仪器

（1）HS6288 型噪声频谱分析仪；

（2）秒表。

四、实验步骤

（1）噪声频谱分析仪的校准；

（2）选定有代表性的交通干线，选取一个测点；

（3）在测点上每隔 5 s 读取一个瞬时 A 声级（慢响应），并连续读取 200 个数据；

（4）在记录数据同时，记下总测量时间的车流量（来、回的机动车辆，且要区分大车、小车、摩托车的数量）（表 6-7）。

表 6-7　城市交通噪声测量记录　单位：dB

序号	A 声级	序号	A 声级	序号	A 声级	序号	A 声级	序号	A 声级

五、注意事项

（1）实验应在无雨、无雪的天气进行；

（2）实验时，风力应在三级以下，否则必须加上风罩，大风天气应停止测量；

（3）读取噪声频谱分析仪时，要在实验前准备好的表格上准确记录实验数据。

六、实验数据整理

（1）将每个测点得到的 200 个数据，从小到大排列，第 20 个数据即为 L_{90}，第 100

个数据即为 L_{50}，第 180 个数据即为 L_{10}；

（2）将每个测点的 L_{10} 值按 5 dB 一挡分级，以不同颜色或颜色深浅对比画出每段马路的噪声值，即得到城市交通污染分布图。

（3）为了使城市噪声污染的表达统一，需要计算出等效声级，当车流量为 200 辆/h，交通噪声基本符合正态分布，可用下式计算等效声级：

$$L_{eq} = L_{50} + d^2/60 \tag{6-9}$$

式中：$d = L_{10} – L_{90}$

并有标准偏差：$\delta = -$（$L_{16} – L_{84}$）

本次实验只测一段马路一个点或两个点，要求每个点测 200 个数据，从中得到 L_{eq}、L_{10}、L_{50}、L_{90} 和等效连续声级的标准偏差。

（4）实验报告中应包括测试路段环境简图、测试时间、车流量及车流特征的简单描述（大车、小车出现情况）。测试数据列表标出 L_{10}、L_{50}、L_{90} 的值，以及计算得到的 L_{eq} 值，并与测试路段所处区域环境噪声标准比较，判断噪声达标情况。

七、思考题

（1）城市交通噪声与什么因素有关？

（2）降低城市交通噪声通常有哪些技术措施？

实验六　不同吸声材料降噪效果的探究

一、实验目的

（1）理解吸声材料降低噪声的基本原理及影响因素；

（2）了解噪音屏蔽室的基本结构；

（3）对比分析不同吸声材料降低室内设备噪声的效果。

二、实验原理

吸声降噪是控制室内噪声常用的技术措施。通过吸声材料和吸声结构来降低噪声。一般情况下，吸声控制能使室内的噪声降低 3～5 dB（A），使噪声严重的车间降低 6～10 dB（A）。多孔吸声材料是目前应用最广泛的吸声材料。最初多以孔麻、棉、棕丝、毛发、甘蔗渣等天然动植物纤维为主，目前则以玻璃棉、矿渣棉等无机纤维为主。这些材料可以是松散的，也可以加工成棉絮状或采用适当的黏结剂加工成毡状或板状。

（1）吸声原理

多孔吸声材料的构造特征是：其部分在空间组成骨架，使材料具有一定的形状，称为筋络，筋络间有许多贯通的微小间隙，具有一定的通气性能。一部分声波被反射，另一部分声波透入射到多孔材料衍射到内部的微孔内，激发孔内空气与筋络发生振动，由于空气分子之间的黏性阻力，空气与筋络之间的摩擦阻力，使声能不断转化为热能被消耗；此外，空气与筋络之间的热交换也消耗部分声能，从而达到吸声的目的。

（2）吸声特性及影响因素

多孔材料的吸声特性主要受入射声波和材料的性质影响。其中声波性质除与入射角度有关外，主要和频率有关。一般多孔吸声材料对高频声吸收效果好，对低频声吸收效果差。这是因为低频声波激发微孔内空气与筋少，摩擦损小，因而声能损失少，而高频声容易使振动加快，从而消耗声能较多。所以多孔吸收材料常用于高频、中频噪声的吸收。

多孔吸声材料的特性除与本身性质有关外，还与其使用条件有关，如厚度、密度，使用时的结构形式及温度、湿度等。

厚度对吸声性能的影响：对于同种材料，厚度增加 1 倍，吸声最佳频率向低频方向近似移动 1 个倍频程。厚度越大，低频时吸声系数越大，频率在 500 Hz 以上时，吸声系数几乎与材料的厚度无关。因此通过增加厚度，可提高低频声的吸收效果，但对高频声影响不大，因为高频声在吸声材料的表面就被吸收了。

若吸声材料层背后为刚性壁面，最佳吸声频率出现在材料的厚度等于该频率声波波长的 1/4 处。因此，对于中频、高频噪声，一般采用 2～5 cm 厚的成形吸声板；对于低频吸声要求较高时，则采用厚度为 5～10 cm 的吸声板。

三、实验设备

（1）HS6280D 型噪声频谱分析仪；

（2）指定室内的设备（如空压机、真空泵等）；

（3）秒表；

（4）卷尺；

（5）隔音屏蔽室（聚酯纤维棉、玻璃棉、岩棉板三种材料制备）。

四、实验步骤

1. 室内环境噪声的测量方法

绘制平面布置图和测点位置图；在测点（测点高度：1.2～1.5 m）测出 A 声级或等效连续 A 声级 L_{eq}，记下测量值。

2. 不同材料隔离下室内机器设备噪声的测量及频谱分析

（1）根据选点原则，确定测点。

（2）启动噪声源，测出 A 声级或等效 A 声级 L_{eq}，记下测量值；进入不同材质的隔音屏蔽室，测出 A 声级或等效 A 声级 L_{eq}，记下测量值。

（3）选定一个测点，关闭噪声源，分别测出不同条件下各倍频程中心频率下的声压级，记下各测量值。

（4）启动噪声源，在该测点分别测出不同条件下在各倍频程中心频率下的声压级，记下各测量值（表 6-8、表 6-9）。

表 6-8 设备噪声测量记录 单位：dB

	聚酯纤维棉	玻璃棉	岩棉板
测量值			
背景值			
实际值			

表 6-9 不同材料对设备噪声频谱分析记录 单位：dB

	中心频率/Hz								
	31.5	63	125	250	500	1 000	2 000	4 000	8 000
测量值									
背景值									
实际值									

注：$L_{实}=L_{测}+10\lg[1-10^{-0.1\times(L_{测}-L_{背})}]$

五、数据处理

（1）检测室内环境噪声，确定室内噪声是否超标；

（2）计算出噪声源的噪声；

（3）以各倍频程中心的频率为横坐标，以频率的对数为标度，用声压级做纵坐标（单位为 dB），绘制在不同降噪材料下的频谱图；

（4）对比不同材料对噪声源的隔音效果，评估所采用材料的降噪效果。

六、注意事项

（1）在测量时，无关同学远离噪声源；

（2）做实验时，应认真记录；

（3）注意保护好仪器，严禁对传声器尖叫。

七、思考与讨论

通过实验，结合自己的实际生活，谈谈怎样才能降低城市的噪声污染，给出合理的措施与建议。

第七章　大气污染控制工程实验

实验一　除尘器性能的测定

一、实验目的

（1）了解旋风除尘器、袋式除尘器和静电除尘器的常用结构形式和性能特点以及除尘机理。

（2）掌握旋风除尘器、袋式除尘器和静电除尘器的工作原理及基本操作方法。

（3）除尘器除尘效率的测定。

二、实验原理

旋风除尘器是利用旋转气流产生的离心力使尘粒从气流中分离的装置。气流做旋转运动时，尘粒在离心力作用下逐步移向外壁，到达外壁的尘粒在气流和重力作用下沿壁面落入灰斗。旋风除尘器具有结构简单、造价低、设备维护修理方便等优点。

布袋除尘器是过滤式除尘器的一种，是使含尘气流通过过滤材料将粉尘分离捕集的装置。主要采用纤维织物作滤料，常用在工业尾气的除尘方面。它的除尘效率一般可达99%以上。其主要原理是：含尘气流从进气管进入，从下部进入圆筒形滤袋，在通过滤料的孔隙时，粉尘被捕集于滤料上，透过滤料的清洁气体由排气管排出。沉积在滤料上的粉尘，可在振动的作用下从滤料表面脱落，落入灰斗中。

在实际除尘处理工程中，常采用多级或多种除尘器组合工艺，其中旋风除尘与袋式除尘器的组合净化系统是典型代表，前级采用旋风除尘器减少高浓度含尘气体的污染负荷，后级采用袋式除尘器进一步高效除尘。

电除尘器的除尘原理是使含尘气体的粉尘微粒，在高压静电场中荷电，荷电尘粒在电场的作用下，趋向集尘极，带负电荷的尘粒与集尘极接触后黏附于集尘极表面上，少数带电荷尘粒沉积在截面很小的放电极上。然后借助振打装置使集尘极抖动，将尘粒振脱而落到除尘器的集灰斗内，达到收尘目的。该除尘器具有气流均布，壳体结构、振打消灰简单，处理烟尘颗粒范围广，对烟尘的含尘浓度适应性好，压力损失小，能耗低，耐高温及腐蚀，捕集效率高，易自动化控制和维护，运行费用低等优点。

三、实验装置

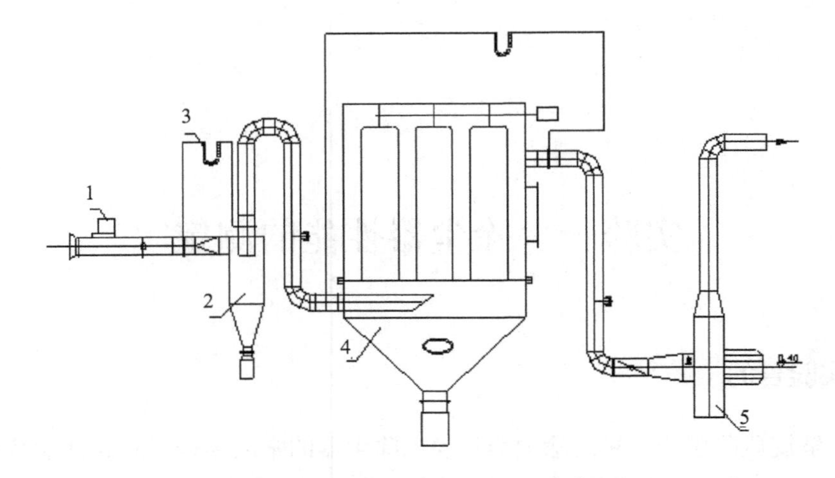

1—加灰尘；2—旋风除尘器；3—压测定环；4—袋式除尘器；5—风机。

图 7-1 旋风布袋组合除尘装置

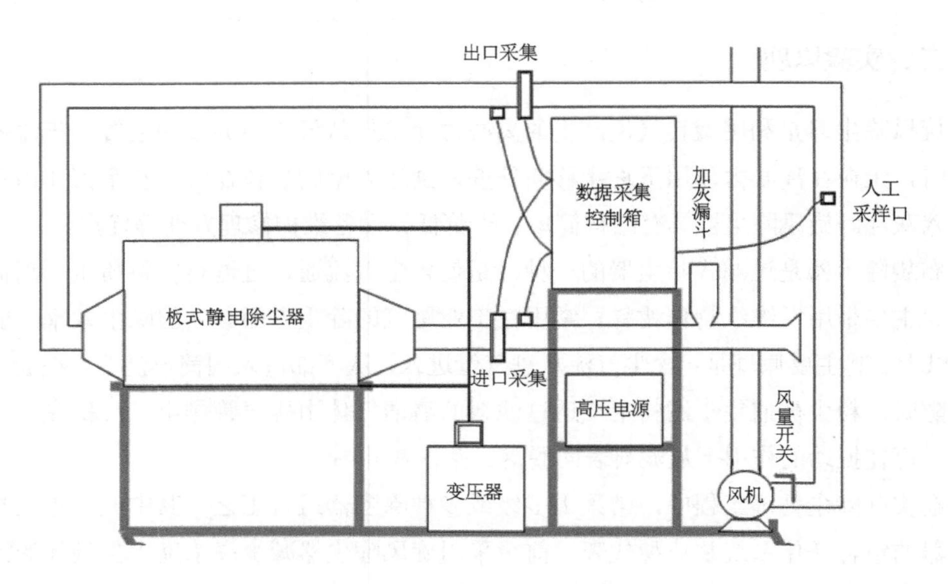

图 7-2 静电除尘器装置

四、实验步骤

1．旋风布袋组合除尘器的除尘性能测试

（1）检查设备系统外况和全部电气连接线有无异常，一切正常后开始操作；

（2）仔细观察除尘装置结构特点，工作气流的流程；

（3）打开电控箱总开关，合上触电保护开关；

（4）在风量调节阀关闭的状态下，启动电控箱面板上的主风机开关；

（5）调节风量开关至所需的实验风量，设计4个不同的风量进行实验；

（6）将一定量的粉尘加入自动发尘装置灰斗中，然后启动自动发尘装置电机，并调节转速控制加灰速率；

（7）测定组合除尘器进出口气流中的含尘浓度，观测“U”形压差计，记录该工况下组合除尘器的压力损失；

（8）实验过程中观察布袋除尘器两端压差变化，当“U”形压差计显示的除尘器压力损阻上升到1 000 Pa时，可先在主风机正常运行的情况下，启动振打电机2 min进行清灰，振打电机的启动频率取决于气流中的粉尘负荷；

（9）实验完毕后依次关闭发尘装置、主风机，然后启动布袋出陈器振打电机进行清灰5 min，待设备内粉尘沉降后，清理卸灰装置；

（10）关闭控制箱主电源。

2．静电除尘器除尘性能的测试

（1）检查设备系统外况和全部电气连接线有无异常（如管道设备无破损，卸灰装置是否安装紧固等），一切正常后开始操作；

（2）打开电控箱总开关，合上触电保护开关，启动数据采集系统；

（3）打开控制开关箱中的高压电源开关，电除尘器开始工作；

（4）在风量调节阀关闭的状态下，启动电控箱面板上的主风机开关；

（5）调节风量开关至所需的实验风量，实验中至少设置4个不同的风量进行实验测试；

（6）将一定量的粉尘加入自动发尘装置灰斗，然后启动自动发尘装置电机，并调节转速控制加灰速率；

（7）除尘装置的在线采集器实时显示除尘器进出口气流中的含尘浓度，测量并记录不同风量下或加尘量下，除尘装置进出口的浓度；

（8）在加灰装置启动5 min后，周期启动控制箱面板上振打电机开关后开始极板清灰，每周期清灰时间3 min，停止5 min；

（9）实验完毕后依次关闭发尘装置、高压电源和主风机，然后启动振打电机进行清灰5 min，待设备内粉尘沉降后，清理卸灰装置；

（10）关闭数据采集系统和控制箱主电源，检查设备状况，没有问题后离开。

五、数据记录与处理

（1）计算除尘器的除尘效率：浓度法，用等速采样法测除尘器进口和出口管道中气流含尘浓度 C_i 和 C_0（mg/m^3），则除尘效率为

$$\eta = \left(1 - \frac{C_0 Q_0}{C_i Q_i}\right) \times 100\% \tag{7-1}$$

式中：Q_i、Q_0——除尘器进、出口的气体量，m^3/s。

（2）数据记录与整理：设置不同的运行工况，记录和计算除尘器的运行条件及其相应的除尘效率，并自行设计记录表格统计本实验结果。

六、思考与讨论

（1）简述各种除尘器主要应用领域及处理何种含尘废气。

（2）影响旋风除尘、袋式除尘和静电除尘效率的因素分别有哪些？

实验二　烟气参数的测定

一、实验目的

大气污染主要来源是工业污染源排出的废气，其中烟道气造成的危害极为严重，因此，烟道气的测试为大气污染源监测的主要内容之一。烟气的温度、压力、含湿量是计算烟气流速、流量等烟气参数的主要因素，在大气评价及检验污染物的排放标准、验证空气净化设备的功效等方面起到了重要作用，做此实验要达到以下目的：

（1）了解测量烟气的温度、压力、含湿量等参数的原理，学会测量诸参数的全过程。

（2）掌握各种测量仪器的使用方法及注意事项。

（3）掌握各种烟气参数的计算方法。

二、实验原理

1．测温原理

热电偶是用两根不同金属导线在结点处产生的电位差随温度而变制成的。当两接点处于不同温度环境中时，便产生热电势，两接点的温差越大，热电势越大。如果热电偶一个接点的温度保持恒定（称为自由端），则热电偶产生的热电势大小便完全取决于另一个接点的温度（称为工作端），用测温毫伏计或数字式温度计测出热电偶的热电势，即可得到工作端所处的烟气温度。

2．测压原理

倾斜压力计是由一个截面面积较大的容器和一个截面面积较小的斜玻璃管联通而组成，以酒精作为测压液体，当与毕托管连接时，将斜管中液面高度差换算后可得烟道动压。

3．含湿量测定原理

烟气含湿量测定方法有以下 3 种：

（1）重量法：从烟道中抽出一定体积的烟气，使之通过装有吸湿剂的吸湿管，烟气中水蒸气被吸湿剂吸收，吸收管的增重即为已知体积烟气中含有的水汽量。

（2）冷凝法：从烟道中抽出一定体积的烟气，使之通过冷凝管，根据冷凝出来的水量加上从冷凝管排出的饱和气体含有的水蒸气量，来确定烟气的含湿量。

（3）干湿球法：让烟气以一定速度通过干、湿球温度计，待温度计温度读数稳定后，根据干、湿球温度计的读数来确定烟气中的水汽量。

4．含尘浓度测定原理

从含尘气体管道中抽取一定量的含尘气体，滤筒将气体中粉尘分离，根据滤筒收集的粉尘质量和抽取气体的体积，计算出气体含尘浓度。为测出符合实际的气体含尘浓度，必须进行等速度采样，即指尘粒进入采样嘴的速度等于该点的气流速度，因而要预测气体流速，再换算成实际控制的采样流量。

三、仪器设备与器材

（1）微电脑烟尘平行采样仪或智能烟尘（油烟）采样仪 1 套；

（2）变色硅胶；

（3）双氧水；

（4）滤筒。

四、实验步骤

1．实验前的准备工作

（1）新滤筒的处理及编号：将已编号的滤筒在 105～110℃烘箱中烘 1 h，取出放入干燥器中冷却至室温，用万分之一的天平称重，并进行编号。

（2）双氧水与干燥过滤器的准备：将 30%的双氧水（H_2O_2）倒至洗涤器的刻度线处，将具有充分干燥能力的变色硅胶装入干燥器至 3/4 的容积刻度线。

（3）检查仪器是否正常，采样管、导气管、导压管是否畅通，传导电缆是否完好，各连接件是否可靠，各需用附件是否齐全。（注意：必须戴棉手套操作烟气采样杆）

2．烟气各参数的测定（可参照所使用仪器的操作说明书步骤进行测定分析）

（1）开机检查及参数设置。

将220V交流接入主机交流插座，打开仪器电源开关，仪器开始工作，在主菜单的设置参数选项中分别修改或输入现场大气压、烟道类型、尺寸、截面积、采样总时间等。

（2）连接仪器气路。

用两根排气导管内径 Φ=10 将干燥器与洗涤瓶串联，将干燥器进气口与洗涤瓶的出口相连，然后将干燥的出气口与主机上相应气嘴相连。用内径 Φ=10，长5 m的排气导管将采样管与洗涤瓶进气口相连。

（3）确定采样点位置。

根据被测固定污染源排气装置的形状、断面积大小，确定采样数和位置，并用耐温胶布或记号笔在采样杆上做上标识符号。

（4）传感器调零。

在设置状态皮托管不接主机，按“选项”键，选择压力校零项提示将压差传感器置零。此时显示5 s，然后递减到0。每次开机采样前，均需对压差传感器置零，直到静压、动压显示均为0，以保证采样精度。

（5）烟气含湿量的测量。

把含湿量装置接入采样系统，含湿量进气嘴接采样管抽气端口，含湿量出气口嘴接双氧水过滤器进气嘴，含湿量传感器插入主机面板“含湿量”座内；连接好泵的气路和电源。

（6）选择采样嘴直径。

仪器动压校零后，将采样气路接好，用直径 Φ=8 的胶管将S形皮托管面向气流的端口与采样仪面板“皮托管”+气嘴相连，用另一根 Φ=8 胶管将S形皮托管背向气流的端口与采样仪“皮托管”—气嘴相连。用 Φ=10 的排气导管将采样管与洗涤瓶进行气嘴相连，然后将采样管放入烟道，按“选项”键转到选择采样嘴项，显示屏显示采样嘴可手动修改，当流速基本稳定下来后按“均值”键。计算采样嘴直径。当设定流量改变时，根据平均流速，重新计算采样嘴直径。

（7）采样。

连接好仪器各部分气路，在采样管中装入已称量的滤筒，换上已选好的采样嘴，将采样管插入烟道，使采样嘴对准气流方向，与气流方向的偏差不得大于5 cm，密封测孔，固定采样管，启动泵开关。在动压项中，按“状态”键，提示仪器处于采样状态，此时微机计算流量并自动控制流量调节阀跟踪流量。直至计算流量与采样量相等，完成等速采样。当第一测点采样完毕后，按预先在采样管上作出的标识符在水平方向平移至第二测点，使采样嘴对准气流方向，仪器自动恢复采样程序。

（8）数据存储操作及打印。

采样结束后根据提示可选择存储数据或不存储。采样过程中可选择现场打印或存储后打印。现场打印只需在采样后按下“打印”键，即完成现场打印。

（9）取样及称量。

按照操作规范，用镊子将滤筒取出，轻轻敲打管嘴，并用细毛刷将管嘴内的尘粒洗刷到滤筒中，放入盒内保存，并在105℃烘箱内烘烤1 h，取出置于干燥器中冷却至室温。用万分之一天平称量，计算采样前后的滤筒重量之差值，即为采取的烟尘量。

（10）烟尘浓度计算。

根据采样滤筒的增重和采样体积，计算所监测烟道气中的含尘浓度。

五、数据记录与整理

自行设计表格，规范记录监测所得烟道气的温度、压力、含湿量、流速、流量及含尘浓度等数据。

六、问题与讨论

（1）测烟道气温度、压力、含湿量等烟流参数的目的是什么？

（2）实验前的准备工作有哪些？

实验三 碱液吸收法处理气体中的二氧化硫

一、实验目的

（1）了解吸收法净化废气中 SO_2 的原理和效果；

（2）改变气流速度，观察填料塔内气液接触情况和液泛现象；

（3）掌握测定填料吸收塔的吸收效率及压降的方法；

（4）测定化学吸收体系（碱液吸收 SO_2）的体积吸收系数。

二、实理原理

含 SO_2 的气体可采用吸收法净化，由于 SO_2 在水中溶解度不高，常采用化学吸收法。吸收 SO_2 的吸收剂种类很多，本实验采用5%的NaOH或 Na_2CO_3 溶液作吸收剂，吸收过程发生的主要化学反应为

$$2NaOH + SO_2 \longrightarrow Na_2SO_3 + H_2O$$

$$Na_2CO_3 + SO_2 \longrightarrow Na_2SO_3 + CO_2$$

$$Na_2SO_3 + SO_2 + H_2O \longrightarrow 2NaHSO_3$$

通过测定填料吸收塔进出口气体中 SO_2 的含量，即可计算出吸收塔的平均净化效率，

进而了解吸收效果。气体中 SO_2 含量的测定可采用碘量法或用 SO_2 测定仪测定。

实验中通过测出填料塔进出口气体的全压，即可计算出填料塔的压降；若填料塔的进出口管道直径相等，用 U 形管压差计测出其静压差即可求出压降。对于碱液吸收 SO_2 的化学吸收体系，还可通过实验测出体积吸收系数。

三、实验装置

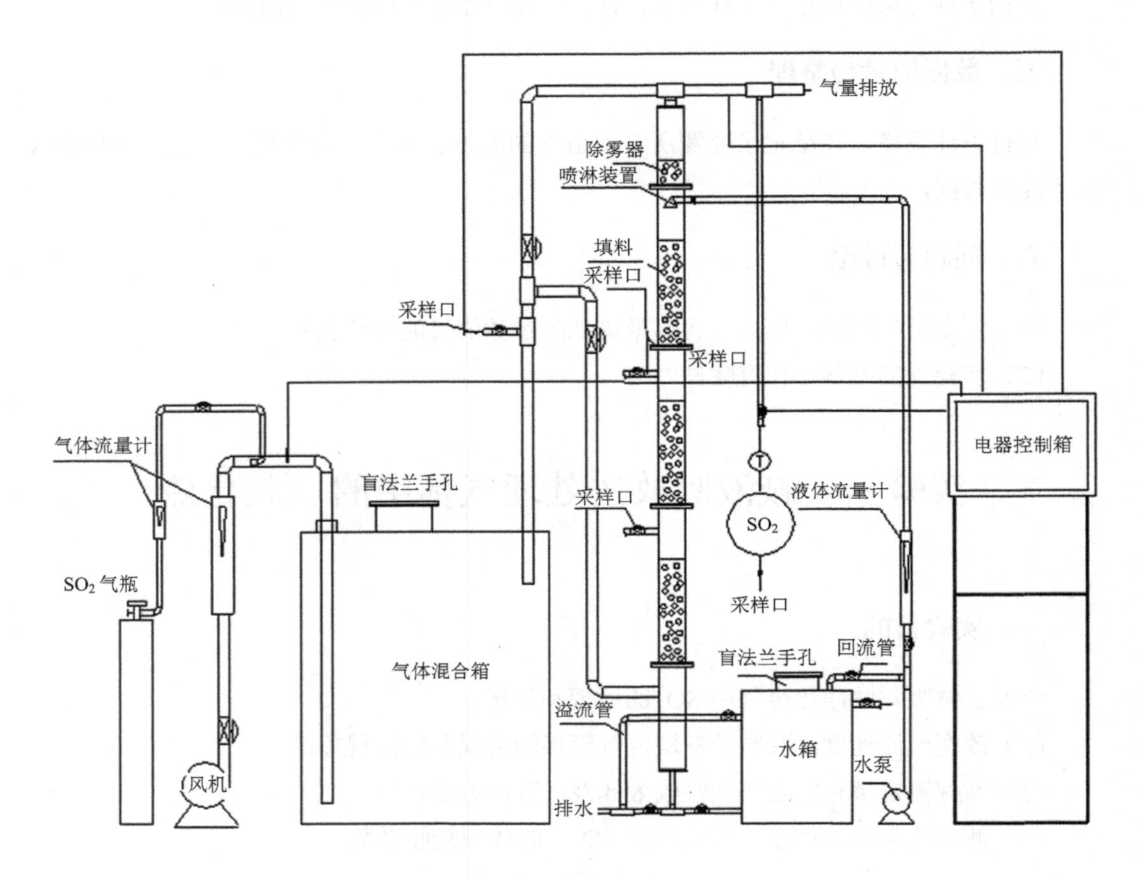

图 7-3 SO_2 吸收实验装置

吸收液从高位液槽通过转子流量计，由填料塔上部经喷淋装置喷入塔内，流经填料表面由塔下部排出，进入受液槽。空气由空压机经缓冲罐后，通过转子流量计进入混合缓冲器，并与 SO_2 气体混合，配制成一定浓度的混合气。SO_2 来自钢瓶，经毛细管流量计剂量后进入混合缓冲器。含 SO_2 的空气从塔底进气口进入填料塔内，通过填料层后，气体经除雾器后由塔顶排出。

5%烧碱或纯碱溶液：称取工业烧碱或纯碱 5 kg，溶于 0.1 m^3 水中，作为吸收液。

四、仿真实验操作步骤

①登录。点击仿真实验图标，进入实验后，会出现“登录”对话框，如图 7-4 所示。填写姓名、学号，这两项内容将被记录到实验报告文件中。

图 7-4 实验登录界面

②进入实验主界面，实验主界面如图 7-5 所示。

图 7-5 实验操作主界面

③点击实验预习，学习实验原理。

④点击实验操作，进入实验引导界面，学习基本操作流程。

⑤点击实验操作，进入自由实验界面（图 7-6），打开电源开关。

图 7-6 自由实验操作界面

⑥按照任务提示，开启纯水阀门（图 7-7），开度调节到 25。

图 7-7 纯水调节阀操作界面

⑦按照任务提示，找到仿真装置中相应开关和阀门（图 7-8），依次打开碱液开关、碱液泵前阀、水泵开关、空气阀、空压机开关和气瓶阀门，启动仿真实验装置。

图 7-8　仿真实验装置操作界面

⑧分别调节碱液流量和进气流量，模拟设置不少于 5 种实验条件，进行模拟处理实验；打开数据界面（图 7-9），记录各种模拟条件下的实验数据，并根据数据生成报告。

图 7-9　仿真实验数据记录界面

⑨回到仿真软件主页面，点击进入应急训练界面（图 7-10），分别进行气体泄漏和液体泄漏的仿真训练。

图 7-10 仿真实验应急训练界面

五、实验注意事项

（1）注意气量和水量不要太大，SO_2浓度不要过高，否则会引起数据严重偏离。

（2）实验完毕后，先关掉 SO_2气瓶，待 1～2 min 后再停止供液，最后停止通入空气。操作顺序不能改变。

六、思考与讨论

（1）通过该实验，你认为实验中还存在什么问题？应做哪些改进？

（2）还有哪些脱硫方法比本实验中的脱硫方法更好？

实验四　大气中 SO_2、NO_x、TSP/$PM_{2.5}$的监测

一、实验目的

（1）掌握大气中 SO_2、NO_x和 TSP/$PM_{2.5}$的采样和测定方法；

（2）掌握大气中 SO_2、NO_x和 TSP/$PM_{2.5}$分析基本原理；

（3）掌握大气中 SO_2、NO_x、TSP/$PM_{2.5}$的采样布点原则和监测频率；

（4）依据空气质量标准，分析监测区域的 SO_2、NO_x、TSP 来源和污染程度。

二、实验原理

SO_2的测定原理：空气中的 SO_2被甲醛缓冲溶液吸收后，生成稳定的羟基甲基磺酸加

成化合物，在样品溶液中加入氢氧化钠使加成化合物分解，释放出 SO_2 与盐酸副玫瑰苯胺、甲醛作用，生成紫红色化合物，用分光光度计在波长 577 nm 处测量吸光度，进行定量分析。

NO_x 的测定原理：空气中的 NO_2 被串联的第一支吸收瓶中的吸收液吸收并反应生成粉红色偶氮染料。空气中的 NO 不与吸收液反应，通过氧化管时被酸性高锰酸钾溶液氧化为 NO_2，被串联的第二支吸收瓶中的吸收液吸收并反应生成粉红色偶氮染料。生成的偶氮染料在波长 540 nm 处的吸光度与 NO_2 的含量成正比。分别测定第一支和第二支吸收瓶中样品的吸光度，计算两支吸收瓶内 NO_2 和 NO 的质量浓度，二者之和即为 NO_x 的质量浓度（以 NO_2 计）。

TSP/$PM_{2.5}$ 的测定原理：采集一定体积的大气样品，通过已恒重的滤膜，悬浮颗粒被阻留在滤膜上，根据采样滤膜之增重及采样体积，计算总悬浮微粒的浓度。

三、试剂和材料

1. SO_2 的测定　甲醛溶液吸收——盐酸副玫瑰苯胺分光光度法

除非另有说明，分析时均使用符合国家标准的分析纯试剂，实验用水为新制备的蒸馏水或同等纯度的水。

（1）碘酸钾（KIO_3），优级纯，经 110℃干燥箱中干燥 2 h。

（2）氢氧化钠溶液，C_{NaOH}=1.5 mol/L：称取 6.0 g NaOH，溶于 100 mL 水中。

（3）环己二胺四乙酸二钠溶液，$C_{CDTA\text{-}2Na}$=0.05 mol/L：称取 1.82 g 反式 1,2-环己二胺四乙酸（CDTA-2Na），加入（2）中氢氧化钠溶液 6.5 mL，用水稀释至 100 mL。

（4）甲醛缓冲吸收贮备液：吸取 36%～38%的甲醛溶液 5.5 mL，CDTA-2Na 溶液（3）20.00 mL；称取 2.04 g 邻苯二甲酸氢钾，溶于少量水中；将三种溶液合并，再用水稀释至 1 000 mL，贮于冰箱可保存 1 年。

（5）甲醛缓冲吸收液：临用前，用水将甲醛缓冲吸收贮备液（4）稀释 10 倍。

（6）氨磺酸钠溶液，$\rho_{NaH_2NSO_3}$=6.0 g/L：称取 0.60 g 氨磺酸（H_2NSO_3H）置于 100 mL 烧杯中，加入 4.0 mL 氢氧化钠（2），用水搅拌至完全溶解后稀释至 100 mL，摇匀。此溶液密封可保存 10 d。

（7）碘贮备液，$C_{1/2I_2}$=0.10 mol/L：称取 12.7 g 碘（I_2）于烧杯中，加入 40 g 碘化钾和 25 mL 水，搅拌至完全溶解，用水稀释至 1 000 mL，贮存于棕色细口瓶中。

（8）碘溶液，$C_{1/2I_2}$=0.010 mol/L：量取碘贮备液（7）50 mL，用水稀释至 500 mL，贮于棕色细口瓶中。

（9）淀粉溶液，ρ=5.0 g/L：称取 0.5 g 可溶性淀粉于 150 mL 烧杯中，用少量水调成糊状，慢慢倒入 100 mL 沸水，继续煮沸至溶液澄清，冷却后贮于试剂瓶中。

（10）碘酸钾基准溶液，$C_{1/6KIO_3}$=0.100 0 mol/L：准确称取 3.566 7 g KIO_3（1）溶于水，

移入 1 000 mL 容量瓶中，用水稀至标线，摇匀。

（11）盐酸溶液，C_{HCl}=1.2 mol/L：量取 100 mL 浓盐酸，用水稀释至 1 000 mL。

（12）硫代硫酸钠标准贮备液，$C_{Na_2S_2O_3}$=0.10 mol/L：称取 25.0 g 硫代硫酸钠（$Na_2S_2O_3 \cdot 5H_2O$），溶至 1 000 mL 新煮沸但已冷却的水中，加入 0.2 g 无水碳酸钠，贮于棕色细口瓶中，放置一周后备用。如溶液呈现浑浊，必须过滤。

标定方法：吸取 3 份 20.00 mL 碘酸钾基准溶液（10）分别置于 250 mL 碘量瓶中，加 70 mL 新煮沸但已冷却的水，加 1 g 碘化钾，振摇至完全溶解后，加 10 mL 盐酸溶液（11），立即盖好瓶塞，摇匀。于暗处放置 5 min 后，用硫代硫酸钠标准溶液（12）滴定溶液至浅黄色，加 2 mL 淀粉溶液（9），继续滴定至蓝色刚好褪去为终点。硫代硫酸钠标准溶液的物质的量浓度按式（7-2）计算。

$$C_1 = \frac{0.100\,0 \times 20.00}{V} \tag{7-2}$$

式中：C_1——硫代硫酸钠标准溶液的物质的量浓度，mol/L；

V——滴定所耗硫代硫酸钠标准溶液的体积，mL。

（13）硫代硫酸钠标准溶液，$C_{Na_2S_2O_3}$=0.01 mol/L±0.000 01 mol/L：取 50.0 mL 硫代硫酸钠贮备液（12）置于 500 mL 容量瓶中，用新煮沸但已冷却的水稀释至标线，摇匀。

（14）乙二胺四乙酸二钠盐（EDTA-2Na）溶液，ρ=0.50 g/L：称取 0.25 g 乙二胺四乙酸二钠盐 EDTA [-$CH_2N(COONa)CH_2COOH$]·H_2O 溶于 500 mL 新煮沸但已冷却的水中。临用时现配。

（15）亚硫酸钠溶液，$\rho_{Na_2SO_3}$=1 g/L：称取 0.2 g 亚硫酸钠（Na_2SO_3），溶于 200 mL EDTA-2Na（14）溶液中，缓缓摇匀以防充氧，使其溶解。放置 2～3 h 后标定。此溶液每毫升相当于 320～400 μg SO_2。标定方法：

①取 6 个 250 mL 碘量瓶（A_1、A_2、A_3、B_1、B_2、B_3），分别加入 50.0 mL 碘溶液（8）。在 A_1、A_2、A_3 内各加入 25 mL 水，在 B_1、B_2 内加入 25.00 mL 亚硫酸钠溶液（15），盖好瓶盖。

②立即吸取 2.00 mL 亚硫酸钠溶液（15）加到一个已装有 40～50 mL 甲醛吸收液（4）的 100 mL 容量瓶中，并用甲醛吸收液（4）稀释至标线、摇匀。此溶液即为 SO_2 标准贮备溶液，在 4～5℃下冷藏，可稳定 6 个月。

③吸取 25.00 mL 亚硫酸钠溶液（15）加入 B_3 内，盖好瓶塞。

④A_1、A_2、A_3、B_1、B_2、B_3 6 个瓶子于暗处放置 5 min 后，用硫代硫酸钠溶液（13）滴定至浅黄色，加 5 mL 淀粉指示剂（9），继续滴定至蓝色刚刚消失。平行滴定所用硫代硫酸钠溶液的体积之差应不大于 0.05 mL。

SO_2 标准贮备溶液的质量浓度由式（7-3）计算。

$$\rho = \frac{(\overline{V_0} - \overline{V}) \times C_2 \times 32.02 \times 10^3}{25.00} \times \frac{2.00}{100} \tag{7-3}$$

式中：ρ——二氧化硫标准贮备溶液的质量浓度，μg/mL；

$\overline{V_0}$——空白滴定所用硫代硫酸钠溶液（13）的体积，mL；

$\overline{V}$——样品滴定所用硫代硫酸钠溶液（13）的体积，mL；

C_2——硫代硫酸钠溶液（13）的浓度，mol/L。

（16）SO_2 标准溶液，$\rho_{Na_2SO_3} = 1.00$ μg/mL：用甲醛吸收液（5）将二氧化硫标准贮备溶液（15）稀释成每毫升含 1.0 μg SO_2 的标准溶液。此溶液用于绘制标准曲线，在 4～5℃下冷藏，可稳定 1 个月。

（17）盐酸副玫瑰苯胺（pararosaniline，PRA，即副品红或对品红）贮备液：ρ=0.2 g/100 mL。其纯度应达到副玫瑰苯胺提纯及检验方法的质量要求。

（18）副玫瑰苯胺溶液，ρ=0.050 g/100 mL：吸取 25.00 mL 副玫瑰苯胺贮备液（17）于 100 mL 容量瓶中，加 30 mL 85%的浓磷酸，12 mL 浓盐酸，用水稀释至标线，摇匀，放置过夜后使用。避光密封保存。

（19）盐酸-乙醇清洗液：由 3 份（1+4）盐酸和 1 份 95%乙醇混合配制，用于清洗比色管和比色皿。

2. NO_x 的测定　盐酸萘乙二胺比色法

除非另有说明，分析时均使用符合国家标准或专业标准的分析纯试剂和无亚硝酸根的蒸馏水、去离子水或相当纯度的水。

（1）冰乙酸。

（2）盐酸羟胺溶液，ρ=（0.2～0.5）g/L。

（3）硫酸溶液，$C_{1/2H_2SO_4}$=1 mol/L：取 15 mL 浓硫酸（ρ_{20}=1.84 g/mL），徐徐加入 500 mL 水中，搅拌均匀，冷却备用。

（4）酸性高锰酸钾溶液，$\rho(KMnO_4)$=25 g/L：称取 25 g 高锰酸钾于 1 000 mL 烧杯中，加入 500 mL 水，稍微加热使其全部溶解，然后加入 1 mol/L 硫酸溶液（3）500 mL，搅拌均匀，贮于棕色试剂瓶中。

（5）*N*-（1-萘基）乙二胺盐酸盐贮备液，$\rho_{C_{10}H_7NH(CH_2)_2NH_2 \cdot 2HCl}$=1.00 g/L：称取 0.50 g *N*-（1-萘基）乙二胺盐酸盐于 500 mL 容量瓶中，用水溶解稀释至刻度。此溶液贮于密闭的棕色瓶中，在冰箱中冷藏可稳定保存 3 个月。

（6）显色液：称取 5.0 g 对氨基苯磺酸（$NH_2C_6H_4SO_3H$）溶解于约 200 mL 40～50℃热水中，将溶液冷却至室温，全部移入 1 000 mL 容量瓶中，加入 50 mL *N*-（1-萘基）乙二胺盐酸盐贮备溶液（5）和 50 mL 冰乙酸，用水稀释至刻度。此溶液贮于密闭的棕色瓶中，在 25℃以下暗处存放可稳定 3 个月。若溶液呈现淡红色，应弃之重配。

（7）吸收液：使用时将显色液（6）和水按 4∶1（*V/V*）比例混合，即为吸收液。吸收液的吸光度应小于等于 0.005。

（8）亚硝酸盐标准贮备液，$\rho_{NO_2^-}$=250 μg/mL：准确称取 0.375 0 g 亚硝酸钠（$NaNO_2$，优级纯，使用前在 105℃±5℃干燥恒重）溶于水，移入 1 000 mL 容量瓶中，用水稀释至标线。此溶液贮于密闭棕色瓶中于暗处存放，可稳定保存 3 个月。

（9）亚硝酸盐标准工作液，$\rho_{NO_2^-}$=2.5 μg/mL：准确吸取亚硝酸盐标准储备液（8）1.00 mL 于 100 mL 容量瓶中，用水稀释至标线。临用现配。

四、仪器与设备

（1）吸收管：白色多孔玻板吸收瓶，可装 10 mL 吸收液，30～60 min 采样时使用（吸收 SO_2）；棕色多孔玻板吸收瓶，可装 10 mL 吸收液，1 h 以内采样（吸收 NO_x）。大型多孔玻板吸收瓶可装 50 mL 吸收液，用于 24 h 采样。

（2）大气采样器：TH-150C 型或 LH-150C 型 流量范围 0.1～1 L/min，流量稳定。使用时，用皂膜流量计校准采样系列在采样前和采样后的流量，流量误差小于 5%。

（3）具塞比色管：25 mL（用于 SO_2 分析），10 mL（用于 NO_x 分析）。

（4）分光光度计：波长在 380～780 nm，10 mm 比色皿（SO_2 在 577 nm 处测吸光度；NO_x 在 540 nm 处测吸光度）。

（5）滤膜：玻璃纤维滤膜（Φ=90 mm），测定 TSP/$PM_{2.5}$ 使用。

五、采样

1．大气中 SO_2 的采集

（1）30～60 min 样品

用普通型多孔玻板吸收管，内装 8 mL 吸收液，0.5 L/min 流量，采样 30～60 min。

（2）24 h 样品

用大型多孔玻板吸收管内装 50 mL 吸收液，0.2～0.3 L/min 流量，采样 24 h。

2．大气中 NO_x 的采集

（1）30～60 min 样品

取两支内装 10.0 mL 吸收液的棕色多孔玻板吸收瓶和一支内装 5～10 mL 酸性高锰酸钾溶液的氧化瓶（液柱高度不低于 80 mm），用尽量短的硅橡胶管将氧化瓶串联在两支吸收瓶之间，以 0.4 L/min 流量采气 4～24 L。

（2）24 h 样品：取两支大型棕色多孔玻板吸收瓶，装入 25.0 mL 或 50.0 mL 吸收液，（液柱高度不低于 80 mm），标记液面位置。取一支内装 50 mL 酸性高锰酸钾溶液的氧化瓶，用尽量短的硅橡胶管将氧化瓶串联在两支吸收瓶之间，将吸收液恒温在 20℃±4℃，以 0.2 L/min 流量采气 288 L。

注： 氧化管中有明显的沉淀物析出时，应及时更换。一般情况下，内装 50 mL 酸性

高锰酸钾溶液的氧化瓶可使用 15～20 d（隔日采样）。采样过程注意观察吸收液颜色变化，避免因氮氧化物浓度过高而穿透。

3．大气中总悬浮颗粒物或 $PM_{2.5}$ 的采集

将滤膜称量至恒重，并记录原始数据，将滤膜装入 TSP/$PM_{2.5}$ 采样器中，以 100 L/min 流量采集。

采样时吸收液温度应保持在 30℃以下，采样、运输、贮存过程中要避免日光直接照射样品。及时记录采样点气温和大气压力。当气温高于 30℃时，样品若不能当天分析，应贮于冰箱。

六、分析步骤

1．标准曲线的绘制

（1）SO_2 标准曲线的绘制

取 14 支 25 mL 具塞比色管，分 A、B 两组，每组 7 支，分别对应编号。A 组按表 7-1 配制校准系列。

表 7-1　二氧化硫标准系列

	0号	1号	2号	3号	4号	5号	6号
SO_2 标准工作液/mL	0	0.50	1.00	2.00	5.00	8.00	10.00
吸收液/mL	10.00	9.50	9.00	8.00	5.00	2.00	0
SO_2 的含量/（μg/10 mL）	0	0.50	1.00	2.00	5.00	8.00	10.00
吸光度（A）							

在 A 组各管中分别加入 0.5 mL 氨磺酸钠溶液（6）和 0.5 mL 氢氧化钠溶液（12），混匀。

在 B 组各管中分别加入 1.00 mL PRA 溶液（18）。

将 A 组各管的溶液迅速地全部倒入对应编号并盛有 PRA 溶液的 B 管中，立即加塞混匀后放入恒温水浴装置中显色。在波长 577 nm 处，用 10 mm 比色皿，以水为参比测量吸光度。以空白校正后各管的吸光度为纵坐标，以 SO_2 的质量浓度（μg/10 mL）为横坐标，用最小二乘法建立校准曲线的回归方程。在给定条件下校准曲线斜率应为 0.042±0.004，试剂空白吸光度 A_0 在显色规定条件下波动范围不超过±15%。

显色温度与室温之差不应超过 3℃。根据季节和环境条件按表 7-2 选择合适的显色温度与显色时间。

表 7-2　显色温度与显色时间

显色温度/℃	10	15	20	25	30
显色时间/min	40	25	20	15	5
稳定时间/min	35	25	20	15	10
空白吸光度的限值（A_0）	0.030	0.035	0.040	0.050	0.060

（2）NO_x 标准曲线的绘制

取 6 支 10 mL 具塞比色管，按表 7-3 制备亚硝酸盐标准溶液系列。根据表 7-3 分别移取相应体积的亚硝酸钠标准工作液，加水至 2.00 mL，加入显色液 8.00 mL。

表 7-3　NO_2^- 标准系列

管号	0	1	2	3	4	5
亚硝酸盐标准工作液（2.5 μg/mL）/mL	0	0.40	0.80	1.20	1.60	2.00
水/mL	2.00	1.60	1.20	0.80	0.40	0
吸收液/mL	8.00	8.00	8.00	8.00	8.00	8.00
NO_2^-含量/（μg/mL）	0.00	0.10	0.20	0.30	0.40	0.50
吸光度（A）						

各管混匀，于暗处放置 20 min（室温低于 20℃时放置 40 min 以上），用 10 mm 比色皿，在波长 540 nm 处，以水为参比测量吸光度，扣除 0 号管的吸光度以后，对应 NO_2^- 的浓度（μg/mL），用最小二乘法计算标准曲线的回归方程。

标准曲线斜率控制在 0.180～0.195［吸光度（mL/μg）］，截距控制在±0.003。

2．样品测定

（1）SO_2 的测定

①采样后，样品溶液中如有浑浊物，则应离心分离除去。

②取 3 支 25 mL 具塞比色管，用记号笔编号（1、2、3）。

向 1 号比色管中加入 10 mL 未采样的吸收液，作试剂空白测定（试剂空白液）。

向 2 号比色管中移入白色多孔吸收管中的吸收液，用 2 mL 吸收液分两次冲洗吸收管，合并洗液于比色管中，用水将吸收液体积补足至 10 mL。放置 20 min，使臭氧完全分解，再进行分析（样品待测液）。

向 3 号比色管中加入 2 mL SO_2 标准溶液（1 μg/mL），再加入 8 mL 吸收液（标准控制管或标准对照液）。

③样品溶液、试剂空白和标准控制管按 SO_2 标准曲线绘制方法的条件进行测定，对照标曲可知样品中 SO_2 的浓度。样品的测定条件应与标准曲线的测定条件控制一致。

（2）NO_x 的测定

取 3 支 10 mL 比色管，用记号笔编号（1、2、3）。

①向 1 号比色管中加入 10 mL NO_2 吸收工作液（空白液）；

②向 2 号比色管中移入棕色多孔吸收管中的吸收液（样品待测液）；

③向 3 号比色管中加入 0.8 mL 亚硝酸钠标准溶液（每毫升含 2.5 μg NO_2），8.00 mL NO_x 吸收液，1.2 mL 水，此为 0.2 μg/mL NO_2 的标准样（标准溶液）。

采样后放置 20 min，室温 20℃以下时放置 40 min 以上，用水将采样瓶中吸收液的体积补充至标线，混匀。用 10 mm 比色皿，在波长 540 nm 处，以水为参比测量吸光度，同时测定空白样品的吸光度。若样品的吸光度超过标准曲线的上限，应用实验室空白试液稀释，再测定其吸光度。但稀释倍数不得大于 6。

（3）TSP/$PM_{2.5}$ 的测定

设定的采样时间到达后，关机，取出滤膜。

七、结果计算

（1）将 SO_2 和 NO_x 的采样体积，按式（7-4）换算成标准状况下的采样体积。

$$V_0 = V_t \times \frac{p}{p_0} \times \frac{T_0}{t+273} \tag{7-4}$$

式中：V_0——标准状况下的采样体积，L；

V_t——采样体积，由采气流量乘以采样时间而得，L；

T_0——标准状况下的绝对温度，273 K；

p_0——标准状况下的大气压力，101.3 kPa；

p——采样时的大气压力，kPa；

t——采样时的空气温度，℃。

（2）空气中 SO_2 浓度计算

$$C_{SO_2} = \frac{(A - A_0 - a)}{b \times V_s} \times \frac{V_t}{V_a} \tag{7-5}$$

式中：C——空气中二氧化硫的质量浓度，mg/m^3；

A——样品溶液的吸光度，mL/μg；

A_0——试剂空白溶液的吸光度，mL/μg；

b——标准曲线的斜率，吸光度 · 10 mL/μg；

a——校准曲线的截距（一般要求小于 0.005）；

V_t——样品溶液的总体积，mL；

V_a——测定时所取试样的体积，mL；

V_s——换算成标准状态下（101.325 kPa，273 K）的采样体积，L。

计算结果准确到小数点后三位。

（3）空气中 NO_2 浓度 C_{NO_2}（mg/m^3）按式（7-6）计算。

$$C_{NO_2}=\frac{(A_1-A_0-a)\times V\times D}{b\times f\times V_0} \tag{7-6}$$

空气中 NO 浓度 C_{NO}（mg/m^3）以 NO_2 计，按式（7-7）计算。

$$C_{NO}=\frac{(A_2-A_0-a)\times V\times D}{b\times f\times V_0\times K} \tag{7-7}$$

C'_{NO}（mg/m^3）以 NO 计，按式（7-8）计算。

$$C'_{NO}=\frac{C_{NO}\times 30}{46} \tag{7-8}$$

空气中氮氧化物的浓度 C_{NO_x}（mg/m^3）以 NO_2 计，按式（7-9）计算。

$$C_{NO_x}=C_{NO_2}+C_{NO} \tag{7-9}$$

式中：A_1、A_2——串联的第一支和第二支吸收瓶中样品的吸光度，mL/μg；

A_0——实验室空白的吸光度，mL/μg；

b——标准曲线的斜率，吸光度 · mL/μg；

a——标准曲线的截距；

V——采样用吸收液体积，mL；

V_0——换算为标准状态（101.325 kPa，273 K）下的采样体积，L；

K——$NO\rightarrow NO_2$ 氧化系数，0.68；

D——样品的稀释倍数；

f——Saltzman 实验系数，0.88（当空气中 NO_2 浓度高于 0.72 mg/m^3 时，f=0.77）。

（4）空气中 TSP 浓度计算

$$TSP(mg/m^3)=\frac{W-W_0}{V_0}\times 1\,000 \tag{7-10}$$

式中：W——样品+滤膜重量，g；

W_0——空白滤膜重量，g；

V_0——标准状况下采样体积，m^3（采样器能直接读数，注意单位）。

（5）大气污染物计算结果填入表 7-4

表 7-4 大气污染物计算结果

测点位置： 组号： 日期：

时间	SO_2/（$\mu g/m^3$）	NO_x/（$\mu g/m^3$）	$TSP/PM_{2.5}$/（$\mu g/m^3$）	气温/℃	天气情况

八、注意事项

（1）用过的比色管和比色皿应及时用盐酸-乙醇清洗液浸洗，否则红色难以洗净。

（2）吸收管与采样器的连接方式必须严格按照规定进行，不允许反接。

九、思考与讨论

（1）环境空气中 SO_2、NO_x 和总悬浮颗粒物的来源有哪些？它们对环境的危害有哪些？

（2）我国现行的居住区空气质量标准中 SO_2、NO_x、TSP 是怎样规定的？根据本实验所得的数据，请简要评价监测区域的环境空气质量。

实验五　填料塔吸收传质系数的测定

一、实验目的

（1）了解填料塔吸收装置的基本结构及流程；

（2）掌握总体积传质系数 K_{xa} 和总传质单元高度 H_{OL} 的测定方法；

（3）了解 CO_2 气体检测仪的使用方法。

二、实验原理

气体吸收是典型的传质过程之一。由于 CO_2 气体无味、无毒、廉价，所以气体吸收实验常选择 CO_2 作为溶质组分。本实验采用水吸收空气中的 CO_2 组分，CO_2 在水中的溶解度很小，即使预先将一定量的 CO_2 气体通入空气中混合以提高空气中的 CO_2 浓度，水中的 CO_2 含量仍然很低，所以吸收的计算方法可按低浓度来处理，并且此体系 CO_2 气体的吸收过程属于液膜控制，因此，本实验主要测定 K_{xa} 和 H_{OL}。

1．计算公式

填料层高度 Z 为

$$Z = \int_0^Z \mathrm{d}Z = \frac{L}{K_{xa}} \int_{x_2}^{x_1} \frac{\mathrm{d}x}{x - x^*} = H_{OL} \cdot N_{OL} \tag{7-11}$$

式中：L——液体通过塔截面的摩尔流量，kmol/（$m^2 \cdot s$）；

K_{xa}——以ΔX为推动力的液相总体积传质系数，kmol/（$m^3 \cdot s$）；

H_{OL}——液相总传质单元高度，m；

N_{OL}——液相总传质单元数，无因次。

令吸收因数 $A=L/mG$

$$N_{OL}=\frac{1}{1-A}\ln[(1-A)\frac{y_1-mx_2}{y_1-mx_1}+A] \tag{7-12}$$

2. 测定方法

（1）空气流量和水流量的测定

本实验采用转子流量计测得空气和水的流量，并根据实验条件（温度和压力）和有关公式换算成空气和水的摩尔流量；

（2）测定填料层高度 Z 和塔径 D；

（3）测定塔顶和塔底气相组成 y_1 和 y_2；

（4）平衡关系。

本实验的平衡关系可写成

$$y=mx \tag{7-13}$$

式中：m——相平衡常数，$m=E/P$；

E——亨利系数，$E=f(t)$，Pa，根据液相温度由附录查得；

P——总压，Pa，取 1 atm。

对于清水而言，$x_2=0$，由全塔物料衡算

$$G(y_1-y_2)=L(x_1-x_2) \tag{7-14}$$

可得 x_1。

三、实验装置

实验装置工作流程：通过水泵将水送入填料塔塔顶经喷头喷淋在填料顶层。由风机送来的空气和由 CO_2 钢瓶输入的 CO_2，一起进入气体中间贮罐进行充分混合，然后再直接进入塔底，在填料塔内与水逆流接触，进行质量和热量的交换，最后通过塔顶尾气排放口放空（图 7-11）。由于本实验为低浓度气体的吸收，所以热量交换可忽略，整个实验过程可看成是等温操作。

（1）吸收塔：高效填料塔，塔径 800 mm，塔内装有金属丝网波纹规整填料或 θ 环散装填料，填料层总高度 670 mm。塔顶有液体初始分布器，塔中部有液体再分布器，塔底部有栅板式填料支承装置。填料塔底部有液封装置，以避免气体泄漏。

（2）填料规格和特性：瓷拉西环填料，规格 ϕ=10 mm×10 mm。

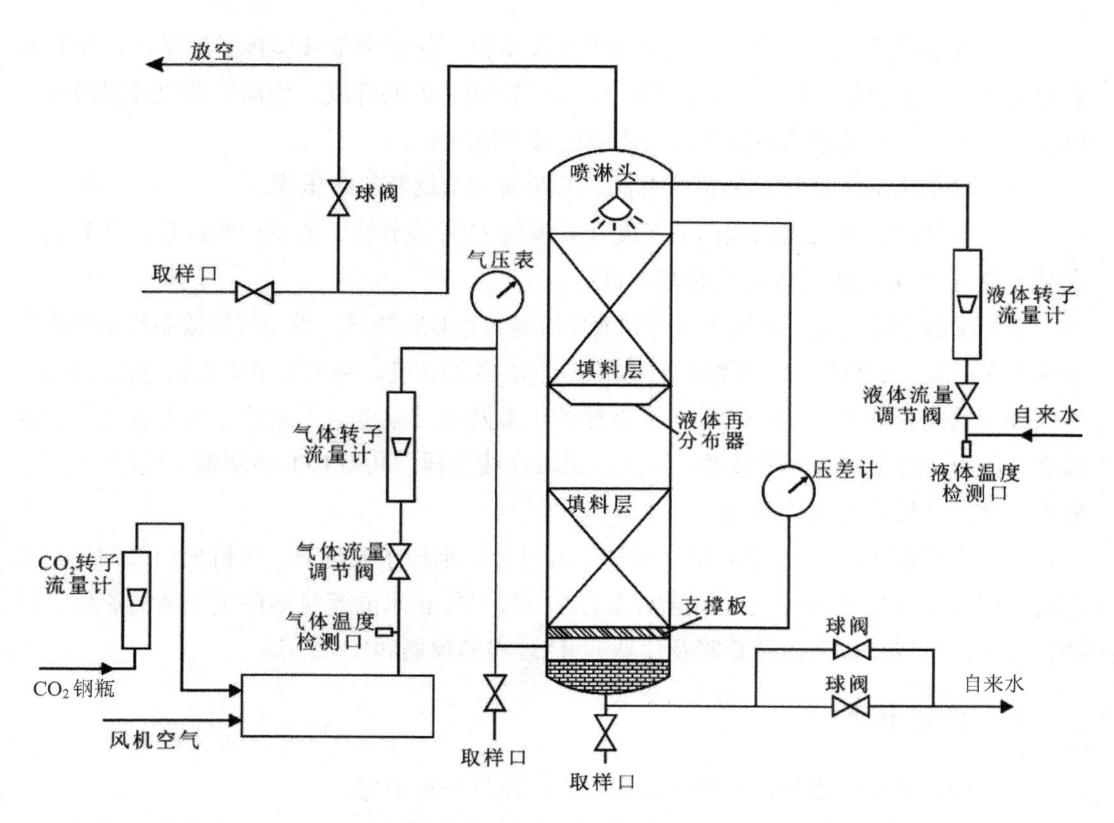

图 7-11 填料吸收塔装置流程

（3）转子流量计：

介质	条件			
	常用流量	最小刻度	标定介质	标定条件
空气	4 m^3/h	0.1 m^3/h	空气	20℃ 1.013 3×10^5 Pa
CO_2	60 L/h	10 L/h	空气	20℃ 1.013 3×10^5 Pa
水	600 L/h	20 L/h	水	20℃ 1.013 3×10^5 Pa

（4）旋涡式气泵；

（5）CO_2钢瓶；

（6）CO_2气体检测仪或气相色谱分析仪。

四、实验步骤

（1）熟悉实验装置工作流程并弄清 CO_2气体检测器（气相色谱仪）及其配套仪器结构、原理、使用方法及其注意事项；

（2）打开混合罐底部排空阀，排放掉空气混合贮罐中的冷凝水；

（3）打开仪表电源开关及风机电源开关，进行仪表自检；

（4）开启进水阀门，让水进入填料塔润湿填料，仔细调节液体转子流量计，使其流量稳定在某一实验值（塔底液封控制：仔细调节阀门 2 的开度，使塔底液位缓慢地在一段区间内变化，以免塔底液封过高溢满或过低而泄气）；

（5）启动风机，打开 CO_2 钢瓶总阀，并缓慢调节钢瓶的减压阀；

（6）仔细调节风机出口阀门的开度（并调节 CO_2 调节转子流量计的流量，使其稳定在某一值），CO_2 的出气浓度控制在 1%以内；

（7）实验中需设定不同气流压力和液体流量进行吸收测试，设定好实验条件后待塔中的压力靠近某一实验值时，仔细调节尾气放空阀 14 的开度，直至塔中压力稳定在实验值；

（8）待塔操作稳定后，读取各流量计的读数及通过温度、压差计、压力表上读取各温度、压力、塔顶塔底压差读数，通过六通阀在线进样，利用 CO_2 检测器（气相色谱仪）分析出塔顶、塔底 CO_2 的浓度；

（9）实验完毕，关闭 CO_2 钢瓶和转子流量计、水转子流量计、风机出口阀门，再关闭进水阀门及风机电源开关（实验完成后，一般先停止水的流量再停止气体的流量，以防止液体从进气口倒压破坏管路及仪器），清理实验仪器和实验场地。

五、注意事项

（1）固定好操作点后，应随时注意调整以保持各量不变；

（2）在填料塔操作条件改变后，需要有较长的稳定时间，一定要等到稳定以后方能读取有关数据。

六、实验数据处理

（1）根据上述实验条件测得的数据填写到表 7-5 中。

表 7-5 实验数据记录

<table>
<tr><th rowspan="2">序号</th><th colspan="3">混合气</th><th colspan="2">吸收剂（水）</th><th rowspan="2">全塔压差</th><th colspan="2">入塔浓度</th><th colspan="2">出塔浓度</th></tr>
<tr><th>流量/（m^3/h）</th><th>压力/kPa</th><th>温度/℃</th><th>流量/（m^3/h）</th><th>温度/℃</th><th>入塔浓度</th><th>入塔平均浓度</th><th>出塔浓度</th><th>出塔平均浓度</th></tr>
<tr><td rowspan="3">1</td><td rowspan="3"></td><td rowspan="3"></td><td rowspan="3"></td><td rowspan="3"></td><td rowspan="3"></td><td rowspan="3"></td><td></td><td rowspan="3"></td><td></td><td rowspan="3"></td></tr>
<tr><td></td><td></td></tr>
<tr><td></td><td></td></tr>
<tr><td rowspan="3">2</td><td rowspan="3"></td><td rowspan="3"></td><td rowspan="3"></td><td rowspan="3"></td><td rowspan="3"></td><td rowspan="3"></td><td></td><td rowspan="3"></td><td></td><td rowspan="3"></td></tr>
<tr><td></td><td></td></tr>
<tr><td></td><td></td></tr>
<tr><td rowspan="3">3</td><td rowspan="3"></td><td rowspan="3"></td><td rowspan="3"></td><td rowspan="3"></td><td rowspan="3"></td><td rowspan="3"></td><td></td><td rowspan="3"></td><td></td><td rowspan="3"></td></tr>
<tr><td></td><td></td></tr>
<tr><td></td><td></td></tr>
</table>

序号	混合气			吸收剂（水）		全塔压差	入塔浓度		出塔浓度	
	流量/（m^3/h）	压力/kPa	温度/℃	流量/（m^3/h）	温度/℃		入塔浓度	入塔平均浓度	出塔浓度	出塔平均浓度
4										
5										
6										

注：为减小实验误差，入塔浓度和出塔浓度各测量3次并取平均值。

（2）在双对数坐标纸上绘图表示 CO_2 吸收时的总体积传质系数、传质单元高度与气体流量的关系。

（3）列出实验结果与计算示例。

七、思考与讨论

（1）本实验中，为什么塔底要有液封？液封高度如何计算？

（2）测定 K_{xa} 有什么工程意义？

（3）为什么二氧化碳吸收过程属于液膜控制？

（4）当气体温度和液体温度不同时，应用什么温度计算亨利系数？

实验六　粉尘粒径分布及真密度的测定

一、实验目的

除尘系统所处理的粉尘均具有一定的粒度分布。粉尘的分散度不同，对人体健康危害的影响程度和适用的除尘机理也不同。对粉尘的粒径分布进行测定可为除尘器的设计、选用及除尘机理的研究提供基本数据。粉尘粒径分布的测定方法包括巴柯离心分级测定法、液体重力沉降法（移液管法）、惯性冲击法和激光粒度分析法等。

粉尘的真密度是指将粉尘颗粒表面及其内部的空气排出后测得的粉尘自身的密度。真密度是粉尘的一个基本物理性质，在除尘系统的设计中有着重要作用。对于以重力沉降、惯性沉降和离心沉降为原理的除尘装置，粉尘真密度对其除尘性能影响很大，是进行除尘理论计算和除尘器选型的重要参数。因此，本实验目的如下：

（1）了解测定粉尘真密度的原理及掌握真空法测定粉尘真密度的方法。

（2）了解引起真密度测量误差的因素及消除方法，进一步提高实验技能。

（3）熟悉激光粉尘仪的工作原理、操作和应用技术，掌握粉尘粒径分布的计算方法。

二、实验原理

激光粉尘粒径测定原理：光在传播中，波前受到与波长尺度相当的隙孔或颗粒的限制，以受限波前处各元波为源的发射在空间干涉而产生衍射和散射，衍射和散射的光能的空间（角度）分布与光波波长和隙孔或颗粒的尺度有关。用激光作光源，光为波长一定的单色光后，衍射和散射的光能的空间（角度）分布就只与粒径有关。对颗粒群的衍射，各颗粒级的多少决定着对应各特定角处获得的光能量的大小，各特定角光能量在总光能量中的比例，应反映各颗粒级的分布丰度，据此建立表征粒度级丰度与各特定角处获取的光能量的数学物理模型，通过测量光能，由特定角度测得的光能与总光能的比较推出颗粒群相应粒径级的丰度比例量。

粉尘的真密度是指粉尘的干燥质量与其真体积（总体积与其中空隙所占体积之差）的比值，单位为 g/cm^3。在自然状态下，粉尘颗粒之间存在空隙，有些种类粉尘的尘粒具有微孔，另外由于吸附作用，尘粒表面被一层空气包围。在此状态下测出的粉尘体积，空气体积占了相当的比例，因而并不是粉尘本身的真实体积，根据这个体积数值计算出来的密度也不是粉尘的真密度，而是堆积密度。

用真空法测定粉尘的真密度，是使装有一定量粉尘的比重瓶内形成一定的真空度，从而除去粒子间及粒子本体吸附的空气，用一种已知真密度的液体充填粒子间的空隙，通过称量，计算出真密度的方法。称量过程中的数量关系如图 7-12 所示。

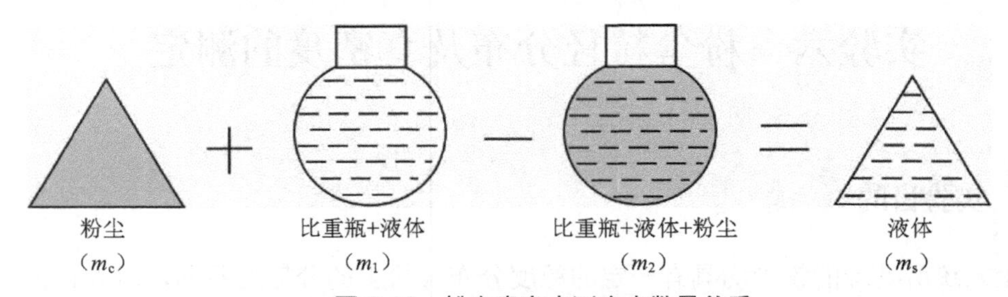

图 7-12 粉尘真密度测定中数量关系

粉尘真密度计算的推导过程：

设比重瓶的质量为 m_0，容积为 V_s，瓶内充满已知密度为ρ_s的液体，则总质量为 m_1：

$$m_1 = m_0 + \rho_s V_s \tag{7-15}$$

当瓶内加入质量为 m_c，体积为 V_c 的粉尘试样后，瓶中减少了 V_c 体积的液体，此时

起总质量为 m_2：

$$m_2 = m_0 + \rho_s(V_s - V_c) + m_c \tag{7-16}$$

粉尘试样体积 V_c 可根据上述两式表示为

$$V_c = \frac{m_1 - m_2 + m_c}{\rho_s} \tag{7-17}$$

所以粉尘试样真密度 ρ_c 为

$$\rho_c = \frac{m_c}{V_c} = \frac{m_c}{m_1 + m_c - m_2} \cdot \rho_s = \frac{m_c}{m_s} \cdot \rho_s \tag{7-18}$$

式中：m_s——排出液体的质量，g；

m_c——粉尘尘样的质量，g；

m_1——比重瓶加液体的总质量，g；

m_2——比重瓶加剩余液体加粉尘的总质量，g；

V_c——粉尘的真体积，cm^3；

ρ_c——粉尘的真密度，g/cm^3；

ρ_s——液体的真密度，g/cm^3。

三、实验仪器和设备

（1）真密度测定装置 1 套；

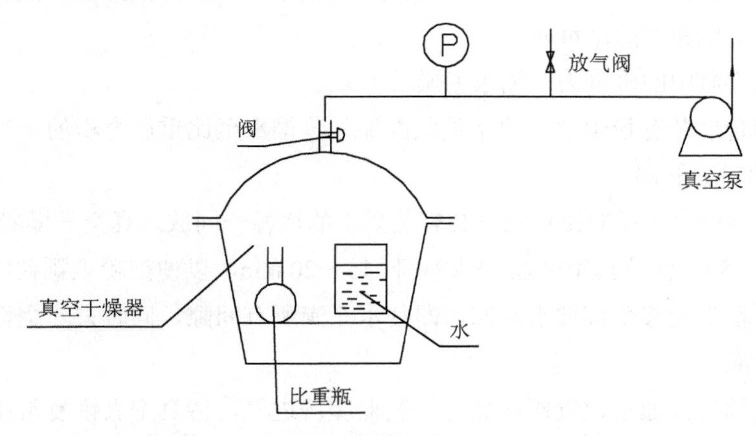

图 7-13　真空法测定粉尘真密度装置示意图

（2）DMP315 激光粉尘仪（采用 90 度光散射原理）；

（3）带有磨口毛细管塞得比重瓶 3～4 个（100 mL）；

（4）分析天平（分度值为 0.1 mg）1 台；

（5）烘箱（0～150℃）1 台；

（6）真空干燥器 1 个；

（7）烧杯 1 个（500 mL）；

（8）滴管。

四、实验步骤

1. 空气中粉尘粒径分布测定

（1）采用 DMP315 激光粉尘仪，同时检测 PM_{10}、$PM_{2.5}$、$PM_{1.0}$、TSP 四挡粉尘浓度，分别测量和记录室内和室外空气环境中相应的粉尘浓度。

（2）测量和记录室内和室外空气环境中粉尘的粒子浓度分布（15 个粒径通：0.3～25 μm）。

（3）设计记录表格，记录相应的测量数据。

2. 粉尘真密度测定

（1）将比重瓶清洗干净，置于烘箱内烘干至恒重，然后在干燥器中自然冷却至室温。

（2）取有代表性的粉尘试样（约 100 g）放在烘箱内，置于 105℃下 1 h 或至恒重，然后置于干燥器中自然冷却到室温。

（3）取 3 个干燥后的比重瓶，分别放在分析天平上称量，以 m_0 表示。

（4）将上述干燥粉尘试样用分析天平称重 3 份（每份约 25 g），记下对应粉尘质量 m_c。

（5）将比重瓶加蒸馏水至标记（即毛细孔的液面与瓶塞顶平），擦干瓶外表面的水再称重，记下比重瓶和水的重量 m_1。

（6）将比重瓶中的水倒去，加入干燥粉尘 m_c。

（7）用滴管向装有粉尘试样的比重瓶内加入蒸馏水至比重瓶容积的一半左右，静止 5～10 min，使粉尘润湿。

（8）把装有粉尘试样的比重瓶及装有蒸馏水的烧杯一同放入真空干燥器中，盖好盖，抽真空（图 7-15）。保持真空度在 98 kPa 下 15～20 min，以便把粉尘颗粒间隙中的空气全部排出，使粉尘能够全部被水湿润，即使水充满所有间隙，同时去除烧杯内蒸馏水中可能存在的气泡。

（9）停止抽气，通过放气阀向真空干燥器缓慢进气，待真空表恢复常压指示后打开真空干燥器盖，取出比重瓶及蒸馏水杯，将蒸馏水加入比重瓶至标记，擦干瓶外表面的水后称重，记下其质量 m_2。

（10）测定数据记录在表 7-6 中，并用下式计算误差，要求平行测定误差$\sigma<0.2\%$。若平行测定误差$\sigma>0.2\%$，则应检查记录和测定装置，找出原因。如果不是计算误差应重做实验。

$$\sigma=\frac{\rho_c-\bar{\rho}_c}{\bar{\rho}_c}\times 100\% \tag{7-19}$$

表 7-6 粉尘真密度测定记录

粉尘名称________ 蒸馏水真密度________ 真空装置的真空度_________

比重瓶编号	粉尘质量 m_c/g	比重瓶质量 m_0/g	比重瓶加水质量 m_1/g	比重瓶加粉尘加水质量 m_2/g	粉尘真密度/（g/cm^3）	误差
1#						
2#						
3#						
平均值						

五、思考与讨论

（1）浸液为什么要抽真空脱气？

（2）粉尘真密度的测定误差主要来源于哪些实验操作或步骤？

（3）简述粉尘粒径和真密度分析的方法及优缺点。

实验七 催化净化汽车尾气实验

一、实验目的

（1）了解催化转化器的结构及组成；

（2）了解以三效催化剂为代表的汽车尾气催化剂构成、特性和转化效率 η；

（3）弄清汽车尾气净化试验装置的基本组成和工作原理；

（4）评价催化剂在不同空速、不同尾气浓度下的催化净化能力。

二、实理原理

催化转化是气态污染物控制的主要方法之一。目前汽车尾气净化采用三元催化转化方法，即通过催化剂的作用将汽车尾气中的 HC、CO 和 NO_x 利用氧化还原作用同时转化为无害的 N_2、CO_2 和水。通常情况下汽车尾气中的 CO 在数千 mg/m^3，NO 排放浓度在数百到上千 mg/m^3，催化转化装置的净化效率在 70%～90%。在催化作用下，污染物发生如下主要反应：

氧化反应 $CO + O_2 \longrightarrow CO_2$　　$HC + O_2 \longrightarrow CO_2 + H_2O$

还原反应 $CO + NO \longrightarrow O_2 + N_2$　　$HC + NO \longrightarrow CO + N_2 + H_2O$

$NO + H_2 \longrightarrow N_2 + H_2O$

离解反应 $NO \longrightarrow N_2 + O_2$　　$NO_2 \longrightarrow N_2 + O_2$

蒸汽重整反应 $HC + H_2O \longrightarrow CO + H_2$

水煤气转换反应 $CO + H_2O \longrightarrow CO + H_2$

三、实验装置

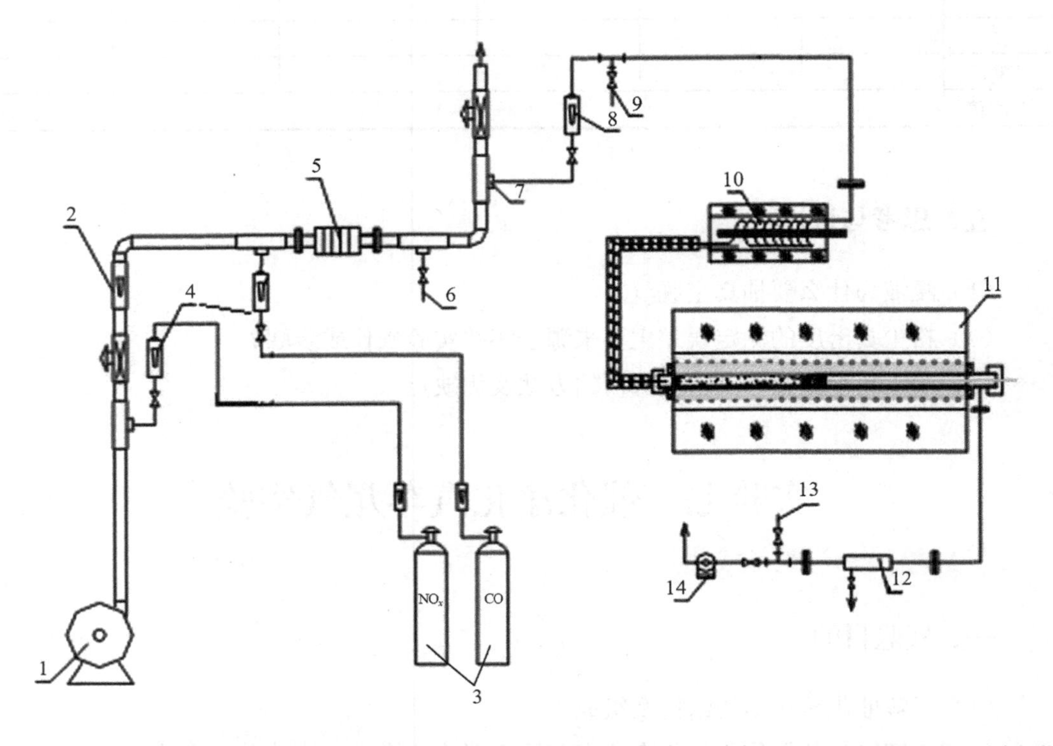

装置基本参数：不锈钢反应器内径 20 mm，催化剂恒温装填区域 50 mm，反应器长度 550 mm；可调反应炉，最大加热功率 4.5 kW；控温精度：±0.2%FS，最高使用温度 500℃；气体预热器加热功率 0.5 kW；气体流量范围：60～600 L/H。1—气泵，提供实验系统载气源；2—制气主气体流量计，计量制气主气体流量；3—挥发性有机物发生系统，配有恒温水浴，与玻璃转子流量计 4 配合用于配制所需浓度的入口挥发性有机气体；4—制气辅助气体流量计，用于控制污染气体发生流量；5—气体阻火器，一方面充分混合待处理气体，另一方面防止事故情况下的回火；6—预采样口；7—反应气体分流口；8—反应气体流量计，计量进入催化床的气体量；9—入口气体采样测定孔（配备了带阀采样嘴和隔垫采样口）；10—可控温气体预加热器，将待反应气体快速加热到较高温度；11—可控温催化反应器，包括加热炉、可拆卸不锈钢反应管（内径 25 mm，催化剂恒温装填区域 50 mm），配有催化床层反应区温度测定装置；12—反应后气体冷却器，带排液口；13—出口气体采样测定孔；14—湿式流量计。

图 7-14 实验装置流程

四、实验步骤

（1）检查设备系统外况和全部电气连接线有无异常，采样口隔垫是否需要更换，放空阀是否均已打开，管线的速接是否连接到位，一切正常后开始操作；

（2）打开电控箱总开关，合上漏电保护开关，启动数据采集装置；

（3）按实验要求设定反应加热炉控制温度，启动加热炉开关；

（4）设定预热炉温度（通常低于预定反应温度20℃左右），启动预热炉开关；

（5）启动空气泵，打开进气阀门，调节适宜流量；

（6）模拟尾气配制：待预热炉和反应炉温度达到指定温度时，打开NO和CO气体钢瓶，所需模拟尾气气体成分浓度通过制气主流量计（空气流量计）和NO_x、CO各自的流量计控制调节（由于催化床所需的气体流量较小，且小流量混合气体的配置对器材的要求很高，故本系统采用的解决方法是先配制出较大流量的混合气体再从其中分流出一部分进入催化床，其余排空）；

（7）调节反应炉温度（温度控制区间150～250℃）和气流流量（200～350 L/H）进行不同工况的实验，测定不同工况下的催化装置进出口气体浓度，确定催化转化效率；

（8）测试实验结束时，首先按气瓶操作程序和要求关闭NO、CO钢瓶总阀和相应流量计，同时调节空气流量为最大对实验系统进行清洁；

（9）关闭预热炉和反应加热炉的电源开关，停止加热；

（10）待反应炉温度下降到150℃以下时关闭气泵；

（11）关闭控制箱主电源，打开反应器气体冷却器的排液口阀门排空废液，然后关闭排液口阀门；

（12）检查设备状况，没有问题后离开。

五、数据记录与整理

在不同空速、反应炉温度、尾气浓度等运行工况下，设计记录表格（表7-7仅供参考）记录催化净化反应器的进出口尾气浓度，并计算相应的催化净化效率。

表7-7 催化实验测定记录

运行空速/（L/h）	反应炉温度/℃	进口CO浓度/（mg/m^3）	出口CO浓度/（mg/m^3）	CO催化净化效率η/%	进口NO浓度/（mg/m^3）	出口NO浓度/（mg/m^3）	NO催化净化效率η/%

六、注意事项

（1）发生气体放空管（粗）和反应气体尾气排气管（细）一定要妥善通过联结管道输送到室外人员不易到达的区域放空。

（2）本试验装置涉及 CO、NO 气瓶使用，应严格按实验室的相关安全规程运行管理，不可正对排气口。

（3）实验期间勿接触反应路前后的裸露管线，防止烫伤。

（4）反应器加热炉启动期间切勿打开反应管。

七、思考与讨论

（1）汽车在怠速状态与常速行驶状态下所排放尾气有何区别？

（2）简述汽车尾气催化剂种类及其应用范畴。

（3）根据实验结果，评价本实验使用的催化剂的催化净化性能。

第八章　水污染控制工程实验

实验一　污水处理厂运行指标评价实验

一、实验目的

（1）掌握表示活性污泥数量的评价指标——混合液悬浮固体（*MLSS*）浓度的测定和计算方法。

（2）掌握表示活性污泥的沉降与浓缩性能的评价指标——污泥沉降比（*SV*%）、污泥指数（*SVI*）的测定和计算方法。

（3）明确沉降比、污泥体积指数和污泥浓度三者之间的关系，以及它们对活性污泥法处理系统的设计和运行控制的重要意义。

（4）观察水处理系统活性污泥中微生物个体形态，掌握制作临时玻片的技巧，了解微生物在活性污泥法去除水中有机污染物的重要意义。

二、实验原理

活性污泥是活性污泥处理系统中的主体作用物质。在活性污泥上栖息着具有强大生命力的微生物群体。在微生物群体新陈代谢功能的作用下，使活性污泥具有将有机污染物转化为稳定的无机物质的活力，故称为“活性污泥”。

通过显微镜镜检，观察菌胶团形成状况，活性污泥原生动物的生物相，是对活性污泥质量评价的重要手段之一。同时还可用一些简单、快速、直观的测定方法对活性污泥的数量（混合液悬浮物固体浓度 *MLSS*）和沉降性能、浓缩性能（污泥沉降比 *SV*%，污泥指数 *SVI*）进行评价。

在工程上常用 *MLSS* 指标表示活性污泥微生物数量的相对值。*SV*%在一定程度上反映了活性污泥的沉降性能，特别当污泥浓度变化不大时，用 *SV*%可快速反映出活性污泥的沉降性能以及污泥膨胀等异常情况。当处理系统水质、水量发生变化或受到有毒物质的冲击影响或环境因素发生变化时，曝气池中的混合液浓度或污泥指数都可能发生较大的变化，单纯地用 *SV*%作为沉降性能的评价指标则很不充分，因为 *SV*%中并不包括污泥浓度的因素。这时，常采用 *SVI* 来判定系统的运行情况，它能客观地评价活性污泥的松散程度和絮凝、沉淀性能，及时地反映是否有污泥膨胀的倾向或已经发生污泥膨胀。*SVI* 越低，沉降性能越好。对城市污水，一般认为：

$SVI<100$　　污泥沉降性能好

$100<SVI<200$　　污泥沉降性能一般

$200<SVI<300$　　污泥沉降性能较差

$SVI>300$　　污泥膨胀

正常情况下，城市污水 *SVI* 值在 100～150。此外，*SVI* 大小还与水质有关，当工业废水中溶解性有机物含量较高时，正常的 *SVI* 值偏高；而当无机物含量较高时，正常的 *SVI* 值可能偏低。影响 *SVI* 值的因素还有温度、污泥负荷等。从微生物组成方面看，活性污泥中固着型纤毛类原生动物（如钟虫、盖纤虫等）和菌胶团细菌占优势时，吸附氧化能力较强，出水有机物浓度较低，污泥比较容易凝聚，相应的 *SVI* 值也较低。

三、实验装置及器皿

（1）漏斗、烧杯、洗瓶、玻璃棒、滤纸等。

（2）干燥箱、天平等。

（3）50 mL、100 mL 量筒各 1 个。

四、实验步骤与指标测算

1. 混合液悬浮固体浓度（*MLSS*）的测定

（1）将放有一张滤纸的烧杯置于 103～105℃的干燥箱中烘干 2 h 后，取出放入干燥皿中，冷却后称至恒重为止（两次称重相差不超出 0.000 5 g）。

（2）用 100 mL 量筒准确量取一定体积的混合液进行过滤（视污泥的浓度决定取样的体积），并用蒸馏水冲洗滤纸上的悬浮固体 2～3 次。

（3）过滤完毕，小心取下滤纸，放入原烧杯中置于 103～105℃的干燥箱中烘干 2 h 后，取出放入干燥皿中，冷却后称至恒重为止。

计算方法：

$$MLSS\ (\text{mg/L}) = \frac{(A-B)\times 1\,000\times 1\,000}{V} \tag{8-1}$$

式中：*A*——为过滤干燥后悬浮固体+烧杯+滤纸重量，g；

B——为过滤干燥前烧杯+滤纸重量，g；

V——混合液取样体积，mL。

2．污泥沉降比（SV%）的测定

准确量取 100 mL 均匀的混合液于 100 mL 量筒内静置，观察活性污泥絮凝和沉淀的过程和特点，在第 30 min 时记录污泥界面以下的污泥容积。

计算方法：

$$SV\%=\frac{\text{混合液在量筒内静沉30 min后形成污泥的容积}}{\text{混合液的取样体积}}\times 100\% \tag{8-2}$$

3．污泥体积指数（SVI）的计算

$$SVI\text{（mL/g）}=\frac{\text{混合液（1 L）30 min 静沉形成的活性污泥容积（mL）}}{\text{混合液（1 L）中悬浮固体干重（g）}}=\frac{SV}{MLSS} \tag{8-3}$$

SVI 值一般都只称数字，把单位简化。

4．活性污泥中典型微生物个体形态的观察

按照第五章实验二的方法，用压滴法制作活性污泥标本片，观测污水处理厂活性污泥中微生物。

五、实验数据及结果分析

通过所测的混合液悬浮固体浓度、污泥沉降比和污泥指数，结合活性污泥中典型指示微生物的状态，对实验所用活性污泥进行评价。

六、思考与讨论

（1）污泥沉降比和污泥体积指数二者有什么区别和联系？

（2）如何评价活性污泥的活性和沉降性能？

实验二　混凝沉淀实验

一、实验目的

（1）通过观察矾花的形成过程及混凝沉淀效果，加深对混凝原理的理解。

（2）通过实验确定某水样的最佳投药量、最佳 pH 等最佳混凝条件。

二、实验原理

水体中通常存在大量的胶体颗粒，是水体产生浑浊的一个重要原因，胶体颗粒靠自然沉淀是不能除去的。

胶体颗粒之间的静电斥力，胶粒的布朗运动及胶粒表面的水化作用，使得胶粒具有分散稳定性，三者中以静电斥力的影响最大。向水中投加混凝剂能提供大量的正离子，压缩胶团的扩散层，使 ξ 电位降低，静电斥力减小。此时布朗运动由稳定因素转变成不稳定因素，也有利于胶粒的吸附凝聚。水化膜中的水分子与胶粒有固定联系，具有弹性和较高的黏度，把这些水分子排挤除去需要克服特殊的阻力，阻碍胶粒的直接接触。有些水化膜的存在决定于双电层状态，投加混凝剂降低 ξ 电位，有可能使水化作用减弱。混凝剂水解后形成的高分子物质或直接加入水中的高分子物质一般具有链状结构，在胶粒与胶粒之间起吸附架桥作用，即使 ξ 电位没有降低或降低不多，胶粒不能相互接触，通过高分子链状物吸附胶粒，也能形成絮凝体。

消除或降低胶体颗粒稳定因素的过程称为脱稳。脱稳后的胶粒，在一定的水力条件下，形成较大的絮凝体，俗称矾花。直径较大且密实的矾花容易沉淀。

自投加混凝剂直至形成较大矾花的过程称为混凝。混凝过程见表 8-1。

表 8-1 混凝过程

<table>
<tr><td rowspan="2">阶段</td><td rowspan="2">混合阶段</td><td colspan="4">反应阶段</td></tr>
<tr><td colspan="3">凝聚</td><td>絮凝</td></tr>
<tr><td>过程</td><td>药剂混合</td><td colspan="2">脱稳</td><td>异向絮凝为主</td><td>同向絮凝为主</td></tr>
<tr><td>作用</td><td>药剂扩散</td><td>混凝剂水解</td><td>杂质胶体脱稳</td><td>脱稳胶体凝聚</td><td>微絮凝体进一步碰撞聚集</td></tr>
<tr><td>动力</td><td>质量迁移</td><td>溶解平衡</td><td>各种脱稳机理</td><td>分子热运动</td><td>液体流动的能量消耗</td></tr>
<tr><td>处理构筑物</td><td colspan="4">混合设备</td><td>反应设备</td></tr>
<tr><td>胶体状态</td><td colspan="2">原始胶体</td><td>脱稳胶体</td><td>微絮凝体</td><td>矾花</td></tr>
<tr><td>胶体粒径</td><td colspan="2">0.1～0.001 μm</td><td colspan="2">5～10 μm</td><td>0.5～2 μm</td></tr>
</table>

从胶体颗粒变成较大的矾花是一个连续的过程，为了研究方便可划分为混合和反应两个阶段。混合阶段要求浑水和混凝剂快速均匀混合，一般来说，该阶段只能产生眼睛难以看见的微絮凝体；反应阶段则要求将微絮凝体形成较密实的大粒径矾花。

混合和反应均需消耗能量，而速度梯度 G 值能反映单位时间单位体积水耗能值的大小，混合的 G 值应大于 300～500 s^{-1}，时间一般不超过 30 s，G 值大时混合时间宜短。混合方式可以是机械搅拌混合或水泵混合。实验水量较小，采用的是机械搅拌混合的方式。由于粒径大的矾花抗剪强度低，易破碎，而 G 值与水流剪力成正比，故从反应开始至反应结束，随着矾花逐渐增大，G 值宜逐渐减小。实际设计中，G 值在反应开始时可采用 100 s^{-1} 左右，反应结束时可采用 10 s^{-1} 左右。整个反应设备的平均 G 值为 20～70 s^{-1}，反应时间 15～30 min。实验采用机械搅拌反应，G 值及反应时间 T 值（以秒计）应符合上述要求。

混合或反应的速度梯度 G 值：

$$G=\sqrt{\frac{P}{\mu V}} \tag{8-4}$$

式中：P——混合或反应设备中水流所耗功率，W；1 W = 1 J/S = 1 N·m/s；

V——混合或反应设备中水的体积，m^3；

μ——水的动力黏度，Pa·s，1 Pa·s = 1 N·s/m^2。

不同温度水的动力黏度 μ 值见表 8-2。

表 8-2　不同温度水的动力黏度 μ 值

温度/℃	0	5	10	15	20	25	30	40
$\mu/10^{-3}$（N·s）·m^{-2}	1.781	1.518	1.307	1.139	1.002	0.890	0.798	0.653

实验搅拌设备垂直轴上装设两块桨板，如图 8-1 所示，桨板绕轴旋转时克服水的阻力所耗功率 P 为

$$P=\frac{C_D r L \omega^3}{4g}(r_2^4-r_1^4) \tag{8-5}$$

式中：L——桨板长度，m；

r_2——桨板外缘旋转半径，m；

r_1——桨板内缘旋转半径，m；

ω——相对于水的桨板旋转角速度，可采用 0.75 倍轴转速，rad/s；

r——水的重度，N/m^3；

g——重力加速度，9.81 m/s^2；

C_D——阻力系数，决定于桨板宽长比，见表 8-3。

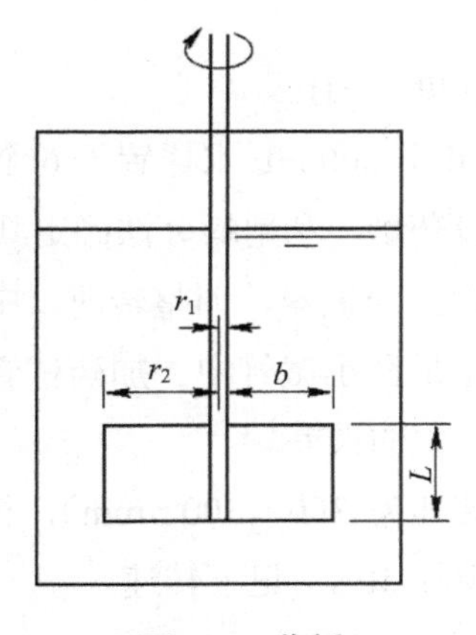

图 8-1　桨板

表 8-3 阻力系数 C_D 值

b/L	<1	1～2	2.5～4	4.5～10	10.5～18	>18
C_D	1.10	1.15	1.19	1.29	1.40	2.00

当 C_D=1.15（即宽长比 b/L 为 1～2），r=9 810 N/m^3，g=9.81 m/s^2，转速为 n（r/min，即 $\omega=\dfrac{2\pi r}{60}\times0.75=0.0785n$）时，

$$P=0.139Ln^3(r_2^4-r_1^4) \tag{8-6}$$

三、实验仪器与试剂

（1）六联实验搅拌器；

（2）1 000 mL 烧杯 6 个；

（3）200 mL 烧杯 6 个；

（4）100 mL 注射器若干，移取沉淀后上清液用；

（5）1 mL、5 mL、10 mL 移液管各 1 支，吸耳球若干，移取混凝剂用；

（6）温度计 1 支，测水温用；

（7）1 000 mL 量筒 1 个，量原水体积用；

（8）硫酸铝溶液（或其他混凝剂）1 瓶；

（9）PHS-3C 型酸度计 1 台，测反应前后的 pH；

（10）浊度仪 1 台，测反应前后的浊度；

（11）尺子 1 把，量搅拌机尺寸用。

四、实验步骤

1. 最佳投药量实验

（1）测量原水的水温、浑浊度及 pH。

（2）用 1 000 mL 量筒量取 6 个 600 mL 水样置于 6 个大烧杯中。

（3）设最小投药量和最大投药量，利用均分法确定其他 4 个水样的混凝剂投加量。

（4）将烧杯置于搅拌机中，开动机器，调整转速，中速运转数分钟，同时将计算好的投药量，用移液管分别移取至加药小试管中。加药试管中药液量过少时，可掺入蒸馏水，以减小药液残留在试管上产生的误差。

（5）将搅拌机快速运转（转速为 300～500 r/min），待转速稳定后，将药液加入水样烧杯中，同时开始计时，快速搅拌 30 s，记下转速。

（6）30 s 后，迅速将转速调到中速运转（如 120～150 r/min）。然后用少量蒸馏水冲洗加药试管，并将这些水加到水样杯中。搅拌 3 min 后，迅速将转速调至慢速（如 80 r/min）

搅拌 5 min。

（7）搅拌过程中，注意观察并记录矾花形成的过程、矾花外观、大小、密实程度等，并记录在表 8-4 中。

（8）搅拌完成后，停机，将水样杯取出，置一旁静沉 10 min，静沉过程中，观察并记录矾花沉淀过程并记录在表 8-4 中。

表 8-4　观察记录

水样编号	矾花形成及沉淀过程的描述	小　结
1		
2		
3		
4		
5		
6		

（9）水样静沉 10 min 后，用注射器每次吸取水样杯中上清液约 130 mL（够测浊度、pH 即可），置于 6 个洗净的 200 mL 烧杯中，测反应后的浊度及 pH 并记录入下列的原始数据表 8-5 中。

表 8-5　原始数据记录

混凝剂名称		原水浑浊度		原水温度		原水 pH	
水样编号		1	2	3	4	5	6
投药量	mL						
	mg/L						
剩余浊度							
沉淀后 pH							

（10）比较实验结果，根据 6 个水样所分别测得的剩余浊度，结合水样混凝沉淀时所观察到的现象，对最佳投药量的所在区间做出判断。缩小投药量范围，重新设定下次实验的最大和最小投药量值 *a* 和 *b*，重复上述实验。

2．最佳 pH 实验

（1）用 1 000 mL 量筒量取 6 个水样至 6 个大烧杯中。

（2）设最小 pH 和最大 pH，利用均分法确定其他 4 个水样的 pH。

（3）用酸和碱将水样 pH 调至设定值。

（4）将烧杯置于搅拌机中，开动机器，调整转速，中速运转数分钟，将上述实验中试验出的最佳投药量，用移液管分别移取至加药小试管中。

（5）将搅拌机快速运转（转速为 300～500 r/min），待转速稳定后，将药液加入水样烧杯中，同时开始计时，快速搅拌 30 s。

（6）30 s 后，迅速将转速调到中速运转（如 120～150 r/min），然后用少量蒸馏水冲洗加药试管，并将这些水加到水样杯中。搅拌 3 min 后，迅速将转速调至慢速（如 80 r/min）搅拌 5 min。

（7）搅拌过程中，注意观察并记录矾花形成的过程、矾花外观、大小、密实程度等，并记录在表 8-6 中。

（8）搅拌完成后，停机，将水样杯取出，置一旁静沉 10 min，静沉过程中，观察并记录矾花沉淀过程并记录在表 8-6 中。

表 8-6 观察记录

水样编号	矾花形成及沉淀过程的描述	小 结
1		
2		
3		
4		
5		
6		

（9）水样静沉 10 min 后，用注射器每次吸取水样杯中上清液约 130 mL（够测浊度、pH 即可），置于 6 个洗净的 200 mL 烧杯中，测反应后的浊度及 pH，并记录入下列的原始数据表 8-7 中。

表 8-7 原始数据记录

<table>
<tr><td>混凝剂名称</td><td colspan="2">混凝剂用量</td><td colspan="2">原水浑浊度</td><td colspan="2">原水温度</td><td>原水 pH</td></tr>
<tr><td></td><td colspan="2"></td><td colspan="2"></td><td colspan="2"></td><td></td></tr>
<tr><td>水样编号</td><td>1</td><td>2</td><td>3</td><td>4</td><td>5</td><td colspan="2">6</td></tr>
<tr><td>混凝前 pH</td><td></td><td></td><td></td><td></td><td></td><td colspan="2"></td></tr>
<tr><td>剩余浊度</td><td></td><td></td><td></td><td></td><td></td><td colspan="2"></td></tr>
<tr><td>沉淀后 pH</td><td></td><td></td><td></td><td></td><td></td><td colspan="2"></td></tr>
</table>

（10）比较实验结果，根据 6 个水样分别测得的剩余浊度，结合水样混凝沉淀时所观察到的现象，对最佳 pH 的所在区间做出判断。缩小投药量范围，重新设定下次实验的最大 pH 和最小 pH，重复上述实验。

五、实验结果整理

（1）最佳投药量的确定。以投药量为横坐标，以剩余浊度为纵坐标，绘制投药量—剩余浊度曲线，从曲线上求得本次实验不大于某一剩余浊度的最佳投药量值。

（2）计算反应过程的 G 值及 GT 值，并比较其是否符合设计要求。

将测得的原始数据记录在表 8-8 中。

表 8-8　混凝原始数据记录

<table>
<tr><td colspan="5">桨 板 尺 寸</td></tr>
<tr><td>r_1=</td><td>r_2=</td><td>b=</td><td>L=</td><td>C_D=</td></tr>
<tr><td colspan="2">水温＝</td><td colspan="3">动力黏度 μ＝</td></tr>
<tr><td rowspan="2">快速搅拌时
n=
T=
GT=</td><td colspan="4">P=</td></tr>
<tr><td colspan="4">G=</td></tr>
<tr><td rowspan="2">中速搅拌时
n=
T=
GT=</td><td colspan="4">P=</td></tr>
<tr><td colspan="4">G=</td></tr>
<tr><td rowspan="2">慢速搅拌时
n=
T=
GT=</td><td colspan="4">P=</td></tr>
<tr><td colspan="4">G=</td></tr>
</table>

六、注意事项

（1）取水样时，所取水样要搅拌均匀，要一次量取以尽量减少所取水样浓度上的差别。

（2）移取烧杯中沉淀液的上清液时，要在相同条件下取上清液，并注意不要把沉下去的矾花搅起来。

七、思考与讨论

（1）根据实验结果以及实验中所观察到的现象，分析影响混凝的几个主要因素。

（2）为什么最大投药量时，混凝效果不一定好？

实验三 活性炭吸附实验

一、实验目的

（1）加深理解吸附的基本原理，了解影响吸附效果的因素。

（2）通过实验取得必要的数据，计算活性炭吸附容量 q_e，并绘制吸附等温线。

（3）利用绘制的吸附等温线确定费氏吸附参数 K，$1/n$。

二、实验原理

活性炭吸附是目前国内外应用较多的一种水处理方法。由于活性炭对水中大部分污染物都有较好的吸附作用，因此活性炭吸附应用于水处理时往往具有出水水质稳定、适用于多种污水的优点。活性炭吸附常用来处理某些工业污水，在有些特殊情况下也用于给水处理。

活性炭吸附就是利用活性炭多孔性的固体表面对水中一种或多种物质的吸附作用，以达到净化水质的目的。活性炭的吸附作用产生于两个方面：一是由于活性炭内部分子在各个方向都受着同等大小的力而在表面的分子则受到不平衡的力，从而使其他分子吸附于其表面，此为物理吸附；另一个是由于活性炭与被吸附物质之间的化学作用，此为化学吸附。活性炭吸附是物理吸附和化学吸附综合作用的结果。吸附过程一般是可逆的，一方面吸附质被吸附剂吸附，另一方面，一部分已被吸附的吸附质，由于分子热运动的结果，能够脱离吸附剂表面又回到液相中去。前者为吸附过程，后者为解吸过程。当吸附速度和解吸速度相等时，即单位时间内活性炭吸附的数量等于解吸的数量时，则吸附质在溶液中的浓度和在活性炭表面的浓度均不再变化，从而达到了平衡，此时的动态平衡称为吸附平衡，此时吸附质在溶液中的浓度称为平衡浓度。

活性炭的吸附能力以吸附量 q（mg/g）表示。所谓吸附量，是指单位重量的吸附剂所吸附的吸附质的重量。实验采用粉状活性炭吸附水中的有机染料，达到吸附平衡后，用光度法测得吸附前后有机染料的初始质量浓度ρ_0及平衡浓度ρ_e，以此计算活性炭的吸附量 q_e。

$$q_e = \frac{(\rho_0 - \rho_e)V}{m} \tag{8-7}$$

式中：ρ_0——水中有机物的初始质量浓度，mg/L；

ρ_e——水中有机物的平衡质量浓度，mg/L；

m ——活性炭投加量，g；

V——废水量，L；

q_e——活性炭吸附量，mg/g。

在温度一定的条件下，活性炭的吸附量随被吸附物质平衡浓度的提高而提高，两者之间的变化曲线为吸附等温线。以 $\lg\rho_e$ 为横坐标，$\lg q_e$ 为纵坐标，绘制吸附等温线，求得直线斜率 $1/n$、截距 K。

费氏吸附等温方程：

$$\lg q_e = \lg k + \frac{1}{n}\lg \rho_e \tag{8-8}$$

$1/n$ 越小，吸附性能越好。一般认为 $1/n$=0.1～0.5 时，容易吸附；$1/n$＞2 时，则难于吸附。$1/n$ 较大时，一般采用连续式吸附操作。当 $1/n$ 较小时，多采用间歇式吸附操作。

三、实验仪器

（1）实验搅拌器。

（2）分光光度计。

（3）大小烧杯、漏斗。

（4）粉状活性炭。

（5）染料废水：100 mg/L，用番红花 T 配制。

四、实验步骤

（1）分别吸取 100 mg/L 的有机染料标准溶液 0.00 mL、0.50 mL、1.00 mL、1.50 mL、2.00 mL、2.50 mL、3.00 mL 于 10.0 mL 比色管中，用超纯水定容到刻度，配制 0.00 mg/L、5.00 mg/L、10.00 mg/L、15.00 mg/L、20.00 mg/L、25.00 mg/L、30.00 mg/L 的标准系列，以超纯水为参比，1 cm 比色皿于 500 nm 处测其吸光度，绘制标准曲线。

（2）依次称量活性炭 50 mg、100 mg、150 mg、200 mg、250 mg、300 mg 于 6 个 1 000 mL 大烧杯中，加入配制的染料废水 600 mL，置于搅拌机上，以 200 r/min 转速搅拌 10 min。

（3）取下烧杯，静置 5 min。

（4）过滤。用小烧杯接取上述滤液，初滤液（50 mL）弃去不用，接取约 20 mL 二次滤液，按标准系列的步骤操作，测定吸光度。

（5）根据实际情况，设定不同染料废水浓度、不同 pH 和不同粒径的活性炭等条件进行吸附实验。

五、实验数据处理

（1）列表 8-9 记录实验数据。

表 8-9 实验数据

样品编号	V/mL	m/g	ρ_0/(mg·L^{-1})	ρ_e/(mg·L^{-1})	$\rho_0-\rho_e$/(mg·L^{-1})	q_e/(mg·g^{-1})	lgρ_e	lgq_e

（2）绘制吸附等温线。

（3）确定费氏吸附参数 K，$1/n$。

（4）根据确定的吸附参数 $1/n$、K 讨论所用活性炭的吸附性能。

六、思考与讨论

（1）简述实验确定吸附等温线的意义。

（2）静态吸附和动态吸附有何特点？

（3）实验采用的是哪种吸附操作？

实验四　离子交换实验

一、实验目的

（1）加深对离子交换基本理论的理解。

（2）用 Na^+型阳离子交换树脂对含 Ca^{2+}、Mg^{2+}的水进行软化，测定树脂的工作交换容量。

（3）进一步熟悉水的硬度的测定方法。

二、实验原理

离子交换是目前常用的水软化方法。离子交换树脂是由空间网状结构骨架（即母体）与附属在骨架上的许多活性基团所构成的不溶性高分子化合物。根据其活性基团的酸碱性可分为阳离子交换树脂和阴离子交换树脂。活性基团遇水电离，分成固定部分与活动部分。其中，固定部分仍与骨架牢固结合，不能自由移动，构成固定离子；活动部分能在一定空间内自由移动，并与其周围溶液中的其他同性离子进行交换反应，称为可交换离子或反离子。离子交换的实质是不溶性的电解质（树脂）与溶液中的另一种电解质所进行的化学反应。这一化学反应可以是中和反应、中性盐分解反应或复分解反应。

$$R\text{-}SO_3H + NaOH \longrightarrow R\text{-}SO_3Na + H_2O$$（中和反应）

$$R\text{-}SO_3H + NaCl \longrightarrow R\text{-}SO_3Na + HCl$$（中性盐分解反应）

$$2R\text{-}SO_3Na + CaCl_2 \longrightarrow (R\text{-}SO_3)_2Ca + 2NaCl$$（复分解反应）

交换容量是树脂最重要的性能，它定量地表示树脂交换能力的大小。交换容量可分为全交换容量与工作交换容量。全交换容量指一定量树脂所具有的活性基团或可交换离子的总数量，工作交换容量指树脂在给定工作条件下实际上可利用的交换能力。树脂工作交换容量与实际运行条件有关，如再生方式、原水含盐量及其组成、树脂层高度、水流速度、再生剂用量等均对之有影响。树脂工作交换容量可由模拟实验确定。当树脂的交换容量耗尽后（即穿透），必须进行再生。

实验采用装有 Na^+型阳离子交换树脂的简易交换器对含有钙盐及镁盐的硬水进行软化。当含有多种阳离子的水流经钠型离子交换层时，水中的 Ca^{2+}、Mg^{2+}等与树脂中的可交换离子 Na^+发生交换，使水中的 Ca^{2+}、Mg^{2+}含量降低或基本上全部软化而去除，根据树脂高度、原水硬度、软化水水量及软化工作时间等求出树脂的工作交换容量。反应式为

$$2RNa^+ + Ca^{2+} + Mg^{2+} \Leftrightarrow R_2Ca(Mg) + 2Na^+$$

离子交换器计算所基于的物料衡算关系式如下：

$$Fhq = QTH_t \tag{8-9}$$

式中：F——离子交换器截面积，m^2；

h——树脂层高度，m；

q——树脂工作交换容量，mmol/L；

Q——软化水流量，m^3/h；

T——软化工作时间，即从软化开始到出现硬度泄漏的时间，h；

H_t——原水硬度以 C（$1/2Ca^{2+} + 1/2Mg^{2+}$）表示，mmol/L。

式（8-9）左边表示交换器在给定工作条件下具有的实际交换能力，右边表示树脂吸着的硬度总量。

三、实验仪器与试剂

（1）离子交换装置。于酸性滴定管中装入一定高度的已预处理的阳离子交换树脂，自制简易交换装置（滴定管底部装少量纱布防止树脂流失）。

（2）NH_3-NH_4Cl 缓冲溶液：pH=10。称取 67 g NH_4Cl 溶于水，加 500 mL 氨水后，用 pH 试纸检查，稀释至 1 L，调节 pH=10。

（3）EBT 指示剂。称取 1 g 铬黑 T，加入 NaCl 进行研磨。

（4）Ca^{2+}标准溶液：10 mmol/L。准确称取 0.2～0.25 g $CaCO_3$ 于 250 mL 烧杯中，先用少量水润湿，盖上表面皿，滴加 6 mol/L HCl 10 mL，加热溶解。溶解后用少量水洗表面皿及烧杯壁，冷却后，将溶液定量转移至 250 mL 容量瓶中，用水稀释至刻度，摇匀。

（5）EDTA 标准溶液：0.01 mol/L。称取 4 g EDTA 溶于水，稀释至 1 000 mL，以基准 $CaCO_3$ 标定其准确浓度。标定方法如下：

用移液管平行移取 25.00 mL 10 mmol/L Ca^{2+}标准溶液 3 份分别于 250 mL 锥形瓶中，加 1 滴甲基红指示剂，用（1+2）氨水调至由红色变为淡黄色，加入 20 mL 水，氨缓冲溶液 10 mL，一小勺 EBT 指示剂，摇匀，用 EDTA 溶液滴定至溶液由紫红色变为纯蓝色，即为终点。记录用量，按式（8-10）计算 EDTA 溶液的当量浓度。

$$C_{EDTA}=\frac{C_1V_1}{V} \tag{8-10}$$

式中：C_{EDTA}——EDTA 标准溶液的当量浓度，mmol/L；

V——消耗 EDTA 标准溶液的体积，mL；

C_1——钙标准溶液的量浓度，mmol/L；

V_1——钙标准溶液的体积，mL。

四、实验步骤

（1）测量交换器内径、树脂层高度。

（2）测定原水硬度。取 20 mL 原水于锥形瓶中，用 EDTA 络合滴定法测定其硬度。

（3）离子交换。打开止水夹，使含 Ca^{2+}、Mg^{2+}的原水通过树脂交换层，同时用烧杯接取交换水，控制流速约 15 mL/min，每隔 5 min 记录交换水的体积，并取 20 mL 测定硬度，当出水硬度达到原水硬度时停止交换（硬度的测定方法见第四章实验三）。

五、实验数据处理

（1）实验数据记录于表 8-10。

表 8-10 实验数据记录

实验项目	交换器内径/cm		树脂高度/cm		软化工作时间/h	
原水硬度/（$mmol \cdot L^{-1}$）						
时间/min						
水量/mL						
EDTA/mL						
硬度/（$mmol \cdot L^{-1}$）						
工作交换容量 q/（$mmol \cdot L^{-1}$）						

（2）计算树脂工作交换容量。

（3）绘制硬度泄漏曲线（软化水剩余硬度–出水量）。

六、注意事项

（1）离子交换时注意控制流速，流速不宜太大，以免影响交换效果。

（2）测定硬度时注意滴定终点把握，以减少测定误差。

（3）Na^+型阳离子交换树脂失效（穿透）后须用10%的NaCl溶液再生。

七、思考与讨论

（1）树脂的工作交换容量与哪些因素有关？

（2）简述离子交换机理。

（3）离子交换树脂为什么要进行再生？

实验五　成层沉淀实验

一、实验目的

（1）加深对成层沉淀的特点、基本概念，以及沉淀规律的理解。

（2）掌握肯奇单筒测定法绘制成层沉淀ρ-u关系线。

（3）通过实验确定某种污水曝气池混合液的静沉曲线，为设计澄清浓缩池提供必要的设计参数。

二、实验原理

浓度大于某值的高浓度水，如黄河高浊水、活性污泥法曝气池混合液、浓集的化学污泥，无论其颗粒性质如何，颗粒的下沉均表现为浑浊液面的整体下沉。这与自由沉淀、絮凝沉淀完全不同，后两者研究的都是一个颗粒沉淀时的运动变化特点（考虑的是悬浮物个体），而对成层沉淀的研究却是针对悬浮物整体，即整个浑液面的沉淀变化过程。成层沉淀时颗粒间相互位置保持不变，颗粒下沉速度即为浑液面等速下沉速度。该速度与原水浓度、悬浮物性质等有关而与沉淀深度无关。但沉淀有效水深影响变浓区沉速和压缩区压实程度。为了研究浓缩，提供从浓缩角度设计澄清浓缩池所必需的参数，应考虑沉降柱的有效水深。此外，高浓度水沉淀过程中，器壁效应更为突出，为了能真实地反映客观实际状态，沉淀柱直径一般不小于200 mm，而且柱内还应装有慢速搅拌装置，以消除器壁效应和模拟沉淀池内刮泥机的作用。

澄清浓缩池在连续稳定运行中，池内可分为四区，如图 8-2 所示。池内污泥浓度沿池高分布如图 8-3 所示。进入沉淀池的混合液，在重力作用下进行泥水、污泥分离下沉，清水上升，最终经过等浓区后进入清水区流出。因此，为了满足澄清的要求，出流水不带走悬浮物，水流上升速度 v 一定要小于或等于等浓区污泥沉降速度 u，即

$$v = Q/A \leqslant u$$

工程中：

$$A = \frac{Q}{u\alpha} \tag{8-11}$$

式中：Q——处理水量，m^3/h；

u——等浓区污泥沉降速度，m/h；

A——沉淀池按澄清要求所需平面面积，m^2；

α——修正系数，一般 α 取 1.05～1.2。

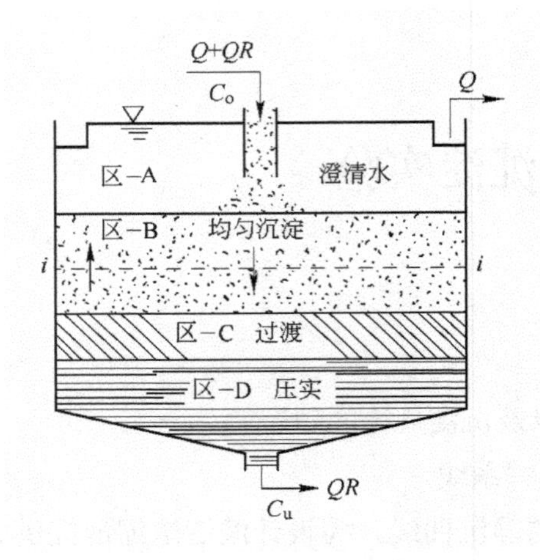

图 8-2 稳定运行沉淀池内状况

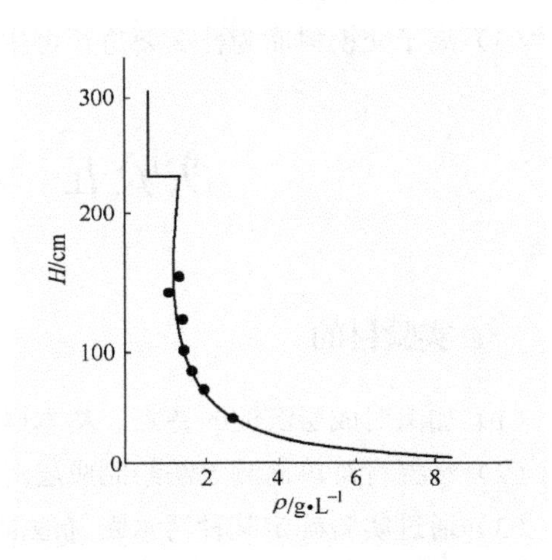

图 8-3 池内污泥浓度沿池高分布

进入沉淀池后分离出来的污泥，从上至下逐渐浓缩，最后由池底排除。这一过程是在两个作用下完成的：

其一是重力作用下形成静沉固体通量 G_s，其值取决于每一断面处污泥浓度ρ_i及污泥沉速 u_i 即

$$G_s = u_i \rho_i \tag{8-12}$$

其二是连续排泥造成污泥下降，形成排泥固体通量 G_B，其值取决于每一断面处污泥浓度和由于排泥而造成的泥面下沉速度。

$$G_B = v\rho_i \tag{8-13}$$

$$v = \frac{Q_R}{A} \tag{8-14}$$

式中：Q_R——回流污泥量。

因而，污泥在沉淀池内单位时间，通过单位面积下沉的污泥量，取决于污泥性能 u 和运行条件 $v\cdot\rho$，即固体通量 $G=G_S+G_B=u_i\rho_i+v\rho_i$。该关系从图 8-4、图 8-5 中可以看出。

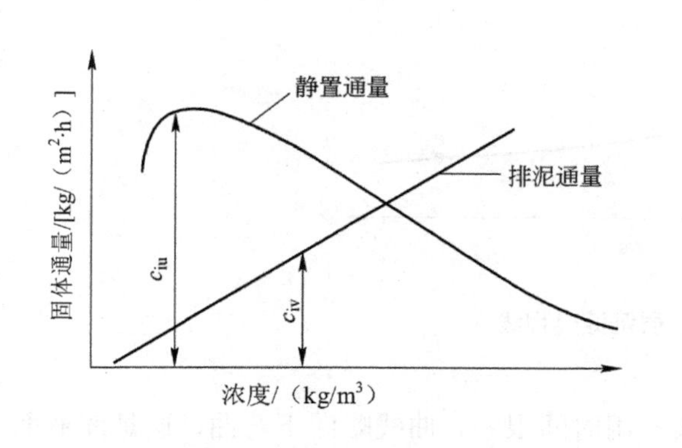

图 8-4　静沉与排泥通量

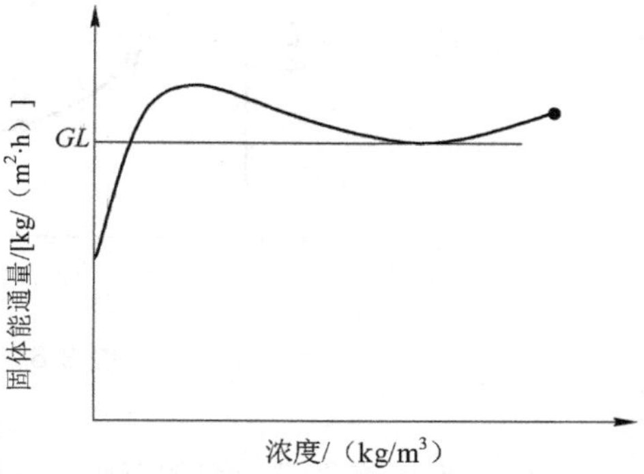

GL
固体能通量/[kg/（m²·h）]
浓度/（kg/m³）

图 8-5　总固体通量

由图 8-5 可见，对于某一特定运行或设计条件下，沉淀池某一断面处存在一个最小的固体通量 G_L，称为极限固体通量，当进入沉淀池的进泥通量 G_O 大于极限固体通量 G_L 时，污泥下沉到该断面时，多余污泥量将于此断面处积累。长此下去，回流污泥不仅得不到应有的浓度，池内泥面反而上升，最后随水流出。因此按浓缩要求，沉淀池的设计应满足 $Go\leqslant G_L$，即

$$\frac{Q(1+R)\rho_0}{A}\leqslant G_L \tag{8-15}$$

从而保证进入二沉池中的污泥通过各断面到达池底。

工程中：

$$A\geqslant\frac{Q(1+R)\rho_0}{G_L}a \tag{8-16}$$

式中：R——回流比；

ρ_0——曝气池混合液污泥质量浓度，kg/m³；

G_L——极限固体通量，kg/（m²·h）；

A——沉淀池按浓缩要求所需平面面积，m²。

式（8-11）、式（8-16）中设计参数 u、G_L 值，均应通过成层沉淀实验求得。

成层沉淀实验，是在静止状态下，研究浑液面高度随沉淀时间的变化规律。以浑液面高度为纵轴，以沉淀时间为横轴，所绘得的 H-t 曲线，称为成层沉淀过程线，它是求二次沉淀池断面面积设计参数的基础资料。成层沉淀过程线分为四段，如图 8-6 所示。

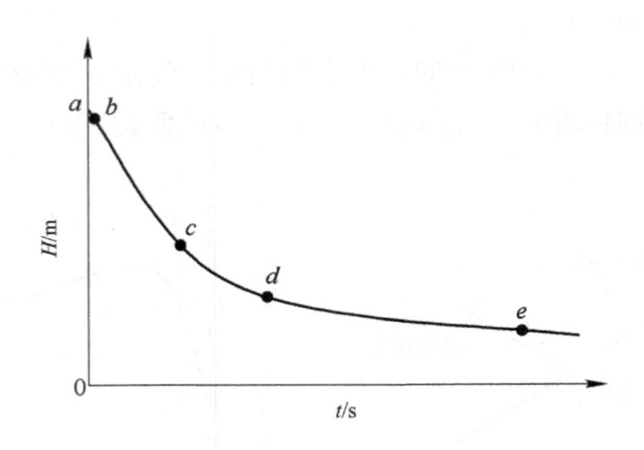

图 8-6 成层沉淀过程线

a-b 段，为加速段或污泥絮凝段。此段所用时间很短，曲线略向下弯曲，这是浑液面形成的过程，反映了颗粒絮凝性能。

b-c 段，浑液面等速沉淀段（等浓沉淀区）。此区由于悬浮颗粒的相互牵连和强烈干扰，均衡了它们各自的沉淀速度，使颗粒群体以共同干扰后的速度下沉，沉速为常量，它不因沉淀历时的不同而变化。在沉淀过程线上，*b-c* 段是一条斜率不变的直线段，故称为等速沉淀段。

c-d 段，过渡段（变浓区），此段为污泥等浓区向压缩区的过渡段。其中既有悬浮物的干扰沉淀，也有悬浮物的挤压脱水作用，沉淀过程线上，*c-d* 段所表现出的弯曲，便是沉淀和压缩双重作用的结果，此时等浓区沉淀区消失，故 *c* 点又称为成层沉淀临界点。

d-e 段，压缩段。此区内颗粒间直接接触，机械支托，形成松散的网状结构，在压力作用下颗粒重新排列组合，它所挟带的水分也逐渐从网中脱出，这就是压缩过程，此过程也是等速沉淀过程，只是沉速相当小，沉淀极缓慢。

利用成层沉淀求二沉池设计参数、u 及 G_L 的一般实验方法为肯奇单筒测定法和迪克多筒测定法。由于采用迪克多筒测定推求极限固体通量 G_L 值时，污泥在各断面处的沉淀固体通量值 $G_S=\rho_i u_i$ 中的污泥沉速 u_i，均是取自同浓度污泥静沉曲线等速段斜率，用它代替了实际沉淀池中沉淀泥面的沉速，这一做法没有考虑实际沉淀池中污泥浓度的连续分布，也没有考虑污泥的沉速不但与周围污泥浓度有关，还要受到下层沉速小于它的污泥层的干扰，因而迪克法求得 G_L 值偏高，与实际值出入较大。

本实验采用肯奇单筒测定法。肯奇单筒测定法是取曝气池的混合液进行一次较长时间的成层沉淀，得到一条浑液面沉淀过程线，如图 8-7 示，并利用肯奇式计算。

$$\rho_i=\frac{\rho_0 H_0}{H_i'} \tag{8-17}$$

式中：ρ_0——实验时，试样质量浓度，g/L；

H_0——实验时，沉淀初始高度，m；

H_i'——当沉降历时为 t_i，在 H-t 曲线上通过点 i 作曲线的切线，与 y 轴相交所得的截距；

ρ_i——某沉淀断面 i 处的污泥质量浓度。

$$u_i=\frac{H_i'-H_i}{t_i} \tag{8-18}$$

式中：u_i——某沉淀断面 i 处泥面沉速，m/h。

求出各断面处的污泥浓度ρ_i 及泥面沉速 u_i（图 8-7）从而得出 ρ-u 关系线。

利用 ρ-u 关系线并按前述方法，绘制 G_S-ρ、G_B-ρ 曲线，采用叠加法后，可求得 G_L 值。

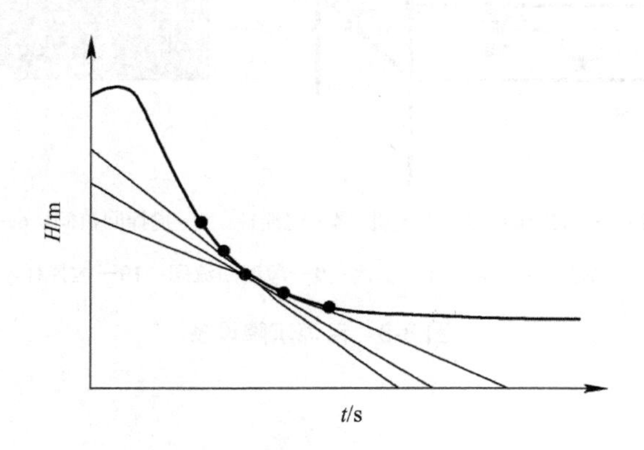

图 8-7　肯奇法求各层浓度

三、实验设备及器皿

（1）沉淀柱：有机玻璃沉淀柱，内径 D=200 mm，H=1.5 m，搅拌装置转速 n=1 r/min，底部有进水孔和放空孔。

（2）配水及投配系统：整个实验装置如图 8-8 所示。

（3）钢卷尺、秒表。

（4）某污水处理厂曝气池混合液。

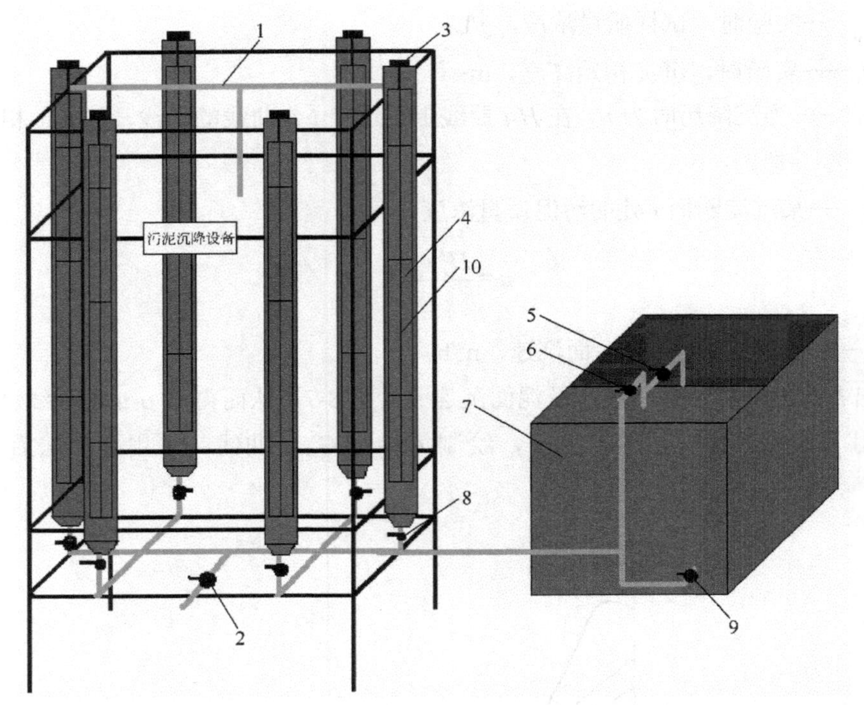

1—溢流管；2—放空阀；3—小电机；4—沉淀柱；5—搅拌回流阀；6—出水阀；

7—水箱；8—沉淀柱进水阀；9—污泥回流阀；10—搅拌杆。

图 8-8 污泥沉降设备

四、实验步骤

（1）将取自某污水处理厂活性污泥法曝气池内正常运行的混合液，放入水池，搅拌均匀，同时取样测定其浓度 *MLSS* 值。

（2）开启污泥泵开关，同时打开沉淀柱进水阀，启动沉淀柱的搅拌器。

（3）当混合液上升到溢流管处时，关闭进水闸门。

（4）出现泥水分界面时定期读出界面沉降距离。浑液面沉淀初期，0.5～1 min 读数 1 次，以后改为 1～2 min 读数 1 次。沉淀后期，以 5 min 为间隔，记录浑液面的沉淀位置，当界面高度与时间关系曲线由直线转为曲线时停止读数。

（5）实验数据记录在表 8-11 中。

表 8-11 成层沉淀实验记录（水样 *MLSS*）

沉淀时间/min	浑液面位置/m	ρ_i	u_i	G_S	G_B	G

五、注意事项

（1）沉淀柱进水时，速度要适中，既要较快进完水，以防进水过程柱内形成浑液面，又要防止速度过快造成柱内水体紊动，影响静沉实验结果。

（2）沉淀时间要尽可能长一些，最好在 1.5 h 以上。

（3）实验完毕，将沉淀柱清洗干净方可离开。

六、成果整理

1．实验基本参数整理

实验日期___________；水样性质及来源___________；混合液污泥 30 min 沉降比 *SV%*=_________；*MLSS*（g/L）=________；沉淀柱直径 d（mm）=___________；

柱高 H（m）=_________；搅拌转速 n（r/min）=________；水温（℃）=_______。

2．单筒成层沉淀

（1）根据沉淀柱（*MLSS*）实验资料所得的 H-t 关系线，并由肯奇式（式 8-17、式 8-18）分别求得ρ_i及与其相应的 u_i 值。

（2）根据ρ_i及 u_i 值，计算沉淀固体通量 G_S。并以固体通量 G_S 为纵坐标，污泥浓度为横坐标，绘图得沉淀固体通量曲线 G_S-ρ。

（3）根据ρ_i及排泥速度 v，求得排泥固体通量（G_B）线（图 8-4），排泥速度 v 取经验值（v=0.25～0.51 m/h）。

（4）两线叠加，得总固体通量 G–ρ曲线，进而可求出极限固体通量如图 8-5 所示。

七、思考与讨论

（1）观察实验现象，阐述成层沉淀与自由沉淀、絮凝沉淀的区别，产生区别的原因是什么？

（2）简述成层沉淀实验的重要性及如何应用到二沉池的设计中？

（3）实验设备、实验条件对实验结果有何影响，为什么？如何才能得到正确的结果，并应用于生产之中？

实验六　自由沉淀实验

一、实验目的

（1）加深对废水自由沉淀的特点、规律及其基本概念的理解。

（2）通过实验绘制沉淀曲线，求出指定沉淀时间 t_0 的总沉淀率。

二、实验原理

在含有分散性颗粒的废水静置沉淀过程中，设沉淀柱内有效水深为 H，如图 8-9 所示。通过不同的沉淀时间 t 求得不同的颗粒沉淀速度 u_t。对指定的沉淀时间 t_0 可求得颗粒沉淀速度 u_0。对于沉降速度 $u_t \geqslant u_0$ 的颗粒将全部被去除，在悬浮物质的总量中，其去除的百分率为（$1-P_0$），其中 P_0 为沉速 $u_t < u_0$ 的颗粒与悬浮物质总量比。对于沉速 $u_t < u_0$ 的颗粒只有一部分去除，而且按 u_t/u_0 的比例去除，考虑到颗粒的各种不同粒径，这一类颗粒的去除率为 $\int_0^{p_0} \frac{u_t}{u_0} \mathrm{d}p$ 。

总去除率为

$$E = (1-p_0) + \frac{1}{u_0}\int_0^{p_0} u_t \mathrm{d}p \tag{8-19}$$

式中，$\int_0^{P_0} u_t \mathrm{d}p$ 用图解法求得，即图 8-10 中的阴影部分沉降速度小于 u_0 的颗粒与全部颗粒之比。

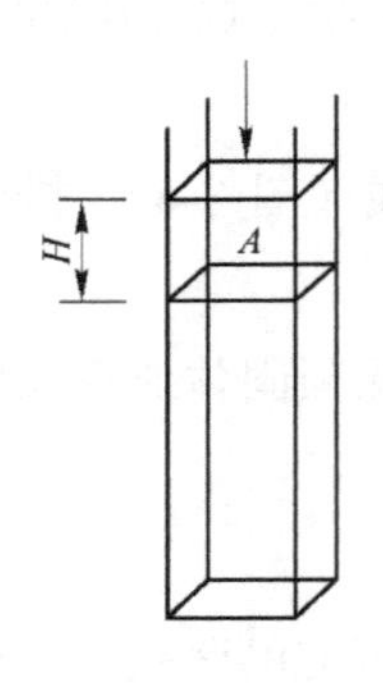

图 8-9　沉淀筒

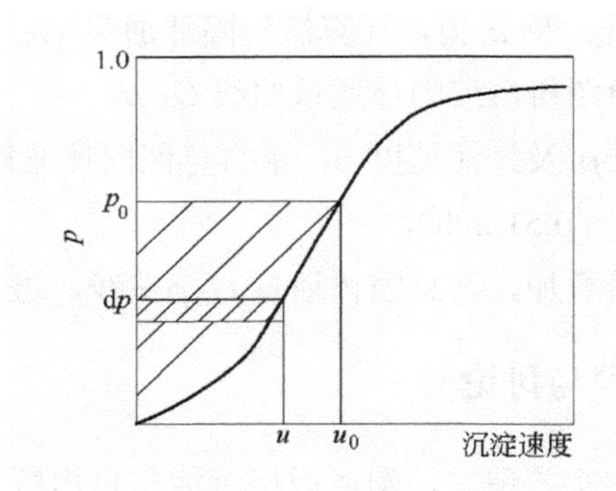

图 8-10　沉淀速率曲线

三、实验仪器设备

（1）沉淀柱（或 1 000 mL 量筒）6 根；沉淀柱直径 Φ=100 mm。

（2）千分之一天平 1 台。

（3）电热鼓风干燥箱 1 个。

（4）干燥器 1 个。

（5）称量瓶 7 个。

（6）100 mL 量筒 7 只。

（7）三角瓶 7 个。

（8）漏斗 7 个。

（9）定性滤纸 7 张。

（10）水箱 1 个。

四、实验步骤

（1）将盛装水样桶内的城市污水搅拌均匀，使水样中悬浮物分布均匀，准确量取 100 mL 水样。此 100 mL 水样悬浮物浓度为生活污水原始悬浮物质量浓度ρ_0。

（2）将水样搅拌均匀，分别装入 6 只 1 000 mL 量筒内至标记，记下沉淀开始时间。

（3）隔 5 min、10 min、20 min、40 min、60 min、90 min，用虹吸管伸入 1 000 mL 量筒内用虹吸法取水样 100 mL。

（4）将取的 100 mL 水样倒入已烘至恒重的沉淀中，称重后记录下称重瓶编号及称重瓶加滤纸重量 W_1，在滤纸中过滤。过滤完后将滤纸和悬浮物一起放入原称量瓶中，并置于电热鼓风干燥箱内。在 105～110℃范围内恒温 2 h。取出放在干燥器中冷却 30 min 称重量，并记录重量 W_2，$W_2 - W_1$ 为水样中悬浮物重量 SS。

（5）计算污水中的悬浮物浓度ρ_t：

$$\rho_t = \frac{(W_2 - W_1) \times 1\,000 \times 1\,000}{V} \text{(mg/L)} \tag{8-20}$$

式中：ρ_t——经沉淀时间 t 后污水中悬浮物质量浓度，mg/L；

W_1——称量瓶+滤纸重量，g；

W_2——称量瓶+滤纸重量+悬浮物重量，g；

V——污水体积 100 mL。

（6）经沉淀时间 t 后，取样点水样中悬浮物浓度ρ_t与全部悬浮物浓度ρ_0之比 P：

$$P_0 = \frac{\rho_t}{\rho_0} \tag{8-21}$$

式中：ρ_t——经沉淀时间 t 后，水样中的悬浮物质量浓度，mg/L；

ρ_0——原污水中的悬浮物质量浓度，mg/L。

（7）计算污水中颗粒沉降速度 u：

$$u = \frac{H}{t} \tag{8-22}$$

式中：u——污水中颗粒沉降速率，mm/s；

H——有效水深，水面至取样点高度，mm；

t——污水经沉淀时间，s。

（8）自行设计表格，填写实验记录，整理实验数据。

五、实验成果整理

（1）自备直角坐标纸、绘制沉淀曲线。

（2）根据沉淀曲线计算 t=30 min，即 $u=\dfrac{H}{60\times 30}$ 的总去除率为

$$E=(1-p_0)+\frac{1}{u_0}\int_0^{p_0}u_t\mathrm{d}p \tag{8-23}$$

（3）观察和总结自由沉淀的规律。

实验七　曝气设备充氧性能实验

一、实验目的

（1）加深理解曝气充氧的机理及影响因素。

（2）掌握曝气设备清水充氧性能测定方法。

（3）学会利用实验数据，计算氧的总转移系数 K_{La}、充氧能力 Q_{s}、动力效率 E、氧利用率 η 等参数。

二、实验原理

曝气是通过某些设备加速向水中传递氧的过程，是活性污泥系统的一个重要环节。曝气设备的作用是使空气、活性污泥和污染物三者充分混合，使活性污泥处于悬浮状态，促使氧气从气相转移到液相，再从液相转移到活性污泥上，保证微生物有足够的氧进行新陈代谢。由于氧的供给是保证生化处理过程正常进行的主要因素之一，因此，工程设计人员和操作管理人员常通过实验测定氧的总转移系数 K_{La}，评价曝气设备的供氧能力和动力效率。同时，二级生物处理厂（站）中，曝气充氧电耗占全厂动力消耗的60%～70%，因而，目前高效节能型曝气设备的研制是污水生物处理技术领域面临的一个重要课题。

现在通用的曝气设备分为机械曝气、鼓风曝气和鼓风—机械联合曝气。无论哪种曝气设备的溶氧过程均属传质过程，氧传递机理符合双膜理论，在氧传递过程中，阻力主要来自液膜，如图 8-11 所示。

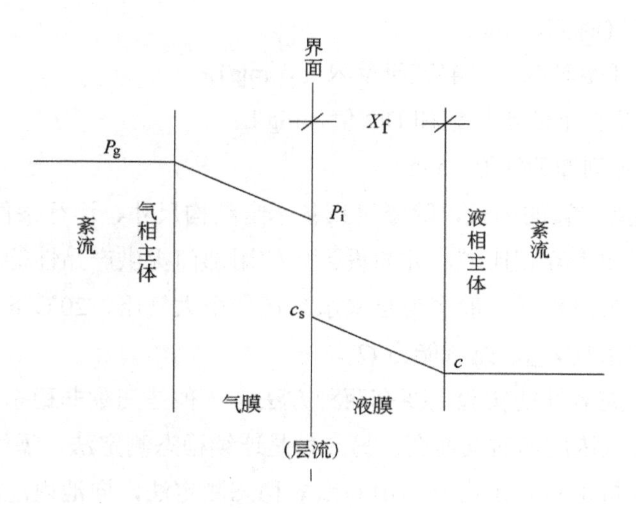

图 8-11 双膜理论模型

氧传递基本方程式为

$$-\frac{\mathrm{d}c}{\mathrm{d}t}=K_{\mathrm{La}}(\rho_s-\rho) \tag{8-24}$$

$$K_{\mathrm{La}}=\frac{D_L A}{Y_L W} \tag{8-25}$$

式中：$-\frac{\mathrm{d}c}{\mathrm{d}t}$——液体中溶解氧浓度变化速率，mg/（L·min）；

$\rho_s-\rho$——氧传质推动力，mg/L；

ρ_s——液膜处溶解氧浓度，mg/L；

ρ——液相主体中溶解氧浓度，mg/L；

K_{La}——氧总转移系数，L/mg；

D_{L}——液膜中氧分子的扩散系数；

Y_{L}——液膜厚度，m；

A——气液两相接触面积，m^2；

W——曝气液体面积，m^2。

因为液膜厚度 Y_{L} 与液体流态有关，通过实验难以测定与计算，而且力的大小也难以测定与计算，所以用氧总转移系数 K_{La} 代替液膜厚度 Y_{L}。

将式（8-24）积分整理后的曝气设备氧总转移系数 K_{La} 计算式为

$$K_{\mathrm{La}}=\frac{2.303}{t-t_0}\lg\frac{\rho_s-\rho_0}{\rho_s-\rho_t} \tag{8-26}$$

式中：K_{La} ——氧的总转移系数，1/h 或 1/min；

t_0、t——曝气时间，min；

ρ_0——曝气开始时池内溶解氧质量浓度，mg/L；

ρ_s——实验条件下的水样饱和DO值，mg/L；

ρ_t——某一时刻的DO值，mg/L。

影响氧传递速率K_{La}的因素，除曝气设备本身结构尺寸、运行条件以外，还与水质、水温等有关。为了便于互相比较，并向设计、使用部门提供产品性能，曝气设备说明书给出的充氧性能均为清水（一般多为自来水）在一个大气压、20℃下的充氧性能；常用指标有氧的总转移系数K_{La}、充氧能力Q_S。

曝气设备清水充氧性能实验主要有两种方法：一种是间歇非稳态法，曝气池池水不进不出，池内溶解氧浓度随时间而变；另一种是连续稳态测定法，曝气池内连续进出水，池内溶解氧浓度保持恒定。国内外多用间歇非稳态测定法，向池内注满水，以无水亚硫酸钠为脱氧剂，氯化钴为催化剂，进行脱氧。脱氧至零后开始向水中曝气。曝气后每隔一定时间取曝气水样，测定水中溶解氧浓度，计算K_{La}值或以亏氧值（$\rho_s-\rho_t$）为纵坐标，在半对数坐标纸上绘图，求直线斜率，即K_{La}值。

三、实验设备及药剂

（1）曝气充氧装置如图8-12所示。

（2）便携式溶解氧仪。

（3）无水亚硫酸钠、氯化钴。

（4）天平、秒表。

（5）烧杯、玻璃棒。

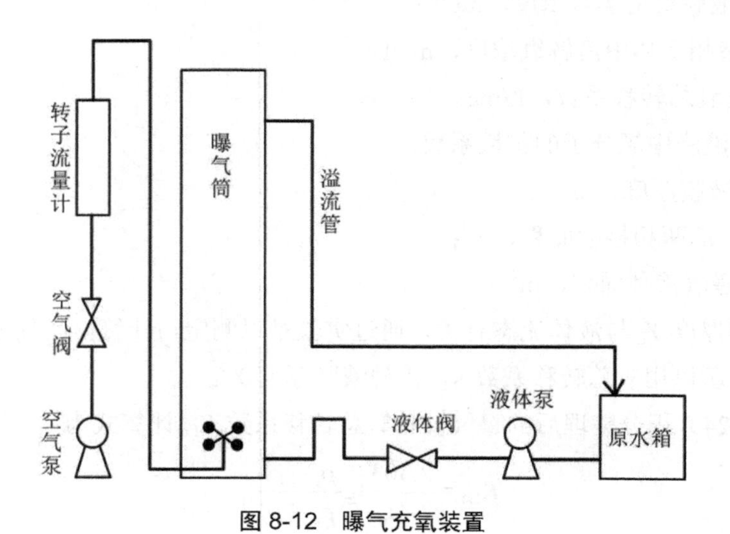

图8-12 曝气充氧装置

实验装置主要由穿孔曝气筒、空压机、液体泵、原水箱、转子流量计等组成。水由液体泵从原水箱中抽出，经液体阀将水配送到穿孔曝气筒中，液位到达所需高度后即可关闭液体泵及液体阀。

四、实验步骤

（1）检查实验装置的各阀门状态。要求：关闭曝气筒、原水箱排水阀；关闭空气阀；关闭液体阀。

（2）配置实验用水。向原水箱中加满自来水，测量原水箱内原水体积，用便携式溶氧仪测出其DO值。

（3）计算Na_2SO_3、$CoCl_2$的加药量。

①Na_2SO_3的投加量。

$$2Na_2SO_3+O_2 \xrightarrow{CoCl_2} 2Na_2SO_4$$

相对分子量之比为

$$\frac{O_2}{2Na_2SO_3}=\frac{32}{2\times126}\approx\frac{1}{8} \tag{8-27}$$

故Na_2SO_3理论用量为水中溶解氧量的8倍。由于水中含有部分杂质会消耗亚硫酸钠，故实际用量为理论用量的1.5倍，所以实验投加的Na_2SO_3量计算方法如下：

$$W_1=\frac{1.5\times8\rho V}{1\ 000}=0.012\rho V \tag{8-28}$$

式中：W_1——亚硫酸钠投加量，g；

ρ——实验时测出的溶解氧质量浓度，mg/L；

V——原水体积，L。

②催化剂（钴盐）的投加量。经验证明，清水中有效钴离子浓度约为0.4 mg/L最佳，一般使用氯化钴（$CoCl_2\cdot6H_2O$）作为催化剂，其用量的计算方法如下：

$$\frac{CoCl_2\cdot6H_2O}{Co^{2+}}=\frac{238}{59}\approx4.0 \tag{8-29}$$

所以水样投加$CoCl_2\cdot6H_2O$量为

$$W_2=V\times0.4\times4.0 \tag{8-30}$$

式中：W_2——氯化钴投加量，mg；

V——原水体积，L。

（4）加药。用少量水将Na_2SO_3溶解，均匀倒入原水箱内，同时将溶解的钴盐也倒入水中，用木棍轻轻搅拌混匀。

（5）用便携式溶解氧仪测定原水中的DO值，待DO值降为0或接近0时，方可进行曝气充氧实验。

（6）穿孔曝气实验。

①打开液体阀，启动液体泵，向曝气筒加水至35 L处。

②关闭液体泵和液体阀，防止曝气筒中水回流；同时启动空压机。

③将便携式溶解氧仪的探头放入曝气筒水中，在进水过程中若无明显充氧，DO值应接近0，记录此时DO值，即为t_0时刻的溶解氧浓度。

④打开空气阀，调节气体流量，控制其流量在0.5～1 m^3/h。

⑤当空气从曝气筒底部均匀冒出，开始计时并定时记录水中的DO值（在曝气初期，由于溶解氧的转移速度较快，可15 s记录一次；2 min后可调整为30 s一次；5 min后可调整为1 min一次），直到水中DO值不再变化为止（均将原始实验数据记录在表8-12中）。

⑥关闭空气阀，打开曝气筒放空阀排水，待筒内水排净后关闭放空阀。

⑦改变气体流量重新进行一次实验，与前一种曝气条件比较。

五、实验记录

水温 ______℃；水样体积 ______m^3；ρ_S ______mg/L；$M_{(Na_2SO_3)}$ ________g；$M_{(CoCl_2)}$ ________g；气体流量 _______m^3/h。

表8-12　溶解氧浓度与曝气时间实验记录

时间/min	ρ_t/mg·L^{-1}	时间/min	ρ_t/mg·L^{-1}	时间/min	ρ_t/mg·L^{-1}

六、实验结果整理

1．温度修正系数

氧总转移系数K_{La}要求在标准状态下测定，即清水在101 325 Pa、20℃下的充氧性能。但一般充氧实验过程并非在标准状态下，因此需要对压力和温度进行修正。

（1）温度修正系数：

$$K=1.024^{20-t} \tag{8-31}$$

修正后的氧总转移系数为

$$K_{Las}=K\cdot K_{La}=1.024^{20-t}K_{La} \tag{8-32}$$

此式为经验式，它考虑了水温对水的黏滞性和饱和溶解氧的影响，国内外大多采用此式。

（2）水中饱和溶解氧值的修正。由于水中饱和溶解氧值受其中压力和所含无机盐种类及数量的影响，所以式（8-32）中的饱和溶解氧值最好用实测值，即曝气池内的溶解氧达到稳定时的数值。

2．氧总转移系数 K_{La}

氧总转移系数 K_{La} 是指在单位传质推动力的作用下，在单位时间向单位曝气液体中所充入的氧量；其倒数 $1/K_{La}$ 单位是时间，表示将满池水从溶解氧为零到溶解氧饱和值时所用时间。因此 $1/K_{La}$ 是反映氧传递速率的一个重要指标。

$1/K_{La}$ 的计算首先是根据实验记录，在半对数坐标纸上，以（$\rho_s-\rho_t$）为纵坐标，以时间为横坐标，绘图求 K_{La} 值后（图 8-13）或利用表 8-13 计算 K_{La}，再利用式（8-31）求得 K_{Las}。

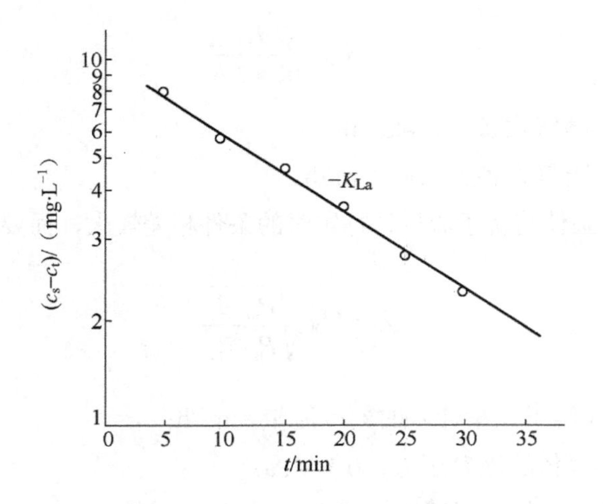

图 8-13　（$\rho_s-\rho_t$）与 t 关系曲线

表 8-13　利用表计算 K_{La}

时间/min	ρ_t/（mg·L^{-1}）	$\rho_s-\rho_t$	$\frac{\rho_s-\rho_0}{\rho_s-\rho_t}$	$\lg\frac{\rho_s-\rho_0}{\rho_s-\rho_t}$

本次实验要求使用半对数坐标纸求 K_{La}。

3. 充氧能力 Q_s

充氧能力是反映曝气设备在单位时间内向单位液体中充入的氧量。

$$Q_s = K_{Las} \cdot \rho_{s_2} \tag{8-33}$$

式中：K_{Las}——氧总转移系数（标准状态），1/h 或 1/min，

$$K_{Las} = 1.024^{20-t} \times K_{La} \tag{8-34}$$

ρ_{s_2}——一个大气压、20℃时饱和氧值，$\rho_{s_2} = 9.17$ mg/L。

4. 动力效率 E

动力效率 E 是指曝气设备每消耗 1 kW·h 电时转移到曝气液体的氧量。由此可见，动力效率将曝气供氧与所消耗的动力联系在一起，是一个具有经济价值的指标，它的高低将影响污水处理厂的运行费用。

$$E = \frac{Q_s W}{N} \tag{8-35}$$

式中：Q_s——充氧能力，kg/（h·m³）；

W——曝气液体的体积，m³；

N——理论功率，即不计管路损失，不计风机和电机的效率，只计算曝气充氧所消耗的有用功。

其中

$$N = \frac{Q_b H_b}{102 \times 3.6} \tag{8-36}$$

式中：H_b——风压，曝气设备上读取，m；

Q_b——风量，曝气设备上读取，m³/h。

由于供风时计量条件与转子流量计标定时的条件相差较大，而要对 Q_b 进行如下修正：

$$Q_b = Q_{b0}\sqrt{\frac{P_{b0} \cdot T_b}{P_b \cdot T_{b0}}} \tag{8-37}$$

式中：Q_{b0}——仪表（转子流量计）的刻度流量，m³/h；

P_{b0}——标定时气体的绝对压力，0.1 MPa；

T_{b0}——标定时气体的绝对温度，293 K；

P_b——被测气体的实际绝对压力，MPa；

T_b——被测气体的实际绝对温度，273+t，K；

Q_b——修正后的气体实际流量，m³/h。

5. 氧的利用率

$$\eta = \frac{Q_s W}{Q \times 0.28} \times 100\% \tag{8-38}$$

式中：Q——标准状态下（101 325 Pa、293 K）的气量。

$$Q=\frac{Q_b P_b T_a}{T_b P_a} \tag{8-39}$$

P_a——101 325 Pa（1 atm）；

T_a——293 K；

0.28——标准状态下，1 m^3 空气中所含氧的重量，kg/m^3。

七、注意事项

（1）溶解氧仪使用前应预热 6～8 min。

（2）溶解氧仪使用前应检查探头内有无电解液。

（3）各阀门的开关顺序应按顺序操作，不得颠倒顺序。

（4）读取曝气池 DO 值时，探头在水中至少有 20 s 的匀速搅动时间。

（5）开启液体泵前，必须打开液体阀，关闭曝气筒放空阀和空气阀。

（6）曝气筒水面高度不宜过于接近溢流口，以防曝气时有水从溢流口流出。

（7）曝气前应检测水样 DO 值是否为 0 或接近 0，同时需待空压机达到一定压力后方可开启空气阀。

八、思考与讨论

（1）论述曝气在污水生物处理中的作用。

（2）曝气充氧原理及其影响因素是什么？

（3）氧总转移系数 K_{La} 的意义是什么？

（4）曝气设备类型有哪些，其各自的优缺点是什么？

实验八　酸性废水过滤中和及吹脱实验

一、实验目的

（1）了解掌握酸性废水过滤中和及游离 CO_2 吹脱的原理。

（2）测定升流式石灰石滤池在不同滤速时的中和效果。

（3）测定不同形式的吹脱设备（鼓风曝气吹脱、瓷环填料吹脱、筛板塔等）去除水中游离 CO_2 的效果。

二、实验原理

钢铁、机械制造、电镀、化工、化纤等工业生产中常排出大量的酸性废水，若不加处理直接排放将会造成水体污染、腐蚀管道、毁坏农作物、危害渔业生产、破坏污水生物处理系统的正常运行。

酸性废水大体可分为三类：第一类含有强酸（如 HCl、HNO_3），其钙盐易溶于水；第二类含有强酸（如 H_2SO_4），但其钙盐难溶于水；第三类含有弱酸（如 CO_2、CH_3COOH），但其钙盐难溶于水。目前常用的滤料主要有石灰石、大理石和白云石。

第一类酸性废水各种滤料均可用，中和反应后不生成沉淀。例如，石灰石与盐酸反应：

$$2HCl+CaCO_3 \longrightarrow CaCl_2+H_2O+CO_2\uparrow$$

第二类酸性废水中和反应后会生成难溶于水的钙盐沉淀，会附着在滤料表面，减缓中和反应速度，因此最好采用白云石滤料。白云石与硫酸中和后产生易溶于水的硫酸镁，其反应式为

$$2H_2SO_4+CaCO_3\cdot MgCO_3 \longrightarrow CaSO_4\downarrow+MgSO_4+2H_2O+2CO_2\uparrow$$

第三类酸性废水中和反应速度较慢，用过滤中和法时应采用较小的滤速。

酸性废水的酸浓度较大时，过滤中和会产生大量的 CO_2，使出水 pH 偏低，应结合吹脱法去除 CO_2，以提高出水的 pH。

由于过滤中和法具有设备简单、造价便宜、不需药剂配制与投加系统、耐冲击负荷等优点，故目前生产中应用较多，其中广泛使用的是升流式膨胀过滤中和滤池，其原理发端于化学工业中应用较多的流化床。由于所用滤料直径很小，因此单位容积滤料表面积很大，酸性废水与滤料所需完全中和反应时间大大缩短，故过滤速度可大幅提高，从而使滤料呈悬浮状态，造成滤料相互碰撞摩擦，这更有利于中和处理后所生成的盐类溶解度小的一类酸性废水。

由于该工艺反应时间短，并减小了硫酸钙结垢影响石灰石滤料活性问题，因而被广泛地应用于酸性废水处理。

三、实验仪器与试剂

实验装置如图 8-14 所示，由水箱、水泵、空压机、石灰石过滤中和柱和吹脱柱组成。

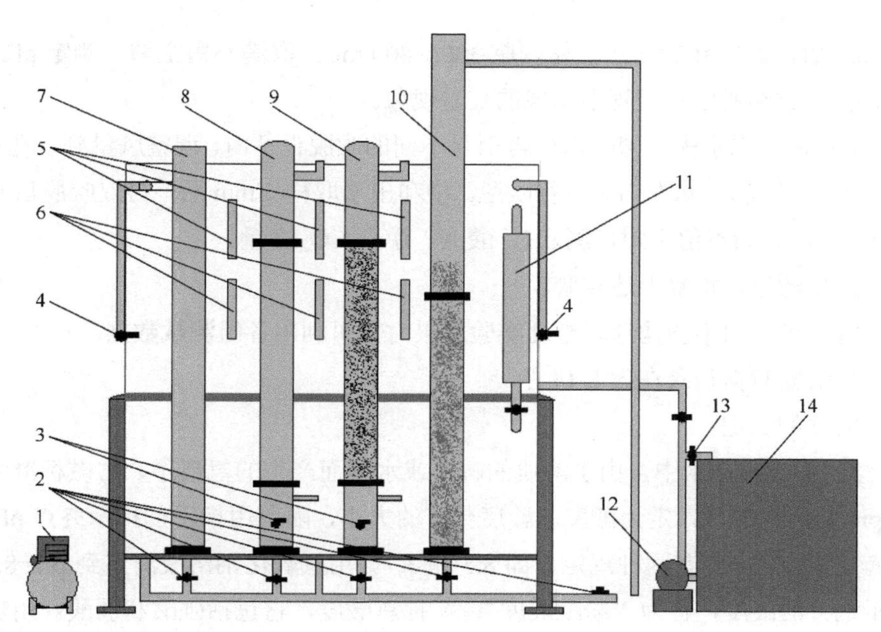

1—空压机；2—放空阀；3—取样阀；4—取样口；5—液体流量计；6—气体流量计；
7—鼓风曝气式吹脱塔；8—筛板塔式吹脱塔；9—瓷环填料式吹脱塔；10—升流式过滤柱；
11—液体流量计；12—液泵；13—液体回流阀；14—水箱。

图 8-14　酸性废水处理实验装置

（1）升流式过滤柱：有机玻璃柱，内径 70 mm，有效高 H=2.5 m，内装石灰石滤料，粒径为 0.5～3 mm，装填高度约 1 m。

（2）吹脱设备：有机玻璃柱，内径 90 mm，有效高 H=1.5 m，分别为鼓风曝气式、瓷环填料式、筛板塔式。其中，瓷环填料规格 10 mm×10 mm，装填高度 1 m。筛板块数 7，筛板间距 150 mm，筛孔孔径 6.5 mm，孔中心距 10 mm，呈正三角形排列。

（3）防腐水箱 [100 cm（长）×80 cm（宽）×100 cm（高）]、塑料泵、循环管路。

（4）空气系统：空压机 1 台，布气管路。

（5）计量设备：转子流量计。

（6）水样测定设备：pH 计、酸度滴定设备、游离 CO_2 测定装置及有关药品、玻璃器皿。

四、实验步骤

（1）分组实验时，选定 4 种滤速 40 L/h、60 L/h、80 L/h、100 L/h 进行实验。

（2）用工业硫酸或盐酸配制浓度为 1.2～2 g/L 的酸性废水，搅拌均匀，取 200 mL 水样测定 pH、酸度。

（3）搅拌均匀的酸性废水由水泵提升进入升流式过滤柱，调整滤速至要求值，稳定流动 10 min 后，取中和后出水水样一瓶 300～400 mL，取满不留空隙，测定 pH、酸度、游离 CO_2 含量。观察中和过程中出现的实验现象。

（4）中和后的出水先排掉一部分再引入不同的吹脱设备内，调整风量到合适程度（控制气水比为 5 m^3 气/m^3 水左右）进行吹脱。中和出水取样 5 min 后，再取吹脱后水样一瓶 300～400 mL，取满不留空隙，测 pH、酸度、游离 CO_2 含量。

（5）改变滤速，重复上述实验。

（6）每组可采用不同滤速，整理实验成果时，可利用各组测试数据。

（7）将实验数据记录在表 8-14 中。

（8）酸度的测定。

1）测定原理：在水中，由于溶质的解离或水解而产生的氢离子，与碱标准溶液作用至一定 pH 所消耗的量，定为酸度。酸度数值的大小，随所用指示剂指示终点 pH 的不同而异。滴定终点的 pH 有两种规定，即 8.3 和 3.7。用氢氧化钠溶液滴定到 pH=8.3（以酚酞作指示剂）的酸度，称为“酚酞酸度”；又称总酸度，它包括强酸和弱酸。用氢氧化钠溶液滴定到 pH=3.7（以甲基橙为指示剂）的酸度，称为“甲基橙酸度”，代表一些较强的酸。

对酸度产生影响的溶解气体（如 CO_2、H_2S、NH_3）在取样、保存或滴定时都可能增加或损失。因此，在打开试样容器后，要迅速滴定到终点，防止干扰气体溶入试样。为了防止 CO_2 等溶解气体损失，在采样后，要避免剧烈摇动，并要尽快分析，否则要在低温下保存。

水样中的游离氯会使甲基橙指示剂褪色，可在滴定前加入少量 0.1 mol/L 硫代硫酸钠溶液去除。

对有色的或浑浊的水样，可用无二氧化碳水稀释后滴定或选用电位滴定法（pH 指示终点值仍为 8.3 和 3.7），其操作步骤按所用仪器说明进行。

2）实验器材：25 mL 和 50 mL 碱式滴定管；250 mL 锥形瓶。

3）试剂。

①无二氧化碳水。将 pH 不低于 6.0 的蒸馏水，煮沸 15 min，加盖冷却至室温。如蒸馏水 pH 较低，可适当延长煮沸时间。最后水的 pH＞6.0。

②氢氧化钠标准溶液，0.01 mol/L。称取 60 g 氢氧化钠溶于 50 mL 水中，转入 150 mL 的聚乙烯瓶中，冷却后，用装有碱石灰管的橡皮塞塞紧，静置 24 h 以上。吸取上层清液约 1.4 mL 置于 1 000 mL 容量瓶中，用无二氧化碳水稀释至标线，摇匀，移入聚乙烯瓶中保存。

表 8-14 酸性废水过滤中和及吹脱实验记录

<table>
<tr><th rowspan="3">组号</th><th colspan="3">原水</th><th colspan="2">酸性水</th><th colspan="3">石灰石滤料</th><th colspan="4">中和后出水</th><th colspan="2">吹脱水</th><th>气量</th><th colspan="5">瓷环填料式吹脱出水</th><th colspan="5">筛板塔式吹脱出水</th><th colspan="5">鼓风曝气式吹脱出水</th></tr>
<tr><th rowspan="2">pH</th><th colspan="2">酸度/（mg·L^{-1}）</th><th rowspan="2">流量/（L·h^{-1}）</th><th rowspan="2">滤速/（m·h^{-1}）</th><th rowspan="2">装填高/mm</th><th rowspan="2">膨胀高/mm</th><th rowspan="2">膨胀率/%</th><th rowspan="2">pH</th><th rowspan="2">游离 CO_2/（mg·L^{-1}）</th><th colspan="2">中和效率/%</th><th rowspan="2">流量/（L·h^{-1}）</th><th rowspan="2">滤速/（m·h^{-1}）</th><th rowspan="2">气量/（m^3·h^{-1}）</th><th colspan="2">酸度/（mg·L^{-1}）</th><th rowspan="2">pH</th><th rowspan="2">游离 CO_2/（mg·L^{-1}）</th><th rowspan="2">吹脱效率/%</th><th colspan="2">酸度/（mg·L^{-1}）</th><th rowspan="2">pH</th><th rowspan="2">游离 CO_2/（mg·L^{-1}）</th><th rowspan="2">吹脱效率/%</th><th colspan="2">酸度/（mg·L^{-1}）</th><th rowspan="2">pH</th><th rowspan="2">游离/（mg·L^{-1}）</th><th rowspan="2">吹脱效率/%</th></tr>
<tr><th>甲基橙</th><th>酚酞</th><th>甲基橙</th><th>酚酞</th><th>甲基橙</th><th>酚酞</th><th>甲基橙</th><th>酚酞</th><th>甲基橙</th><th>酚酞</th></tr>
<tr><td></td><td></td><td></td><td></td><td></td><td></td><td></td><td></td><td></td><td></td><td></td><td></td><td></td><td></td><td></td><td></td><td></td><td></td><td></td><td></td><td></td><td></td><td></td><td></td><td></td><td></td><td></td><td></td><td></td><td></td><td></td></tr>
<tr><td></td><td></td><td></td><td></td><td></td><td></td><td></td><td></td><td></td><td></td><td></td><td></td><td></td><td></td><td></td><td></td><td></td><td></td><td></td><td></td><td></td><td></td><td></td><td></td><td></td><td></td><td></td><td></td><td></td><td></td><td></td></tr>
<tr><td></td><td></td><td></td><td></td><td></td><td></td><td></td><td></td><td></td><td></td><td></td><td></td><td></td><td></td><td></td><td></td><td></td><td></td><td></td><td></td><td></td><td></td><td></td><td></td><td></td><td></td><td></td><td></td><td></td><td></td><td></td></tr>
<tr><td></td><td></td><td></td><td></td><td></td><td></td><td></td><td></td><td></td><td></td><td></td><td></td><td></td><td></td><td></td><td></td><td></td><td></td><td></td><td></td><td></td><td></td><td></td><td></td><td></td><td></td><td></td><td></td><td></td><td></td><td></td></tr>
<tr><td></td><td></td><td></td><td></td><td></td><td></td><td></td><td></td><td></td><td></td><td></td><td></td><td></td><td></td><td></td><td></td><td></td><td></td><td></td><td></td><td></td><td></td><td></td><td></td><td></td><td></td><td></td><td></td><td></td><td></td><td></td></tr>
<tr><td></td><td></td><td></td><td></td><td></td><td></td><td></td><td></td><td></td><td></td><td></td><td></td><td></td><td></td><td></td><td></td><td></td><td></td><td></td><td></td><td></td><td></td><td></td><td></td><td></td><td></td><td></td><td></td><td></td><td></td><td></td></tr>
</table>

按下述方法进行标定：

称取在 105～110℃干燥箱中干燥过的基准试剂级邻苯二甲酸氢钾（$KHC_8H_4O_4$）0.1 g（称准至 0.000 1 g），置于 250 mL 锥形瓶中，加无二氧化碳水 100 mL 使之溶解，加入 4 滴酚酞指示剂，用待标定的氢氧化钠标准溶液滴定至浅红色为终点。同时，用无二氧化碳水做空白滴定，按下式进行计算：

$$\text{氢氧化钠标准溶液浓度（mol/L）} = \frac{m \times 1\,000}{(V - V_0) \times 204.23} \tag{8-40}$$

式中：m ——称取邻苯二甲酸氢钾的质量，g；

V_0——滴定空白时，所耗氢氧化钠标准溶液体积，mL；

V ——滴定苯二甲酸氢钾时所耗氢氧化钠标准溶液的体积，mL；

204.23 ——邻苯二甲酸氢钾（$KHC_8H_4O_4$）摩尔质量，g/mol。

③酚酞指示剂，1%。称取 0.5 g 酚酞，溶于 50 mL 95%乙醇中，用水稀释至 100 mL。

④甲基橙指示剂，0.05%。称取 0.05 g 甲基橙，溶于 100 mL 水中。

⑤硫代硫酸钠溶液，0.1 mol/L。称取 2.5 g $NaS_2O_3 \cdot H_2O$ 溶于水中，用无二氧化碳水稀释至 100 mL。

4）测定步骤。

①取适量水样置于 150 mL 锥形瓶中，用无二氧化碳水稀释至 100 mL，加入 2 滴甲基橙指示剂，用氢氧化钠标准溶液滴定至溶液由橙红色变为橘黄色为终点，记录用量（V_1）。

②取适量水样置于 150 mL 锥形瓶中，用无二氧化碳水稀释至 100 mL，加入 4 滴酚酞指示剂，用氢氧化钠标准溶液滴定至溶液刚变为浅红色为终点，记录用量（V_2）。

如水样中含硫酸铁、硫酸铝时，加酚酞后加热煮沸 2 min，趁热滴至红色。

5）计算。

$$\text{甲基橙酸度（}CaCO_3\text{，mg/L）} = \frac{CV_1 \times 50.05 \times 1\,000}{V} \tag{8-41}$$

$$\text{酚酞酸度（总酸度 }CaCO_3\text{，mg/L）} = \frac{CV_2 \times 50.05 \times 1\,000}{V} \tag{8-42}$$

式中：C ——标准氢氧化钠溶液浓度，mol/L；

V_1——用甲基橙作指示剂滴定时所消耗氢氧化钠标准溶液的体积，mL；

V_2——用酚酞作指示剂滴定时所消耗氢氧化钠标准溶液的体积，mL；

V ——水样体积，mL；

50.05 ——1/2 碳酸钙的摩尔质量，g/mol。

（9）游离二氧化碳的测定。

1）方法原理：

由于游离二氧化碳（CO_2+H_2CO_3）能定量地与氢氧化钠发生如下反应：

$$CO_2 + NaOH \longrightarrow NaHCO_3$$

$$H_2CO_3 + NaOH \longrightarrow NaHCO_3 + H_2O$$

当其到达终点时，溶液的 pH ≈ 8.3，故可选用酚酞作指示剂。根据氢氧化钠的标准溶液消耗量，可计算出游离二氧化碳的含量。

本方法适用于一般地表水，不适用于含有酸性工矿废水和酸再生阳离子树脂交换器的出水。

2）样品的采集与保存。

应尽量避免水样与空气接触。用虹吸法采样，样品测定尽可能在采样现场进行，特别当样品中含有可水解盐类或含有可氧化态阳离子时，应即时分析。如果现场测定困难，则应取满瓶水样，并在低于取样的温度下妥善保存。分析前不应打开瓶塞，不能过滤、稀释溶液，应尽快测定。

水样浑浊、有色均干扰测定，可改用电位滴定法测定。如水样的矿化度高于 1 000 mg/L、亚铁离子或铝离子含量超过 10 mg/L 时，会对测定产生干扰，可于滴定前加入 1 mL 50%酒石酸钾钠溶液，以消除干扰。铬、铜、胺类、氨、硼酸盐、亚硝酸盐、磷酸盐、硅酸盐、硫化物和无机酸类及强酸弱碱盐均会影响测定。

3）实验器材：25 mL 碱式滴定管；100 mL 无分度吸管（为了量取水样时不至于损失游离二氧化碳，可将吸管的下端与插入水样瓶中的虹吸管相连接。量取水样时，先自吸管上端吸气，待水样灌满吸管且从上端溢出约 100 mL 时取下吸管，并同时用手指按住吸管上端，待吸管中水样到达刻度处时立刻将水注入锥形瓶中）；250 mL 锥形瓶。

4）试剂。

①无二氧化碳水。用于制备标准溶液及稀释用水。用蒸馏水或去离子水，临用前煮沸 15 min，冷却至室温。pH 应大于 6.0，电导率小于 2 μS/cm。

② 1%酚酞指示剂。称取 1 g 酚酞，溶于 100 mL 95%的乙醇中，然后用 0.1 mol/L 氢氧化钠溶液滴至出现淡红色为止。

③终点标准比色液。终点标准比色液，即指 0.1 mol/L 的碳酸氢钠溶液。称取碳酸氢钠 8.401 g 溶于少量水中，移入 1 000 mL 容量瓶内，稀释至标线。使用时可吸取 20 mL 上述溶液，加入酚酞指示剂 1 滴，摇匀，作为滴定时比较终点颜色用。

④中性酒石酸钾钠溶液。称取酒石酸钾钠，溶于 100 mL 水中，加入酚酞指示剂 3 滴，用 0.1 mol/L 盐酸溶液滴至溶液红色刚刚消失为止。

⑤氢氧化钠标准溶液。称取 60 g 氢氧化钠，溶于 50 mL 水中，冷却后移入聚乙烯细口瓶中，盖紧瓶盖静置 4 d 以上。而后吸取上层澄清溶液 1.4 mL，用水稀释至 1 000 mL，此溶液约为 0.01 mol/L。其精确浓度可用邻苯二甲酸氢钾标定，标定方法如下：

称取在 105～110℃干燥箱中干燥过的基准试剂级邻苯二甲酸氢钾（$KHC_8H_4O_4$）0.1 g

（称准至 0.000 1 g），置于 250 mL 锥形瓶中，加无二氧化碳水 100 mL 使之溶解，加入 4 滴酚酞指示剂，用待标定的氢氧化钠标准溶液滴定至浅红色为终点。同时，用无二氧化碳水做空白滴定，按下式进行计算：

$$\text{氢氧化钠标准溶液浓度（mol/L）}=\frac{m\times 1\,000}{(V-V_0)\times 204.23} \tag{8-43}$$

式中：m——称取邻苯二甲酸氢钾的质量，g；

V_0——滴定空白时，所耗氢氧化钠标准溶液体积，mL；

V——滴定苯二甲酸氢钾时所耗氢氧化钠标准溶液的体积，mL；

204.23——邻苯二甲酸氢钾（$KHC_8H_4O_4$）摩尔质量，g/mol。

5）测定步骤。

①用移液管移取水样 100 mL，注入 250 mL 的锥形瓶中，加入 4 滴酚酞指示剂。用连接在滴定管上的橡皮塞将锥形瓶塞好，小心振荡均匀，如果产生红色，则说明水样中不含 CO_2。

②当水样不生成红色，应迅速向滴定管中加入氢氧化钠标准溶液进行滴定，同时小心振荡直至生成淡红色（与终点标准比色液颜色一致，即为滴定终点）。记录氢氧化钠标准溶液用量。

6）计算。

$$\text{游离二氧化碳（}CO_2\text{，mg/L）}=\frac{CV_1\times 44\times 1\,000}{V} \tag{8-44}$$

式中：C——氢氧化钠标准溶液浓度，mol/L；

V_1——氢氧化钠标准溶液用量，mL；

V——滴定时所取水样体积，mL；

44——二氧化碳（CO_2）摩尔质量，g/mol。

7）测定注意事项。

①被测水样不宜过滤，并且移取和滴定时尽量避免与空气接触，操作尽量快速以免引起误差。

②根据水中游离二氧化碳的含量，选用不同浓度的氢氧化钠标准溶液。若游离二氧化碳的含量小于 10 mg/L，宜用 0.01 mol/L 氢氧化钠标准溶液；大于 10 mg/L，应采用 0.05 mol/L 氢氧化钠标准溶液。

③如果水样在滴定中发现有浑浊现象，说明水的硬度较大或含大量铝离子、铁离子。可另取水样于滴定前加入中性酒石酸钾钠溶液 1 mL，以消除干扰。

④分析中均采用无二氧化碳水。

五、实验注意事项

（1）在配制酸性废水时，应先将池内水放到计算位置，而后慢慢加入所需浓酸，并慢慢搅动，注意不要烧伤手、脚及衣服。

（2）取样时，取样瓶一定要装满，不留空隙，以免CO_2逸出和融入，影响测定结果。

（3）也可做不同滤料装填深度的同类实验，以观察滤料深度与流速的关系。

六、实验成果整理

（1）计算膨胀率、中和效率、气水比和吹脱效率。

（2）以滤速为横坐标，分别以出水pH、酸度为纵坐标绘图，并分析自己所做图件，从而得出实验结果。

（3）分析实验中所观察到的现象。

七、思考与讨论

（1）根据实验结果，说明处理效果与哪些因素有关。

（2）升流式石灰石滤池处理酸性废水的优缺点及存在的问题是什么？

实验九　过滤和反冲洗实验

一、实验目的

（1）了解过滤实验装置的组成与构造。

（2）通过观察过滤及反冲洗现象，进一步了解过滤及反冲洗原理；加深对滤速、冲洗强度、滤层膨胀率、初滤水浑浊度的变化、冲洗强度与滤层膨胀率关系的理解。

（3）掌握滤池主要技术参数的测定方法。

二、实验原理

（1）水过滤原理：过滤一般是指以石英砂等颗粒状滤料层截流水中悬浮杂质，从而使水达到澄清的工艺过程。过滤是水中悬浮颗粒与滤料颗粒间黏附作用的结果。黏附作用主要决定于滤料和水中颗粒的表面物理化学性质，当水中颗粒迁移到滤料表面上时，在范德华引力和静电引力以及某些化学键和特殊的化学吸附作用下，它们黏附到滤料颗粒的表面上。此外，某些絮凝颗粒的架桥作用也同时存在。研究表明，过滤主要还是悬浮颗粒与滤料颗粒经过迁移和黏附两个过程来去除水中杂质。

（2）影响过滤的因素：在过滤过程中，随着过滤时间的增加，滤层中悬浮颗粒的量也会随之不断增加，这就必然会导致过滤过程水力条件的改变。当滤料粒径、形状、滤层级配和厚度及水位一定时，如果孔隙率减小，则在水头损失不变的情况下，必然引起滤速减小。反之，在滤速保持不变时，必然引起水头损失的增加。就整个滤料层而言，上层滤料截污量多，下层滤料截污量小，因此水头损失的增值也由上而下逐渐减小。此外，影响过滤的因素还有水质、水温以及悬浮物的表面性质、尺寸和强度等。

（3）滤料层的反冲洗：过滤时，随着滤层中杂质截流量的增加，当水头损失至一定程度，滤池产水量锐减或由于滤后水质不符合要求时，滤池必须停止过滤，进行反冲洗。反冲洗的目的是清除滤层中的污物，使滤池恢复过滤能力。反冲洗时，滤料层膨胀起来，截留于滤层的污物，在滤层孔隙中的水流剪力以及滤料颗粒相互碰撞摩擦的作用下，从滤料表面脱落下来，然后被冲洗水流带出滤池。反冲洗效果主要取决于滤层孔隙水量剪力。该剪力既与冲洗流速有关，又与滤层膨胀率有关。冲洗流速小，水流剪力小；而冲洗流速较大时，滤层膨胀度大，滤层孔隙中水流剪力又会降低，因此，冲洗流速应控制在适当的范围。高速水流反冲洗是最常用的一种形式，反冲洗效果通常由滤床膨胀率来控制。根据运行经验，冲洗排水浊度降至10～20度以下可停止冲洗。

国外采用气、水反冲洗比较普遍。气、水反冲洗是从浸水的滤层下送入空气，当其上升通过滤层时形成若干气泡，周围的水紊动，促使滤料反复碰撞，将黏附在滤料上的污物搓下，再用水冲出黏附污物。紊动程度的大小随气量及气泡直径大小而异，紊动强烈则滤层搅拌激烈。

气、水反冲洗的优点是可以洗净滤料内层，较好地消除结泥球现象且省水。当用于直接过滤时，优点更为明显，这是由于在直接过滤的原水中，一般都投加高分子助滤剂，它在滤层中所形成的泥球，单纯用水反洗较难去除。

气、水反冲洗的一般做法是先气后水，也可气、水同时反洗，但此种方法滤料容易流失。本实验采用水的冲洗方式。

快滤池冲洗停止时，池中水杂质较多且未投药，故初滤水浊度较高。滤池运行一段时间（5～10 min或更长）后，出水浊度符合要求。时间长短与原水浊度、出水浊度要求、药剂投量、滤速、水温以及冲洗情况有关。如初滤水历时短，初滤水浊度比要求的出水浊度高不了多少，或者说初滤水对滤池过滤周期出水平均浊度影响不大时，初滤水可以不排除。

为了保证滤池出水水质，常规过滤的滤池进水浊度不宜超过10～15度。

三、实验设备及器材

（1）过滤及反冲洗实验装置1套，如图8-15所示。

（2）浊度仪1台。

（3）200 mL 烧杯 5 个，取水样测浑浊度用。

（4）秒表 1 块，取样计时。

（5）2 000 mm 钢卷尺 1 个，温度计 1 个。

（6）1 000 mL 量筒 1 个。

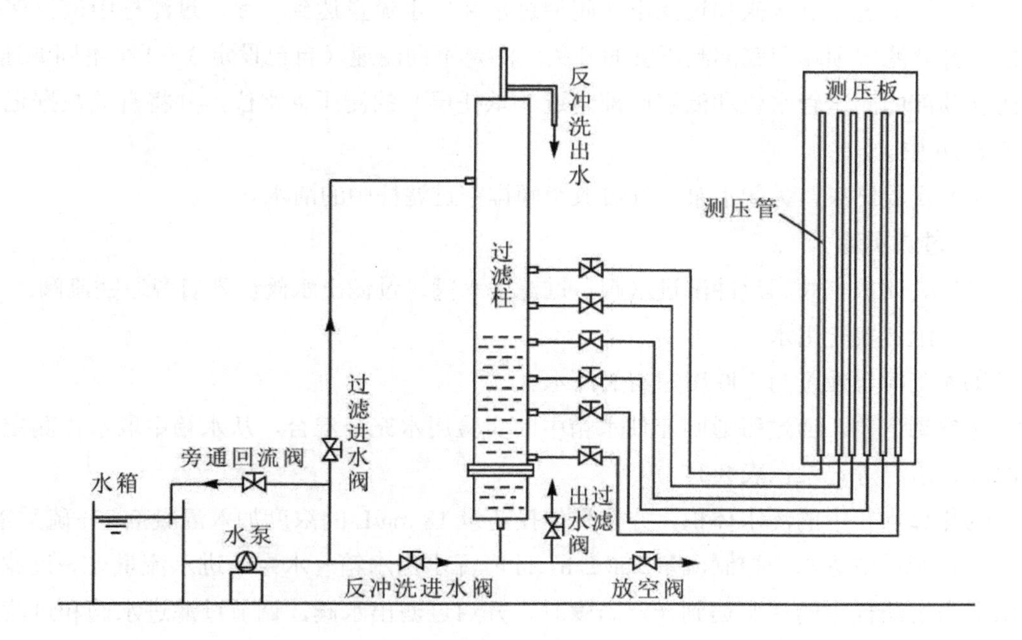

图 8-15　过滤反冲洗实验装置

四、实验步骤

1. 反冲洗强度与滤层膨胀率关系实验

（1）检查过滤反冲洗实验装置的阀门状态（所有的阀门顺时针为开启，逆时针为关闭）：旁通回流阀打开、过滤进水阀关闭、过滤出水阀关闭、放空阀关闭。

（2）测量滤料有关的基本数据。

（3）启动水泵，打开反冲洗进水阀，反冲洗水从过滤柱底部进水。根据自己设定的流量（反冲洗的最大流量为 2.5 m^3/h 左右）由小到大调节阀门（本实验要求设定 3～4 个不同的流量进行反冲洗），大流量时逐渐关小旁通回流阀。

（4）每调节一次流量，待冲洗的滤料稳定后，再测量滤层膨胀后厚度，并记录在表 8-15 中。

（5）实验完成后关闭水泵、反冲洗进水阀，打开旁通阀，过滤柱停止进水；开启放空阀，排出过滤柱中部分冲洗水。

2．滤速与清洁滤层水头损失关系实验

（1）在水箱中注满自来水。

（2）关闭放空阀、反冲洗进水阀，开启旁通回流阀、过滤进水阀和过滤出水阀。

（3）启动水泵，此时清洁水由水箱→水泵→流量计→过滤柱流出，待清洁水全部淹没滤料，调节过滤进水阀和过滤出水阀使进水和出水流量达到一致，过滤柱中液位保持稳定，打开滤层顶端和底部测压管的开关，测定不同滤速（自己设定3～4个不同滤速）时滤层顶部的测压管水位和滤层底部附近（承托层）的测压管水位，并将有关数据记录在表8-16中。

（4）实验结束，关闭水泵，开启放空阀排空过滤柱中的清水。

3．过滤实验

（1）关闭放空阀、反冲洗进水阀、过滤进水阀、过滤出水阀，开启旁通回流阀。

（2）配置实验用水。

①人工配置浊度为100度左右的浑水。

②启动水泵，通过旁通回流使水箱中的实验用水充分混合，从水箱中取水样测定原水浊度、水温等记录在表8-17中。

③测算水箱中的浑水体积，并按最佳投药量18 mg/L的浓度加入混凝剂——硫酸铝。

④打开过滤进水阀控制流量250 L/h，此时浑水由水箱→水泵→进水流量计→过滤柱流出；当过滤柱中的浑水达到一定高度时，开启过滤出水阀，调节过滤进水阀和过滤出水阀使进水和出水流量达到一致（该套装置可调范围为50～250 L/h）；在整个过滤过程中，过滤柱中液位保持稳定。

⑤当过滤柱中浑水水位基本稳定后，计时开始，取0.5 min、1 min、1.5 min、2 min、2.5 min、3 min、4 min、5 min、10 min、15 min、20 min、25 min、30 min时刻的出水水样（取样时注意用过滤后出水冲洗烧杯），并测定所取水样的剩余浊度，将所得数据记录在表8-17中。

⑥实验结束，关闭水泵，打开放空阀排空过滤柱污水，排空水箱内的浑水。

五、实验数据及结果整理

（1）实验基本数据。

滤柱内径（mm）：______；滤料名称：____________；

滤粒粒径（mm）：______；滤料厚度（cm）：__________。

（2）根据表8-15中的实验数据，以冲洗强度为横坐标，滤层膨胀率为纵坐标，绘制冲洗强度与滤层膨胀率关系曲线。

表 8-15 冲洗强度与滤层膨胀率实验记录

冲洗流量/（$L \cdot h^{-1}$）	冲洗强度/[$L \cdot$（$S \cdot m^2$）]	冲洗时间/min	滤层初时厚度/cm	滤层膨胀后厚度/cm	滤层膨胀率/%

（3）根据表 8-16 中的实验数据，以滤速为横坐标，清洁滤层水头损失为纵坐标，绘制滤速与清洁滤层水头损失关系曲线。

表 8-16 滤速与清洁滤层水头损失的关系

滤速/（$m \cdot h^{-1}$）	流量/（$L \cdot h^{-1}$）	清洁滤层顶部的测压管水位/cm	清洁滤层底部的测压管水位/cm	清洁滤层的水头损失/cm

（4）根据表 8-17 中的实验数据，以过滤历时为横坐标，出水浊度为纵坐标，绘制初滤水浊度变化曲线。

表 8-17 过滤实验记录

进水流量/（$L \cdot h^{-1}$）	滤速/（$m \cdot h^{-1}$）	过滤历时/min	进水浊度	出水浊度
		0.5		
		1		
		1.5		
		2		
		2.5		
		3		
		4		
		5		
		10		
		15		
		20		
		25		
		30		

六、注意事项

（1）滤柱用自来水冲洗时，要注意检查冲洗流量，因给水管网压力的变化及其他滤柱进行冲洗都会影响冲洗流量，应及时调节冲洗水来水阀门开启度，尽量保持冲洗流量不变。

（2）进行水反冲洗时，为了准确地量出砂层厚度，一定要在砂面稳定后再测量，并在每一个反冲洗流量下连续测量 3 次。

（3）反冲洗过滤时，应缓慢开启进水阀，以防滤料冲出过滤柱外。

七、思考与讨论

（1）当原水浊度较高时，可采取哪些措施来降低初滤水出水浊度？

（2）冲洗强度为何不宜过大？

（3）根据表 8-17 中的实验数据所绘制的初滤水浊度变化曲线，设出水浊度不得超过 3 度，问滤柱运行多少分钟出水浊度才符合要求，为什么？

实验十　污泥比阻的测定实验

一、实验目的

（1）了解污泥机械脱水基本方法和工作原理；

（2）熟悉污泥脱水性能的影响因素和调控方法；

（3）掌握污泥比阻的测定方法，明确测定污泥比阻的意义。

二、实验原理

污泥比阻是衡量污泥脱水性能的指标，是指在一定压力下，单位过滤介质面积上单位重量的干污泥所受到的阻力，常用 R（m/kg）表示，计算公式如下：

$$R=\frac{2PA^2b}{\mu W} \tag{8-45}$$

式中：p——脱水过程中的推动力，Pa；对于真空脱水，p 为真空能够形成的负压，对于压滤脱水，p 为滤布施加到污泥层上的压力；

A——过滤面积，m^2；

b——比阻测定中的一个斜率系数，其值取决于污泥的性质，S/m^6；

μ——滤液的黏度，$kg{\cdot}s/m^2$；

W——单位体积滤液所产生的干污泥重量，kg/m^3。

式（8-45）中过滤压力、过滤面积可以设为一定，滤液的黏度也可由表 8-18 在对应水温下查得，因此，比阻测定的关键是求得 b 和 W。

表 8-18　水的动力黏度与温度的关系

水温/℃	μ/（Pa·s）	水温/℃	μ/（Pa·s）
0	1.814×10^{-4}	15	1.164×10^{-4}
5	1.549×10^{-4}	20	1.029×10^{-4}
10	1.335×10^{-4}	30	0.825×10^{-4}

过滤开始时，滤液仅需克服过滤介质的阻力，当滤饼逐渐形成后，还必须克服滤饼本身的阻力。通过分析可得出著名的卡门过滤基本方程：

$$\frac{t}{V}=\frac{\mu WR}{2pA^2}V+\frac{\mu R_{\mathrm{f}}}{pA} \tag{8-46}$$

式中：V——滤液体积，m^3；

t——过滤时间，s；

p——过滤压力，Pa；

A——过滤面积，m^2；

μ——滤液的黏度，Pa·s；

R_{f}——过滤介质的阻抗，1/m^2。

从式（8-46）可以看出，在压力一定的条件下过滤，t/V 与 V 呈直线关系，直线的斜率和截距分别为

$$b=\frac{\mu WR}{2pA^2}\qquad a=\frac{\mu R_{\mathrm{f}}}{pA} \tag{8-47}$$

由 W 的定义可知：

$$W=\frac{(Q_0-Q_{\mathrm{y}})}{Q_{\mathrm{y}}}\rho_{\mathrm{g}} \tag{8-48}$$

式中：Q_0——污泥量，mL；

Q_{y}——滤液量，mL；

ρ_{g}——滤饼中固体物质的质量浓度，g/mL。

由液体平衡关系可得

$$Q_0=Q_{\mathrm{y}}+Q_{\mathrm{g}} \tag{8-49}$$

由固体物质的质量平衡可得

$$Q_0\rho_0=Q_{\mathrm{y}}\rho_{\mathrm{y}}+Q_{\mathrm{g}}\rho_{\mathrm{g}} \tag{8-50}$$

式中：ρ_0——原污泥中固体物质的质量浓度，g/mL；

ρ_y——滤液中固体物质的质量浓度，g/mL；

Q_g——滤饼量，mL。

以上各式合并可以简化为

$$W=\frac{\rho_g(\rho_0-\rho_y)}{\rho_g-\rho_0} \tag{8-51}$$

将测得的 b、W 代入比阻计算公式，可求出污泥的比阻。

三、实验装置

实验装置主要由布氏漏斗、过滤介质、抽滤器、量筒（具塞）、真空表和真空泵组成。装置如图 8-16 所示。测定过程中需要秒表计时。

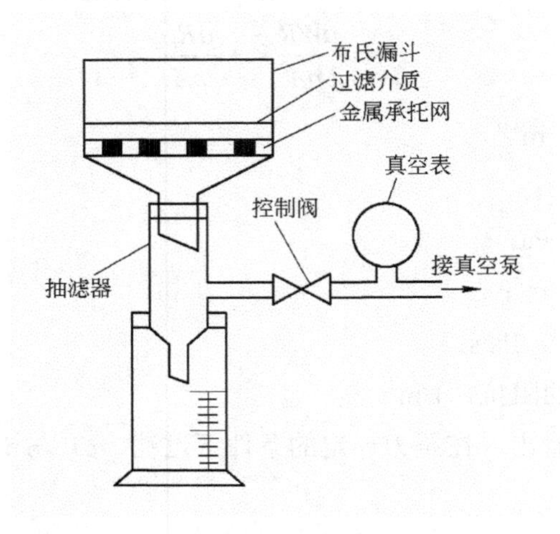

图 8-16　阻尼测试装置

四、实验步骤

（1）取待测泥样，先测定污泥浓度ρ_0，再取待测泥样 100 mL 待测。

（2）真空脱水时，在布氏漏斗的金属托网上铺一层滤纸，并用少许蒸馏水湿润；压滤脱水时，则在布氏漏斗的金属托网上铺一层滤布，也用少许蒸馏水湿润。

（3）将 100 mL 待测泥样均匀倒入漏斗内的滤纸或滤布上，静置一段时间，直至漏斗底部不再有滤液流出，该段时间一般为 2 min。

（4）开启真空泵，至额定真空度［一般为 50.66 kPa（380 mmHg）］时，开始记录滤液体积，每隔 15 s 记录一次，直至漏斗污泥层出现裂缝，真空被破坏为止。在该过程中，应不断调节控制阀，以保持真空度的恒定。

（5）从滤纸或滤布上取出部分泥样，测定其ρ_g，从量筒中取出部分滤液，测定其含固量ρ_y，并测定滤液水温。

（6）将记录的过滤时间 t 除以对应的滤液体积 V，得 t/V 值，以 t/V 为纵坐标，以 V 为横坐标做图，可得一直线，求得直线的斜率 b。

（7）由式（8-51）计算 W 值。

（8）由式（8-45）计算比阻 R 值。

（9）自行设计表格，记录数据（表 8-19）。

表 8-19　各种污泥的大致比阻值

污泥种类	比阻值/（$m\cdot kg^{-1}$）	污泥种类	比阻值/（$m\cdot kg^{-1}$）
初次沉淀污泥	（46.1～60.8）$\times10^{12}$	活性污泥	（164.8～282.5）$\times10^{12}$
消化污泥	（123.6～139.3）$\times10^{12}$	腐殖污泥	（59.8～81.4）$\times10^{12}$

注：各个污泥浓度的测定可参考 *MLSS* 的测定方法。

五、思考与讨论

（1）简述污泥过滤脱水性能的主要影响因素。

（2）提高污泥脱水性能的具体措施有哪些？

第九章　固体废物处理工程实验

实验一　索氏提取固体废物中有机农药的实验

一、实验目的

（1）了解固体废物样品中有机农药提取的前处理方法及其优缺点；

（2）掌握索氏提取的工作原理和索氏提取器的操作方法。

二、实验原理

液—固萃取是利用溶剂对固体混合物中所需成分的溶解度大、对杂质的溶解度小来达到提取分离的目的。从固体物质中萃取化合物通常有长期浸出法和索氏提取法，长期浸出法花费时间长、溶剂用量大、效率不高，因此在实验室多采用索氏提取法（图 9-1）进行提取。

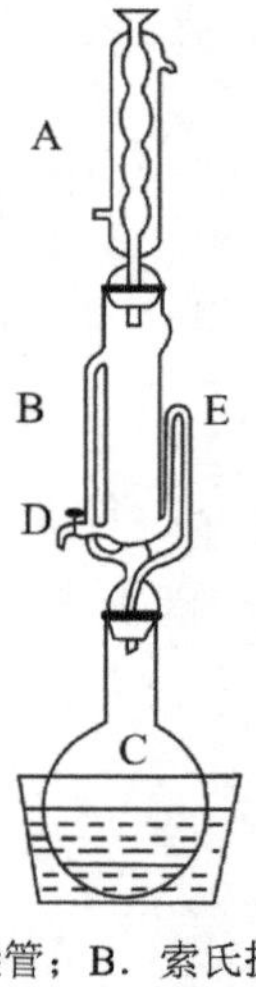

索氏提取法是利用溶剂的回流和虹吸原理，对固体混合物中所需成分进行连续提取。当提取筒中回流下的溶剂的液面超过索氏提取器的虹吸管时，提取筒中的溶剂流回圆底烧瓶内，即发生虹吸。随温度升高，再次回流开始，每次虹吸前，固体物质都能被纯的热溶剂所萃取，溶剂反复利用，缩短了提取时间，所以萃取效率较高。萃取前先将固体物质研碎，以增加固液接触的面积。然后将固体物质放在滤纸套内，置于提取器中，提取器的下端与盛有溶剂的圆底烧瓶相连，上面接回流冷凝管。加热圆底烧瓶，使溶剂蒸气通过提取器的支管上升，被冷凝后滴入提取器中，溶剂和固体接触进行萃取，当溶剂面超过虹吸管的最高处时，含有萃取物的溶剂虹吸回烧瓶，因而萃取出一

A. 冷凝管；B. 索氏提取器；C. 圆底烧瓶；D. 阀门；E. 虹吸回流管。

图 9-1　索氏提取装置

部分物质，如此重复，使固体物质不断为纯的溶剂所萃取，将萃取出的物质富集在烧瓶中。

三、实验仪器及试剂

（1）仪器：索氏提取装置 1 套（聚四氟乙烯塞）、烘箱、旋转蒸发仪、电子天平、具塞试管、恒温水浴锅、滤纸。

（2）实验试剂：正己烷（分析纯）、丙酮（分析纯）、无水硫酸钠（分析纯）。

四、实验步骤

（1）以被氯氰聚酯农药污染的土壤为实验样品，将其在阴凉处风干，去除石块、植物枝叶等非土壤成分，用研钵研磨后过 100 目筛，放置于 4℃冰箱中保存备用。

（2）将无水硫酸钠置于 400℃马弗炉中灼烧 3 h，放置干燥器中冷却备用。

（3）用电子天平精确称取土壤样品 10.0 g，并加入 10.0 g 无水硫酸钠，混匀。

（4）把滤纸做成与提取器大小相应的滤纸筒，然后将混匀后的样品装入索氏提取器（150 mL）的滤纸套筒中，将开口端折叠封住，将此滤纸筒放入索氏提取器中。

（5）将 150 mL 圆底烧瓶安装于水浴锅上，烧瓶内加入 100 mL 萃取液（$V_{正己烷}/V_{丙酮}$=1∶1），沸石或玻璃珠或碎瓷片数粒，以防暴沸。

（6）连接好烧瓶、提取器、回流冷凝管，接通冷凝水，55℃水浴加热。沸腾后，溶剂的蒸气从烧瓶进到冷凝管中，冷凝后的溶剂回流到滤纸筒中，浸取样品。溶剂在提取器内到达一定的高度时，就携带所提取的物质一同从侧面的虹吸管流入烧瓶中。溶剂就这样在仪器内循环流动，把所要提取的物质集中到下面的烧瓶内。

（7）索氏提取以第一次回流开始计时，浸提时间 1 h。提取完毕，将提取液移至 250 mL 浓缩瓶中，并用 10 mL 提取液分两次洗涤自动索氏提取器，合并以上溶液。

（8）浓缩提取液经旋转蒸发至 2 mL 左右，分 2 次加入 2 mL 丙酮于浓缩瓶中，旋涡振荡溶解，将溶液转移到具塞试管中，用丙酮定容至 10 mL，待测。

五、注意事项

（1）注意滤纸筒既要紧贴器壁，又要方便取放（滤纸筒上可以套一圈棉线，方便提取完成后取出滤纸筒），被提取物高度不能超过虹吸管，否则被提取物不能被溶剂充分浸泡，影响提取效果。被提取物亦不能漏出滤纸筒，以免堵塞虹吸管。如果试样较轻，可以用脱脂棉压住试样。

（2）索氏提取器要轻拿轻放，注入溶剂不能超过烧瓶的 2/3。

（3）拆除索氏提取器时若提取筒中仍有少量提取液，倾斜使其全部流到圆底烧瓶中。

六、思考与讨论

（1）还可使用哪种溶剂来索氏提取受污染土壤中的氯氰菊酯农药？

（2）怎样初步确定索氏提取时恒温水浴锅的温度？

实验二　薄层色谱分析氯氰菊酯农药实验

一、实验目的

（1）学习薄层色谱分析基本原理和操作方法；

（2）掌握比移值 R_f 的计算方法，了解比移值 R_f 的影响因素；

（3）了解薄层色谱扫描仪结构，掌握薄层色谱扫描仪的操作方法。

二、实验原理

薄层色谱（thin layer chromatography，TLC）属于固—液吸附色谱，是近年来发展起来的一种微量、快速而简单的色谱法，它兼具柱色谱和纸色谱的优点。按其所采用的薄层材料性质和物理、化学原理的不同，可分为吸附薄层色谱、分配薄层色谱、离子交换薄层色谱和排阻薄层色谱等。一方面适用于小量样品（几到几十微克，甚至 0.01 μg）的分离，另一方面若在制作薄层板时，把吸附层加厚，将样品点成一条线，则可分离多达 500 mg 的样品，因此又可用来精制样品。此法特别适用于挥发性较小或在较高温度易发生变化而不能用气相色谱分析的物质。

吸附薄层色谱采用硅胶、氧化铝等吸附剂铺成薄层，将样品用毛细管点在原点处，用移动的展开剂将溶质解吸，解吸出来的溶质随着展开剂向前移动，遇到新的吸附剂，溶质又会被吸附，新到的展开剂又会将其解吸，经过多次解吸—吸附—解吸的过程，溶质就会随着展开剂移动。吸附力强的溶质随展开剂移动慢，吸附力弱的溶质随展开剂移动快，这样不同的组分在薄层板上得以分离。

展开剂是影响色谱分离度的重要因素。一般来说，展开剂的极性越大，对特定化合物的洗脱能力也越大。常用展开剂按照极性从小到大的顺序排列为：石油醚＜己烷＜甲苯＜苯＜氯仿＜乙醚＜THF＜乙酸乙酯＜丙酮＜乙醇＜甲醇＜水＜乙酸。

薄层色谱是在薄层色谱板上将样品溶液用管口平整的毛细管滴加于离薄层板一端约 1 cm 处的起点线上，晾干或吹干后置薄层板于盛有展开剂的展开槽内，浸入深度为 0.5 cm。待展开剂前沿离顶端约 1 cm 附近时，将色谱板取出，干燥后喷以显色剂或在紫外灯下显色。一个化合物在吸附剂上移动的距离与展开剂在吸附剂上移动的距离的比值称为该化合物比移值（R_f）。记下原点至主斑点中心（I_1）及展开剂前沿的距离（I_0），计算比移值：

$$R_f = \frac{溶质的最高浓度中心至原点中心的距离}{溶剂前沿至原点中心的距离}$$

三、实验仪器及试剂

（1）仪器：薄层色谱扫描仪、薄层层析硅胶板 GF_{254}、层析缸、毛细管（内径小于 1 mm）、双波长紫外分析仪（254 nm、365 nm）和滤纸。

（2）试剂：顺反式氯氰菊酯、邻硝基苯胺、对硝基苯胺、植物样本、乙酸乙酯、正己烷、丙酮、石油醚。

四、实验步骤

（1）薄层板的制备（湿板的制备）

薄层板制备的好坏直接影响色谱的结果。薄层应尽量均匀且厚度要固定。否则，在展开时前沿不齐，色谱结果也不易重复。在烧杯中放入 2 g 硅胶，加入 5～6 mL 蒸馏水，调成糊状。将配制好的浆料倾注到清洁干燥的载玻片上，拿在手中轻轻地左右摇晃，使其表面均匀平滑，在室温下晾干后进行活化。本实验用此法制备薄层板：吸附剂为硅胶 G，用 0.5%的羧甲基纤维素钠水溶液调成浆料。

（2）点样：通常将样品溶于低沸点溶剂（丙酮、甲醇、乙醇、氯仿、苯、乙醚和四氯化碳）配成 1%的溶液，用内径小于 1 mm 管口平整的毛细管点样：

①先用铅笔在距薄层板一端 1 cm 处轻轻画一横线作为起始线，然后用毛细管吸取样品，在起始线上小心点样，斑点直径一般不超过 2 mm。

②若因样品溶液太稀，可重复点样，但应待前次点样的溶剂挥发后方可重新点样，以防样点过大，造成拖尾、扩散等现象，而影响分离效果。

③若在同一板上点几个样，样点间距离应为 0.5～1.5 cm。

④点样要轻，不可刺破薄层。

（3）展开：薄层色谱的展开，需要在密闭容器中进行。在层析缸中加入配好的展开溶剂，使其高度不超过 1 cm。将点好的薄层板小心放入层析缸中，点样一端朝下（点样面朝上），浸入展开剂中。盖好瓶盖，展开剂前沿上升到一定高度时取出，尽快在板上标上展开剂前沿位置。

（4）显色：当展开剂上升到距上端 0.5～1 cm 时要及时将板取出，用铅笔标示出展开剂前沿的位置。将板取出，干燥后喷以显色剂或在紫外灯下显色或直接观察。对于含有荧光剂（硫化锌镉、硅酸锌、荧光黄）的薄层板在紫外光下观察，展开后的有机化合物在亮的荧光背景上呈暗色斑点，分别测记 I_1 和 I_0。

（5）计算 R_f。

（6）利用薄层色谱扫描仪进行扫描，得到最佳扫描波长，在数据库内进行检索，然后利用扫描成像系统照相。

五、注意事项

（1）点样与展开应按要求进行：点样不能戳破薄层板面；展开时，不要让展开剂前沿上升至底线。否则，无法确定展开剂上升高度，即无法求得 R_f 值和准确判断粗产物中各组分在薄层板上的相对位置。

（2）点样时点要细，直径不要大于 2 mm，间隔 0.5 cm 以上，浓度不可过大，以免出现拖尾、混杂现象。

（3）展开用的层析缸要洗净烘干，放入板之前，要先加展开剂，盖上盖，让层析缸内形成一定的蒸气压。

六、实验结果整理

将实验测试结果填入表 9-1 中。

表 9-1 实验结果记录

样品编号	展开剂	展开剂距离/mm	样品点距离/mm	R_f	成份
1					
2					

七、思考与讨论

（1）影响 R_f 值的主要因素有哪些？

（2）展开时，展开剂为何不可浸没样品原点？

实验三 气相色谱法测定挥发性的有机物实验

一、实验目的

（1）了解气相色谱仪的基本结构和气相色谱法测定挥发性有机物的原理。

（2）掌握气相色谱法测定挥发性有机物的操作步骤。

二、实验原理

色谱学或色谱法（chromatography）也称为色层法或层析法，是一种物理化学分析方法，它利用混合物中各物质在两相间分配（或吸附）系数的差别，当两相做相对移动时，各物质在两相间进行多次分配，从而使各组分得到分离。

分配系数的差异是所有色谱分离的实质性的原因，分配系数是在一定温度下，溶质在互不混溶的两相间浓度之比，以 K 表示，计算公式如下：

$$K = C_L / C_G \tag{9-1}$$

式中：C_L——固定相中的浓度，mg/L；

C_G——流动相中的浓度，mg/L。

气相色谱定量分析的基础是根据检测器对溶质产生的响应信号与溶质的量成正比的原理，通过色谱图上的峰面积或峰高，用归一化法、外标法或内标法计算样品中溶质的含量。

三、实验仪器与试剂

（1）气相色谱仪、顶空进样器、毛细管柱、检测器。

（2）高纯氮气（99.999%）、苯（色谱纯）、甲苯（色谱纯）、乙苯（色谱纯）。

四、实验步骤

（1）配制含乙醇、正丙醇、正丁醇的混合标准使用液：1.0 mg/mL 乙醇、正丙醇、正丁醇混合标准贮备液 100 mL 于 1 000 mL 的容量瓶中，用超纯水定容到刻度。此溶液中甲醇、乙醇、正丙醇、正丁醇的浓度分别为 100.0 mg/L。

（2）配制标准系列：用移液管分别移取 2.0 mL、4.0 mL、6.0 mL、8.0 mL 混合标准使用液于 50 mL 比色管中，摇匀。此标准溶液中甲醇、乙醇、正丙醇、正丁醇的浓度分别为 4.0 mg/L、8.0 mg/L、12.0 mg/L 和 16.0 mg/L。

（3）配制样品溶液：先称量 1.000 g 氯化钠于 5 mL 气相色谱顶空进样瓶中，再用移液管移取 5.00 mL 样品到进样瓶中，马上压好瓶盖。

（4）编辑分离方法：DB-WAXETR 毛细管色谱柱（标称 30 m×530 μm×1.0 μm）；柱温控制程序：初始温度为 50℃，保持 1 min；以 10℃/min 的速率升至 100℃，保持 1 min，以 30℃/min 的速率升至 160℃，保持 1 min，总运行时间为 10 min；载气为氮气（纯度 99.999%），载气流量为 3.0 mL/min；氢气流量为 40.0 mL/min；空气流量为 400.0 mL/min；进样口温度为 200℃；检测器温度为 250℃，分流进样，分流比为 10∶1；尾吹气流量为

15.0 mL/min。

（5）编辑顶空进样条件

①温度：平衡温度为 60℃，定量环温度为 80℃，传输管温度为 90℃；

②时间：样品平衡时间为 15 min，充压时间为 0.13 min，充入定量管时间为 0.5 min，定量管平衡时间为 0.05 min，进样时间为 1.0 min。

（6）方法编辑完成后，将标准样品和未知样品放到顶空进样器内，设定样品参数后，按顶空进样器控制面板上的“start”键，开始测样。

五、实验数据记录

（1）列表记录乙醇、正丙醇、正丁醇标准系列各浓度测定后所对应的峰面积（表 9-2）。

表 9-2　标准曲线实验数据

标准系列	乙醇		正丙醇		正丁醇	
	浓度/（mg/L）	峰面积/（pA·s）	浓度/（mg/L）	峰面积/（pA·s）	浓度/（mg/L）	峰面积/（pA·s）
1	4.0		4.0		4.0	
2	8.0		8.0		8.0	
3	12.0		12.0		12.0	
4	16.0		16.0		16.0	

（2）列表记录未知样品中乙醇、正丙醇、正丁醇标测定后所对应的峰面积（表 9-3）。

表 9-3　样品实验记录

样品	乙醇		正丙醇		正丁醇	
	峰面积/（pA·s）	浓度/（mg/L）	峰面积/（pA·s）	浓度/（mg/L）	峰面积/（pA·s）	浓度/（mg/L）
1						
2						
3						
4						

六、实验数据分析处理

根据实验记录绘制外标法标准曲线，根据标准曲线求出未知样品中乙醇、正丙醇、正丁醇的浓度。

实验四　固体废物的稳定化与浸出实验

一、实验目的

（1）掌握危险废物中重金属含量的测定方法；

（2）掌握危险废物浸出毒性的测定方法；

（3）了解危险废物浸出毒性对环境的污染与危害。

二、实验原理

危险废物是指列入《国家危险废物名录》或根据国家规定的危险废物鉴别标准和鉴别方法认定的具有危险特性的废物。危险废物具有毒性、腐蚀性、易燃性、反应性和感染性等一种或几种危害特性。

含有有害物质的固体废物在堆放或处置过程中，遇水浸沥，使其中的有害物质迁移转化，污染环境。浸出实验是对这一自然现象的模拟实验。当浸出的有害物质的量值超过相关法规提出的阈值时，则该废物具有浸出毒性。

浸出是可溶性的组分通过溶解或扩散的方式从固体废物中进入浸出液的过程。当填埋或堆放的废物和液体接触时，固相中的组分就会溶解到溶液中形成浸出液。组分溶解的程度取决于液固相接触的点位、废物的特性和接触的时间。浸出液的组成和它对水质的潜在影响，是确定该种废物是否为危险废物的重要依据，也是评价这种废物所适用的处置技术的关键因素。

三、实验器材

（1）天平；

（2）过滤装置：加压过滤装置或真空过滤装置；

（3）翻转振荡机；

（4）分光光度计；

（5）玻璃器皿：1 L 具密封塞高型聚乙烯瓶；

（6）中速定量滤纸或 0.45 μm 微孔滤膜。

四、实验步骤

1. 采样

对生活垃圾进行采样制样，将样品制成 5 mm 以下粒度的试样。

2．水分测定

根据固体废物的含水率情况，称取 20～30 g 样品，于预先干燥恒重的具盖容器中（注意容器的材料必须与固体废物不发生反应），于 105℃下烘干，恒重至±0.01 g，计算固体废物含水率。进行水分测定后的样品，不得用于浸出毒性试验。

3．浸出提取

称取固体废物 70.0 g，螯合剂 x g 置于 1 L 浸取容器中，加入 700 mL 浸取剂，盖紧瓶盖后固定在翻转式搅拌机上，调节转速为 30±2 r/min，在室温下翻转搅拌浸取 18 h 后取下浸取容器，静置 30 min，于预先安装好滤膜的过滤装置上过滤。收集全部滤出液，即为浸出液，摇匀后供分析用。

如果样品的含水率大于等于 91%时，则将样品直接过滤，收集其全部滤出液，供分析用。

4．Cr^{6+}浓度测定

（1）标准曲线的绘制：

①依次移取铬标准使用液 0.00 mL、0.50 mL、1.00 mL、2.00 mL、4.00 mL、6.00 mL、8.00 mL、10.00 mL 于 50 mL 比色管中，用蒸馏水稀释至标线（铬标准使用液每毫升含 1.00 μg 六价铬）。

②向以上各管中分别加入 2.50 mL 二苯碳酰二肼溶液，混匀，放置 10 min。

③在 540 nm 波长处，用 3 cm 比色皿测定吸光度；以试剂空白作参比。

④绘制标准曲线

（2）水样的测定：

取适量浸出水样于 50 mL 比色管中，用水稀释至标线；其他步骤同上。

5．计算

（1）土壤样品的含水率

（2）土壤样品中六价铬（Cr^{6+}，μg/g 干基）含量

$$\text{土壤样品六价铬含量}=\frac{\text{由标准曲线查得含铬量（μg）}\times(700+\text{取样量}\times\text{含水率})}{\text{水样体积}\times(1-\text{含水率})\times\text{取样量}}$$

五、思考与讨论

（1）在固体废物的稳定化中，螯合剂的作用类型有几种？

（2）简述固体废物浸出毒性实验的目的和方法。

实验五 有机固体废物堆肥实验

一、实验目的

（1）掌握有机固体废物好氧堆肥化的过程和原理；

（2）认识堆肥工艺中各主体构筑物和主要设备的工作原理和内部结构；

（3）了解堆肥化过程的各种影响因素和控制措施；

（4）学会堆肥工艺运行操作的技巧与方法，培养整体工艺调控的工程实践能力。

二、实验原理

有机固体废物的堆肥化是一种固体废物生物转换技术，是一种实现固体废物稳定化、无害化处理的重要方式。根据堆肥化工艺中的供氧情况可分为好氧堆肥和厌氧堆肥两种。

好氧堆肥是在通气条件好、氧气充足的条件下，依靠好氧微生物的代谢作用而腐殖化的过程（图 9-2）。好氧堆肥过程中，有机固体废物中的可溶性小分子有机物质透过微生物的细胞壁和细胞膜而为微生物吸收利用。不溶性大分子有机物则先附着在微生物的体外，由微生物所分泌的胞外酶分解为可溶性小分子物质，再输送入细胞内为微生物所利用。通过微生物的生命活动（合成及分解过程），把一部分被吸收的有机物氧化成简单的无机物，并提供生命活动所需要的能量，把另一部分有机物转化合成为新的细胞物质，供微生物增殖所需。

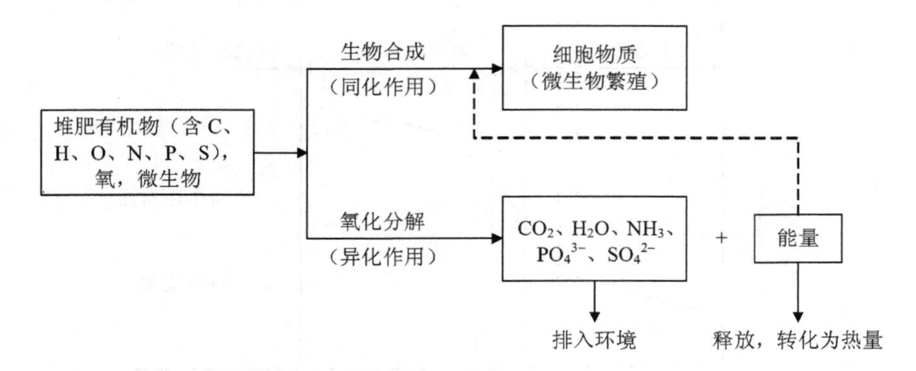

图 9-2 有机垃圾的好氧堆肥化

在好氧堆肥过程中，有机物的氧化分解可用式（9-2）表示。

$$C_sH_tN_uO_v \cdot aH_2O+bO_2 \longrightarrow C_wH_xN_yO_z \cdot cH_2O+dH_2O（气）+eH_2O（液）+fCO_2+gNH_3+能量 \quad (9-2)$$

由于堆温较高，部分水以蒸汽形式排出。堆肥成品 $C_wH_xN_yO_z \cdot cH_2O$ 与堆肥原料 $C_sH_tN_uO_v \cdot aH_2O$ 之比为 0.3～0.5（这是氧化分解减量化的结果）。式（9-2）中 w、x、y、z 通常可取如下范围：w=5～10，x=7～17，y=1，z=2～8。

如果考虑有机垃圾中的其他元素，则式（9-2）可简单表示为

$$[C、H、O、N、S、P]+O_2 \longrightarrow CO_2+NH_3+SO_4^{2-}+PO_4^{3-}+简单有机物+更多的微生物+热量 \tag{9-3}$$

对于高温二次发酵堆肥工艺来说，通风供氧、堆料含水率、温度是最主要的发酵条件。另外，堆肥原料的有机质含量、粒度、C/N、C/P、pH 对堆肥过程也有影响。

根据好氧堆肥过程中的温度变化可分为四个阶段：

（1）潜伏阶段：指堆肥开始微生物适应新环境的过程，即驯化过程。

（2）中温阶段：堆制初期，15～45℃，嗜温性微生物利用堆肥中可溶性有机物进行旺盛繁殖。温度不断上升，此阶段以中温、需氧型微生物为主，如一些无芽孢细菌、真菌和放线菌。

（3）高温阶段：当堆肥温度上升至 45℃以上，嗜温性微生物受到抑制或死亡，而嗜热性微生物大量繁殖。相对复杂的有机物如半纤维素、纤维素和蛋白质等开始被大量分解。当温度达到 50℃左右，嗜热性细菌和真菌很活跃；温度超过 60℃时，真菌几乎完全停止活动，只有嗜热性放线菌和细菌在活动；当温度达到 70℃以上大多数嗜热性微生物代谢活动受到抑制，开始大批死亡或休眠。微生物转入内源呼吸。

大多数微生物在 45～65℃范围内最活跃，所以最佳温度一般为 55℃，最易分解有机物，病原菌和寄生虫大多数可被杀死。堆积层开始形成腐殖质。微生物在高温阶段的生长过程如图 9-3 所示。

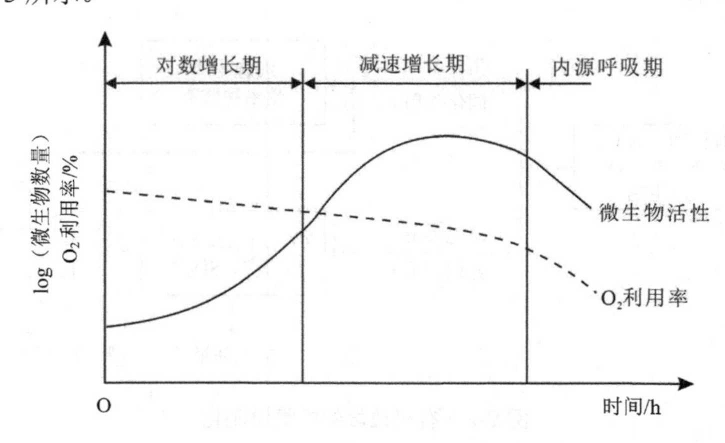

图 9-3 堆肥过程中微生物生长曲线

（4）腐熟阶段：当堆体高温持续一段时间后，易分解的有机物大量分解。腐熟阶段只剩下部分较难分解的有机物和新形成的腐殖质，此时微生物的活性下降，发热量减少，

温度下降。降温后，需氧量大大减少，含水率也有所降低。堆肥物孔隙增大，氧扩散能力增强，此时只需自然通风，最终使堆肥稳定，完成堆肥过程。

三、实验装置与设备

实验装置由反应器主体、强制通风供气系统和渗滤液收集系统三部分组成，如图 9-4 所示。

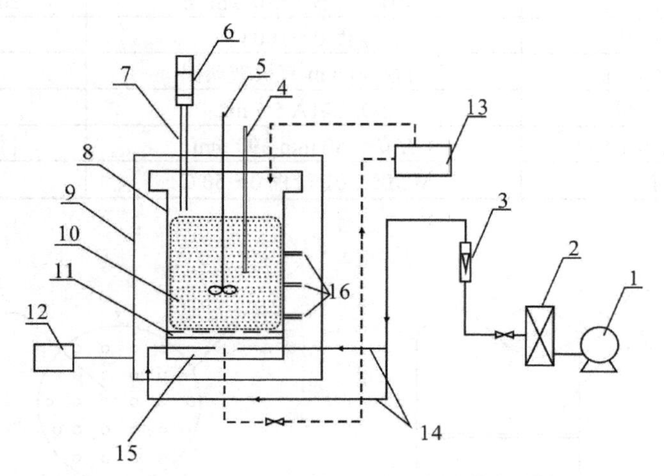

1—空压机；2—缓冲器；3—流量计；4—测温装置；5—搅拌装置；6—取样器；
7—气体收集管；8—反应器主体；9—保温材料；10—堆料；11—渗滤层；12—温控仪；
13—渗滤液收集槽；14—进气管；15—集水区；16—取样口。

图 9-4 有机垃圾好氧堆肥实验装置

1. 供气系统

气体由空压机 1 产生后可暂时贮存在缓冲器 2 里，经过气体流量计 3 定量后从反应器底部供气。供气管为直径 5 mm 的蛇皮管。为了相对均匀地供气，把供气管在反应器内的部分加工为多孔管，并采用双路供气的方式。

2. 反应器主体

实验的核心装置是一次发酵反应器（图 9-4）。设计采用有机玻璃制成罐：内径 340 mm，高 650 mm，总容积 58.98 L。周围用保温材料包裹，以保证堆肥温度。反应器侧面设有采样口，可定期采样。反应器顶部设有气体收集管 7。用医用注射器 6 定时收集反应器内气体样本。此外，反应器上还配有测温装置 4、搅拌装置 5。

3. 渗滤液分离收集系统

反应器底部设有多孔板（图 9-5 中 2）以分离渗滤液。多孔板由有机玻璃制成，板上布满直径 4 mm 的小孔。多孔板下部的集水区底部为倾斜的锥面，可随时排出渗滤液。渗滤液贮存在渗滤液收集槽（图 9-4 中 13）中，需要时可进行回灌，以调节堆肥物含水率。

实验设备规格见表 9-4。

表 9-4　实验设备规格

序号	名称	型号规格	备注
1	空压机	Z-0.29/7	—
2	缓冲器	H/Φ=380 mm/260 mm	最高压力：0.5 MPa
3	转子流量计	LZB-6 量程 0～0.6 m^3/h	20℃，101.3 kPa
4	温度计	量程 0～100℃	—
5	搅拌装置	直径 10 mm 有机玻璃棍	—
6	注射器	ZQ. B41A.5 5 mL	—
7	反应器主体	H/Φ=480 mm/390 mm	材料：有机玻璃
8	温控仪	WMZK-01 量程 0～50℃	—

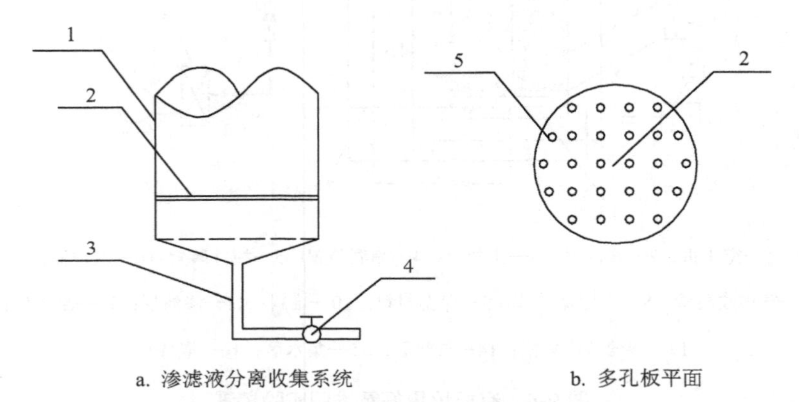

a. 渗滤液分离收集系统　　b. 多孔板平面

1—反应器；2—多孔板；3—出水收集管；4—球阀；5—导排孔。

图 9-5　渗滤液分离收集系统示意图

四、实验步骤

1. 实体堆肥实验

（1）将 40 kg 有机垃圾［园林废物 20 kg，厨余垃圾（瓜皮果壳、蔬菜叶等）20 kg］进行人工剪切破碎并过筛，控制粒度小于 10 mm；搅拌、混合均匀；

（2）测定有机固体废物的含水率；

含水率测定方法：称取鲜样 2～3 g 精确至 0.001 g，采用 105℃恒温干燥法进行测定。

$$含水率=（m_2-m_3）/（m_3-m_1）\times 100\% \quad (9\text{-}4)$$

式中：m_1——烘干后铝盒的质量，g；

m_2——烘干前铝盒和土壤的质量，g；

m_3——烘干后铝盒和土壤的质量。

（3）将破碎后的有机垃圾投加到反应器中，控制供气流量为 1 m^3/（h·t）；

（4）在堆肥开始第 1 天、3 天、5 天、8 天、10 天、15 天、20 天和 30 天分别取样测定堆体的含水率，记录堆体中央温度，从气体取样口取样测定 CO_2 浓度和 O_2 浓度；

温度测定方法：每天记录环境温度和堆体的温度，环境温度采用专用温湿度表测量，堆体温度测量选用刺入式温度计，于每天上午 9 点和下午 4 点测定堆体的温度，然后求平均值，其中，堆体的深度选择 30～40 cm。

（5）调节供气流量，分别为 5 m^3/（h·t）、8 m^3/（h·t）；重复实验步骤 1～4。

2．3D 仿真实验

（1）登录 http://www.es-online.com.cn/Default/index.html 网址，点击右上角登录按钮，进入登录界面。

（2）在登录界面输入用户名、密码和验证码，登录仿真系统（下载专用客户端，以保证仿真软件正常启动）。点击“开始学习”，等待进入仿真系统。

（3）依次选择点击“培训工艺”“有机固体堆肥 3D 实验”“启动项目”，如图 9-6 所示。

图 9-6　培训参数选择界面

（4）确认显示屏最佳分辨率，如图 9-7 所示。

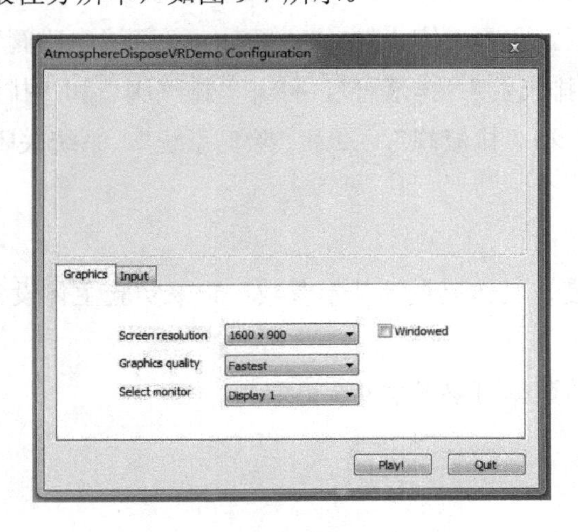

图 9-7　分辨率调控界面

（5）登录进入 3D 仿真训练实验系统后，在实验准备室穿上“白大褂”、戴上“防护眼镜”和“手套”，通过键盘上“A、S、D、W”及拖动鼠标右键等操作，进入仿真实验室。

（6）移动至有机固体废物堆肥装置前，如图 9-8 所示。

图 9-8 堆肥装置调控界面

（7）在右下角选“模式”“温度对堆肥效果的影响实验”“参数”，输入“含水率”“pH”“碳氮比”和“进料有机质含量”。（为更接近现实中堆肥过程，建议初始参数范围：含水率为 10%～60%；pH 为 5.5～8.5；碳氮比为 25∶1～35∶1；进料有机质含量为 10%～45%），考察发酵过程中温度变化、含水率、pH、碳氮比和进料有机质含量的变化情况。发酵过程温度梯度为 15℃、25℃、35℃、45℃、55℃和 65℃。

（8）开始实验操作，实验按照“打开罐门”“加入物料”“关闭罐门”，打开“总电源”“打开电磁阀”“启动空压机”“关闭电磁阀（当压力达到一定值后）”“关闭空压机”“打开温控器”“打开除臭系统”，移除“排气管”“排液管”和“空压机气管”“翻动罐内物料”；反应一定时间后，点击“暂停翻动”“数据”按钮“记录数据”；改变温度，进入下一组温度梯度，重复后续实验操作步骤，直到完成实验。

（9）记录数据之后，点击“停止”，终止翻动；关闭“电磁阀”，停止“空压机”、关闭“温控器”，安装“排气管”“排液管”，打开“排气阀”和“排液阀”，打开 “罐门”卸料，关闭“排气阀”和“排液阀”，关闭“除臭系统”，系统关闭，退出程序。

五、实验结果

（1）记录实验温度、气体流量等基本参数；记录实验主体设备的尺寸、温度、气体流量。

（2）实体堆肥实验数据可参考表 9-5 记录。

表 9-5 好氧堆肥过程记录 供气流量：________ m^3/（h·t）

	含水率/%	温度/℃	气体流量/[m^3/（h·t）]	CO_2 体积浓度/%	O_2 体积浓度/%
原始垃圾		—		—	—
第 1 天					
第 3 天					
第 5 天					
第 8 天					
第 10 天					
第 15 天					
第 20 天					
第 30 天					

（3）仿真堆肥实验数据可参考表 9-6 记录。

表 9-6 好氧堆肥过程记录

	含水率/%	温度/℃	pH	碳氮比	剩余有机质含量/%
原始垃圾		—			
第___天		15			
第___天		15			
第___天		25			
第___天		25			
第___天		35			
第___天		35			
第___天		45			
第___天		45			
第___天		55			
第___天		55			

（4）剩余有机质含量计算方法。

剩余有机质含量（%）=［（50 kg－剩余物料）÷（初始有机质含量×50 kg）］×100%

六、思考与讨论

（1）分析影响堆肥过程中堆体含水率的主要因素。

（2）分析堆肥中通风量对堆肥过程的影响。

（3）绘制堆体温度随时间变化曲线、堆体剩余有机质含量随时间变化曲线。

（4）影响旋仓式堆肥腐熟程度的主要因素有哪些？

（5）常用的堆肥系统有哪些？各有什么优缺点？

实验六 固体废物资源化利用实验

一、实验目的

（1）掌握用甘蔗渣制备甘蔗渣生物炭的方法。

（2）掌握用甘蔗渣生物炭吸附铜离子的方法，通过实验取得必要的数据，计算吸附最大容量 q_e，并绘制吸附等温线。

（3）利用绘制的吸附等温线确定费氏吸附参数 K、$1/n$。

二、实验原理

国际生物炭组织提出了生物炭标准化定义，即生物质在有限氧条件下经过热化学转化后获得的富含碳的固体物质。生物炭具有三维网状和多孔结构的物理化学性质，可以促进碳的长期贮存以及污染物的吸附和降解，是一种低成本和环境友好型生物材料。生物炭正成为一种新型、经济去除废水中重金属的吸附材料，是提高土壤肥力、修复有机和无机污染土壤的一种有效材料。

吸附作用产生于两个方面：一是由于吸附剂内部分子在各个方向都受着同等大小的力而在表面的分子则受到不平衡的力，从而使其他分子吸附于其表面上，此为物理吸附；二是由于吸附剂与被吸附物质之间的化学作用，此为化学吸附。吸附过程一般是可逆的，一方面吸附质被吸附剂吸附，另一方面，一部分已被吸附的吸附质，由于分子热运动的结果，能够脱离吸附剂表面又回到液相中去。前者为吸附过程，后者为解吸过程。当吸附速度和解吸速度相等时，即单位时间内当被吸附的吸附质数量等于其解吸的数量时，则吸附质在溶液中的浓度和在吸附剂表面的浓度均不再变化从而达到平衡，此时的动态平衡称为吸附平衡，吸附质在溶液中的浓度称为平衡浓度。

生物质炭的吸附能力以吸附量 q（mg/g）表示。所谓吸附量，是指单位重量的吸附剂所吸附的吸附质的重量。实验采用粉状甘蔗渣生物炭吸附水中的铜，达到吸附平衡后，用火焰原子吸收光谱法测定吸附前后铜溶液的初始质量浓度ρ_0 及平衡浓度ρ_e，以此计算甘蔗渣生物炭的吸附量 q_e。

$$q_e = \frac{(\rho_0 - \rho_e)V}{m} \tag{9-5}$$

式中：ρ_0——水中铜的初始质量浓度，mg/L；

ρ_e——水中铜的平衡质量浓度，mg/L；

m——甘蔗渣生物炭投加量，g；

V——铜溶液体积，L；

q_e——甘蔗渣生物炭对铜的吸附量，mg/g。

在温度一定的条件下，甘蔗渣生物炭的吸附量随着被吸附物质平衡浓度的提高而提高，两者之间的变化曲线为吸附等温线。以 $\lg\rho_e$ 为横坐标，$\lg q_e$ 为纵坐标，绘制吸附等温线，求得直线斜率 $1/n$、截距 K。

费氏吸附等温方程：

$$\lg q_e = \lg k + \frac{1}{n}\lg \rho_e \tag{9-6}$$

$1/n$ 越小，吸附性能越好。一般认为 $1/n$=0.1～0.5 时，容易吸附；$1/n$＞2 时，则难于吸附。$1/n$ 较大时，一般采用连续式吸附操作。当 $1/n$ 较小时，多采用间歇式吸附操作。

三、实验器材

（1）恒温水浴振荡器。

（2）原子吸收分光光度计。

（3）大小烧杯、漏斗。

（4）含铜废水：10 mg/L。

四、实验步骤

1．制备甘蔗渣生物炭

将经过预处理后的甘蔗渣放入坩埚中，用分析天平称量甘蔗渣和坩埚的总质量，直接送入马弗炉中，在氮气的保护下于 400℃、500℃、600℃、700℃炭化 2 h，等马弗炉降温后，取出坩埚，放到干燥器中，冷却至室温后，用分析天平称量坩埚和甘蔗渣生物炭的总质量，计算生物炭的得率，实验数据记录于表 9-7 中。然后研磨，过 100 目筛，得甘蔗渣生物炭。

2．绘制铜的标准曲线

（1）分别吸取 50 mg/L 的铜标准溶液使用液 0.00 mL、0.50 mL、1.00 mL、1.50 mL、2.0 mL、2.50 mL 于 50.0 mL 比色管中，用 0.2%的硝酸溶液定容到刻度，配制 0.00 mg/L、1.00 mg/L、1.00 mg/L、2.00 mg/L、3.00 mg/L、4.00 mg/L、5.00 mg/L 的标准系列；

（2）以 0.2%的硝酸溶液对仪器调零点，于 324.7 nm 波长下，用乙炔—空气火焰，吸入空白样品和标准样品，测量其吸光度。实验数据记录于表 9-8 中。

3．吸附实验

（1）依次称量甘蔗渣生物炭 50 mg、100 mg、150 mg、200 mg、250 mg 和 300 mg，于 6 个 100 mL 的塑料离心管中，加入配制的初始铜浓度为 10 mg/L 的废水 50 mL，置于恒温水浴振荡器上，以 200 r/min 转速振荡 40 min。

（2）过滤。用小烧杯接取上述滤液，初滤液（2 mL）弃去不用，接取约 30 mL 滤液。用 25 mL 移液管移取 25 mL 滤液于 50 mL 比色管中，用 0.4%的硝酸溶液定容到刻度，余下步骤按标准系列的步骤操作，测定吸光度和浓度。实验数据记录于表 9-9 中。

五、实验数据处理

1．不同制备条件下甘蔗渣生物炭获得率

表 9-7　甘蔗渣生物炭得率

实验编号	裂解温度/℃	甘蔗渣总质量/g	生物炭总质量/g	得率/%
1	400			
2	500			
3	600			
4	700			

2．铜测定标准曲线的吸光度值

表 9-8　标准曲线的绘制

实验编号	1	2	3	4	5	6
铜标准液体积/mL	0	1.00	2.00	3.00	4.00	5.00
铜浓度/（mg/L）	0	1.00	2.00	3.00	4.00	5.00
吸光度值						

3．甘蔗渣生物炭吸附实验数据

表 9-9　吸附实验数据记录

编号	V/mL	m/g	ρ_o/（mg/L）	A	ρ_e/（mg/L）	$\rho_o-\rho_e$/（mg/L）	q_e/（mg/g）
1	50						
2	50						
3	50						
4	50						
5	50						
6	50						

4．求参数值

用 Freundlich 吸附模型方程对实验结果进行拟合，求出吸附模型参数 K、$1/n$。

六、思考与讨论

（1）根据确定的吸附参数 $1/n$、K 讨论所用生物炭对铜的吸附性能。

（2）利用甘蔗渣等生产废料制备生物炭方法有哪些？影响生物炭吸附性能的因素有哪些？

第十章　环境工程处理工艺综合训练实验

实验一　城市生活污水净化 AAO 工艺虚拟仿真运行调试

一、实验目的

（1）了解城市生活污水净化厂总平面布置、设计原则、典型 AAO 工艺流程及其运行基本原理；

（2）认识城市生活污水净化 AAO 工艺中各主体构筑物和主要设备的工作原理和内部结构；

（3）掌握城市生活污水净化 AAO 工艺的中控系统、单体构筑物和整体工艺的运行调控方法；

（4）结合实习基地的实际，掌握城市生活污水净化 AAO 工艺中重要运行参数的动手优化设置与调整工序；

（5）学会城市生活污水净化 AAO 工艺运行故障排除操作的技巧与方法，培养整体工艺调控的工程实践能力。

二、实验原理

AAO 工艺是厌氧—缺氧—好氧生物脱氮除磷工艺的简称，是在厌氧—好氧除磷工艺的基础上开发出来的，该工艺具有同时脱氮除磷的功能，在厌氧—好氧除磷工艺中加入缺氧池，将好氧池流出的一部分混合液回流至缺氧池前端，以达到脱氮的目的。

（1）在厌氧池中，原污水和从二沉池回流的混合液中含磷污泥的同步注入，本段主要功能为释放磷，使污水中磷的浓度升高，溶解性有机物被微生物细胞吸收而使污水中 BOD 浓度下降；污水中 NH_3-N 因微生物细胞的合成利用而有所下降，但 NO_3^--N 含量没有变化。

（2）在缺氧池中，反硝化细菌利用污水中的有机物作为碳源，将回流混合液中带入的大量 NO_3^--N 和 NO_2^--N 还原为 N_2 释放至空气，因此 BOD_5 浓度下降，NO_3^--N 浓度大幅下降，而此阶段磷的变化很小。

（3）在好氧池中，有机物被微生物生化降解，而继续下降，有机氮被硝化，NH_3-N 浓度显著下降，但硝化过程使 NO_3^--N 浓度增加，随着聚磷菌的过量摄取，磷含量也明显下降。整个工艺的关键在于混合液回流，由于回流液中的大量硝酸盐回流到缺氧池后，可以从原污水得到充足的有机物，使反硝化脱氮反应得以充分进行，有利于降低出水的硝酸氮，同时也可以解决利用微生物的内源代谢物质作为碳源的不足问题，改善出水水质。

AAO 工艺由于不同环境条件和不同功能的微生物群落的有机配合，加之厌氧、缺氧条件，可以提高对生活污水中 COD 的去除效果；同时具有有机物的去除、硝化脱氮、磷的过量摄取而被去除等功能，脱氮的前提是 NH_3-N 应完全硝化，好氧池能完成这一功能，缺氧池则完成脱氮反应，厌氧池和好氧池的联合可完成除磷反应。

三、实验教学流程

依照“整体认识—单体构筑物认识—工艺调试仿真训练—生产线调试仿真训练—半实体仿真工厂训练—进厂实习”的递进式学习思路（图 10-1），开展实验教学，完成相关教学要求。

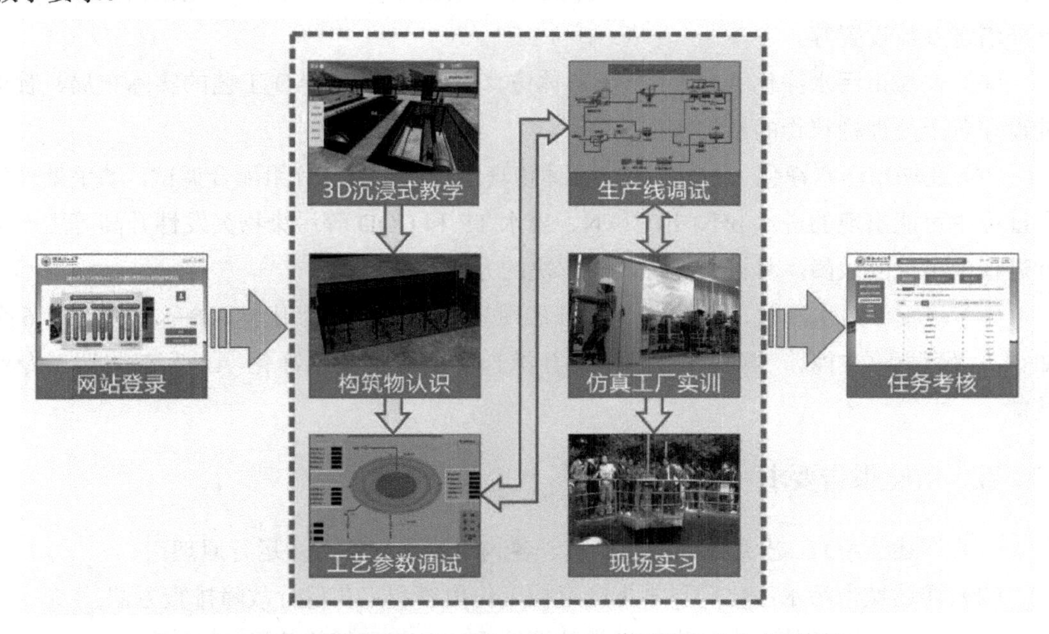

图 10-1　城市生活污水净化 AAO 工艺虚拟仿真综合实验流程

四、实验内容

根据已构建的城市生活污水净化 AAO 工艺虚拟仿真综合实验教学项目网站中“实训工厂 3D 沉浸式教学”“构筑物虚拟仿真认识”“工艺参数仿真式教学”“生产线调试仿真教学”“半实体仿真工厂训练”和“进厂现场学习视频”等学习资源，可进行线上模拟训练和演练；利用实验室 AAO 半实体仿真工厂可开展线下实践操作。为掌握实验教学项目要求的知识点，达成工程实践能力培养目的，实验设计了以下几方面内容：

（1）在 3D 虚拟环境下直观认识一个完整的城市污水净化厂的总平面布局，大门、进水、高程、污水处理工段、污泥处置工段的设计原则。

（2）在 3D 虚拟环境下直观学习 AAO 工艺的全流程，并在关键点学习主要构筑物的设置、基本理论知识、整体工艺流程中，污水净化的各阶段基本原理。

（3）在 3D 流媒体、flash 动画环境下，直观学习 AAO 工艺中格栅、提升泵房、生物池和二沉池等 50 个单体构筑物和离心脱水机、压滤机、水流旋流器等主要设备的内部结构，并通过多媒体技术直观学习和理解其运行原理。

（4）在 2D-DCS 城市污水净化 AAO 工艺中常见的氧化沟工段仿真操作系统中，学习中控系统的具体操作、单体构筑物的启停机控制方法、整体工艺运行控制调试的手段。

（5）在 2D-DCS 城市污水净化 AAO 工艺仿真操作系统中，学习工艺流程总控阀门的调控，提升泵运行的控制，各主体构筑物运行参数优化设置、启停车，投药装置的运行、紫外消毒参数设置等。

（6）在城市污水净化 AAO 工艺半实体仿真工厂，认识 AAO 工艺的实际布局、管道铺设和各个处理构筑物的结构特征。

（7）在城市污水净化 AAO 工艺半实体仿真工厂中，通过分组配合调试，动手处理生产过程中可能出现的进水 pH、出水 TN、出水 TP 和 COD 等污染物突发性升高等生产运行过程中出现的故障，掌握并熟练故障解决的方法和技巧。

（8）在城市污水净化厂等实习基地开展现场实习，综合运用本实验所掌握的前 6 个知识点及其相关知识，学以致用，验证并综合实践城市污水净化 AAO 工艺调试专业技能。

五、实验报告要求

（1）详述 AAO 工艺流程、设计原则、各构筑物结构特点及运行原理；

（2）详述城市污水净化厂日常生产巡检工作内容和工艺运行故障排查方法；

（3）详述不同条件下水质指标异常的调控方法及其取得的效果；

（4）叙述城市污水净化 AAO 工艺的启停车操作步骤及注意事项；

（5）叙述城市污水净化 AAO 工艺半实物仿真工厂现场调试中遇到的问题以及相应

的解决方法；

（6）在系统中上传实验报告。

实验二 垃圾焚烧及废气处理工艺仿真运行与调试

一、实验目的

（1）了解垃圾焚烧厂总平面布置、设计原则、典型垃圾焚烧及废气处理工艺流程及其运行基本原理；

（2）认识典型垃圾焚烧及废气处理工艺中各主体构筑物和主要设备的工作原理和内部结构；

（3）掌握垃圾焚烧及废气处理工艺的中控系统、单体构筑物和整体工艺的运行调控方法；

（4）学会垃圾焚烧及废气处理工艺运行故障排除操作的技巧与方法。

二、实验原理

生活垃圾焚烧技术能对垃圾进行减量化、资源化和无害化处理，由于生活垃圾的特殊性，在焚烧过程中不可避免地会产生大量的气态污染物，如果不进行有效治理，将对环境造成严重污染，危害人体健康。

生活垃圾焚烧过程中产生的污染物主要包括四大类：颗粒物（烟尘）、酸性气体（CO、NO_x、SO_2、HCl 等）、重金属（Hg、Cr、Pb 等）及有机污染物（主要因子为二噁英类）。焚烧过程中各类污染物产生原因如下：

（1）HCl 来源于生活垃圾中含氯废物。

（2）SO_2 来源于含硫生活垃圾的高温氧化过程。

（3）NO_x 来源于生活垃圾焚烧过程中 N_2 和 O_2 的氧化反应及含氮有机物的燃烧，其中 95%为 NO，NO_2 所占比例很少。

（4）CO 是由生活垃圾中有机可燃物不完全燃烧产生的。

（5）金属类污染物源于焚烧过程中生活垃圾所含重金属及其化合物。

（6）有机污染物的产生机理非常复杂，会伴随多种化学反应。首先形成中间产物，最后形成终产物。二噁英是其中毒性最强的化合物，在垃圾焚烧过程中其生成途径主要有：①生活垃圾中本身含有的微量二噁英大部分会在高温下分解，但由于其具有热稳定性，少量会随烟气排放；②在燃烧过程中由氯源生成，大部分在高温条件下也会被分解，但有少部分排放；③当燃烧不充分时，烟气中会产生过多的未燃尽物质，在遇触媒（重金属 Cu 等）及 300～500℃条件下，已分解的二噁英会重新生成。

选择废气治理技术首先要明确需执行的排放标准，生活垃圾焚烧厂废气排放标准见表 10-1。目前国内大多数的生活焚烧垃圾厂按《生活垃圾焚烧污染控制标准》（GB 18485—2014）进行建设，有少数焚烧垃圾厂参考欧盟 2000 标准进行建设。

表 10-1　生活垃圾焚烧厂废气排放标准

项目	数值含义	国标限值（GB 18485—2014）	欧盟 2000 标准
烟尘/（mg/Nm^3）	测定均值	80	10
烟气黑度（林格曼黑度，级）	测定值	1	1
CO/（mg/Nm^3）	小时均值	150	50
NO_x/（mg/Nm^3）	小时均值	400	200
SO_2/（mg/Nm^3）	小时均值	260	50
HCl/（mg/Nm^3）	小时均值	75	10
Hg/（mg/Nm^3）	测定均值	0.2	0.1
Cd/（mg/Nm^3）	测定均值	0.1	0.05
Pb/（mg/Nm^3）	测定均值	1.6	0.05
二噁英类/（$TEQng/Nm^3$）	测定均值	1.0	0.1

垃圾处理厂废气处理工艺包含 NO_x 控制系统、半干洗烟塔系统、熟石灰及活性炭喷射系统、袋式除尘器系统工段，流程如图 10-2 所示。

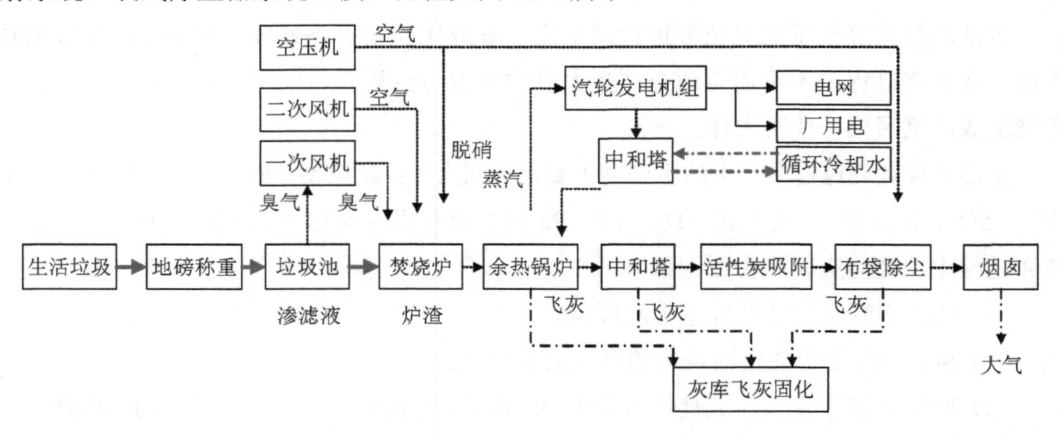

图 10-2　垃圾处理厂废气处理工艺流程

1. NO_x 控制系统

目前国内工程多采用低氮燃烧法控制烟气中 NO_x 浓度，具体控制条件包括降低过量空气系数、降低炉膛温度以及烟气充分混合等。通过这些措施，NO_x 产生浓度基本可控制在 300 mg/Nm^3，能够达到国标限值。如果按欧盟 2000 标准设计，还可以考虑 SNCR（选择性无催化还原）工艺去除 NO_x，即向焚烧炉内喷入尿素溶液，达到脱除 NO_x 的目的。

2．半干洗烟塔系统

石灰浆制备系统制成的 $Ca(OH)_2$ 溶液由喷嘴或旋转喷雾器喷入反应塔中，熟石灰与烟气中的酸性气体（SO_2、HCl 等）进行反应，形成粒径极细的碱性泥浆，由水分的挥发以降低废气的温度并提高其湿度，使酸气与石灰浆反应成为盐类，掉落至底部，然后经输送机送至飞灰贮仓。

3．熟石灰及活性炭喷射系统

活性炭用喷射风机喷入半干洗烟塔和袋式除尘器之间的管道中，在此，活性炭将吸收烟气中的二噁英和重金属等有害物质。与活性炭反应后的烟气带着飞灰和各种粉尘进入袋式除尘器。

4．袋式除尘器系统

从半干洗烟塔出来的烟气，经活性炭喷射系统进行除酸和吸附后，再进入袋式除尘器，从隔仓顶部排出；焚烧产生的烟尘、消石灰反应剂和生成物、凝结的重金属、喷入的活性炭等各种颗粒物均附着于滤袋表面，形成一层滤饼；烟气中的酸性气体在此与过量的反应剂进一步起反应，使酸性气体的去除效率进一步提高；活性炭也在滤袋表面进一步起吸附作用。附着于滤袋外表面的飞灰经压缩空气反吹排入除尘器灰斗，飞灰经输灰系统排出。

三、实验资源

（1）垃圾焚烧及废气处理工艺半实体仿真工厂：以真实工厂装置为原型，按一定的比例缩小，并按照工艺流程进行设计布局，保持各处理装置的平立面布置的合理性及工艺完整性。

（2）垃圾焚烧及废气处理仿真工厂仿真软件：严格按照工艺处理过程的机理模型和实际的工厂生产设备数据进行模拟计算，既可进行纯软件仿真操作学习，也可以与硬件连接，进行虚实结合的训练操作。具体学习操作内容如图 10-3 所示。

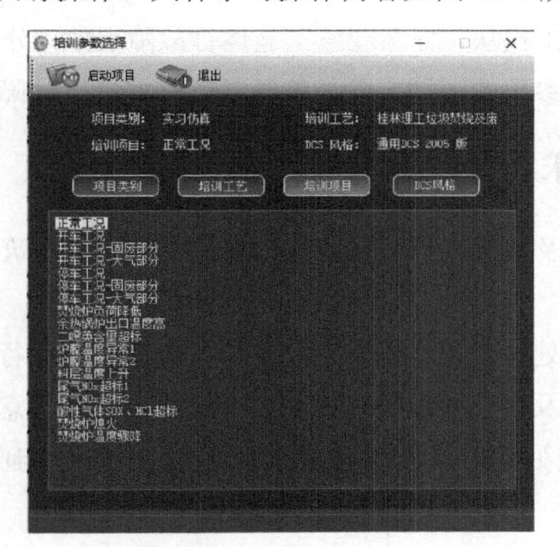

图 10-3　垃圾焚烧及废气处理仿真工厂训练项目

四、实验内容

根据实验室具有的垃圾焚烧及废气处理工艺软硬件条件，可开展认识实习、绘图实训、生产操作安全实习、生产岗位操作记录实训、工艺故障排查和处置等操作训练。

（1）工艺认知：通过半实体仿真工厂和仿真软件的全程浏览，弄清楚垃圾焚烧及废气处理工艺流程、组成单元，识别主体处理构筑物和辅助设备、废水和废气处理流程。

（2）主体构筑物结构和工作原理剖析：详细查看焚烧炉、余热锅炉、半干洗烟塔、袋式除尘器等构筑的结构特征，了解其工作原理和运行参数。

（3）工艺流程图绘制：根据半实体仿真工厂和仿真软件，绘制典型垃圾焚烧及废气处理工艺流程图及设备的平面、立面布置图等。

（4）仿真工厂处理工艺开车和停车训练：在 2D-DCS 垃圾焚烧及废气处理工艺仿真操作系统中，学习工艺流程总控阀门的调控，各主体构筑物及辅助设备运行参数优化设置、启停车；在仿真系统辅助指引下，进行处理工艺的整体开车和停车操作训练，熟练操作流程和操作方法。

（5）工艺日常巡检模拟：学生扮演内操、外操人员，模拟真实垃圾焚烧及废气处理过程中的工艺操作以及各种烟气指标处理，通过调节阀等通用仪表设备对系统中设备液位、速度，废气的流量、温度及烟气浓度等指标进行调节和控制，配合后台动态数学模型实时运算，使工艺现象与操作环境接近处理厂实际，训练学生对垃圾焚烧及废气处理流程的主要参数的理解与控制能力，锻炼学生掌握工艺过程的正常巡检及调节控制的能力。

（6）工艺运行故障排查与处置训练：在 2D-DCS 垃圾焚烧及废气处理工艺仿真操作系统中，选择进入“焚烧炉负荷降低”“余热锅炉出口温度高”“二噁英含量超标”“炉膛温度异常”“料层温度上升”“尾气 NO_x 含量超标”和“酸性气体 SO_x、HCl 含量超标”等工艺日常运行故障模拟模块，仔细观察工艺运行故障现象，分析导致故障的可能原因，通过相应的运行设备和参数的调控排除故障，熟练掌握常见故障解决的方法和技巧。

五、实验报告要求

（1）详述垃圾焚烧及废气处理工艺流程、设计原则、各构筑物结构特点及运行原理，绘制工艺流程图；

（2）详述垃圾焚烧处理厂日常生产巡检工作内容和工艺运行故障排查方法；

（3）叙述垃圾焚烧及废气处理工艺的启停车操作步骤及注意事项；

（4）叙述垃圾焚烧处理厂半实物仿真工厂现场调试中遇到的问题以及相应的解决方法；

（5）在系统中上传实验报告。

附录　污水生物处理工程中常见的微生物

污水生物处理工程中常见的微生物（一）

（一）细菌

1．菌胶团

（1）球状、椭球状和蘑菇状菌胶团

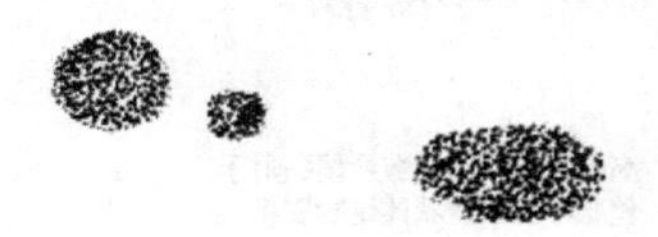

（2）分枝状菌胶团

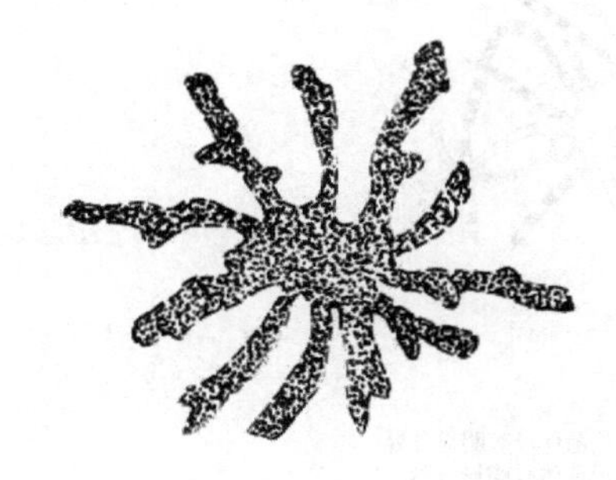

（3）其他菌胶团

2．丝状细菌

（1）球衣菌

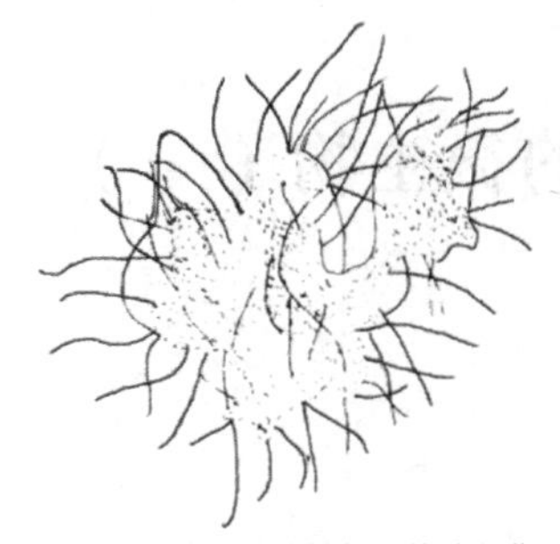

低倍显微镜下的球衣菌

高倍显微镜下的球衣菌(假分枝)

高倍显微镜下从衣鞘内脱出的
球衣菌黏附于丝状体上

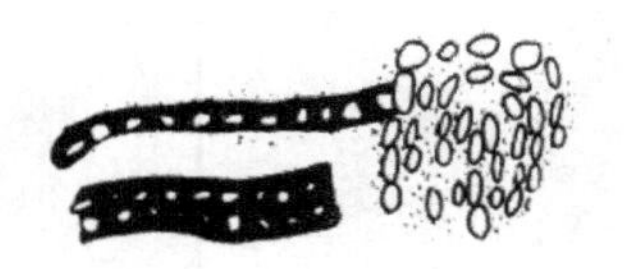

碳素高时菌体粗状排列紧密

高倍显微镜下无数杆菌黏附于
丝状体上使丝状体轮廓变粗

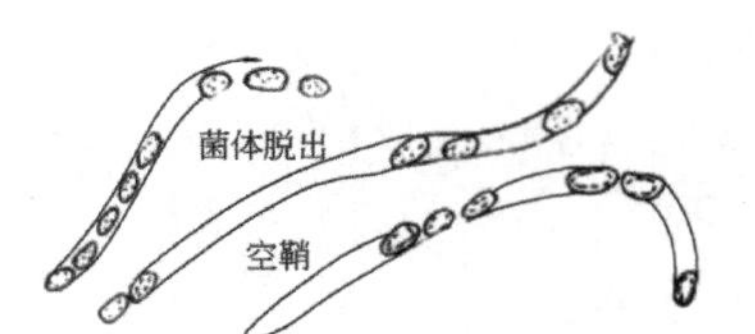

当环境不利时，球衣菌从衣鞘内脱
出造成缺位现象

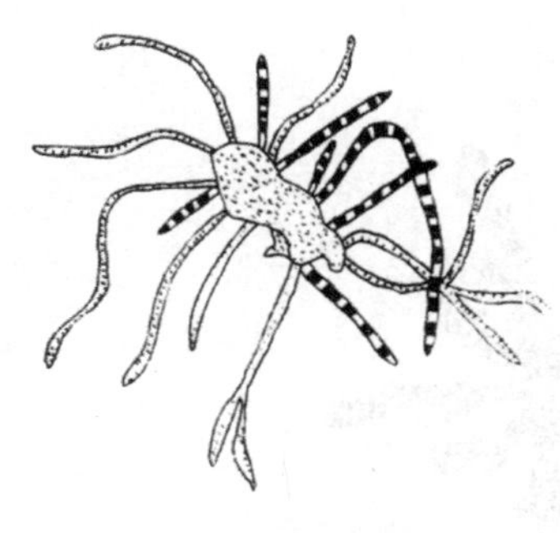

一种球衣菌染色后菌体没有明显分界
一种球衣菌染色后菌体有明显分界

被菌胶团所包裹的球衣菌

（2）丝硫菌

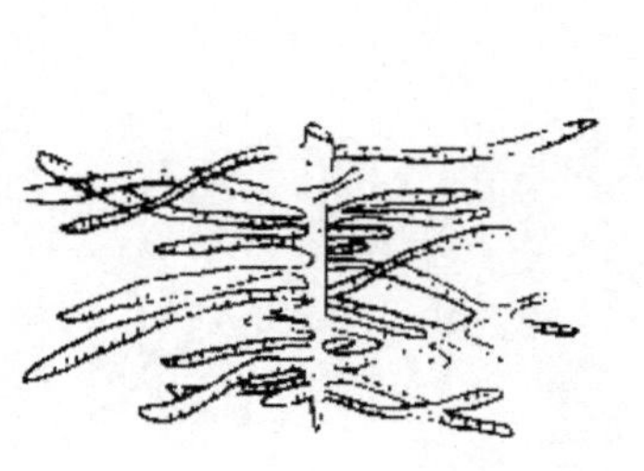

丝硫菌生长在杂质纤维上

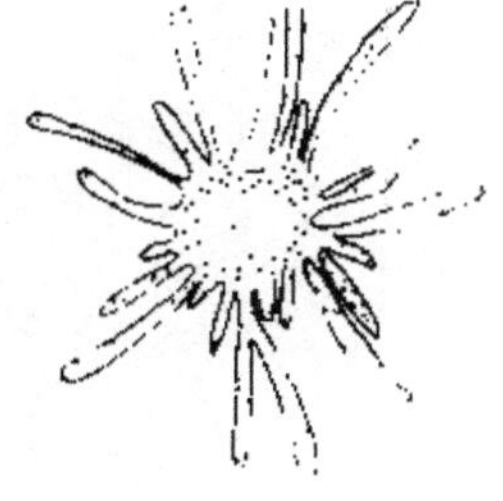

丝硫菌在污泥小块上生长，形成刺毛球

当大量的刺毛球形成时，使污泥膨胀结构松散

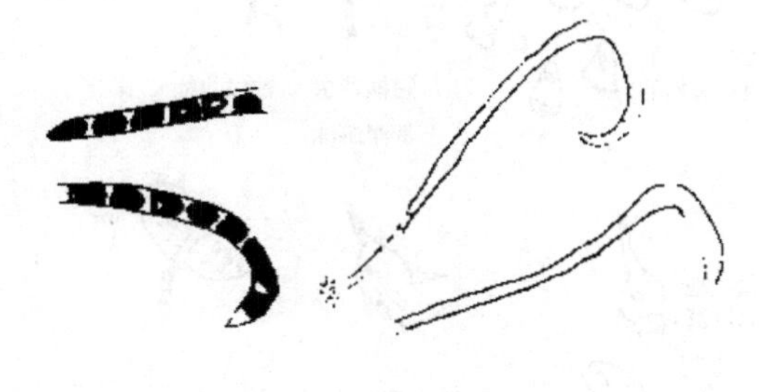

衣鞘内的丝硫菌

成熟的丝状体带着基部的吸盘从污泥中脱出，游离于污泥中

长短、粗细不等的丝硫菌在污泥中游走

（3）其他丝状菌

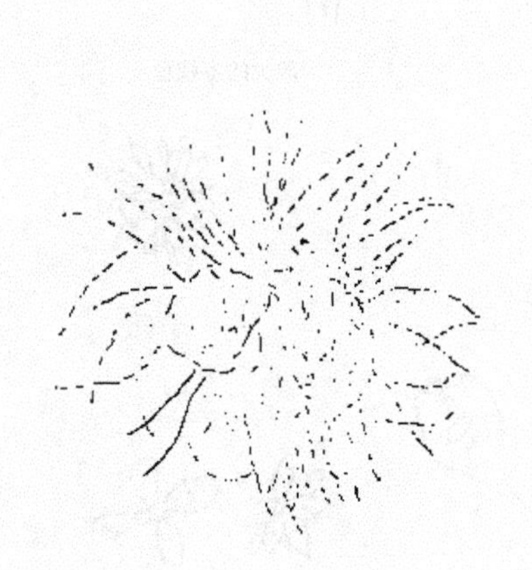

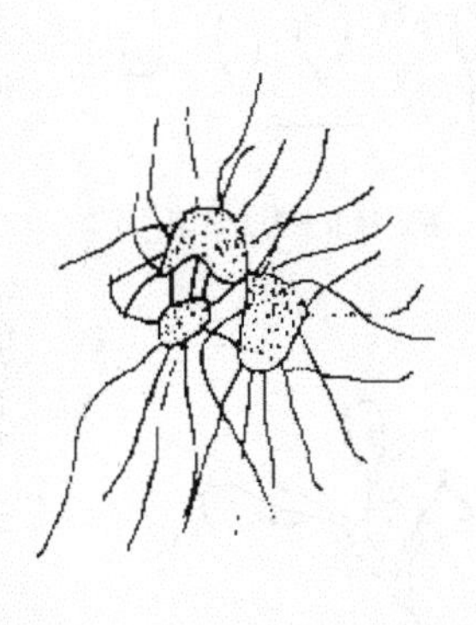

污水生物处理工程中常见的微生物（二）

（二）原生动物

1. 纤毛类

（1）纤毛目

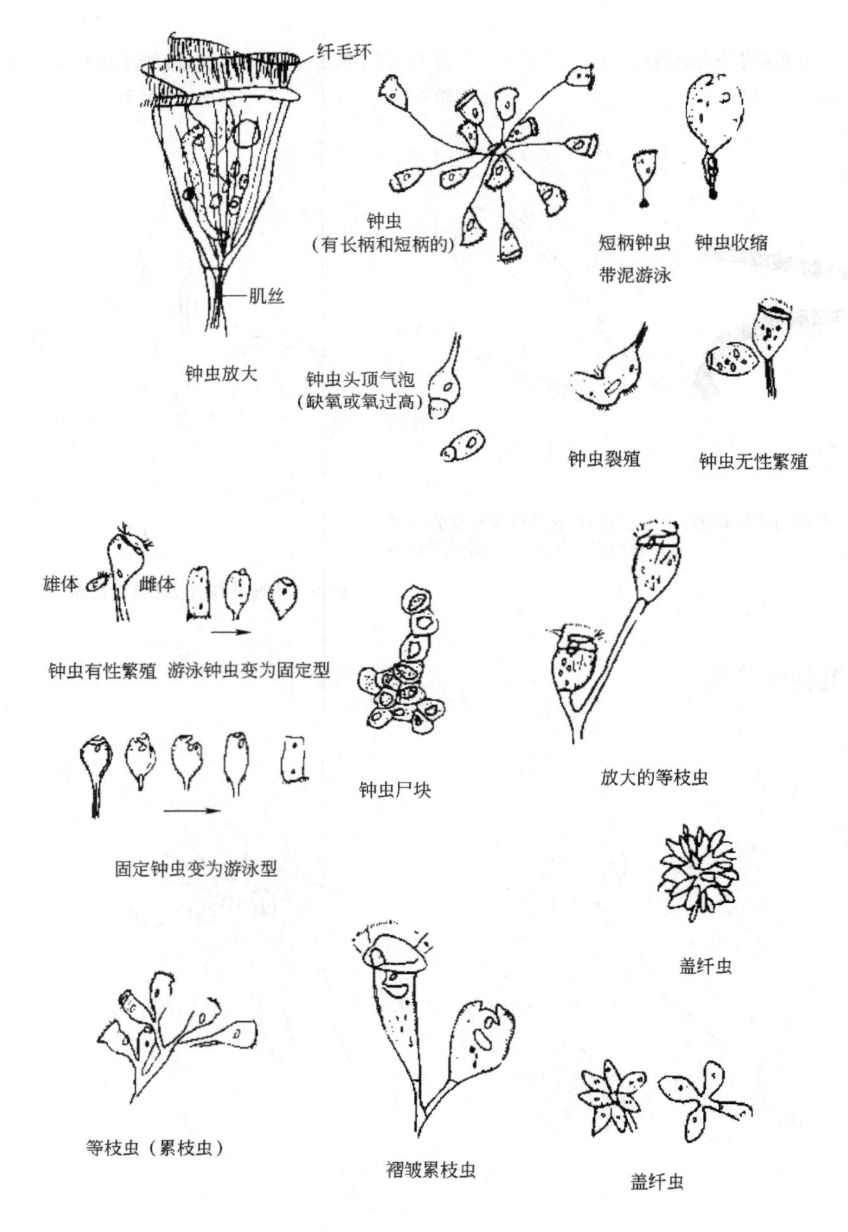

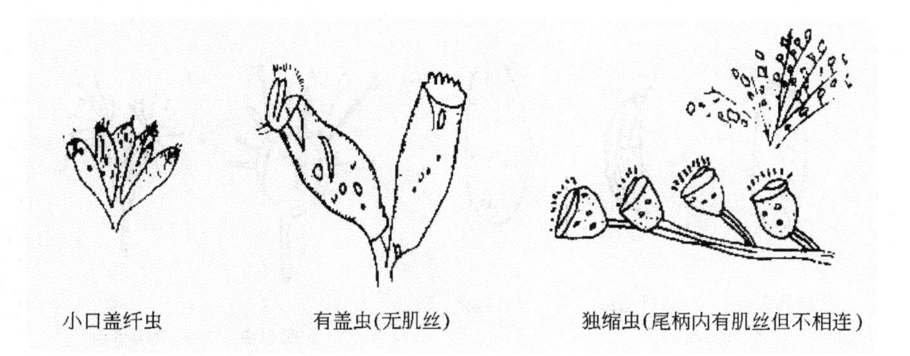
小口盖纤虫
有盖虫(无肌丝)
独缩虫(尾柄内有肌丝但不相连)

（2）全毛目

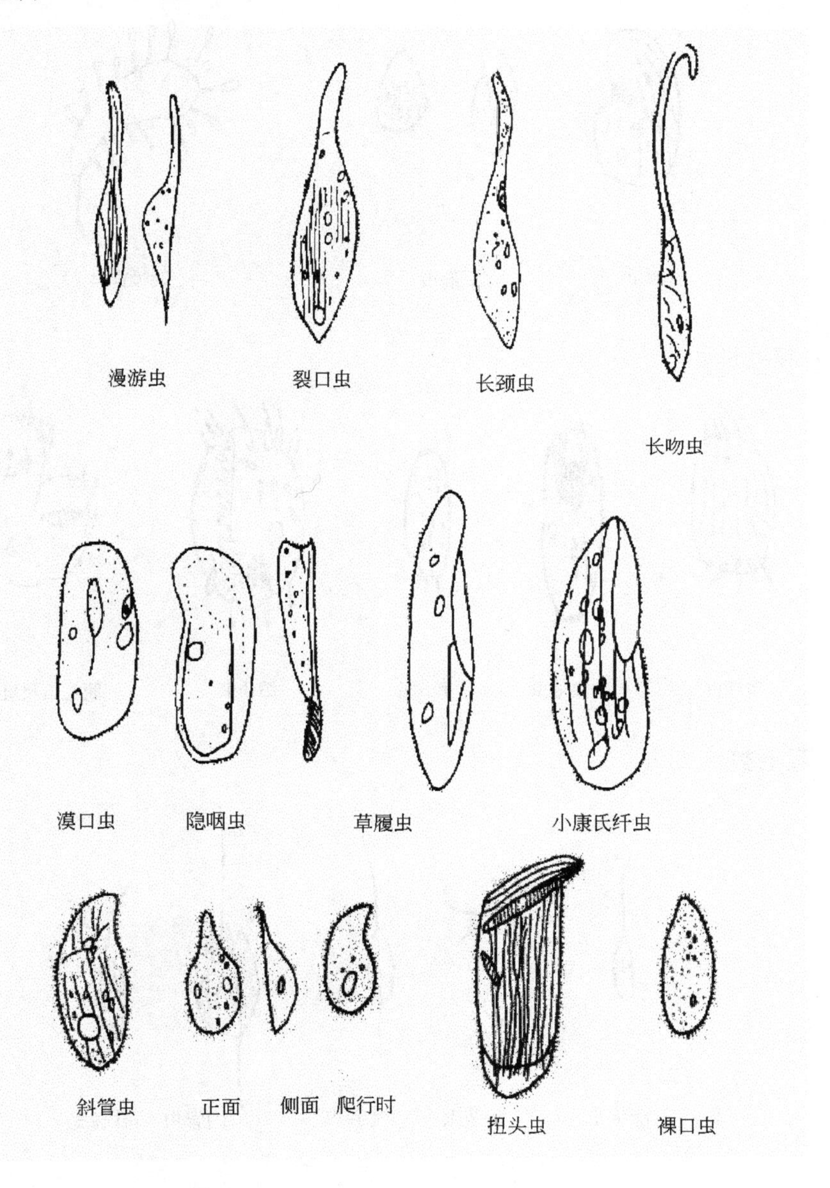
漫游虫
裂口虫
长颈虫
长吻虫
漠口虫
隐咽虫
草履虫
小康氏纤虫
斜管虫
正面
侧面
爬行时
扭头虫
裸口虫

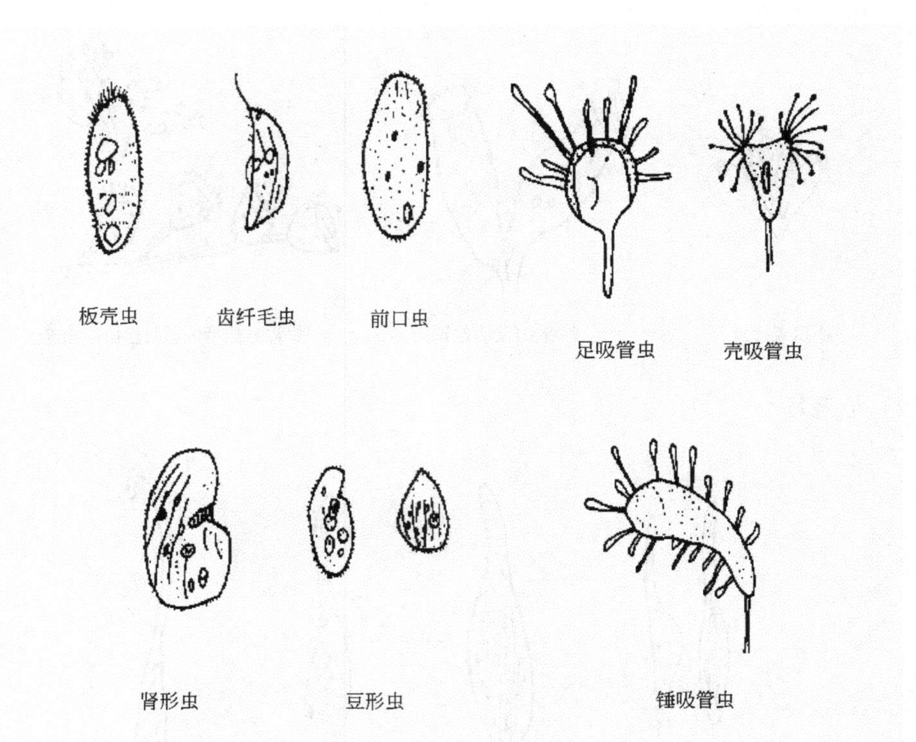
板壳虫
齿纤毛虫
前口虫
足吸管虫
壳吸管虫
肾形虫
豆形虫
锤吸管虫

（3）腹毛目

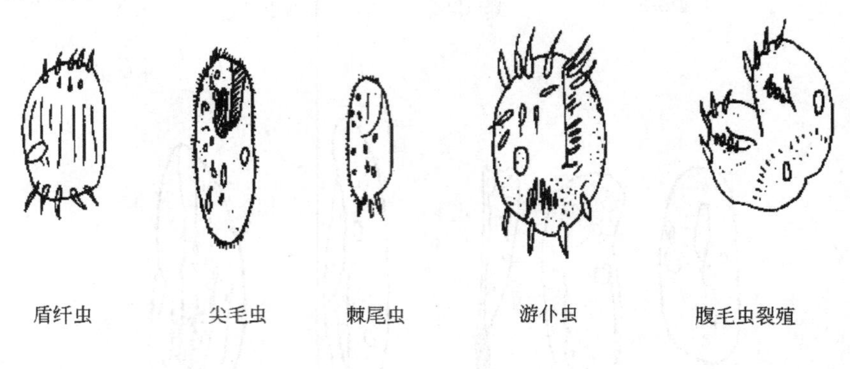
盾纤虫
尖毛虫
棘尾虫
游仆虫
腹毛虫裂殖

2. 鞭毛类

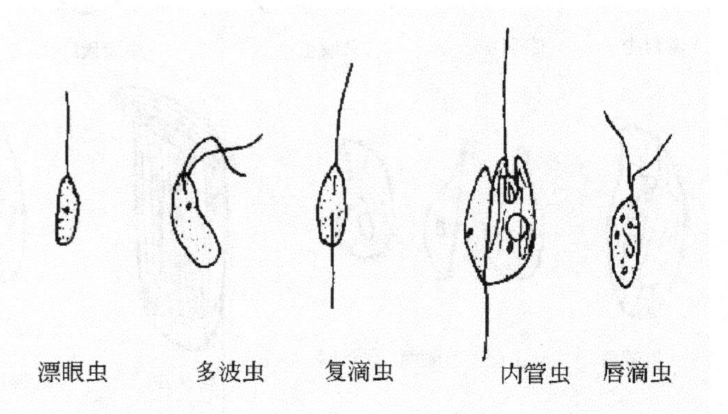
漂眼虫
多波虫
复滴虫
内管虫
唇滴虫

3．肉足类

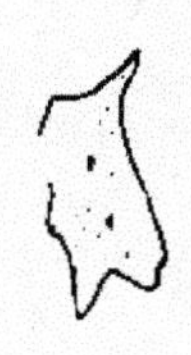

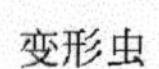

变形虫

辐射变形虫

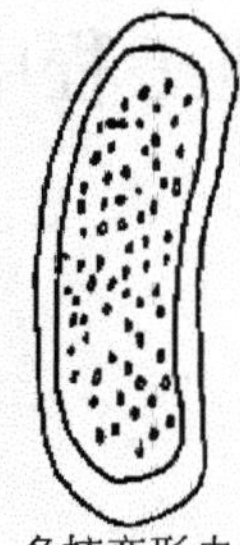

多核变形虫

扇形变形虫

污水生物处理工程中常见的微生物（三）

（三）后生动物

1. 轮虫

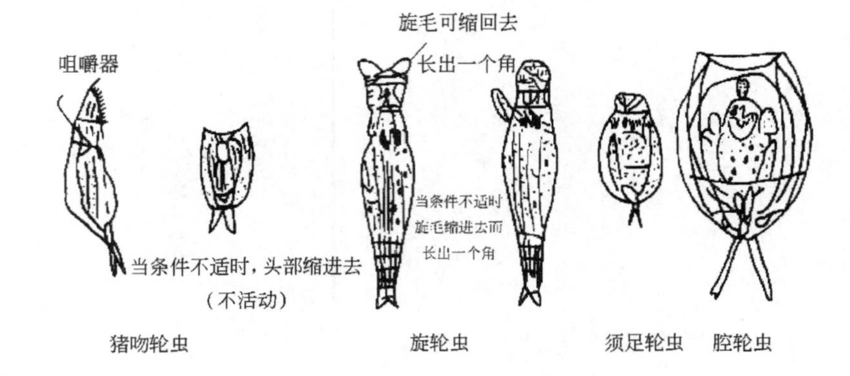

2. 线虫

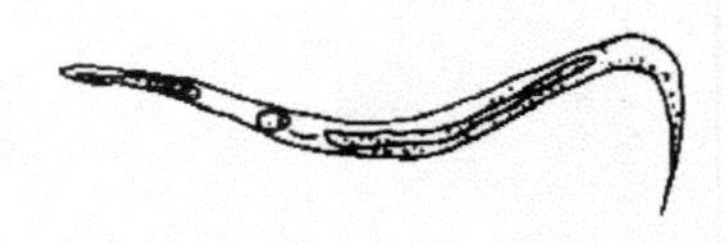

3. 瓢体虫

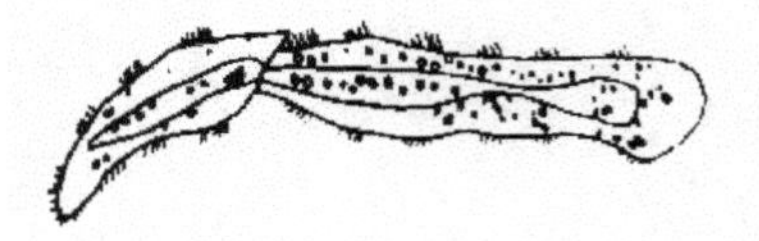

附　表

附表一　秩和临界值表

n_1	n_2	$\alpha=0.025$		$\alpha=0.05$	
		T_1	T_2	T_1	T_2
2	4			3	11
	5			3	13
	6	3	15	4	14
	7	3	17	4	16
	8	3	19	4	18
	9	3	21	4	20
	10	4	22	5	21
3	3			6	15
	4	6	18	7	17
	5	6	21	7	20
	6	7	23	8	22
	7	8	25	9	24
	8	8	28	9	27
	9	9	30	10	29
	10	9	33	11	31
4	4	11	25	12	24
	5	12	28	13	27
	6	12	32	174	30
	7	13	35	15	33
	8	14	38	16	36
	9	15	41	17	39
	10	16	44	18	42

n_1	n_2	$\alpha=0.025$		$\alpha=0.05$	
		T_1	T_2	T_1	T_2
5	5	18	37	19	36
	6	19	41	20	40
	7	20	45	22	43
	8	21	49	23	47
	9	22	53	25	50
	10	24	56	26	54
6	6	26	52	28	50
	7	28	56	30	54
	8	29	61	32	58
	9	31	65	33	63
	10	33	69	35	67
7	7	37	68	39	66
	8	39	73	41	71
	9	41	78	43	76
	10	43	83	46	80
8	8	49	87	52	84
	9	51	93	54	90
	10	54	98	57	95
9	9	63	108	66	105
	10	66	114	69	111
10	10	79	131	83	127

附表二 格拉布斯（Grubbs）检验临界值$\lambda_{(\alpha, n)}$表

n	显著性水平α				n	显著性水平α			
	0.05	0.025	0.01	0.005		0.05	0.025	0.01	0.005
3	1.153	1.155	1.155	1.155	30	2.745	2.908	3.103	3.236
4	1.463	1.481	1.492	1.496	31	2.759	2.924	3.119	3.253
5	1.672	1.715	1.749	1.764	32	2.773	2.938	3.135	3.27
6	1.822	1.887	1.944	1.973	33	2.786	2.952	3.15	3.286
7	1.938	2.02	2.097	2.139	34	2.799	2.965	3.164	3.301
8	2.032	2.126	2.221	2.274	35	2.811	2.979	3.178	3.316
9	2.11	2.215	2.323	2.387	36	2.823	2.991	3.191	3.33
10	2.176	2.29	2.41	2.482	37	2.835	3.003	3.204	3.343
11	2.234	2.355	2.485	2.564	38	2.846	3.014	3.216	3.356
12	2.285	2.412	2.55	2.636	39	2.857	3.025	3.228	3.369
13	2.331	2.462	2.607	2.699	40	2.866	3.036	3.24	3.381
14	2.371	2.507	2.659	2.755	41	2.877	3.046	3.251	3.393
15	2.409	2.549	2.705	2.806	42	2.887	3.057	3.261	3.404
16	2.443	2.585	2.747	2.852	43	2.896	3.067	3.271	3.415
17	2.475	2.62	2.785	2.894	44	2.905	3.075	3.282	3.425
18	2.504	2.651	2.821	2.932	45	2.914	3.085	3.295	3.435
19	2.532	2.681	2.854	2.968	46	2.923	3.094	3.302	3.445
20	2.557	2.709	2.884	3.001	47	2.931	3.103	3.31	3.455
21	2.58	2.733	2.912	3.031	48	2.94	3.111	3.319	3.464
22	2.603	2.758	2.939	3.06	49	2.948	3.12	3.329	3.474
23	2.624	2.781	2.963	3.087	50	2.956	3.128	3.336	3.483
24	2.644	2.802	2.987	3.112	60	3.025	3.199	3.411	3.56
25	2.663	2.882	3.009	3.135	70	3.082	3.257	3.471	3.622
26	2.681	2.841	3.029	3.157	80	3.13	3.305	3.521	3.673
27	2.698	2.859	3.049	3.178	90	3.171	3.347	3.563	3.716
28	2.714	2.876	3.068	3.199	100	3.207	3.383	3.6	3.754
29	2.73	2.893	3.085	3.218					

附表三　狄克逊（Dixon）检验的临界值 $f_{(\alpha, n)}$ 值及 f_0 计算公式

<table>
<tr><th rowspan="2">n</th><th colspan="2">$f_{(a,n)}$</th><th colspan="2">f_0</th></tr>
<tr><th>a =0.01</th><th>a =0.05</th><th>x_1 可疑时</th><th>x_n 可疑时</th></tr>
<tr><td>3</td><td>0.994</td><td>0.97</td><td rowspan="5">$\frac{x_2 - x_1}{x_n - x_1}$</td><td rowspan="5">$\frac{x_n - x_{n-1}}{x_n - x_1}$</td></tr>
<tr><td>4</td><td>0.926</td><td>0.829</td></tr>
<tr><td>5</td><td>0.821</td><td>0.71</td></tr>
<tr><td>6</td><td>0.74</td><td>0.628</td></tr>
<tr><td>7</td><td>0.685</td><td>0.569</td></tr>
<tr><td>8</td><td>0.717</td><td>0.608</td><td rowspan="5">$\frac{x_2 - x_1}{x_{n-1} - x_1}$</td><td rowspan="5">$\frac{x_n - x_{n-1}}{x_n - x_2}$</td></tr>
<tr><td>9</td><td>0.672</td><td>0.604</td></tr>
<tr><td>10</td><td>0.635</td><td>0.53</td></tr>
<tr><td>11</td><td>0.605</td><td>0.502</td></tr>
<tr><td>12</td><td>0.579</td><td>0.479</td></tr>
<tr><td>13</td><td>0.697</td><td>0.611</td><td rowspan="28">$\frac{x_3 - x_1}{x_{n-2} - x_1}$</td><td rowspan="28">$\frac{x_n - x_{n-2}}{x_n - x_3}$</td></tr>
<tr><td>14</td><td>0.67</td><td>0.586</td></tr>
<tr><td>15</td><td>0.647</td><td>0.565</td></tr>
<tr><td>16</td><td>0.627</td><td>0.546</td></tr>
<tr><td>17</td><td>0.61</td><td>0.529</td></tr>
<tr><td>18</td><td>0.594</td><td>0.514</td></tr>
<tr><td>19</td><td>0.58</td><td>0.501</td></tr>
<tr><td>20</td><td>0.567</td><td>0.489</td></tr>
<tr><td>21</td><td>0.555</td><td>0.478</td></tr>
<tr><td>22</td><td>0.544</td><td>0.468</td></tr>
<tr><td>23</td><td>0.535</td><td>0.459</td></tr>
<tr><td>24</td><td>0.526</td><td>0.451</td></tr>
<tr><td>25</td><td>0.517</td><td>0.443</td></tr>
<tr><td>26</td><td>0.51</td><td>0.436</td></tr>
<tr><td>27</td><td>0.502</td><td>0.429</td></tr>
<tr><td>28</td><td>0.495</td><td>0.423</td></tr>
<tr><td>29</td><td>0.489</td><td>0.417</td></tr>
<tr><td>30</td><td>0.483</td><td>0.412</td></tr>
<tr><td>31</td><td>0.477</td><td>0.407</td></tr>
<tr><td>32</td><td>0.472</td><td>0.402</td></tr>
<tr><td>33</td><td>0.467</td><td>0.397</td></tr>
<tr><td>34</td><td>0.462</td><td>0.393</td></tr>
<tr><td>35</td><td>0.458</td><td>0.388</td></tr>
<tr><td>36</td><td>0.454</td><td>0.384</td></tr>
<tr><td>37</td><td>0.45</td><td>0.381</td></tr>
<tr><td>38</td><td>0.446</td><td>0.377</td></tr>
<tr><td>39</td><td>0.442</td><td>0.374</td></tr>
<tr><td>40</td><td>0.438</td><td>0.371</td></tr>
</table>

注：本表数据摘自 ISO 5735—1981，与有些文献中表列值稍有出入。

参考文献

[1] 张学洪，梁延鹏，朱宗强．水处理工程实验技术（第二版）[M]．北京：冶金工业出版社，2016.
[2] 李云雁，胡传荣．试验设计与数据处理（第三版）[M]．北京：化学工业出版社，2017.
[3] 任露霞．试验优化设计与分析[M]．北京：高等教育出版社，2001.
[4] 章非娟，徐竟成．环境工程实验[M]．北京：高等教育出版社，2006.
[5] 毛根海，章军军，陈少庆，等．应用液体力学实验[M]．北京：高等教育出版社，2008.
[6] 吴蔓莉．环境分析化学实验[M]．西安：西安交通大学出版社，2018.
[7] 高冬梅，洪波，李锋民．环境微生物实验[M]．青岛：中国海洋大学出版社，2014.
[8] 袁林江．环境工程微生物学[M]．北京：化学工业出版社，2012.
[9] 卫亚红．环境生物学实验技术[M]．咸阳：西北农林科技大学出版社，2013.
[10] 苑宝玲，李云琴．环境工程微生物学实验[M]．北京：化学工业出版社，2006.
[11] 周群英，王士芬．环境工程微生物学[M]．北京：高等教育出版社，2015.
[12] 成官文，黄翔峰，朱宗强，等．水污染控制工程实验教学指导书[M]．北京：化学工业出版社，2013.
[13] 张莉，余训民，祝启坤．环境工程实验指导教程[M]．北京：化学工业出版社，2011.
[14] 李金城，李艳红，张琴．环境科学与工程实验指南[M]．北京：中国环境科学出版社，2009.
[15] 国家环境保护总局《水和废水监测分析方法》编委会．水和废水监测分析方法（第四版）[M]．北京：中国环境科学出版社，2002.